C.I.I.A.-SYMPOSIA

der Commission Internationale des Industries Agricoles et Alimentaires (C.I.I.A.)

Natürliche und synthetische Zusatzstoffe in der Nahrung des Menschen

Additifs Naturels et Synthétics dans l'Alimentation de l'Homme

Natural and Synthetic Additives in the Human Nutrition

DARMSTADT 1974

DR. DIETRICH STEINKOPFF VERLAG

14. Internationales Symposion der Commission Internationale des Industries Agricoles et Alimentaires (C.I.I.A.)

NATÜRLICHE UND SYNTHETISCHE ZUSATZSTOFFE IN DER NAHRUNG DES MENSCHEN

14. Internationales Symposion 1972 in Saarbrücken

Herausgegeben von

Prof. Dr. med., Dr. phil. ROBERT AMMON (Homburg/Saar) und
Prof. Dr. Ing., Dr. chem., Dr. techn. h. c. JANOS HOLLÓ (Budapest)

Mit 128 Abbildungen und 91 Tabellen

DARMSTADT 1974

DR. DIETRICH STEINKOPFF VERLAG

ISBN-13:978-3-7985-0381-6 e-ISBN-13:978-3-642-85283-1
DOI: 10.1007/978-3-642-85283-1

Vorwort

Dieser Band gibt den Gesamtbericht über das 14. internationale Symposion, das die C.I.I.A. vom 8.–11. Oktober 1972 in Saarbrücken durchführte, wieder. Wir sind glücklich darüber, daß er bereits $1^1/_2$ Jahre nach unserem Symposion zur Veröffentlichung gelangen kann. Schwierigkeiten für die Veröffentlichung gab es genug, insbesondere wirkte es sich aus, daß der Druck in 3 Sprachen erfolgen mußte.

Den einzelnen Autoren und dem Verlag sind wir für die schnelle Bearbeitung zu großem Dank verpflichtet.

Wir haben uns bemüht, jedem der Vortragenden die Art seiner Veröffentlichung zu überlassen. So unterscheiden sich die einzelnen Beiträge bezüglich der Ausführlichkeit und der Ausstattung mit Abbildungen.

Somit übergeben wir den Gesamtbericht über unser Saarbrücker Symposion, das, wie wir es glauben möchten, wegen der vielschichtigen und z. Z. auch hochaktuellen Thematik ein weites Interesse fand.

Wir empfinden es als eine besondere Pflicht, dem Generalsekretariat der C.I.I.A. in Paris mit seinen Mitarbeitern, speziell aber Herrn Professor *de Saint Rat* und Herrn *Gradnauer*, für die große Mühe, die auch sie mit dem Zustandekommen dieses Bandes hatten, zu danken.

Homburg/Saar und Budapest im März 1974

R. Ammon
Präsident der C.I.I.A.
und *J. Holló*
Präsident des Conseil Scientifique
der C.I.I.A.

Inhalt — Table des matières — Contents

Eröffnungsansprache

R. Ammon, Homburg/Saar

Es ist für mich eine ganz besondere Freude und Ehre, das 14. Symposium der Commission Internationale des Industries Agricoles et Alimentaires in Saarbrücken eröffnen zu dürfen. Seit Gründung dieser Organisation im Jahre 1934 sind 38 Jahre vergangen, und so lange hat es gedauert, bis ein solcher wissenschaftlicher Kongreß auf deutschem Boden stattfinden konnte.

Als Angehöriger des Lehrkörpers der Universität des Saarlandes lag es für mich natürlich sehr nahe, unser Symposium in unserer Hauptstadt durchzuführen.

Das Thema des Symposiums: „Einige natürliche und synthetische Zusatzstoffe in der Nahrung des Menschen“ ist ein außerordentlich umfangreiches Gebiet. Unser Conseil Scientifique mußte daher eine sorgfältige Auswahl treffen. Wie Sie es auch aus dem Programm ersehen, haben wir folgende Fragenkomplexe berücksichtigt: Die Vitamine, die Aminosäuren, die Zucker, sowie natürliche und synthetische Süßstoffe.

Wir müssen auch immer wieder daran denken, daß bei der industriellen Verarbeitung unserer Nahrungsmittel Verluste an wertvollen Inhaltsstoffen eintreten können, die durch entsprechende Zusätze wieder ausgeglichen werden sollen. Weiterhin erscheint es notwendig, bei Planung von kalorienreduzierten Nahrungsmitteln anstelle von z. B. Zucker Süßstoffe einzusetzen.

Wir haben aber auch noch an klinische Fragen gedacht, wie z. B. an die Anwendung von Fetten mit den sogenannten mittelkettigen Fettsäuren, die für bestimmte diätetische Maßnahmen eine zunehmende Rolle spielen. Weiterhin werden wir darüber unterrichtet, daß es möglich ist, einen Kranken vollwertig über Wochen hinweg intravenös zu ernähren und schließlich wollen wir auch – im Zeitalter der Eroberung des Weltraums – einen Vortrag über die Astronautendiät hören.

Damit habe ich ganz kurz unser Programm umrissen.

Ich möchte nun aber noch unsere Gäste begrüßen. Für ihr Kommen danke ich insbesondere Herrn Ministerialdirektor Professor Dr. *Pielen* vom Bundesministerium für Ernährung, Landwirtschaft und Forsten in Bonn, das für die Bundesregierung unsere C.I.I.A. betreut, Herrn Ministerialdirektor Dr. *Tholl* vom Saarländischen Ministerium für Wirtschaft, Verkehr und Landwirtschaft als Vertreter der Regierung des Saarlandes und Herrn Professor Dr. *König*, als Prorektor der Universität des Saarlandes, und sage ihnen meinen aufrichtigen Dank für Ihre Ansprachen[*)].

Damit eröffne ich unser 14. Symposium in der schönen Kongreßhalle und bitte Herrn *Genevois* (Bordeaux und Paris), den Vorsitz der Vormittags-Sitzung zu übernehmen.

---

*) Aus Raumersparnisgründen sind diese Ansprachen nicht in den Text einbezogen.

1.

Die Vitamine, ihre Klassifizierung, Synthese und Wirkungsweise

Von O. *Isler* (Basel)

Mit 40 Abbildungen und 2 Tabellen

Einleitung

Die Vitamine sind lebensnotwendige, organische Wirkstoffe. Sie sind Vermittler bei den Auf- und Abbauvorgängen, ohne dabei selbst als Baustoffe zu dienen. Man kennt 4 fettlösliche und 9 wasserlösliche Vitamine, von denen jedes als Gruppe verwandter Stoffe mit qualitativ gleichen Wirkungen aufzufassen ist. Von größerer praktischer Bedeutung ist auch die Provitamin A-Gruppe; diese umfaßt Carotinoide, die im Organismus teilweise in Vitamin A umgewandelt werden.

Tab. 1. Natürliche Quellen und Mangelerscheinungen

Name	Natürliche Quelle	Typisches Mangelsyndrom
Retinol (A)	Fischleberöl	Nachtblindheit, Xerophthalmie
Calciferol (D)	Fischleberöl	Rachitis
Tocopherol (E)	Weizenkeimöl	Erythrozyten-Hämolyse durch H_2O_2
Phyllochinon (K)	Luzerne	Hämorrhagisches Syndrom
Ascorbinsäure (C)	Nebennierenrinde, Zitrone	Skorbut
Riboflavin (B_2)	Eieralbumin	Cheilosis
Nicotinsäureamid	Leber	Pellagra
Folsäure	Leber	Makrozytäre Anämie
Biotin	Leber	Dermatitis
Pantothensäure	Leber	Gastrointestinale Störungen
Thiamin (B_1)	Reiskleie	Beriberi
Pyridoxin (B_6)	Reiskleie	Dermatitis, epileptiforme Krämpfe
Cobalamin (B_{12})	Leber, Fermentation	Perniziöse Anämie

In Tab. 1 sind die offiziellen Trivialnamen der 13 Vitamine, die natürlichen Quellen, aus denen sie erstmals isoliert wurden, und typische Mangelsyndrome zusammengestellt. Ich bespreche die Vitamine in der Reihenfolge dieser Tabelle, erwähne dabei gemeinsame Merkmale und versuche, für jedes Vitamin die Wirkungsweise, die technische Synthese und seine Verwendung darzulegen.

Heute kann man sich kaum noch vorstellen, welche Impulse 1931 von *Paul Karrer* (Abb. 1) ausgingen, als er gleichzeitig die Konstitution des Vitamins A und die des wichtigsten Provitamins A, des Rübenfarbstoffes β-Carotin, erkannte. 1933 gelang die Konstitutionsaufklärung und die Synthese des Vitamins C. 1940 war die Struktur von 10 Vitaminen aufgeklärt. 1946 waren 12 Vitamine synthetisch zugänglich geworden.

Abb. 1. *Paul Karrer*

Fettlösliche Vitamine

Ein lebensnotwendiger, fettlöslicher Faktor wurde erstmals 1909 von *Stepp* beschrieben. Diese Beobachtung führte zur Entdeckung des zum Sehen und zur Fortpflanzung unentbehrlichen Vitamins A, von dem die fettlöslichen Vitamine D, E und K unterschieden wurden, welche das Knochenwachstum, die Gewebsentwicklung und die Blutgerinnung normalisieren. Typische Mangelerscheinungen (Abb. 2) sind bei

A-Mangel	Nachtblindheit und Xerophthalmie
D-Mangel	Rachitis
E-Mangel	Muskeldegenerationen
K-Mangel	Hämorrhagisches Syndrom

Unsere Synthesen der fettlöslichen Vitamine basieren auf Aceton und führen über Methylheptenon und Dehydrolinalool einerseits via Geranylaceton, Isophytol und Phytol zu den Vitaminen E und K, und andererseits via β-Jonon und β-C_{14}-Aldehyd zum Vitamin A (Abb. 3). β-Carotin wird vorzugsweise via β-C_{19}-Aldehyd, teilweise auch aus Vitamin A synthetisiert.

Die Biogenese der fettlöslichen Vitamine geht vom Acetyl-Coenzym A aus und führt über Isopentenyl-, Geranyl-, Farnesyl- zum Geranylgeranylpyrophosphat, das einerseits die Vitamine E und K ergibt, und andererseits unter Dimerisierung die farblosen C_{40}-Carotinoidvorstufen, aus denen Mikroorganismen und Pflanzen die Provitamine vom Typus des β-Carotins bilden, die der tierische Organismus

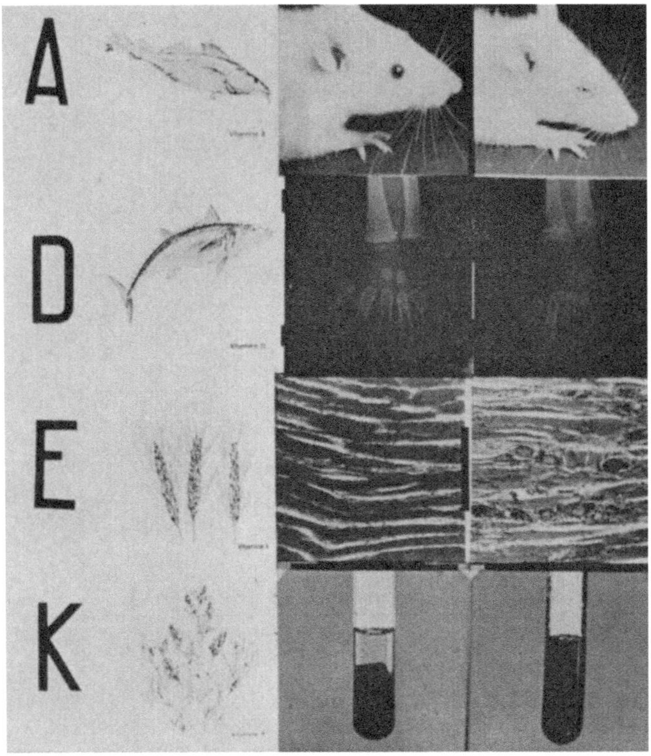

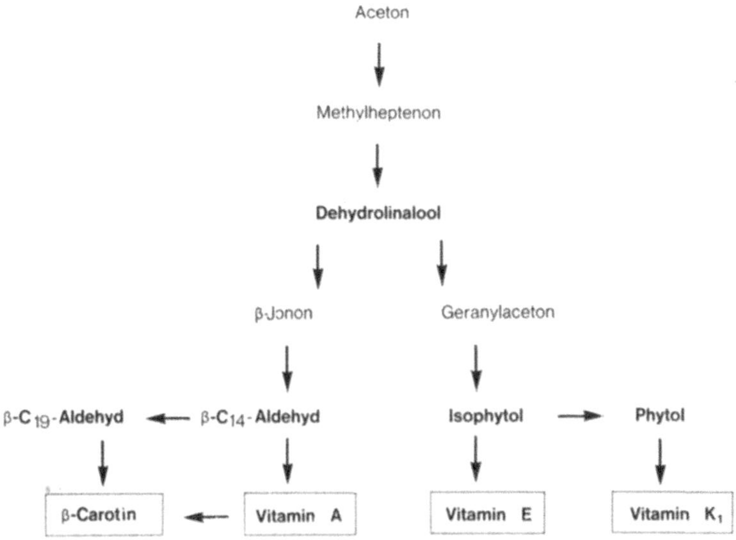

Abb. 3. Totalsynthese

zum Vitamin A abbaut (Abb. 4). Vitamin D_3 entsteht aus Farnesylpyrophosphat auf dem Weg über Squalen und Cholesterin.

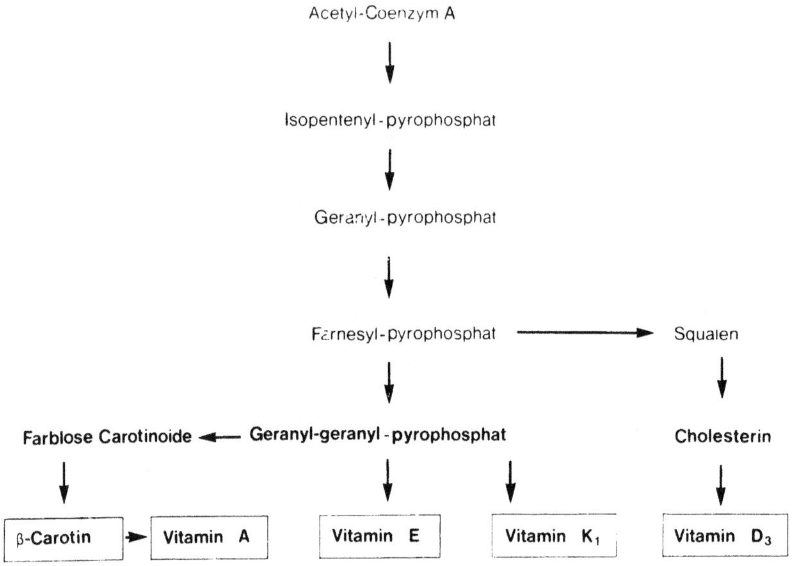

Abb. 4. Biosynthese

Beim Vitamin A, bei dem ich etwas länger verweilen möchte, ist der unterschiedliche Verlauf der technischen Synthese von der Biosynthese besonders ausgeprägt. Vitamin A oder Retinol kristallisiert in Prismen. Vitamin A hat zwei Besonderheiten: Einerseits wechselte seine Natur in der Entwicklungsgeschichte vom Vitamin A_2 oder Dehydroretinol zum Vitamin A oder Retinol, indem bei-

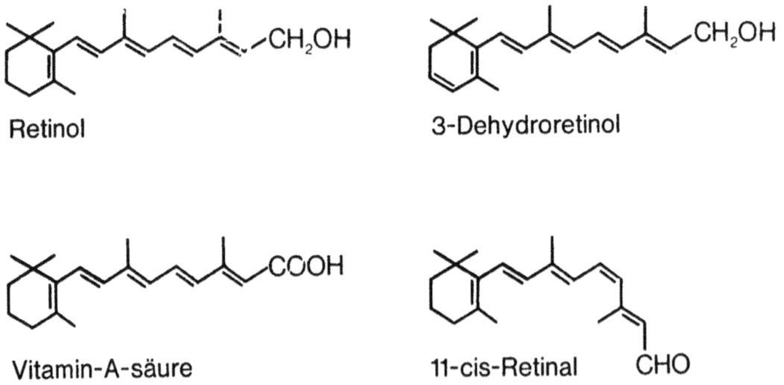

Abb. 5. Vitamin A-Verbindungen

spielsweise die Kaulquappe zum Sehen Vitamin A_2, der Frosch nach der Metamorphose aber Retinol benötigt. Andererseits gibt es mindestens zwei Paare von Wirkformen, nämlich die Vitamin-A-säuren und die 11-*cis*-Retinale (Abb. 5). Die Vitamin-A-säuren ermöglichen gesundes Wachstum und normale Entwicklung der

Zellmembranen. Sie schützen aber nicht vor Blindheit und Sterilität. Die sterisch gehinderten 11-*cis*-Retinale sind die prosthetischen Gruppen des Sehpurpurs der Wirbeltiere, Insekten und Mollusken, allgemein aller Lebewesen, die sehen können.

Abb. 6. *Richard Alan Morton*

R. A. Morton (Abb. 6) entdeckte Vitamin A_2 in Fischölen als Vitamin A-Begleiter. Er erkannte dessen Konstitution und bewies die Identität von Vitamin A-aldehyd mit Retinal, das aus dem Auge isoliert wurde.

Vitamin A-Wirkstoffe entstehen in vivo und in vitro aus dem Provitamin β-Carotin, wie in Abb. 7 dargestellt: Eine Oxidase, die reichlich in der Darm-

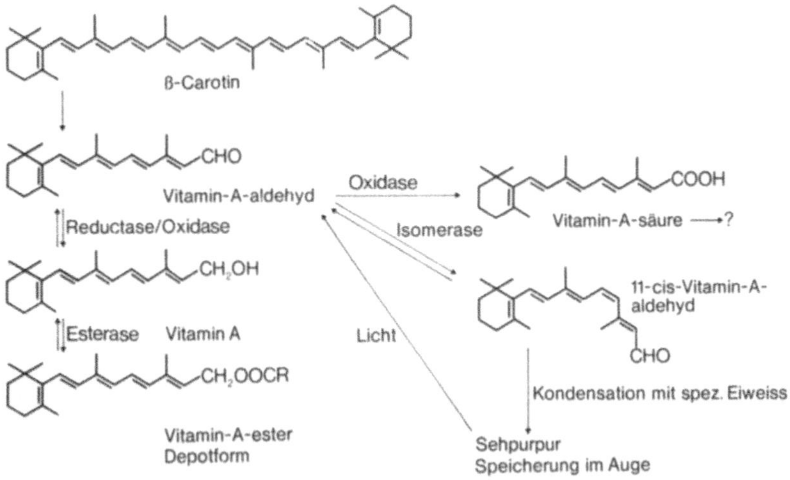

Abb. 7. Vitamin A-Wirkstoffe aus β-Carotin

schleimhaut vorkommt, spaltet *β*-Carotin in Vitamin-A-aldehyd. Reductasen reduzieren den Aldehyd zum all-*trans*-Vitamin A, welches zum Transport an die Wirkstellen gebraucht wird. Zu diesem Zwecke wird im Blut ein Molekül Vitamin A an ein Molekül Protein gebunden. Zur Speicherung wird Vitamin A durch Esterasen verestert und vorzugsweise als Palmitat in der Leber deponiert. Die Ester können reversibel wieder in Retinol und Retinal zurückverwandelt werden. Dagegen bildet sich die Vitamin-A-säure bei der Oxidation des Vitamin-A-aldehyds irreversibel. Eine in der Retina vorhandene spezifische Isomerase katalysiert die Isomerisierung von Vitamin-A-aldehyd in die 11-*cis*-konfigurierte Verbindung, die nach Kondensation mit dem spezifischen Eiweiß Opsin den Sehpurpur bzw. das Photorezeptorsystem des Auges bildet.

Abb. 8. *George Wald*

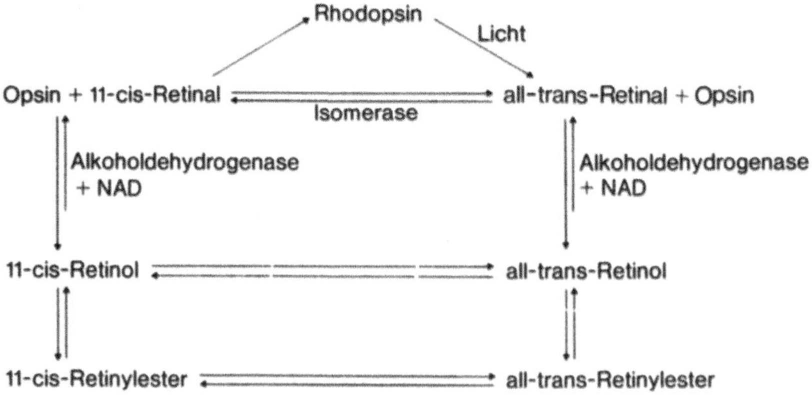

Abb. 9. Vitamin A und Sehvorgang nach *Wald*

George Wald (Abb. 8) erkannte die Rolle, welche die 11-*cis*-Retinale beim Sehvorgang spielen. Am Sehpurpur der Retinastäbchen, dem Rhodopsin, das zum Schwarzweiß-Sehen dient, bewies er die in Abb. 9 angeführten Umsetzungen.

Durch Lichtquanten wird im Rhodopsin die sterisch gehinderte 11-*cis*-Form der prosthetischen Gruppe in die stabile all-*trans*-Form umgelagert. Damit wird der Zerfall des Chromoproteids und die Auslösung des Sehimpulses eingeleitet. Bei tiefer Temperatur verläuft dieser Zerfall über mehrere reversible Zwischenstufen vom Typus der Lumi- und Metarhodopsine. Nach erfolgter Spaltung wird all-*trans*-Retinal in 11-*cis*-Retinal zurückisomerisiert und durch Kondensation mit Opsin das Rhodopsin regeneriert.

Zur Erforschung des Farbsehens entwickelte *George Wald* eine Technik zur Messung der Farbempfindlichkeit einzelner der für die Farbempfindung verantwortlichen Retinazäpfchen. Er fand, daß diese Zäpfchen drei Gruppen von Farb-

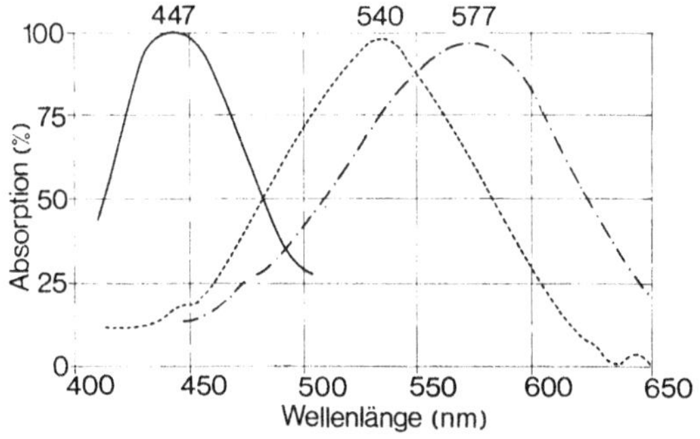

Abb. 10. Farbsehen

rezeptoren mit verschiedenen 11-*cis*-Retinylidenchromoproteiden bilden mit Empfindlichkeitsmaxima bei 447, 540 und 577 nm (Abb. 10). Es liegt somit ein Dreifarben-Code vor, und dies ist die experimentelle Bestätigung der Farbtheorie von *Young-Helmholtz*.

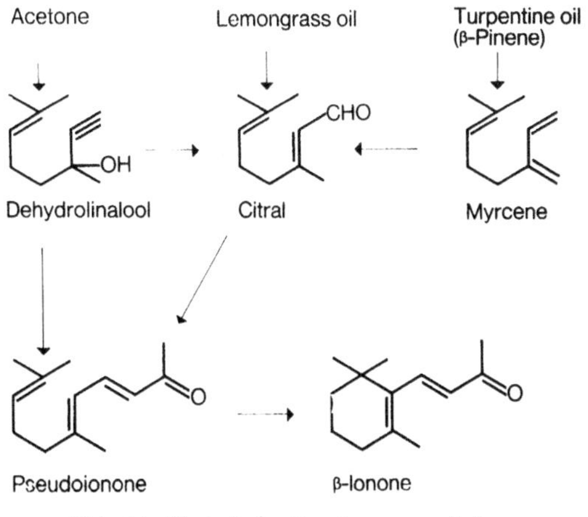

Abb. 11. Technische Synthese von β-Jonon

Alle industriellen Synthesen des Vitamins A und der Carotinoide basieren auf β-Jonon. Die Totalsynthese von Roche aus Aceton führt über Methylheptenon, Dehydrolinalool und Pseudojonon (Abb. 11). Andere brauchbare Ausgangsmaterialien sind β-Pinen und Myrcen. Lemongrasöl dagegen wurde zu einer unwirtschaftlichen Quelle für Citral und β-Jonon.

Das erste, von uns vor 25 Jahren entwickelte Fabrikationsverfahren für Vitamin-A-acetat folgt dem Bauplan $C_{13} \rightarrow C_{14} + C_6 = C_{20}$ (Abb. 12). β-Jonon wird zunächst in den α,β-ungesättigten β-C_{14}-Aldehyd übergeführt, der unmittelbar

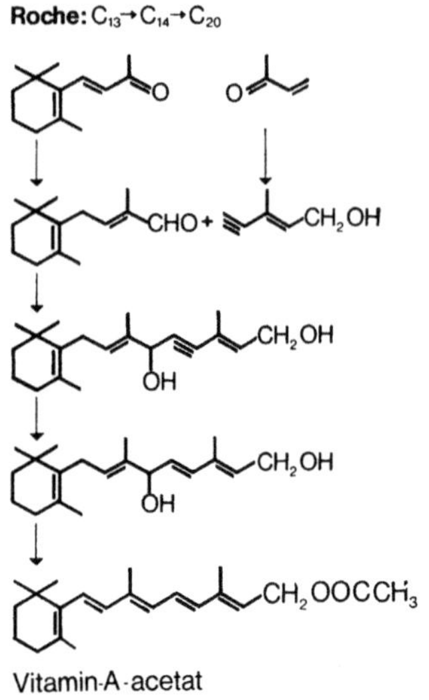

Abb. 12. Roche-Fabrikationsverfahren für Vitamin A-acetat

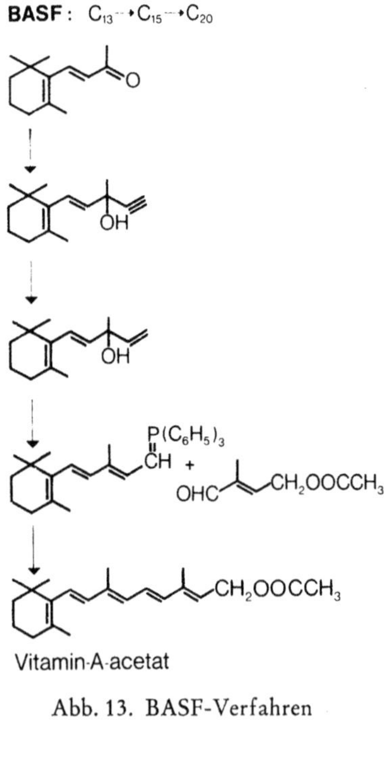

Abb. 13. BASF-Verfahren

neben dem Ring eine CH_2-Gruppe besitzt. Die Hauptstufe des Verfahrens ist eine *Grignard*-Reaktion dieses Aldehyds mit einer C_6-Seitenkette, wodurch das Kohlenstoffgerüst des Vitamins A gebildet wird. Die Umformungen dieses Kondensationsproduktes führen unmittelbar zum kristallinen all-*trans*-Vitamin-A-acetat. Vitamin-A-palmitat wird daraus durch Umesterung mit Methylpalmitat fabriziert.

Im Verfahren der BASF wird β-Jonon zunächst um zwei Kohlenstoffatome zum Vinyl-β-jonol verlängert. Die Hauptstufe dieses Verfahrens ist eine *Wittig*-Reaktion dieser C_{15}-Verbindung mit einem C_5-Baustein. Aus dem Kondensationsprodukt entsteht nach Isomerisierung kristallines all-*trans*-Vitamin-A-acetat (Abb. 13).

Es gibt weitere Vitamin-A-Synthesen von Eastman Kodak, Philips und Alimentation Equilibrée. Die wichtigsten Handelsformen sind Vitamin-A-acetat und Vitamin-A-palmitat. Neuerdings wurde gefunden, daß man in der Dermatologie Vitamin-A-säure zur Behandlung von Akne und Präcancerosen verwenden kann.

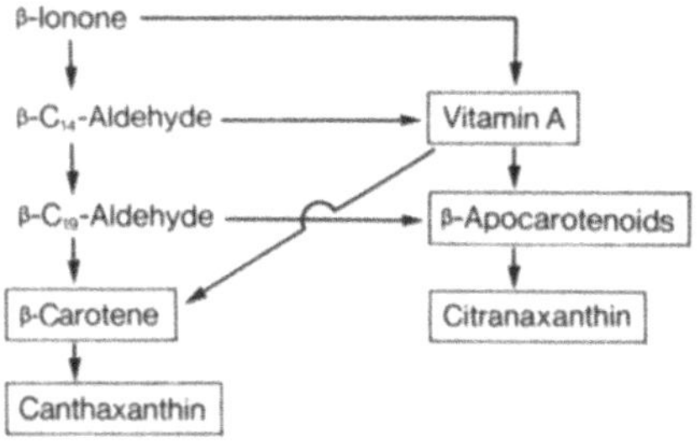

Abb. 14. Produktionsverfahren für Carotinoide

Die industriellen Produktionsverfahren für Carotinoide basieren ebenfalls auf β-Jonon (Abb. 14). β-C_{14}-Aldehyd und β-C_{19}-Aldehyd sind wichtige Schlüsselprodukte der Roche-Verfahren: aus zwei Molen β-C_{19}-Aldehyd und Acetylen wird

Abb. 15. Carotinoid-Gebrauchsformen

symmetrisches β-Carotin synthetisiert, und aus letzterem das ebenfalls symmetrische Canthaxanthin. Sukzessive Kettenverlängerungen führen vom β-C_{19}-Aldehyd zu den Apocarotinoiden und zu Citranaxanthin. Neuere Verfahren, die *Wittigs*

Olefinsynthese benutzen, führen von Vitamin A zu β-Carotin und zu den Apocarotinoiden.

Die Carotinoide mit ihrer zum Teil beträchtlichen Vitamin A-Wirkung sind sehr geeignete Pigmente zum Färben von Lebensmitteln; doch mußten angesichts ihres lipophilen Charakters und ihrer schlechten Löslichkeit spezielle Gebrauchsformen entwickelt werden.

In Abb. 15 sehen Sie rechts eine 20%ige ölige Suspension von β-Carotin, wie sie für die Färbung von Margarine, Fetten und Ölen verwendet wird, und links in Wasser dispergierbare Pulverpräparate, die 10 % β-Carotin und 10 % Canthaxanthin enthalten. In diesen Pulverpräparaten sind die Carotinoide durch Versprühen und Trocknen einer wässerigen Dispersion in einem Gemisch von Gelatine, Zucker und Ascorbylpalmitat fein verteilt und dadurch vor Luftoxidation geschützt.

Diese Pulver dienen zum Färben von Getränken und ganz allgemein von Lebensmitteln mit großem Wassergehalt, wie z. B. Gelee, Eiscreme oder Zuckerbonbons. Es ist sehr zu hoffen, daß die Carotinoide immer mehr an die Stelle der unnatürlichen Azo-Farbstoffe treten, die heute noch in großer Menge zur Lebensmittelfärbung verwendet werden.

Die D-Vitamine oder Calciferole werden bei der Vitaminierung von Lebensmitteln oft zusammen mit Vitamin A zugesetzt. Vitamin D_3 oder Cholecalciferol wird aus Cholesterin und 7-Dehydrocholesterin hergestellt; Vitamin D_2 oder Ergocalciferol aus Ergosterin (Abb. 16). Die Präcalciferole entstehen durch Bestrahlung bei tiefer Temperatur und werden beim Erwärmen zu Vitamin D umgelagert.

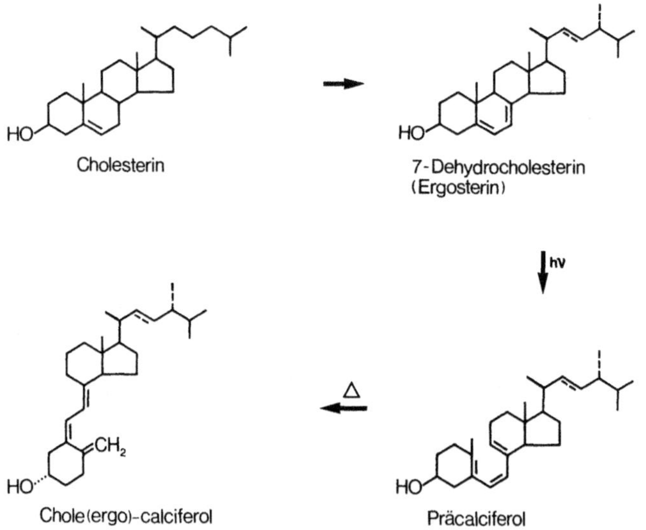

Abb. 16. Technische Herstellung der D-Vitamine

25-Hydroxy- und 1,25-Dihydroxycholecalciferol sind sehr aktive Metabolite, die gegenwärtig zur klinischen Erprobung synthetisiert werden. 25-Hydroxycholecalciferol entsteht in der Leber aus Vitamin D_3 und wird in der Niere in 1,25-Dihydroxycholecalciferol umgewandelt (Abb. 17). Letzteres reichert sich in der Darmwand und in den Knochen an und dürfte für die Resorption des Calciums verantwortlich sein.

Vitamin E oder α-Tocopherol wird in sehr großen Mengen als unbedenkliches, natürliches Antioxidans verwendet. Das Acetat von d-α-Tocopherol kristallisiert in langen Nadeln. d-α-Tocopherol oder natürliches α-Tocopherol wird durch Methylierung eines Tocopherol-Gemisches gewonnen, das bei der Raffinierung vegetabilischer Speiseöle durch Dampfdestillation anfällt (Abb. 18).

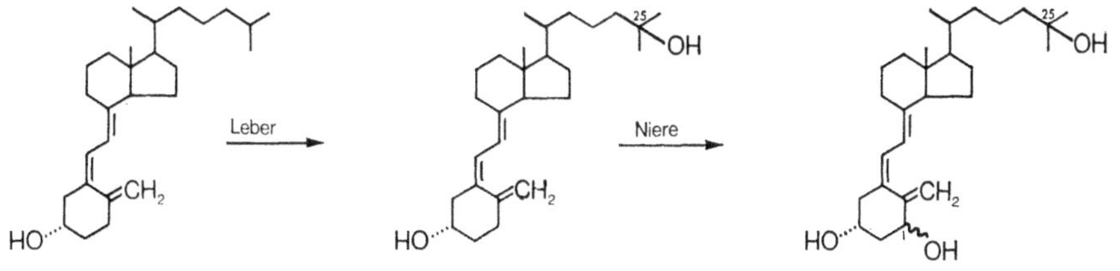

Cholecalciferol (Vitamin D_3) — 25-Hydroxycholecalciferol — 1,25-Dihydroxycholecalciferol

Abb. 17. Vitamin D_3-Metabolite

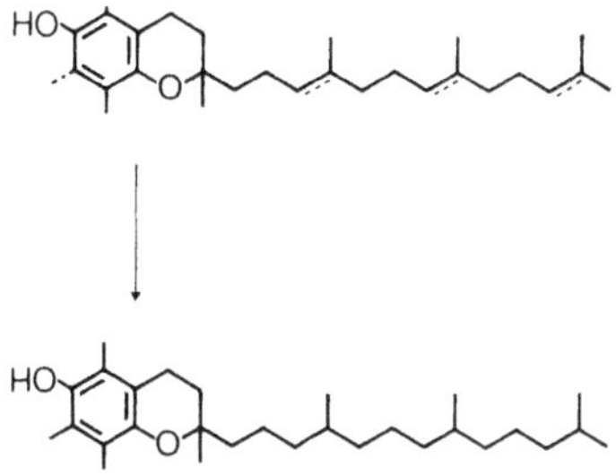

d-α-Tocopherol

Abb. 18. Gewinnung von d-α-Tocopherol

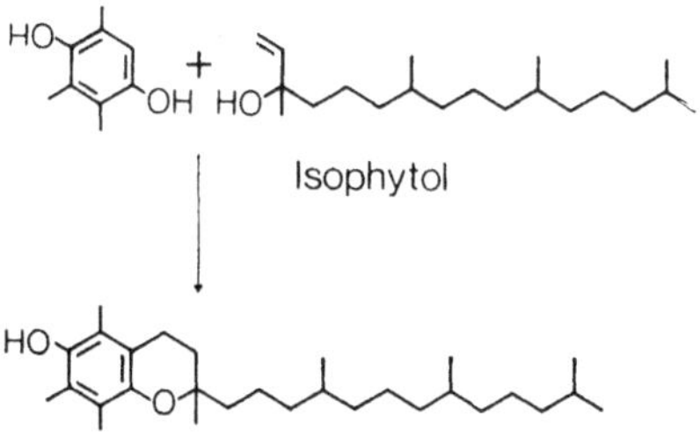

dl-α-Tocopherol

Abb. 19. Technische Synthese von dl-α-Tocopherol

dl-α-Tocopherol oder racemisches α-Tocopherol wird durch Kondensation von Trimethylhydrochinon mit Isophytol hergestellt (Abb. 19). Letzteres wird in einer zwölfstufigen Synthese aus Aceton und Acetylen unter sukzessiver Kettenverlängerung um zwei und drei Kohlenstoffatome aufgebaut. Handelsformen sind d- und dl-α-Tocopherol und die stabileren α-Tocopherolacetate.

Die technische Synthese von Vitamin K_1 oder Phyllochinon erfolgt durch Kondensation von Phytol oder Isophytol mit dem Monobenzoat von 2-Methylnaphthohydrochinon (Abb. 20). Handelsformen sind Vitamin K_1 und Derivate des Methylnaphthochinons.

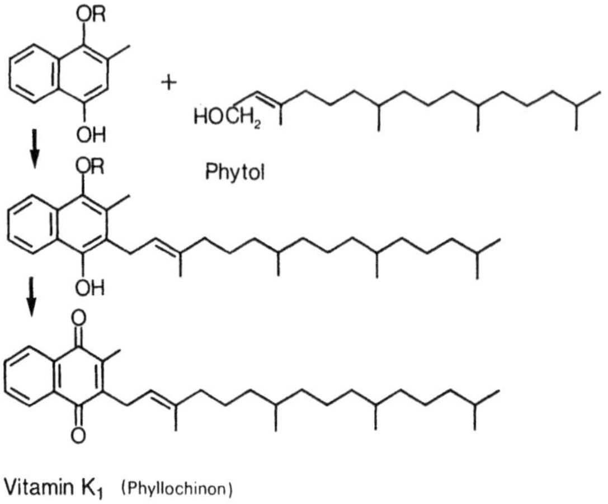

Abb. 20. Technische Synthese von Vitamin K_1

Ich erwähne, daß für den Zusatz der fettlöslichen Vitamine zu Nahrungs- und Futtermitteln besondere Applikationsformen geschaffen wurden. Gebräuchlich sind Trockenpulver, in denen die fettlöslichen Vitamine in einer Matrix von Gelatine und Zucker dispergiert sowie gelegentlich mit Stärke überzogen sind, um sie gegen Oxidation zu schützen.

Wasserlösliche Vitamine

Ich beginne die Besprechung der wasserlöslichen Vitamine mit einigen typischen Mangelsyndromen (Abb. 21 und 22):

Vitamin C:	Skorbut (Mensch)
B_1:	Polyneuritis (Taube)
B_6:	Dermatitis (Ratte)
B_{12}:	Embryonalmortalität (Küken)
B_2:	Lähmungen (Schwein)
Nicotinsäureamid:	Dermatitis (Schwein)
Folsäure:	Depigmentierung (Küken)
Biotin:	Dermatitis (Nerz)

Auf molekularer Ebene beruht die Funktion der wasserlöslichen Vitamine C, B_2 und Nicotinsäureamid auf Wasserstoff-Transfer.

Vitamin C kommt als Redoxsystem Ascorbinsäure $\rightleftharpoons$ Dehydroascorbinsäure im Zellstoffwechsel aller lebenden Gewebe vor (Abb. 23). Die meisten Säugetiere können Vitamin C selbst synthetisieren. Nur beim Menschen, beim Affen und beim Meerschweinchen fehlt das Enzym Gulonoxidase, und auf diesen metabolischen Defekt ist es zurückzuführen, daß Ascorbinsäure für diese Spezies ein Vitamin ist.

C
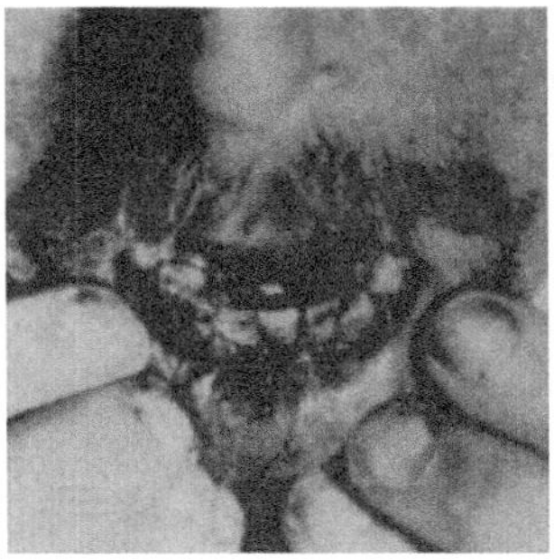

B_1

B_6
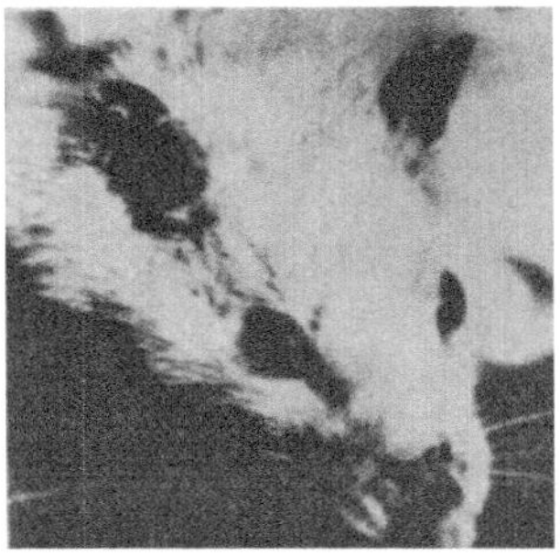
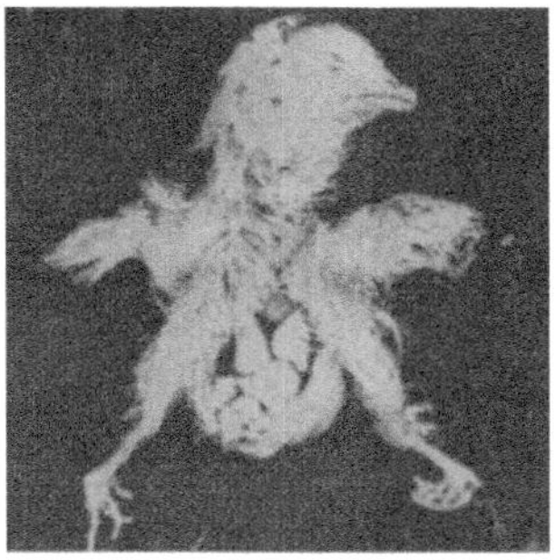
B_{12}

Ribo-
flavin

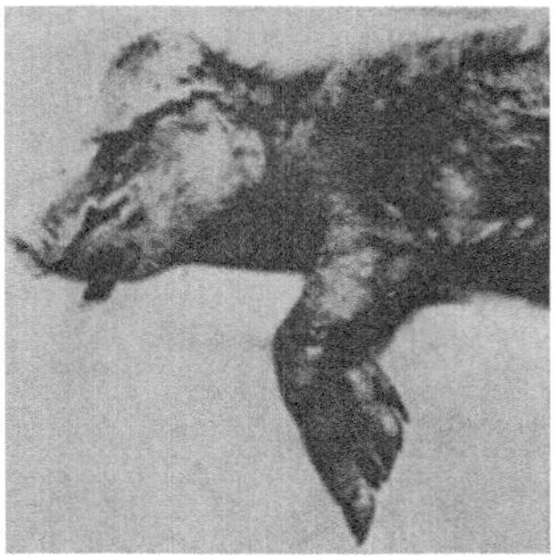
Nikotin-
amid

Folsäure

Biotin

Abb. 21 und Abb. 22 Mangelsyndrome

Das technische Verfahren verläuft ausgehend von Glucose über Sorbit, Sorbose, Diacetonsorbose, Diaceton-2-ketogulonsäure und 2-Ketogulonsäure zur Ascorbinsäure (Abb. 24). Es wurde vor 38 Jahren von *Tadeus Reichstein* konzipiert (Abb. 25). Handelsformen sind Ascorbinsäure, deren Natrium- und Calcium-Salze sowie das fettlösliche Ascorbylpalmitat.

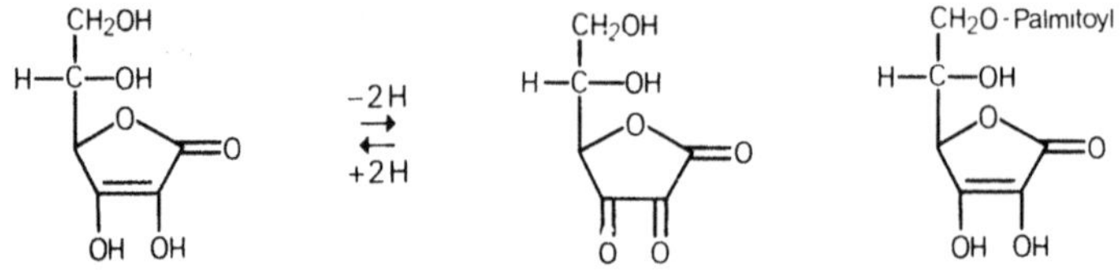

Ascorbinsäure — Dehydroascorbinsäure — Ascorbylpalmitat

Abb. 23. Vitamin C

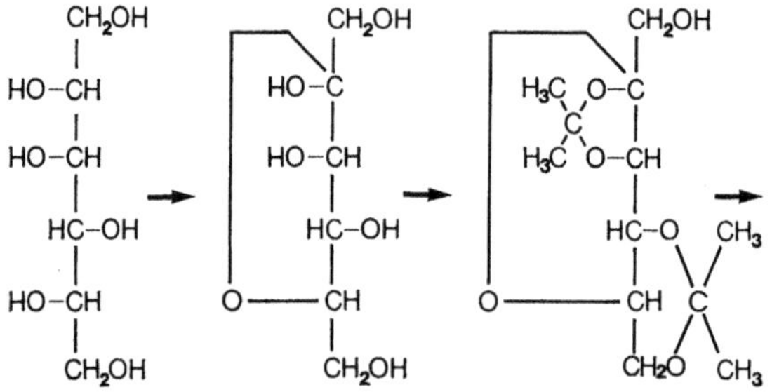

D-Sorbit (aus D-Glucose) — L-Sorbose — Diaceton-L-sorbose

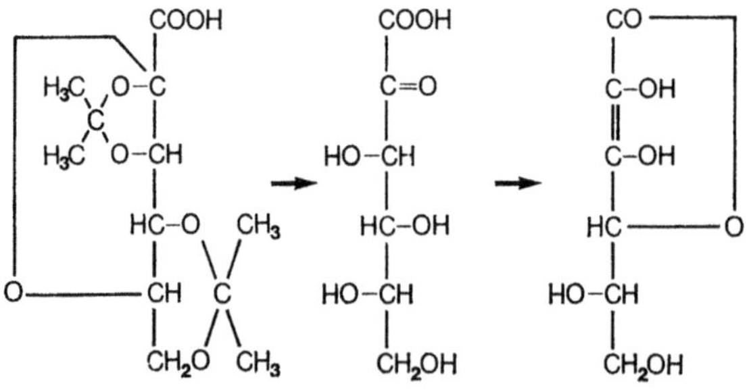

Diaceton-2-keto-L-gulonsäure — 2-Keto-L-gulonsäure — L-Ascorbinsäure

Abb. 24. Technische Synthese von Vitamin C

Der Vitamin C-Bedarf wird erhöht durch starke körperliche Beanspruchung, fiebrige Erkrankungen, Operationen und große Flüssigkeitszufuhr. In der Lebensmittelindustrie wird Ascorbinsäure als physiologisch unbedenkliches Antioxidans und zum Ersatz der beim Lagern und Kochen auftretenden Vitaminverluste angewandt. Große Mengen Vitamin C finden Verwendung zur Erhaltung von Farbe und Geschmack von Fruchtsäften und Konserven, als Pökelhilfsmittel in der Fleischindustrie, sowie zur Verbesserung der Backeigenschaften von Mehl und der Lagerungsfähigkeit von Bier und Wein. Der Weltverbrauch wird auf 20 000 Tonnen Ascorbinsäure geschätzt.

Abb. 25. *Tadeus Reichstein*

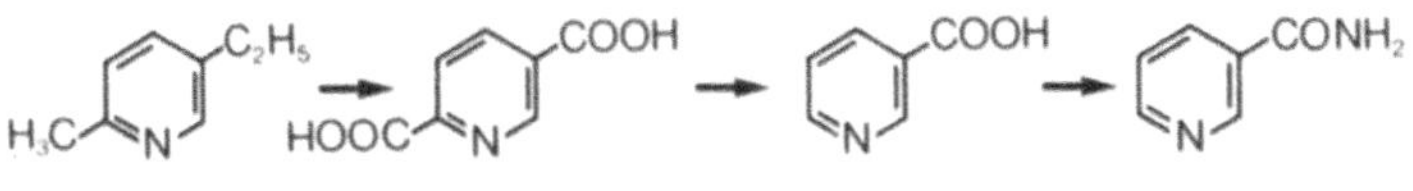

5-Äthyl-
2-picolin

Nicotinamid

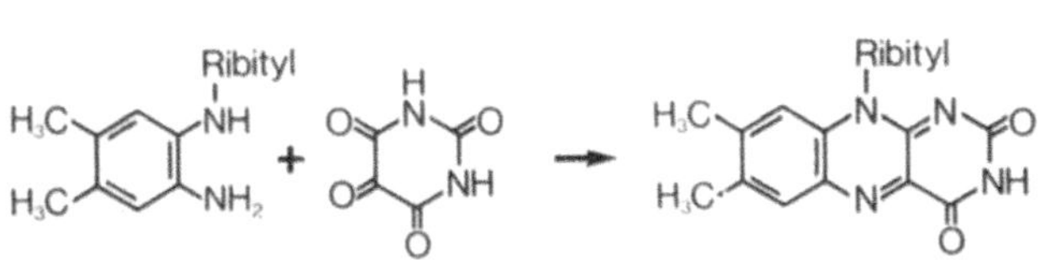

Ribitylamino- + Alloxan
Verbindung

Riboflavin

Abb. 26. Herstellung von Nicotinsäureamid und Vitamin B_2

Nicotinsäure kann aus einem Dialkylpyridin durch Oxidation und partielle Decarboxylierung, Vitamin B_2 oder Riboflavin kann durch Kondensation einer aromatischen Ribitylaminoverbindung mit Alloxan gewonnen werden (Abb. 26). B_2-Handelsformen sind das Riboflavin und das besser wasserlösliche Natrium-Salz von Riboflavinphosphat.

Nicotinsäureamid und Riboflavin dienen universell dem Wasserstoff-Transfer (Abb. 27). Nicotinsäureamid ist ein Baustein von Nicotinamid-adenin-dinucleotid = NAD. Bei der Wasserstoffaufnahme erfolgt Reduktion des Pyridinrings. Riboflavin ist ein Teil der prosthetischen Gruppe von etwa 60 bekannten Flavoproteinen, wobei das Isoalloxazin-System als reversibles Redoxsystem wirkt. Es gibt auch Flavoproteine, die Elektronen übertragen können. Der Erythrozyten-Glutathionreduktase-Test zur Erfassung subklinischer Mangelzustände gilt als sehr spezifisch.

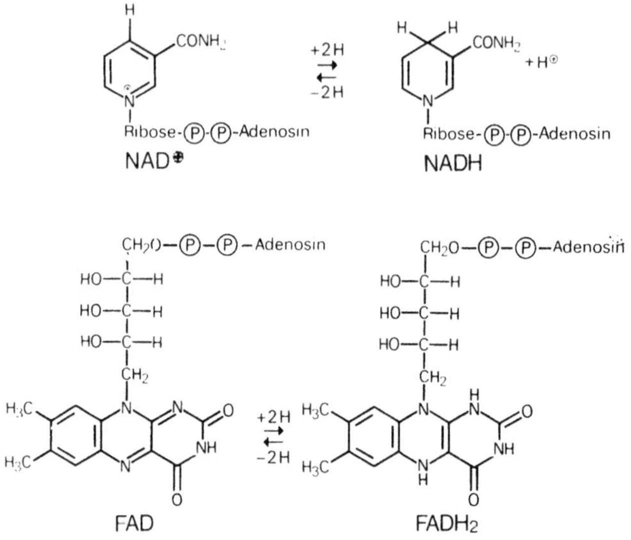

Abb. 27. Wasserstoff-Transfer

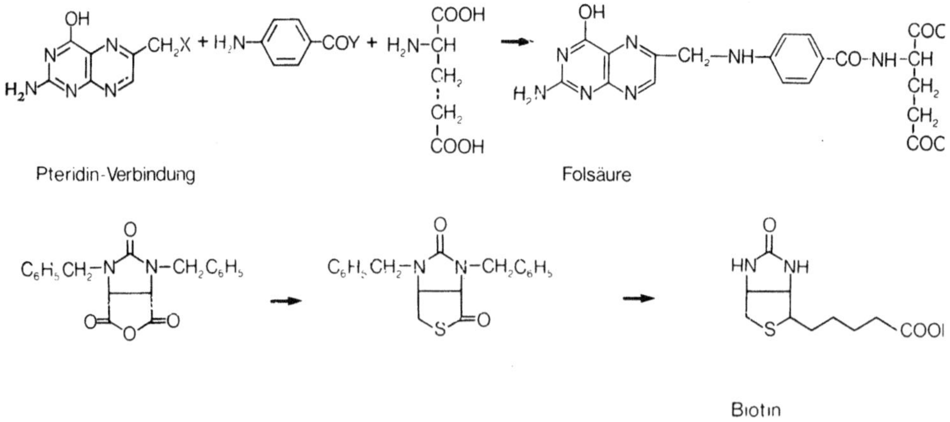

Abb. 28. Herstellung von Folsäure und Biotin

Wir verlassen die Coenzyme der Oxidoreduktasen und wenden uns den Coenzymen des C_1-Stoffwechsels zu.

Die Folsäure entsteht aus einer Pteridinverbindung, p-Aminobenzoesäure und Glutaminsäure. Biotin besitzt ein kondensiertes Ringsystem aus zwei Fünfringen und wird aus einem Dicarbonsäureanhydrid und dem entsprechenden Thiolacton durch Anfügen der Seitenkette gewonnen (Abb. 28).

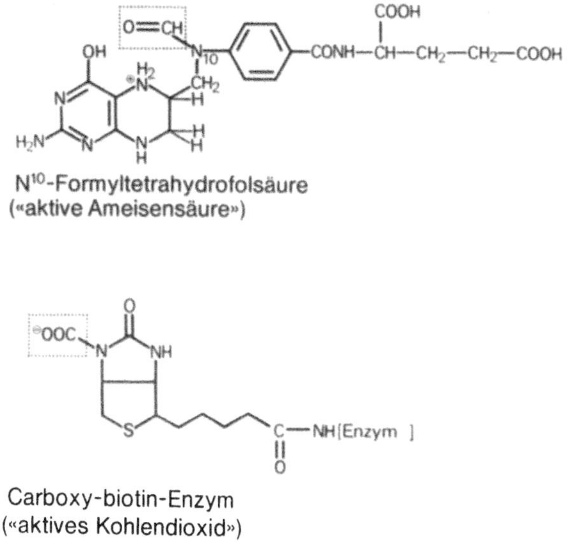

Abb. 29. C_1-Transfer

Abb. 30. *Feodor Lynen*

Die N^{10}-Formyltetrahydrofolsäure wird als „aktive Ameisensäure“ bezeichnet. Die Biotinenzyme werden mit Hilfe von ATP an einem der Stickstoffatome mit Kohlendioxid beladen (Abb. 29). Das so gebundene CO_2 stellt die aktive Form des Kohlendioxids dar, die zu Carboxylierungen bei Purin-, Harnstoff- und Fettsäuresynthesen dient. Ein wichtiges Beispiel im Fettsäurestoffwechsel ist die Überführung von Acetyl-Coenzym A in Malonyl-Coenzym A. Die Funktion der Biotinenzyme klärte *Feodor Lynen* auf (Abb. 30), dem ich für die Schlußtabelle „Vitamine und Coenzymfunktionen“ danke.

Die Pantothensäure wird durch Kondensation des Pantolactons mit β-Alanin gewonnen (Abb. 31). Handelsformen sind Calcium- und Natriumpantothenat

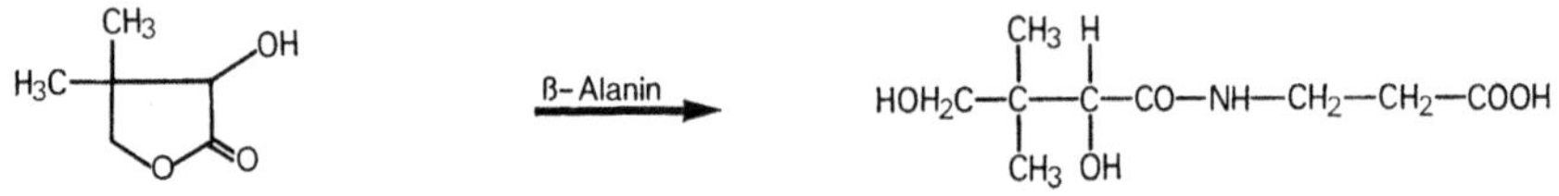

Pantothensäure

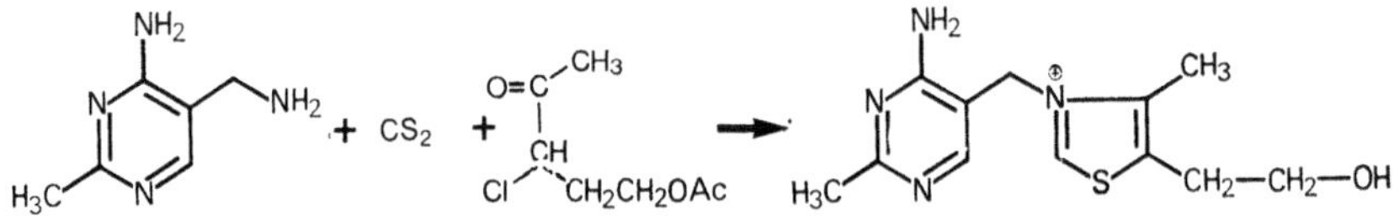

Thiamin

Abb. 31. Herstellung von Pantothensäure und Vitamin B_1

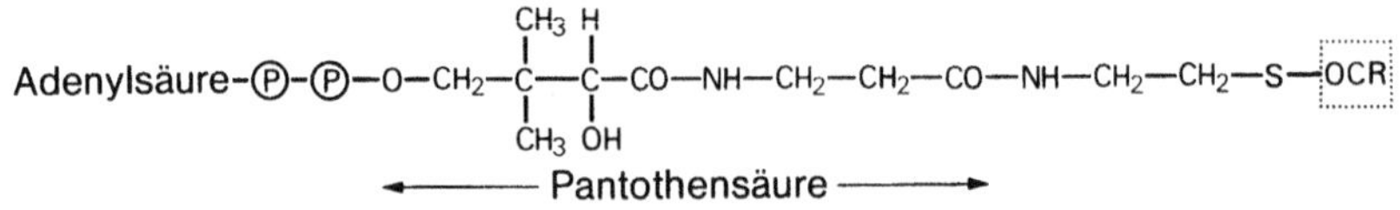

Coenzym A mit «aktivem Acyl»

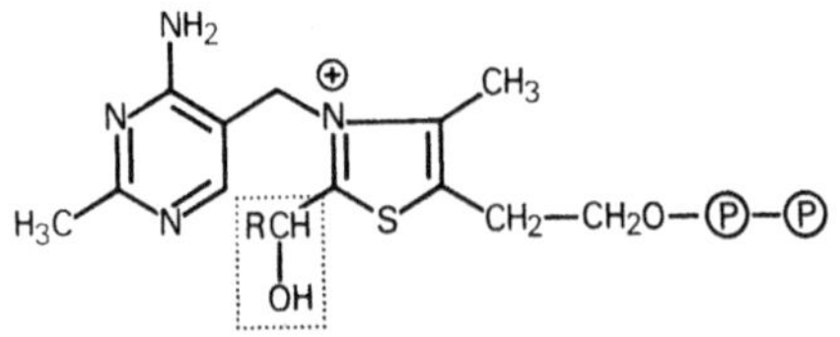

Cocarboxylase mit «aktivem Aldehyd»

Abb. 32. Acyl- und Aldehyd-Transfer

sowie Panthenol, die Alkohol-Vorstufe. In einer technischen Synthese von Vitamin B_1 wird das sog. *Grewe*-Diamin mit Schwefelkohlenstoff und anschließend mit Chloracetoxypentanon kondensiert. Bevorzugte Salze des Thiamins sind das Hydrochlorid und das Mononitrat. In Japan werden erhebliche Mengen von fettlöslichen Vitamin B_1-Spezialitäten verbraucht.

Pantothensäure ist der wesentliche Bestandteil des Coenzyms A, das in der Natur allgemein dem Acyl-Transfer dient (CoA = Coenzym der Acylierung) (Abb. 32). Das wichtige Acetyl-CoA, die „aktivierte Essigsäure", ist unentbehrlich für die Biogenese der Fettsäuren, Terpene und Steroide. Das Pyrophosphat von Vitamin B_1 ist die aktive Form. Die durch Thiaminpyrophosphatenzyme aus α-Ketocarbonsäuren gebildeten aktiven Aldehydgruppen werden am C-2 des Thiazolringes gebunden. Der „aktive Acetaldehyd" ist die wichtigste derselben und wird aus Brenztraubensäure gebildet. Zur Messung subklinischer Mangelerscheinungen kann man den Transketolase-Test verwenden.

Vitamin B_6 oder Pyridoxin wird heute durch *Diels-Alder*-Kondensation von Cyano- oder Alkoxyoxazolen mit einem C_4-Acetal gewonnen (Abb. 33). Das Pyridoxin-hydrochlorid ist die bevorzugte Handelsform.

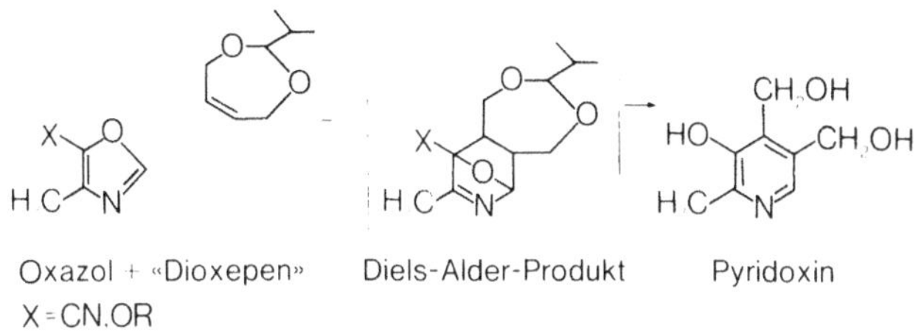

Abb. 33. Herstellung von Vitamin B_6

Der Organismus kann Pyridoxin leicht in Pyridoxalphosphat überführen. Dieses nimmt biochemisch eine zentrale Stelle im Aminosäurestoffwechsel ein (Abb. 34). Es ist gleichzeitig die prosthetische Gruppe von Aminotransferasen, Decarboxylasen, Lyasen und Racemasen. Zur Erfassung subklinischer Mangelzustände dient der Erythrozyten-Glutamat-Oxalacetat-Transaminase-Test (sog. EGOT-Test). In diesem Zusammenhang ist hervorzuheben, daß der Vitamin B_6-Bedarf bei 45 % aller schwangeren Frauen nicht optimal gedeckt ist.

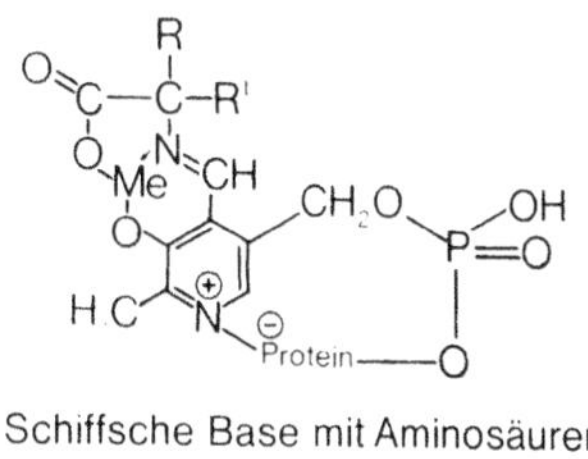

Abb. 34. Reaktionsweise pyridoxalhaltiger Enzyme

Vitamin B_{12} oder Cobalamin ist viel komplizierter gebaut als die übrigen Vitamine. Es wird durch Fermentation gewonnen. Cyanocobalamin kristallisiert in roten Prismen. Seine Totalsynthese wurde 1972 von den Schulen von *Woodward* und *Eschenmoser* nach 10jähriger enger Zusammenarbeit vollendet (Abb. 35 und 36).

Abb. 37 zeigt links ganz schematisch das Konzept der *Woodward/Eschenmoser*-Synthese sowie dasjenige einer weiteren Synthese von *Eschenmoser*. Die Synthese dieses komplexen Moleküls kann als ein Höhepunkt der Vitaminsynthese und allgemein der Naturstoffchemie bezeichnet werden. Die bevorzugte Handelsform ist das Cyanocobalamin. Im Hydroxycobalamin, einem anderen Handelspräparat,

Abb. 35. *Robert Burns Woodward*

Abb. 36. *Albert Eschenmoser*

ist das Cyanid-Ion durch eine Hydroxygruppe und im B_{12}-Coenzym durch Desoxyadenosin ersetzt (Abb. 38). Bisher wurden folgende Funktionen von B_{12}-Enzymen festgestellt:

a) Isomerisierung von Dicarbonsäuren, z. B. Carboxylverschiebung bei der Umwandlung von Methylmalonsäure in Bernsteinsäure
b) Umwandlung von 1,2-Propandiol in Propionaldehyd
c) Öffnen von S-S-Bindungen
d) Beteiligung am C_1-Metabolismus via Folsäure-Enzyme.

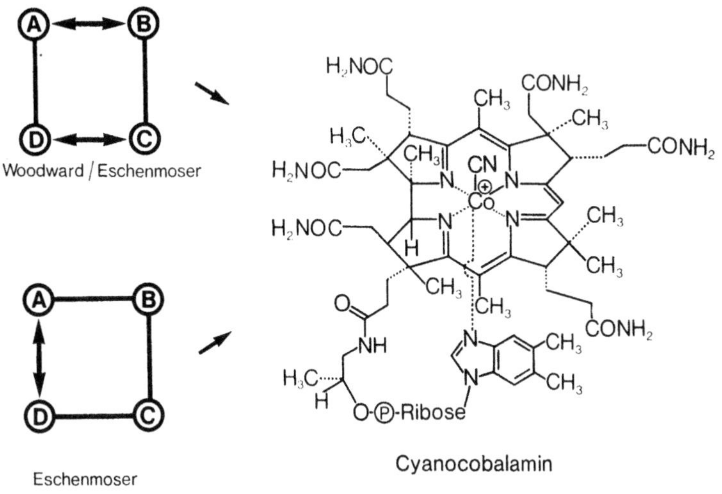

Abb. 37. Totalsynthese von Vitamin B_{12}

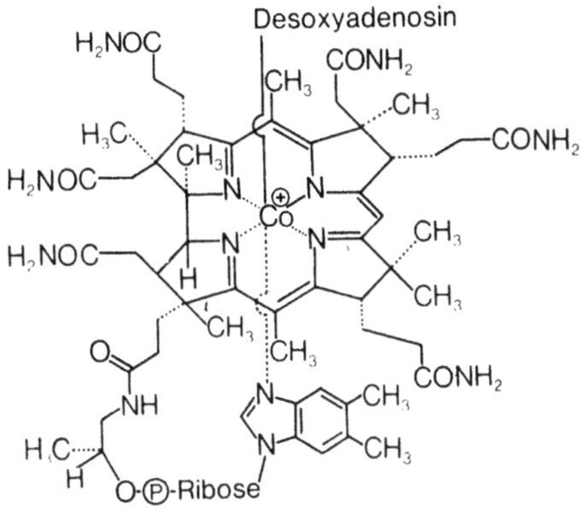

Abb. 38. B_{12}-Coenzym

Tab. 2. Vitamine und Coenzymfunktionen

Vitamin	Funktion
Riboflavin (B_2)	Wasserstoff- und Elektronentransfer
Nicotinsäureamid	Wasserstoff-Transfer
Folsäure	Formyl-Transfer
Biotin	CO_2-Transfer
Pantothensäure	Acyl-Transfer
Thiamin (B_1)	Aldehyd-Transfer
Pyridoxin (B_6)	NH_2-Transfer und andere Funktionen im Aminosäure-Metabolismus
Cobalamin (B_{12})	Isomerisierungen, Dehydrierungen und Methylierungen

Ich rekapituliere die Coenzym-Funktionen an Hand der Tab. 2 von *Lynen*. Riboflavin ist beteiligt am Wasserstoff- und Elektronen-Transfer, Nicotinsäureamid am Wasserstoff-Transfer. Folsäure ist verantwortlich für den Formyl- und Biotin für den CO_2-Transfer. Pantothensäure ist das Agens für den Acyl- und Thiamin dasjenige für den Aldehyd-Transfer. Pyridoxin bewirkt den NH_2-Transfer und steuert zusätzlich mannigfaltige Reaktionen im Aminosäure-Metabolismus. Cobalamin bewirkt Isomerisierungen, Dehydrierungen, Reduktionen und Methylierungen.

Abb. 39. *Duilio Arigoni*

Wasserlösliche Vitamine sind also wesentliche Bestandteile von Coenzymen, welche bei allen Lebewesen für den Ablauf lebenswichtiger Reaktionen unentbehrlich sind. Diese Reaktionen verlaufen stereospezifisch. Neuere Untersuchungen in den Laboratorien von *Arigoni* (Abb. 39) haben die Aufklärung des chiralen Verlaufes solcher Reaktionen zum Gegenstand.

Die Herstellung stabiler Polyvitaminpräparate erfordert großes galenisches Können. Zur Vitaminierung von Lebens- und Futtermitteln wurden für die Vitamine B_1, B_2, B_6 und für Nicotinsäureamid eingehüllte Formen entwickelt. Ich erwähne, daß sich die Vitaminierung des Tierfutters explosionsartig entwickelt hat.

Schlußbemerkungen

Abb. 40 illustriert in logarithmischer Aufzeichnung das schnelle Anwachsen der Weltproduktion und die eindrückliche Verbilligung der Durchschnittspreise des Vitamins A. Bei den anderen Vitaminen verlief die Entwicklung ähnlich. Seit 1945 sind die Preise der Vitamine C, B_1 und B_2 auf 10 %, von Vitamin A und Calciumpantothenat auf 3 % und diejenigen der Vitamine E und B_6 auf 2 % der ursprünglichen Werte gesunken. Seit man die Vitamine in großindustrieller Synthese produzieren kann, sind sie zu preiswerter Massenware geworden. Da sie als hochwirksame Wirkstoffe nur in geringer Konzentration benötigt werden, macht der übliche Zusatz der 13 Vitamine je Tonne Tierfutter nur 0,6–1 % der Kosten aus. Bei Lebensmitteln ist dieser Prozentsatz noch geringer, weil Lebensmittel teurer als

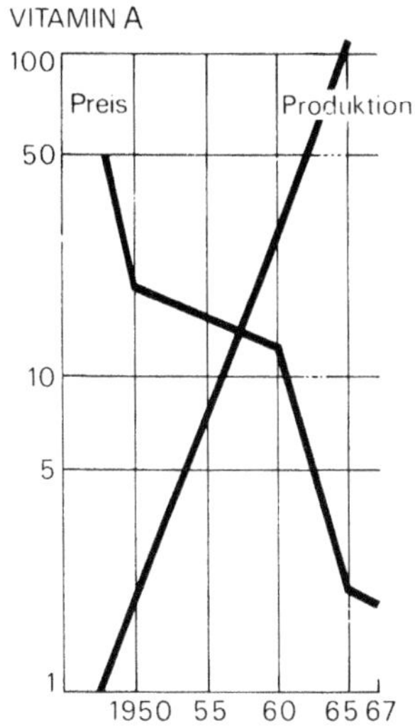

Abb. 40. Weltproduktion und Preisentwicklung von Vitamin A

Futtermittel sind. Dank dieser Entwicklung ist die Vitaminierung von Lebensmitteln auch für Entwicklungsländer erschwinglich geworden, in denen noch heute Kinder durch Vitaminmangel gesundheitlichen Schaden für ihr ganzes Leben nehmen.

Zusammenfassung

Die beiden Gruppen der Vitamine, die fettlöslichen und die wasserlöslichen, werden beschrieben, ebenso ihre Wirkungsweise, soweit sie heute bekannt ist, und ihre wichtigsten Anwendungen in Lebens- und Futtermitteln.

Mit Ausnahme des Vitamins B_{12}, das immer noch durch Fermentation gewonnen wird, können heute alle Vitamine technisch durch Synthese hergestellt werden. Auf diese Weise kann der große Bedarf ökonomisch günstig gedeckt werden. Diese Synthesen werden kurz vorgestellt.

Neben den heute etablierten Verwendungen zeichnet sich besonders die Bedeutung der Vitamine als Zusätze zu künstlichen Nahrungsmitteln, z. B. Proteinen aus Fermentationsprozessen ab.

Résumé

Les deux groupes de vitamines, liposolubles et hydrosolubles, sont passés en revue ainsi que leur mode d'action connu à ce jour et leur utilisation dans les produits alimentaires et les fourrages.

A l'exception de la vitamine B_{12}, que l'on obtient aujourd'hui encore par fermentation, toutes les autres vitamines peuvent être fabriquées par synthèse. Cela permet de couvrir d'une manière économiquement satisfaisante les besoins considérables. Les synthèses sont exposées brièvement.

En plus de leur utilisation habituelle, les vitamines prennent de plus en plus d'importance comme additifs des produits alimentaires artificiels, par example, ajoutées aux protéines obtenues par fermentation.

Summary

The two groups of vitamins, the fat-soluble and the water-soluble ones, are described as well as their mode of action as known today and their main applications in foods and feeds.

Today all vitamins are manufactured by chemical synthesis with the exception of vitamin B_{12} which is still produced by fermentation. Thus, the high demand can be matched economically. The syntheses are described briefly.

Besides the established uses today, vitamins may have potential as supplements for artificial foodstuffs, e.g. proteins from fermentation processes.

Literatur

Sebrell, W. H., Jr., and R. S. Harris, Eds., The Vitamins, 2nd Edn., Vol. I—V (New York 1967 ff.). — *Tschesche, R., F. Reiff, F. v. Werder, W. Nübling, R. Strohecker, U. Schwieter, H. Gutmann, H. Mayer* und O. *Isler,* Vitamine, in: Ullmanns Encyklopädie der technischen Chemie, 3. Aufl., Hrsg. *W. Foerst,* 18 Bd. (München 1967), 177. — Vitamins and Hormones **1** (1943) ff., insbes. **18** (1960) (Vitamins A and Carotene), **20** (1962) (Vitamins E), **22** (1964) (Vitamin B_6), **24** (1966) (Vitamins K and Related Quinones), **26** (1968) (Vitamin-Related Anemias), **28** (1970) (Structures and Functions of Vitamin-Dependent Enzymes). — *Wagner, A. F.,* und *K. Folkers,* Vitamins and Coenzymes (New York 1964). — *Morton, R. A.,* Ed., Fat-Soluble Vitamins, in: International Encyclopaedia of Food and Nutrition, *H. M. Sinclair* et al., Eds., Vol. 9 (Oxford 1970). — *Kühnau, J.,* Ed., Water-Soluble Vitamins, in: International Encyclopaedia of Food and Nutrition, *H. M. Sinclair* et al., Eds., Vol. 10 (Oxford, in press). — „Vitamine", in: Fermente, Hormone, Vitamine, 3. Aufl., Hrsg. *R. Ammon* und *W. Dirscherl,* Band III (Stuttgart, in Vorbereitung). — *Brubacher, G., W. Hausheer, O. Wiss* und *G. Huschke,* Vitamine, im „Handbuch der Lebensmittelchemie", Hrsg. *J. Schormüller* et al., 1. Bd. (Berlin-Göttingen-Heidelberg 1965), 933. — *Fragner, J.,* Hrsg., Vitamine, Band I und II (Jena 1964 und 1965). — „Vitamin-Compendium" (Basel 1970). — *Marks, J.,* The Vitamins in Health and Disease (London 1968). — *Goodwin, T. W.,* The Biosynthesis of Vitamins and Related Compounds (London 1963). — *Morton, R. A.,* The History of Vitamin Research, Int. Z. Vitaminforschg. **38,** 5 (1968).

Anschrift des Verfassers:
Dr. O. *Isler*
F. Hoffmann-La Roche & Co. AG, Basel/Schweiz

2.

Vitaminzusatz zu Lebensmitteln

Von O. *Raunhardt* (Basel)

Mit 5 Abbildungen und 7 Tabellen

Einleitung

Ernährungsprobleme sind keine Erscheinung der Neuzeit, sie traten zusammen mit dem ersten Leben auf unserem Planeten auf. Standortgebundene Organismen müssen mit den in ihrer direkten Umgebung natürlicherweise vorkommenden Nährstoffen auskommen, während ortsungebundene Menschen auf ihrer Wanderschaft eine reichere Auswahl antreffen. Der Mensch in industrialisierten Ländern steht dank des Einsatzes von Transportmitteln, Lagereinrichtungen und technologischer Verfahren aller Art vor einer riesigen Auswahl; aus dem früheren Sammler, Jäger und Ackerbauern – einem Produzenten also – ist im Verlaufe der Zeit immer mehr ein Stadtmensch geworden, ein reiner Konsument mit meist recht passivem Verhalten gegenüber der Nahrungsmittelbeschaffung. Distanzen schrumpfen, Jahreszeiten scheint es nicht mehr zu geben und aus unattraktiven Rohstoffen werden Leckerbissen zubereitet. Mißernten führen bei uns nicht mehr zu Hungersnöten, wie sie früher immer wieder vorkamen, und die Technik würde uns sogar erlauben, daß hungrige Bäuche fast vollständig der Vergangenheit angehören könnten ...

Das Ziel unserer Vorfahren galt vornehmlich der kalorischen Sättigung. Mangelerscheinungen infolge ungenügender Aufnahme von Wirkstoffen waren zwar bekannt und konnten z. T. auf Grund der Erfahrung und guter Beobachtung vermieden werden. Die ungeheure Entwicklung der Technik und damit auch der Lebensmittelverarbeitung, begonnen in der zweiten Hälfte des vorigen Jahrhunderts und sich ständig beschleunigend, hat aus dem Problem der Unterernährung in den Industrieländern ein solches der Übersättigung werden lassen, dessen Ur-

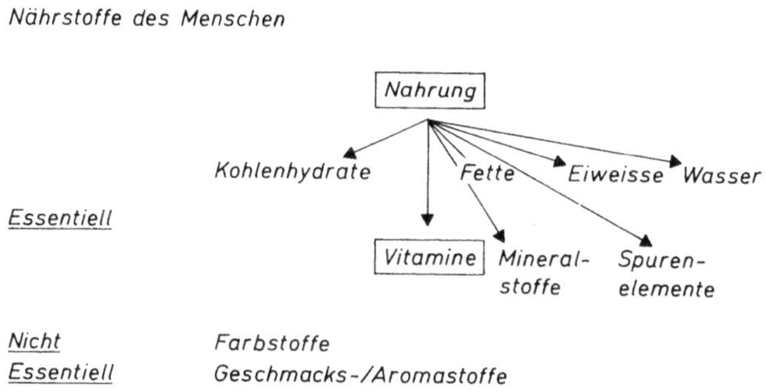

Abb. 1. Erläuterung s. S. 26.

sachen sowohl in der stark verminderten physischen Beanspruchung weiter Bevölkerungskreise liegen, wie vor allem auch in der zu großen Nahrungsmenge, verzehren wir doch zu viel dieser wohlschmeckenden, raffinierten und meist kalorienreichen, aber ballaststoffarmen Lebensmittel. Für unsere Gesundheit sind die bei der Verarbeitung der landwirtschaftlichen Produkte entstehenden Verluste an Wirkstoffen, so auch an Vitaminen, von Bedeutung.

Kalorische Unter- und Überernährung wirken sich nicht nur auf den Körperumfang aus, sondern es werden wichtige Stoffwechselfunktionen durch das Fehlen von Wirkstoffen gestört, was in extremen Fällen zu klinischen Mangelsymptomen (bei Hypovitaminosen z. B. Beriberi, Pellagra, Erblindung, Scorbut) führen kann.

Die moderne Ernährungslehre basiert auf den Erkenntnissen der Naturwissenschaften (Chemie, Biologie, Medizin). So wurde in unserem Jahrhundert bewiesen, daß der Körper zu seiner Gesunderhaltung der regelmäßigen Zufuhr mehrerer Nahrungsstoffe bedarf (Abb. 1). Neben Eiweißen, Kohlenhydraten und Fetten, wobei diese untereinander teilweise austauschbar sind, braucht er die sogenannten essentiellen Nährstoffe, die er nicht selbst synthetisieren kann. Zu diesen zählen u. a. die essentiellen Aminosäuren und Fettsäuren, Mineralstoffe und Spurenelemente wie auch die Vitamine, denen wir uns im Folgenden zuwenden wollen.

Vitamin-Bedarf

Die Entwicklung und Verfeinerung von Analysenmethoden zum qualitativen und quantitativen Nachweis immer geringerer Mengen erlaubte – in Zusammenarbeit mit der Medizin und Biochemie – sowohl die Aufklärung der Auswirkungen eines Vitaminmangels auf die Körperfunktionen, wie auch die Bestimmung jener Vitamindosen, bei deren Aufnahme keine nachteiligen Folgen zu befürchten sind. In vielen Ländern wurde für die einzelnen Vitamine ein sogenannter ‚mittlerer Tagesbedarf' (1) festgelegt, in den USA wird dieser als RDA (*R*ecommended *D*ietary *A*llowances) (2) bezeichnet. Die Werte basieren auf den erwähnten Minimalmengen zur Verhütung von Mangelsymptomen, wozu ein Sicherheitszuschlag

Tab. 1. Mittlerer Tagesbedarf (Schweiz)[1] resp. RDA (USA)[4] der Vitamine

Vitamin	Schweiz	USA*)
A	5000 I.E.	5000 I.E.
D	450 I.E.	400 I.E.
E	10 mg	30 I.E.
K	3 mg	–
B_1	1.2 mg	1.5 mg
B_2	1.8 mg	1.7 mg
B_6	1.6 mg	2.0 mg
B_{12}	1 μg	6 μg
Biotin	–	0.3 mg
Folsäure	0.1 mg	0.4 mg
Niacin/-amid	15 mg	20 mg
Pantothensäure	10 mg	10 mg
C	75 mg	60 mg

*) Für die künftige Deklarierung vorgesehene RDA-Werte.

addiert wurde (Tab. 1). Sie sind wohl von Land zu Land etwas verschieden (vgl. z. B. 3), was auf gewisse unterschiedliche Interpretationen und Extrapolationen von Tierversuchen auf den Menschen zurückzuführen ist; für die meisten Vitamine ist die Übereinstimmung jedoch gut.

Zusatz von Vitaminen

Für keine andere Ernährungskomponente wie für die Vitamine gilt, daß der menschliche Bedarf gedeckt werden kann unabhängig von den Lieferungen der Natur. Nachdem die Vitamine und ihre Funktionen bekannt, ihre chemische Struktur aufgeklärt und Prozesse für ihre industrielle Synthese gefunden waren, ließen sich Nahrungsmittel aller Art damit aufwerten und es sollte heute möglich sein, die Mangelerscheinungen weltweit zum Verschwinden zu bringen.

Jeder Zusatz von Vitaminen wird vom Laien meist einfach als ‚Vitaminierung' bezeichnet, doch wir wollen hier die verschiedenen Definitionen (5) diskutieren, wie sie oft in der Praxis verwendet werden. Mit diesen Begriffen läßt sich der Zweck der Vitaminzugabe in einem Wort ausdrücken. Die Differenzierung basiert weitgehend auf dem natürlichen Vorkommen der Vitamine in unseren Nahrungsmitteln (6); die fettlöslichen Vertreter sind in der Natur assoziiert mit Fetten/Ölen, während die wasserlöslichen wohl in sehr vielen Lebensmitteln vorkommen, für die Ernährung aber nur eine recht kleine Zahl von Nahrungsmitteln als wichtige Lieferanten von Bedeutung sind.

Kommen wir nun auf die einzelnen Definitionen und besprechen gleichzeitig die Technik der Vitaminbeimischung.

– *Vitaminierung im engeren Sinn:* Vitamin-Zusatz zu Lebensmitteln, die zwar einen idealen Träger für ein bestimmtes Vitamin darstellen, jedoch natürlicherweise dieses Vitamin nicht (oder nur in unbedeutenden Mengen) enthalten.

  Beispiele: Margarine (Vitamine A, D), Kindernährpräparate (alle Vitamine).

Tab. 2. Länder mit gesetzlicher Margarinevitaminierung

	Vitamin	Menge (Minimum – Maximum)
Vereinigtes Königreich	A	760–940 I.E./ounce
	D	80–100 I.E./ounce
Dänemark		
Margarine (gewöhnliche)	A	24 000 I.E./kg
	Provitamin A	6 000 I.E./kg (als β-Carotin)
	D	500 I.E./kg
Diätmargarine	A	wie Margarine
	Provitamin A	wie Margarine
	D	wie Margarine
	E	400 mg alpha-Tocopherol/kg Fett
Norwegen	A	20 000 I.E./kg
	D	2 500 I.E./kg
Niederlande	D3	nicht mehr als 3 000 I.E./kg
	(Vitamin A auf freiwilliger Basis)	
Kolumbien	A	20 000–30 000 I.E./kg
	D	2 000– 4 000 I.E./kg
Indien (Vanaspati)	A	nicht weniger als 25 000 I.E./kg

In der Zeit des ersten Weltkrieges traten in Dänemark klinische Symptome einer Hypovitaminose A auf. Als Ursache der Erkrankungen wurde der Ersatz von Butter durch Margarine erkannt; Butter enthielt also einen Stoff, der nicht in der Margarine war. Milchfett ist für den Menschen ein wichtiger Lieferant von Provitamin A (in Form von β-Carotin) und D, nicht aber die für die Margarine verwendeten Fette. Margarine – eine Öl-Wasser-Emulsion – war gegen Ende des letzten Jahrhunderts als billiger Buttersatz auf den Markt gekommen. Auf Grund der beschriebenen Beobachtungen erklärte die dänische Regierung darauf den Zusatz von Fischleberöl (hoher Vitamin A-Gehalt) zu Margarine als obligatorisch (cit. bei 7). Der Erfolg dieser Maßnahme blieb nicht aus und später wurde die Vitaminierung von Margarine auch in anderen Ländern gesetzlich vorgeschrieben (Tab. 2). In den meisten Ländern wird die Margarine heute auf freiwilliger Basis vitaminiert und die entsprechenden Gehalte auf der Packung deklariert. Einer kürzlichen Übersicht (8) ist zu entnehmen, daß die Deklarationen am häufigsten in folgenden Bereichen liegen:

Vitamin A:	20 – 30 000 I.E./kg
Vitamin D:	2 – 3 000 I.E./kg
Vitamin E:	200 – 300 mg/kg

Ein Teil des Vitamin A wird häufig in Form von β-Carotin (Provitamin A) zugesetzt, dem natürlichen Farbstoff von Milchfett, das der Margarine eine butterähnliche Farbe verleiht und im menschlichen Körper in Vitamin A umgewandelt wird. Im Falle der Verwendung tocopherolreicher Öle kann der Vitamin E-Zusatz entsprechend reduziert werden.

In der Margarinefabrik werden vorerst die Vitamine in Öl zu einer Stammlösung verdünnt. Im Batch-Verfahren wird davon jeder Charge die notwendige Menge vor der Emulgierung beigefügt, in der kontinuierlichen Fabrikation wird die Stammlösung dem Ölstrom laufend zudosiert.

Als weiteres Beispiel für die eigentliche Vitaminierung seien die Kindernährpräparate genannt. Da das Kleinkind meist fast nur mit diesen Produkten, Milch und oft auch Fruchtsaft ernährt wird, ist die Vitaminversorgung durch die genannten Nahrungsmittel sicherzustellen und es hat sich weitgehend eingebürgert, die Wirkstoffe gesamthaft zuzusetzen.

– *Revitaminierung:* Ersatz von Verarbeitungsverlusten, d. h. Einstellung auf den natürlicherweise vorhandenen Vitamingehalt.
  Beispiele: Mehl und Brot (Vitamine B_1, B_2, B_6, PP; Eisen, Calcium).

Getreidesamen sind eine gute Quelle für die Vitamine der B-Gruppe. Auch wenn der Brotkonsum in neuerer Zeit zurückgegangen ist, bleibt Mehl weiterhin von großer Bedeutung, was deutlich wird, wenn der Verbrauch an Feingebäck berücksichtigt wird.

Das Fehlen anderer, von allen Bevölkerungskreisen verzehrten Nahrungsmitteln mit B-Vitaminen, ließ es schon kurz nach der Verfügbarkeit von synthetischen Vitaminen als äußerst wünschenswert erscheinen, Halbweißmehl und vor allem dem noch vitaminärmeren Weißmehl die bei der Vermahlung verloren gegangenen Vitamine (Abb. 2) (9) wieder zuzusetzen. In einigen Ländern wie dem Vereinigten Königreich und Dänemark ist diese Maßnahmen obligatorisch, während die Revitaminierung in den meisten andern Staaten freiwillig durchgeführt wird.

Der technische Vorgang der Zugabe ist auch hier einfach. Während der pneumatischen Förderung wird dem Mehlstrom durch eine Mikrodosiervorrichtung ein Vitaminpremix kontinuierlich beigefügt. Solche Vitaminmischungen sind im Handel, so z. B. unter dem Markennamen Rovifarin. Dieses enthält auch Eisen, da sich gezeigt hat, daß Mehl, resp. Brot, hierfür ein geeigneter Träger darstellt und zu einer besseren Eisenversorgung wesentlich beiträgt. Durch die Mehl-Revitaminierung erhält man in bezug auf die zugesetzten Vitamine ein dem Vollkornbrot entsprechendes Produkt und stellt damit einen wesentlichen Teil der Vitaminversorgung sicher (Abb. 3) (10). Es sei hier erwähnt, daß die amerikanischen Vor-

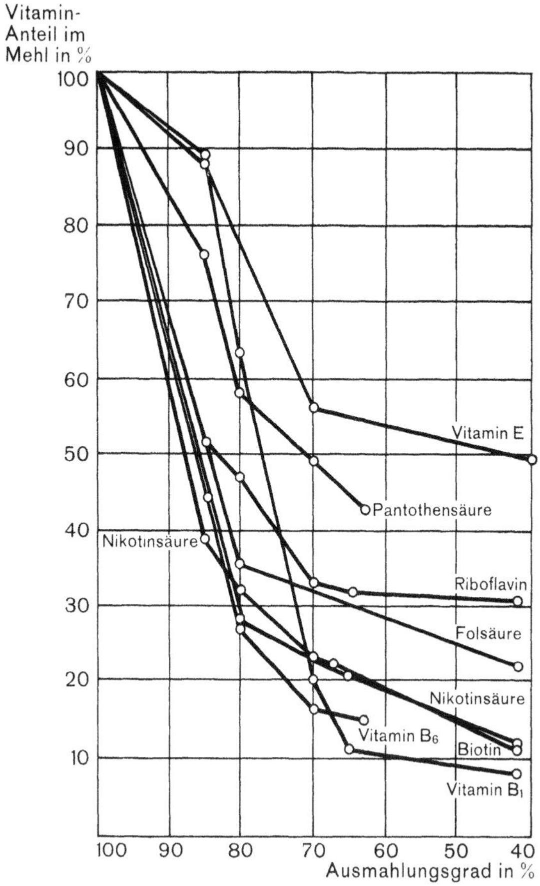

Abb. 2. Erläuterung s. S. 28.

schriften für vitaminiertes Mehl und Brot in Diskussion stehen (Tab. 3) (11), wobei die Zusätze wesentlich erhöht werden sollen. Diskussionen hat dabei nur das Eisen (Art und Menge) ausgelöst.

Tab. 3. Mehl- und Brotvitaminierung in USA (11)

	Mehl (mg/lb)		Brot (mg/lb)	
	heute	vorgeschlagen	heute	vorgeschlagen
Vitamin B_1	2.0— 2.5	2.9	1.1— 1.8	1.8
Vitamin B_2	1.2— 1.5	1.8	0.7— 1.6	1.1
Niacin	16.0—20.0	24.0	10.0—15.0	15.0
Eisen	13.0—16.5	40.0	9.0—12.5	25.0

— *Standardisierung:* Ausgleich naturbedingter (z. B. saisonaler) Schwankungen. Beispiele: Milch und Butter (Vitamin A, resp. β-Carotin), Gemüse- und Fruchtsäfte, Kartoffelprodukte (Vitamin C).

Der natürliche Vitamin A-Gehalt von Milchfett schwankt wesentlich im Laufe des Jahres (Abb. 4) (12), hoch ist er im Frühsommer bis Herbst, niedrig im Winter. Oft ist es gerechtfertigt, den Gehalt eines Lebensmittels auf einer bestimmten Höhe zu fixieren, damit der Bevölkerung eine gleichmäßige Zufuhr gesichert ist, unabhängig von Änderungen im Ausgangsprodukt.

	200 g nicht angereichertes Weissbrot (Ausmahlungsgrad 70%)	200 g Vollkornbrot (Ausmahlungsgrad 95%)	
Vitamine	deckt folgenden Prozentsatz des Tagesbedarfs	deckt folgenden Prozentsatz des Tagesbedarfs	Tagesbedarf
B_1	10%	50%	1,2 mg
B_2	2%	14%	1,8 mg
PP	8%	40%	15,0 mg
Eisen	12%	30%	15,0 mg

Abb. 3. Erläuterung s. S. 29.

Jahreszeitliche Schwankungen des Vitamin A-Gehaltes (x—x) und des ß-Carotin-Gehaltes (o···o) von Schweizer Vollmilch

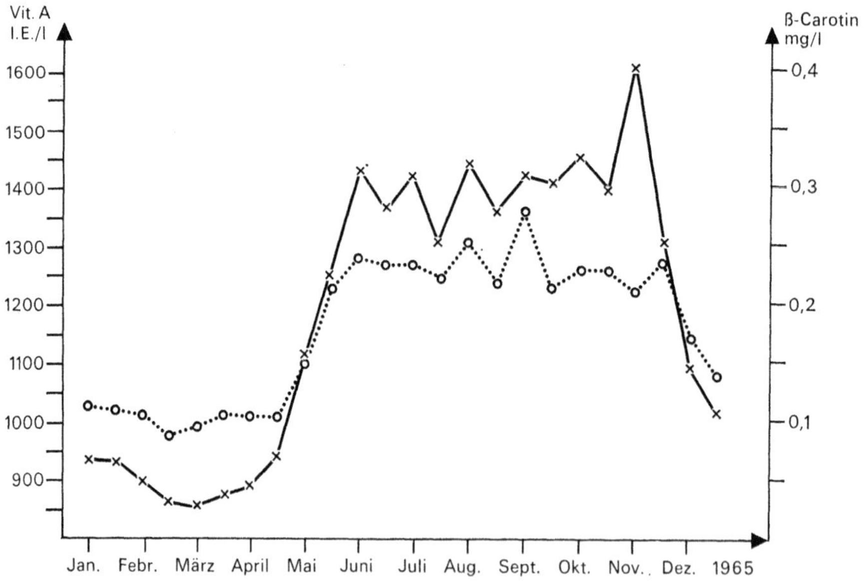

Abb. 4. Erläuterung s. Text oben.

Einen analogen Fall stellen die Kartoffeln dar. Dieser auch heute noch wichtige Vitamin C-Spender verliert während der winterlichen Lagerung (Abb. 5) (13) einen großen Teil der bei der Ernte in maximaler Konzentration vorliegenden

Ascorbinsäure. Eine Standardisierung des Vitamin C-Gehaltes in verarbeiteten Kartoffelprodukten wie Kartoffelstock-Pulver ist möglich und wird praktiziert, so z. B. in einem Produkt in USA, wobei auch der Gehalt von anderen Vitaminen garantiert wird.

– *Anreicherung:* Zusatz über den ursprünglich vorhandenen natürlichen Gehalt hinaus.

  Beispiele: Fruchtsäfte, fruchtsafthaltige Getränke, Tomatensaft (Vitamin C).

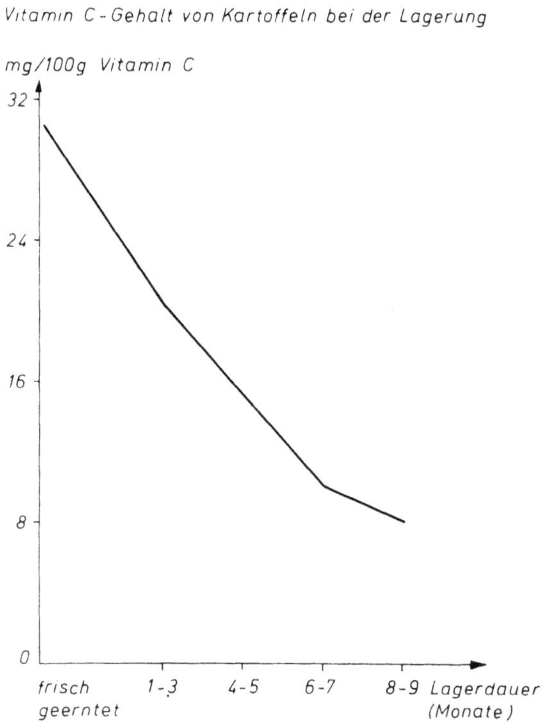

Abb. 5. Erläuterung s. S. 30 u. 31.

Obst- und Fruchtsäfte sind ebenfalls wichtige Vitamin C-Lieferanten, jedoch sind sie oft teuer. So haben sich billigere Getränke eingebürgert, die z. T. aus Wasser, Zucker, Essenzen und evtl. Farb- und Trubstoffen bestehen oder, was sehr oft der Fall ist, einen gewissen Anteil an natürlichem Fruchtsaft enthalten. Diese letzte Kategorie kann, um sie appetitlicher zu machen, mit Carotinoiden gefärbt werden. Um die fruchtsafthaltigen Getränke aufzuwerten, hat sich der Zusatz von Vitamin C eingebürgert. Die zuzusetzende Menge – am besten in wenig Wasser oder Fruchtsaft vorgelöst – wird dabei so bemessen, daß der Gehalt wesentlich höher liegt, als im Fertiggetränk auf Grund des Fruchtsaftanteils erwartet würde. Neben der Anreicherung bewirkt die Ascorbinsäure auch die Stabilisierung der oxydierbaren aromatischen Verbindungen (Antioxydans).

Nachdem diese vier Begriffe diskutiert und an Beispielen erläutert wurden, soll nicht verschwiegen sein, daß in der Praxis oft eine Vitaminierung mit einer Anreicherung, so u. U. bei Margarine, oder eine Revitaminierung mit einer Vitaminierung, z. B. einem Feingebäck mit einer Vitamin C-haltigen Crèmefüllung, kombi-

Tab. 4. Anwendungsformen von Vitaminen für Lebensmittel

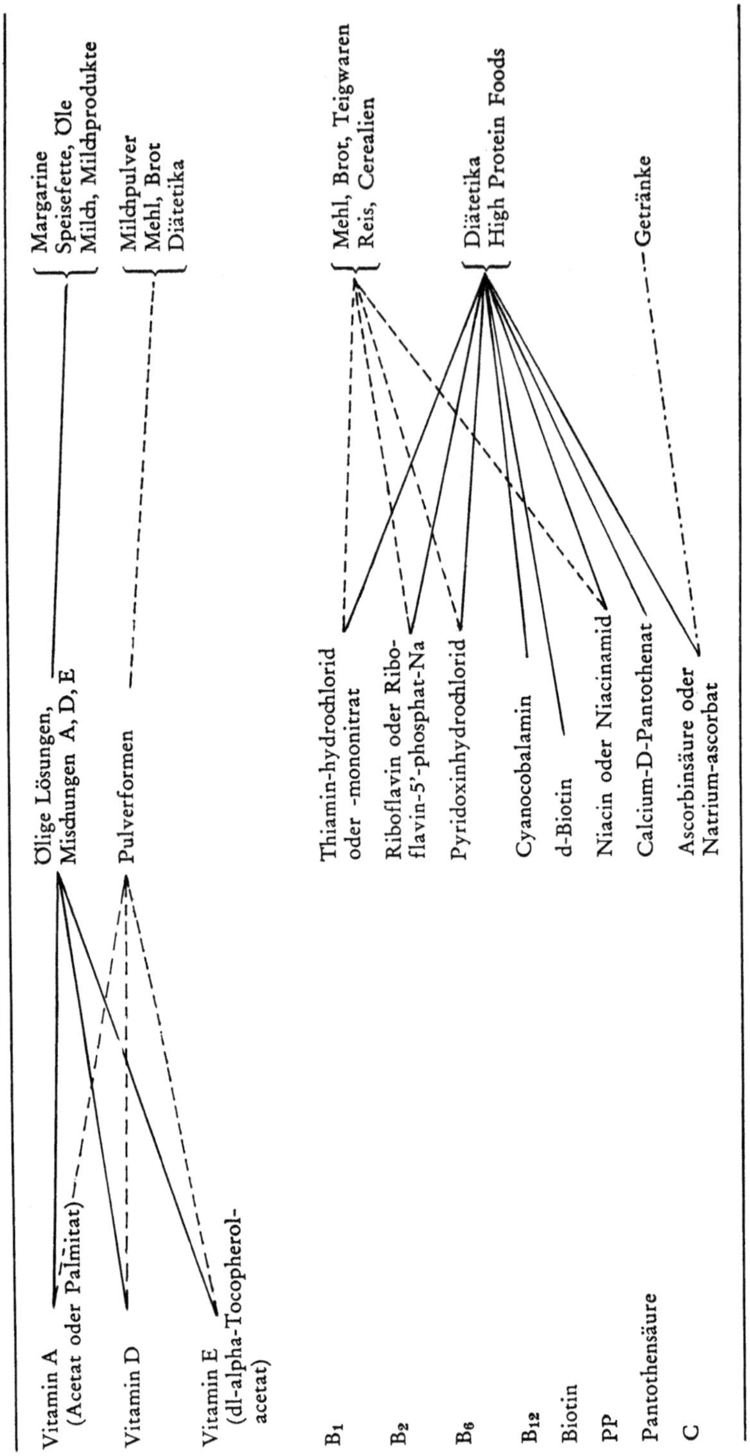

niert wird. Der tägliche Bedarf an Vitaminen liegt im mg-Bereich oder darunter. Solche geringen Mengen, oder im Falle einer partiellen Vitaminierung entsprechend weniger, sind also homogen in den täglich konsumierten Mengen an Lebensmitteln zu verteilen.

Die physikalischen und chemischen Eigenschaften der Vitamine verlangten in mehreren Fällen die Entwicklung besonderer Anwendungsformen. Tab. 4 enthält für die wichtigsten Vitamine die Anwendungsformen und deren Anwendungsbereiche. Die öligen Vitamine A, D und E eignen sich direkt für die Einarbeitung in Margarine, Öle und Fette und daraus hergestellte Produkte. Für pulverförmige Lebensmittel mußten von diesen Wirkstoffen pulvrige Anwendungsformen entwickelt werden, wozu sich in den meisten Fällen auch die reinen Vitamine der B-Gruppe und Vitamin C eignen.

Die Stabilität wird beeinflußt durch Feuchtigkeit, pH, Metalle, Temperatur und Lagerdauer (Tab. 5). Deswegen sind Kontrollanalysen zur Garantierung des deklarierten Gehaltes sowie zur Prüfung der homogenen Verteilung notwendig.

Tab. 5. Übersicht der Vitamin-Stabilität (14, 15)

Vitamin	stabil in Lebensmitteln pH Bereich	Optimum	mögliche Probleme
Vitamin A-Palmitat	3—9	6—8	oxydationsempfindlich
Vitamin D	4.6—9	6—8	oxydations- und lichtempfindlich
Vitamin E (alpha-Tocopherol-acetat)	ganzer Bereich		keine
B_1	2—4	2—4	unstabil bei pH 6—9, Thiazol-Geruch
B_2	2—7	2—7	unstabil bei pH 7.5—9, lichtempfindlich, bitterer Geschmack, geringe Löslichkeit (B_2-phosphat besser löslich)
B_6	ganzer Bereich		keine
B_{12}	4—7	4.5—5.0	unstabil in saurem und alkalischem Milieu
d-Biotin	3—8	5—8	geringe Löslichkeit
Folsäure	5.4—9	7	säure- und lichtempfindlich
Niacin/Niacinamid	ganzer Bereich		Erweiterung von Blutgefäßen durch Niacin, Geschmack bei Niacinamid
Calcium-Pantothenat	5—8	7	unstabil bei pH 2—4 und 8—10
C	2—7	3—4.5	Verfärbung in den meisten alkalischen Lebensmitteln

Dank genügender Nahrung und nicht zuletzt auch der beschriebenen Zusätze an Vitaminen sind klinische Symptome von Hypovitaminosen in den industrialisierten Ländern, nur noch selten zu finden. Es darf aber nicht übersehen werden, daß, wie genaue Analysen gezeigt haben, verschiedene Bevölkerungsgruppen mit ihrer Nahrung nicht die wünschenswerten Vitaminmengen aufnehmen (16, 17, 18, 19).

In diesem Zusammenhang sei auf die Kosten der Vitaminzugabe hingewiesen. Wenn auch die Preise der einzelnen Vitamine pro Kilogramm als beachtlich erscheinen mögen im Vergleich zu den andern Rohstoffen, so ändert sich dieses Bild bei Umrechnung auf den Tagesbedarf. Die Revitaminierung von 1 kg Mehl mit den Vitaminen B_1, B_2, PP und Eisen kostet ca. 0,05 US Cents. Im Falle einer Vollvitaminierung eines Nahrungsmittels entsprechend den Anforderungen der Schweizerischen Vitaminverordnung (1) mit den zehn Vitaminen A, D, E, B_1, B_2, B_6, B_{12}, Niacin, Pantothensäure und C in den aufgeführten Mengen (Tab. 1) betragen die Kosten ca. 0,15 US Cents, im Vergleich zum Preis des Fertigproduktes sicher ein bescheidener Faktor. Da in der Praxis in den meisten Fällen nur ein gewisser Anteil des Tagesbedarfes oder nicht alle genannten Vitamine zugesetzt werden, ermäßigen sich die Kosten entsprechend.

Vitaminierung in Entwicklungsländern

Die Ernährungssituation in Entwicklungsländern ist von der unseren grundsätzlich verschieden. Wie oft wird dort ums nackte Dasein gekämpft, wie oft bleibt der Hunger ungestillt? Kwashiorkor und Marasmus sind verbreitet, Unterernährung in den ersten Lebensjahren führt zu dauernder physischer und psychischer Schädigung (20). Kinder erblinden infolge Vitamin A-Mangels und sind für ihr ganzes Leben schwerstens geschädigt, sie können keinen Beruf erlernen und fallen der Allgemeinheit zur Last. Dadurch wird die Entwicklung des ohnehin armen Landes weiter gehemmt. *Gopalan* nannte am ‚Third Far East Symposium on Nutrition' (zitiert in 21) die Zahl von einer Million blinder Menschen in Indien. Jährlich kommen neue hinzu, von denen die meisten bei ausreichender Vitamin A-Versorgung sehen könnten. Ähnliche Verhältnisse bestehen in einigen lateinamerikanischen Ländern (22).

Die Verbreitung der Xerophtalmie auf der Erde ist groß (23); unerwünscht niedrige Aufnahmen von Vitamin A gibt es aber auch in industrialisierten Gebieten, z. B. den USA (24). Die Bekämpfung dieser Hypovitaminose in Entwicklungsländern hat viele neue Fragen des Vitaminzusatzes aufgeworfen und zu interessanten Entwicklungen geführt.

Zur Bekämpfung der genannten Hypovitaminose A wurde 1968 für amerikanische Mehllieferungen an Entwicklungsländer unter ‚Title II, PL 480' die Forde-

Tab. 6. Stabilität von ‚Dry Vitamin A Palmitate, Type 250 SD' in Mehl (in % des Ausgangswertes) (25)

	unverdünntes ‚Dry Vitamin A Palmitate, Type 250 SD'	5000 I.E./lb in Mehl mit 9 % Feuchtigkeit	mit 13,5 % Feuchtigkeit
45° C			
3 Wochen	100	100	95
6 Wochen	93	91	80
9 Wochen	87	90	65
12 Wochen	84	86	60
Raum-Temperatur			
2 Monate	98	96	98
4 Monate	95	96	95
6 Monate	94	93	90
8 Monate	92	91	90
10 Monate	89	86	85
12 Monate	87	83	—

rung gestellt, das Mehl müsse künftig rund 10 000 I.E Vitamin A/kg enthalten. Keines der damals verfügbaren Handelsprodukte eignete sich für die Vitaminierung von Mehl; alle Pulverformen waren zu grob und wiesen bei der Verarbeitung zu Brot oder Chapaties eine zu geringe Stabilität auf. So wurde bei Hoffmann-La Roche in Nutley, USA, speziell für diese Anwendung ein Produkt entwickelt, das heute unter der Bezeichnung ‚Dry Vitamin A Palmitate, Type 250 SD' im Handel ist. Dieses sprühgetrocknete, mehlähnliche Präparat hat sowohl bei der Lagerung von Mehl (Tab. 6) wie bei der Zubereitung von Lebensmitteln wie Brot, Chapaties, Tortillas (Tab. 7) eine gute Stabilität (25).

Tab. 7. Stabilität von ‚Dry Vitamin A Palmitate, Type 250 SD' bei der Herstellung von Brot, Chapaties und Tortillas (25)

	zugesetzt	Gehalt nach dem Backen	Nach 5 Tagen Lagerung bei Raumtemperatur
Brot	36 000 I.E./lb	32 000 I.E./lb (89 %)	32 000 I.E./lb (89 %)
Brot	40 000 I.E./lb	35 000 I.E./lb (87 %)	34 000 I.E./lb (85 %)
Chapaties	78 I.E./g	72 I.E./g (92 %)	
Tortillas	66 I.E./g	66 I.E./g (100 %)	

Nicht in allen Ländern ist Mehl der geeignetste Vitamin-Träger. *Arroyave* (26) hat die Anforderungen speziell im Hinblick auf Entwicklungsländer zusammengefaßt, die an einen Wirkstoffträger zur Erzielung eines bestmöglichen Erfolges gestellt werden müssen, nämlich

1. Konsumation von der gesamten Bevölkerung
2. geringe Unterschiede in der Aufnahme sowohl von einer Person zur andern wie auch von Tag zu Tag
3. keine geschmackliche Veränderung durch den Zusatz, u. U. auch keine Veränderung des Aussehens des Produktes
4. der Zusatz muß industriell möglich sein und darf nur geringe Kosten verursachen
5. Verarbeitung des auserwählten Trägers in wenigen, gut ausgerüsteten Betrieben zur Sicherstellung des Zusatzes und von Kontrollen.

Auf der Suche nach einem Träger für Vitamin A zeigte sich in Indien, daß Tee-Staub am besten geeignet wäre, da sowohl Erwachsene wie Kinder regelmäßig Tee trinken. Tee-Staub besteht aus feinen Partikeln und deshalb wurde das bei der Mehlvitaminierung erfolgreiche Präparat versucht. Mit diesem Pulver konnten die gestellten Anforderungen erfüllt werden und auch beim Kochen konnte die ausgezeichnete Stabilität (21) nachgewiesen werden.

Im Falle von Guatemala zeigte die Überprüfung der Anforderungen von *Arroyave*, daß Zucker zu vitaminieren wäre. Zucker hat wohl eine ganz andere Teilchengröße als Mehl, doch wegen der Stabilitätsanforderungen war das genannte sprühgetrocknete Pulver in Betracht zu ziehen. Gewöhnliche Vitamin A Beadlets haften nicht an den scharfkantigen Zuckerkristallen und würden von diesen zerstört. Verteilungs- und Entmischungsprobleme mußten gelöst, mögliche geschmackliche Einflüsse geprüft und andere Schwierigkeiten überwunden werden. In einem Gesetz soll nun der Zusatz von Vitamin A zu Zucker obligatorisch erklärt werden und es besteht berechtigte Hoffnung, daß in Guatemala ab Ende nächsten Jahres der Zucker nicht mehr eine reine Kalorienquelle sein wird und – das ist das Wichtigste – daß die Zahl der alljährlich erblindenden Menschen bald rapide zurückgehen werde. Bis dahin sind die Zuckermühlen mit den notwendigen Einrichtungen auszustatten und die Finanzierungsfrage ist zu lösen. Daran scheiterten bisher verschiedene Projekte zur Linderung von Vitamin-Mangelernährungen, nachdem die technischen Probleme bereits gelöst waren.

Bei der Bantu-Bevölkerung Südafrikas sind Mangelsymptome für die Vitamine B_2 und PP verbreitet. Die versuchsweise durchgeführte Maismehlvitaminierung zeigte solche Erfolge (27), daß die Regierung ein entsprechendes Gesetz für die Vitaminzugabe veranlaßte, das ebenfalls in naher Zukunft verabschiedet werden soll.

‚Caloric Density' und ‚Nutrification'

Wie eingangs erwähnt, findet auf dem Ernährungssektor vornehmlich in den Industrieländern eine stürmische Entwicklung statt. Aus der früheren Gesellschaft mit durchschnittlich drei Hauptmahlzeiten täglich ist weitgehend eine Knabber-Gesellschaft geworden; die verringerte Nahrungsaufnahme bei Frühstück, Mittag- und Abendessen wird aufgewogen durch Zwischenmahlzeiten mit Snacks, Pommes Chips, TV-Dinners, Schokolade und den vielen andern kleinen Verführern. Diese Produkte sind oft vitaminarm oder vitaminfrei. Die Gefahr einer ungenügenden Wirkstoffaufnahme bei ausreichender Kalorienzufuhr trifft besonders die Teenagers, wie Untersuchungen in den USA gezeigt haben.

Für solche Nahrungsmittel wurde der ‚Caloric Density Approach' (28) vorgeschlagen. Die Idee ist, die Wirkstoffe in solchen Mengen zuzusetzen, daß mit der durchschnittlich täglich konsumierten Kalorienzahl – meist ca. 2600 Kal – auch der Tagesbedarf an diesen gedeckt ist. Ökonomische Verluste und organoleptische Probleme können damit auf ein Minimum beschränkt werden.

Entsprechend einem andern Vorschlag würden die Vitamine in Art und Menge spezifisch zugesetzt in der Weise, daß der für die Metabolisierung benötigte Bedarf gedeckt würde; diese Aufwertung wird ‚Metabolic Self-Sufficiency-Approach' genannt. Im Falle von Zucker beispielsweise, würde dies die Zugabe von 0.5 mg Vitamin B_1 und 0.55 mg Vitamin B_2 pro 250 g (= 1000 Kal) verlangen.

Abschließend soll noch kurz der Begriff ‚Nutrification' erwähnt werden, wie er von *Lachance* (29) geprägt wurde. Wird eine Mahlzeit durch ein ‚Fabricated Food' ersetzt und/oder ist es eine bedeutende Proteinquelle, so sollte dieses Nahrungsmittel auch einen entsprechenden Beitrag zur Vitamin- und Mineralversorgung leisten, es soll ‚ernährungsmäßig vollwertig' sein. Es hat sich gezeigt, daß in industrialisierten Ländern das verwertbare Eiweiß – ausgedrückt in Kalorien – nur in seltensten Fällen 7 % der Totalkalorienzufuhr unterschreitet. *Lachance* (30) schlägt deshalb vor, die Mikronährstoffe dem Proteingehalt anzupassen. Liefert nun ein Nahrungsmittel 5 g Eiweiß bei einem RDA von 50 g, also 10 % des RDA, so sollten zusammen mit diesem Protein 10 % der Mikronährstoffe geliefert werden.

Die drei zuletzt gestreiften Möglichkeiten lassen sich aus technologischen und lebensmittelrechtlichen Gründen in der Praxis nicht konsequent durchführen, sie alle aber zeigen, daß nicht die Einzelbestandteile zu betrachten sind, sondern die gesamte Nahrung.

Zusammenfassung

Die veränderten Arbeits- und Ernährungsbedingungen verlangen nach einer stetigen Anpassung unserer Nahrung. Die Zusammenarbeit der Lebensmittelindustrie und der Vitaminhersteller erlaubt den Zusatz dieser Gruppe von Wirkstoffen zu den verschiedensten Lebensmitteln. Es können durch die Verarbeitung verloren gegangene Vitamine ersetzt (Revitaminierung), jahreszeitliche Schwankungen in den Rohstoffen ausgeglichen (Standardisierung), der Gehalt über den natürlichen hinaus verstärkt (Anreicherung) oder Lebensmittel zu Vitaminträgern (Vitaminierung im engeren Sinn) gemacht werden. Breite Bevölkerungsschichten verdanken diesen Maßnahmen eine ausreichende Vitaminversorgung, doch weisen auch neueste Untersuchungen darauf hin, daß weiterhin mehrere Wirkstoffe nicht in den wünschenswerten Mengen aufgenommen werden. In Zukunft werden auch Spurenelemente und Aminosäuren vermehrt Beachtung finden, nachdem diesbezügliche Forschungen aufgenommen, aber noch weitgehend im Anfangsstadium sind.

Die Vitaminversorgung in den Entwicklungsländern ist vor allem bei Vitamin A ungenügend, wie die verbreiteten klinischen Mangelsymptome vor allem bei Kindern unter 6 Jahren beweisen. In diesen Gebieten muß auf Träger wie Mehl und Brot, Tee und Zucker zurückgegriffen werden, wenn die Vitaminierung den gewünschten Erfolg haben soll, denn nur diese Produkte werden von allen Bevölkerungsschichten täglich in etwa gleichen Mengen konsumiert und erfüllen gleichzeitig die Anforderungen der zentralen Verarbeitung, der ökonomischen Vitaminierung und geschmacklichen Indifferenz. Es ist zu hoffen, daß die Zusammenarbeit der Industrie und der Regierungen in allen Ländern mithilft, Mangelerkrankungen zu vermeiden und jedem Bewohner eine ausreichende Versorgung sichert.

Résumé

Les progrès rapides de la technologie alimentaire, ainsi que les bouleversements du mode de vie et la diminution de l'effort physique dans les pays développés ont eu de profondes répercussions sur les habitudes alimentaires.

Tandis que l'apport calorique est généralement trop élevé, les analyses portant sur le bilan vitaminique révèlent que celui-ci est par contre souvent déficitaire. Une carence en éléments vitaux tels que vitamines et minéraux peut être levée si on les incorpore à des aliments judicieusement sélectionnés. Les fonctions des vitamines sont multiples, elles assurent la continuité du métabolisme et notre organisme doit toujours les trouver en quantité suffisante. Les définitions ayant trait à l'adjonction des vitamines aux denrées alimentaires sont données et illustrées à l'aide d'exemples. La vitamination au sens littéral consiste à incorporer les vitamines à des aliments n'en contenant initialement pratiquement pas, mais qui se révèlent être des supports idéaux, et qui remplacent une denrée alimentaire en renfermant naturellement ou occupant une place privilégiée dans l'alimentation. La revitaminisation consiste à compenser les pertes survenant lors de la préparation; avec l'enrichissement on dépasse la teneur naturelle, et la standardisation compense les variations saisonnières de la teneur. Il convient de ne pas sous-estimer la stabilité des vitamines lors des processus industriels ou du stockage des denrées alimentaires. Finalement les nouvelles conceptions telles que ‹Caloric Density› et ‹Nutrification› sont expliquées.

Summary

Advances in food technology, changes in living habits and the reduced physical activity in the industrial countries have influenced significantly the nutritional situation. The intake of calories is often too high while studies showed the real vitamin supply to be lower than desired. The situation of the inadequate intake of vitamins and minerals can be improved by their addition to selected foodstuffs. The vitamins are important for many biological reactions, they are key substances in the metabolism and must be available in sufficient amounts. The definitions of adding vitamins to foods are given and illustrated by examples. The vitaminization in its proper sense means the addition of vitamins to those foods practically free of natural vitamins but being an ideal vehicle and replacing a food product containing natural vitamin or to staple foods being of special importance in the daily ration. The revitaminization means replacing losses of naturally present vitamins due to processing, in the case of the enrichment the total vitamin content — natural plus added — is higher than in the raw material, however the equalization of seasonal variations is called standardization. For applying vitamins, the factors of their stability during processing and storage have to be considered. The recently introduced terms 'Caloric Density' and 'Nutrification' are explained.

Literatur

1. Verfügung des Eidgenössischen Departementes des Innern über Zusatz und Anpreisung von Vitaminen bei Lebensmitteln. 7. März 1957, 8 pp. — 2. National Academy of Sciences, Recommend Dietary Allowances. Seventh Ed. (Washington 1968). — 3. *Marks, J.*, The Vitamins in Health and Disease (London 1968) 34. — 4. *Wodicka, V. O.*, FDA Proposes Nutrient Labeling. Food Engineering **44** (5), 76—77 (1972). — 5. Vitamin-Compendium. F. Hoffmann-La Roche & Co. AG, Basel (1970) 21. — 6. *Watt, B. K.*, und *A. L. Merrill*, Composition of Foods; Agriculture Handbook No. 8. USDA (Washington 1963). — 7. *Aylward, F.*, und *I.D. Morton*, Vitamin Fortification of Foods. 3rd Int. Congress of Food Science and Technology, 9.—14. August 1970, Washington. — 8. Eigene Untersuchung, nicht veröffentlicht. — 9. From the article 'Nutritional Significance of Recent Works on Wheat, Flour and Bread' by *T. Moran*, Reprinted from 'Nutrition Abstracts and Reviews', **29,** 1—16 (1959). — 10. Schweizerisches Lebensmittelbuch, Vol. 1, 5. Ausgabe (Bern 1960). — 11. Federal Register **36** (233), 23074—23076 (December 3, 1972). — 12. *Fässler, C.*, Untersuchungen über den Vitamin-A- und β-Carotin-Gehalt von Milch und Butter unter Berücksichtigung schweizerischer Verhältnisse. Mitt. Gebiete Lebensmitteluntersuchung und Hygiene **60** (3), 180—194 (1969). — 13. Anonym, Instant Potato. Which? **1970** (February), 36—40. — 14. *Borenstein, B.*, Vitamins and Amino Acids, in: Handbook of Food Additives, hrsg. von *T. Furia.* Chemical Rubber Company (Cleveland, Ohio 1968), 107—136. — 15. *Bauernfeind, J.C.*, und *E. De Ritter*, Vitamins, in: Handbook of Biochemistry — Selected Data for Molecular Biology, hrsg. von *H. A. Sober.* Chemical Rubber Company (Cleveland, Ohio 1970), 30—47. — 16. *Kelsay, J. L.*, A Compendium of Nutritional Status Studies and Dietary Evaluation Studies Conducted in the United States, 1957—1967. J. Nutrition, Suppl. 1, Part II, **99,** Nr. 1 123—166 (1969). — 17. U.S. Department of Health, Education, and Welfare: Ten-State Nutrition Survey 1968—1970. DHEW Publication No. (HSM) 72-8134. — 18. *Buzina, R.*, et al., Impaired Growth and Nutritional Status of Schoolchildren in Rural Croatia. Internat. Vitamin Nutrition Res. **42,** 169—183 (1972). — 19. *Schlettwein-Gsell, D.*, Analysen des Gehaltes der Nahrung an Vitamin A, β-Carotin und Vitamin C in Altersheimen aus verschiedenen Gebieten der Schweiz. A. Städtische Heime. Internat. Z. Vitaminforschg. **39,** 457—475 (1969); B. Ländliche Heime. dito **42,** 3—20 (1972). — 20. *Bengoa, J. M.*, Significance of Malnutrition and Priorities for its Prevention. International Conference on Nutrition, National Development and Planning, October 19—21, 1971, Cambridge, Mass., USA (im Druck). — 21. *Brooke, C. L.*, und *W. M. Cort*, Vitamin A Fortification of Tea. Food Technology **26,** 50, 52, 58 (1972). — 22. *Rueda-Williamson, R.*, Vitamin A Malnutrition in Latin America and the caribbean. Proc. West. Hemisphere Nutr. Congr. III, Miami 1971, 56—62; Futura Publishing Company, Inc., Mount Kisco N.Y., 1972. — 23. *McLaren, D. S.*, The Prevention of Xerophthalmia, in: Pre-School Child Malnutrition, 96—101; Publication 1282 der National Academy of Sciences-National Research Council (Washington 1966). — 24. *Murray, T. K.*, Vitamin A Nutriture in North America. Proc. West. Hemisphere Nutr. Congr. III, Miami 1971, 63—66; Futura Publishing Company, Inc., Mount Kisco N.Y., 1972. — 25. *Rubin, S. H.*, und *W. M. Cort*, Aspects of Vitamin and Mineral Enrichment, in: Protein-Enriched Cereal Foods for World Needs (hrsg. von *M. Milner*). Amer. Ass. Cereal Chemists **1969,** 221—233. — 26. *Arroyave, G.*, Distribution of Vitamin A to Population Groups. Proc. West. Hemisphere Nutr. Congr. III, Miami 1971, 68—77; Futura Publishing Company, Inc., Mount Kisco N.Y., 1972. — 27. *Du Plessis, J. P.*, et al., The Clinical and Biochemical Effects of Riboflavin and Nicotinamide Supplementation upon Bantu Schoolchildren using Maize Meal as Carrier Medium. South African Med. J. **45,** 530—537

(1971). — 28. *Borenstein, B.*, Rationale and Technology of Food Fortification with Vitamins, Minerals, and Amino Acids, in: CRC Critical Reviews in Food Technology, **2**, Issue 2, 171—186. Chemical Rubber Company (Cleveland, Ohio 1971). — 29. *Lachance, P. A.*, Nutrification — A New Nutritional Concept for New Types of Foods. Food Technology **24**, 724 (1970). — 30. *Lachance, P. A.*, Nutrification: A Concept Assuring Nutritional Quality by Primary Intervention in Feeding Systems. Food Technology **20**, 522—525 (1972).

Anschrift des Verfassers:
Dr. O. *Raunhardt*
Abt. Vitamine und Chemikalien
F. Hoffmann-La Roche & Co. AG, Basel/Schweiz

3.

From the Nutrition Department, Queen Elizabeth College, London W.8.

Vitamin enrichment in affluent communities

By *A. E. Bender* (London)

With 3 tables

Food enrichment is carried out for two rather different reasons. One is for the purposes of sales promotion, when manufactured proprietary foods are enriched, often irrespective of need. The second reason is as a public health measure.

The enrichment of proprietary foods, whatever the reason for doing so, does have an effect on the health of the consumer, since it results in an increased intake of the nutrient in question, which may be an advantage to some consumers, even if unnecessary for the majority. One clear case of the benefits of commercial enrichment is that of baby foods. In the United Kingdom, and many other countries, infant milk preparations ("mothers milk substitute") and cereal products are enriched with vitamins, minerals and proteins. The additions have proved of value in infant feeding and it is probably true to say that if the manufacturers had not enriched the foods voluntarily, it would have been necessary, in some instances, to do so as a public health measure. For example, the vitamin D content of milk is so low that bottle-fed babies would be deficient in this vitamin unless it were added to the diet in some form. Similarly the iron enrichment of milk formulae is important in helping to prevent the development of anaemia, and the general enrichment of cereal foods with a range of vitamins and minerals plays a useful part in the nutrition of children.

While the commercial enrichment of foods for adults is largely unnecessary, the extra nutrients may be performing a useful function to certain poorly fed sections of the community. So far as food enrichment as a public health measure is concerned it should logically follow the stages listed below, but in practice it has not done so. This is probably because, while food enrichment is often necessary in underfed developing countries, these countries usually do not have the resources to do so, while those countries which have the facilities and resources to enrich their food supplies usually do not need to do so — the people, in general, are adequately fed.

Principles of enrichment

There are five logical stages involved in food enrichment:

1. The need for enrichment should be demonstrated.
2. The most useful vehicle must be selected, namely that food eaten by the needy section of the community. The food must be compatible with the nutrients added; the food must be cheap and the process must be cheap, otherwise the food may become too expensive for the very people who need it.
3. The technological problems must be overcome.
4. The additions must not cause any detectable change in colour, flavour or texture of the food.
5. Since the enrichment is to be legally enforced there must be the technical and administrative machinery to sample and analyse the food and enforce the law.

Table 1. Cereal enrichment (per kg)

	Thiamin mg	Riboflavin mg	Niacin mg	Iron mg	Calcium mg
Australia	1.6	2.4	16	14.7	1000
Brazil*)	4.5	2.5	—	30	1000
Canada	4.4—5.5	2.7—3.3	35—44	29—36	1100—1400
Chile*)					
(Rice)	6.3	1.3	13	13.3	1700
Congo	4.4—8.8	2.6—5.3	35—70	29—57	1100—1650
(Dem Rep)	4—6	2.5—3.5	32—45	26—35	1000—1500
Costa Rica	4.4—5.5	2.6—3.3	35—44	29—36	1100—1400
Denmark*)	5	5	—	30	5000
(Rye flour)*)	—	—	—	30	10,000
Dominica	4.4—5.5	2.6—3.3	35—44	29—36	1100—1400
Germany	3—4	1.5—5.0	20	30	720 —2000
Israel	—	2.5	—	—	—
Japan	5	3	—	—	1500
Nicaragua	1	1.4	15.7	13	500
Panama*)	4.4	2.6	35	28.7	1100
Peru*)	4.0	4.0	30	20	1000
Philippines*)	4.4—5.5	2.6—3.3	35—44	29—36	1100—1400
Portugal	4.4—5.5	2.6—3.3	35—44	28—36	—
Puerto Rico*)	4.2	2.4—2.5	30	26—36	1100
Sweden	2.6—4.0	1.2	23—40	30	—
Switzerland	2.8—4.2	1.7—2.5	29—44	18—26	—
United Kingdom*)	2.4	—	16	16.5	1250
United States**)					
White flour	4.4—5.5	2.6—3.3	35—44	29—36	1100—1400
Bread	2.4—4.0	1.6—3.5	22—33	18—28	660 —1750
Corn meal	4.4—6.6	2.6—4.0	35—53	29—57	1100—1600
Rice	4.4—8.8	2.6—5.3	35—70	29—57	1100—2200
Pastas	8.8—11.0	3.7—4.8	60—75	29—36	1100—1400
USSR	2—4	4	10—30	—	—

*) Legally enforced (Note: Some of the information in this Table is a compromise between conflicting reports).

**) Legal enforcement in 29 States (vitamin D also added 8—50 μg/kg).

(From Nutrition and Dietetic Foods by *A. E. Bender*, Leonard Hill Books, London)

So far as the developed countries are concerned, the techniques, the skills and the administrative machinery are available, but in no country of the developed world has it been clearly demonstrated that the need for enrichment exists. Table 1 lists the countries that enrich their cereal staple; most of them are the industrialised countries where adequate foods are available and money to buy them, and welfare services exist for the poorer and the more vulnerable sections of the community. In most cases enrichment is a precaution rather than a necessity and enrichment was often introduced in special circumstances such as war or the aftermath of war when governments were sensitive to possible nutritional deficiencies. The experience in Great Britain illustrates this.

In 1941, white flour of 70 % extraction rate was in general use and, rendered sensitive by the circumstances of war, the authorities had doubts about the adequacy of the thiamin intake of the public. Before the war (as revealed by *Boyd Orr* in his survey published under the title "Food, Health and Income") a large number of the families of the unemployed relied on white bread and unfortified margarine as their main source of energy and had a low intake of many nutrients. In 1941 synthetic thiamin became available and it was decided to restore the vitamins lost in milling. Before this policy could be implemented stocks of wheat, owing to wartime shipping losses, became dangerously low and it was decided to make better use of imported wheat by raising the extraction rate to 85 %. Since this flour was comparatively rich in thiamin, enrichment was not considered necessary. Since it was possible that the high phytate content of the bread might interfere with calcium absorption, the flour was enriched with this mineral. No other nutrients were thought necessary.

In December 1952 the sale of bread made from white flour was permitted and it was decided to maintain the nutrient intake of the public by enriching this flour with thiamin, iron and nicotinic acid to bring it up to the level of 80 % extraction flour. The addition of calcium was continued. Riboflavin was not considered. The reasoning behind the enrichment was not the logical step No. 1 above, namely the need to cure a known deficiency, but rather to maintain the intake of nutrients that had obviously been adequate for the previous few years; note that the flour was not enriched to the level of nutrients found in whole wheat.

It is worth pointing out here that the enrichment of flour, as distinct from bread, ensured that all baked products made from flour would be enriched, in distinction from practice in the United States, where the bread is enriched. As the consumption of bread falls and that of sweet, baked products by American adolescents is often high, the fear of deficiency of the B vitamins becomes a possibility.

In general, food enrichment follows one of two courses, the restoration of losses incurred in food processing and the fortification of foods as a public health measure. The addition of thiamin, nicotinic acid and iron to wheat flour follows the first course, and the absence of riboflavin from the list of added nutrients (in the U.K.) logically follows the same course, since there is little riboflavin in whole wheat. The addition of calcium follows the second course, it is an additional source of the nutrient. When riboflavin is added to a cereal product the process is one of fortification not restoration. The enrichment of margarine is similar to restoration of processing losses, since it is used as a replacement of a food that supplies the vitamins A and D (Table 2).

Table 2. Enrichment of margarine (per kg)

	Vitamin A μg	Vitamin D μg
Australia	9,000	100
Austria	6,000	25
Belgium	6,000	25
Brazil	4,500—15,000	12.5—50
Canada	10,000	—
Chile	9,000	25
Denmark	6,000	15
Finland	6,000	62—90
Germany	6,000—9,000	7—25
Greece	7,500	37
India	7,500	—
Israel	9,000	75
Japan	6,000—12,000	—
Mexico	6,000	50
Netherlands	6,000	25
Norway	6,000	62
Portugal	6,000—10,000	22—25
Sweden	9,000	37
Switzerland	9,000	75
South Africa	6,000	25
Turkey	6,000	25
United Kingdom	9,000	70—90
United States	10,000	110

(From Nutrition and Dietetic Foods by *A. E. Bender,* Leonard Hill Books, London)

Need for enrichment

The question at issue is whether the enrichment of food is any longer necessary in the industrialised countries. There are many factors involved, including rising standards of living, which usually means that a smaller proportion of the income is spent on food and that variety is increased at the expense of the staple food. This would tend to improve the nutrient intake. At the same time the replacement of traditional foods with processed foods sometimes higher and sometimes lower in nutritional value could have a good or bad effect on nutrient intake. In addition there are changes in eating habits, a break-up of the family eating pattern with consequent greater reliance on snack meals, increasing numbers of meals eaten at restaurants and canteens, and changes in large-scale methods of cooking. But apart from these arguable changes, one fundamental nutritional problem exists in the industrialised countries, namely, we do not know the nutrient intake of individuals.

Information about the nutrient intake of families is available from many surveys, but there is little information about the intake of individuals. Furthermore, vitamin intake is almost always calculated not analysed, and may, in practice, be lower or higher than the figures indicate. Table 3 gives vitamin C intake, true (i.e. analysed) and calculated for 47 individuals over a 3-day period. Perhaps more important are the findings that many people are eating much less food than the accepted average.

Table 3. Daily vitamin C intake of 47 subjects, analysed and calculated (mg)

1st day			2nd day			3rd day			Mean		
anal	calc	anal/calc	anal	calc	anal/calc	anal	calc	anal/calc	anal	calc	anal/calc
127	179	71	62	48	129				95	114	83
49	44	111	48	33	145	11	16	69	33	31	106
22	27	81	12	25	48	40	20	200	25	24	104
			68	91	75				68	91	75
100	138	72	48	101	48	4	7	57	55	82	62
122	60	203	12	26	46				67	43	155
108	101	107	2	5	40	18	8	225	43	38	113
81	77	105	6	8	75	22	32	69	36	39	93
13	19	68	39	43	91				26	31	84
41	62	66	4	5	80	2	4	50	16	24	67
135	120	113	53	56	95	79	66	120	89	81	110
33	30	110	2	8	25	12	17	71	16	18	89
21	25	84	54	48	113	39	45	87	38	39	98
			77	99	78	1	3	33	39	51	77
11	11	100	13	16	81				12	14	86
13	24	54	21	40	53				17	32	53
70	72	97							70	72	97
53	67	79	6	10	60	63	54	117	41	44	93
			46	61	75				46	61	75
45	40	113							45	40	113
			4	6	67	6	11	55	5	9	59
			29	32	91	58	73	79	44	53	83
18	19	95	47	25	188	1	2	50	22	15	144
42	40	105							42	40	105
8	14	57	42	67	63	50	38	132	33	40	84
102	65	157	(25)			54	42	129	78	54	146
57	55	104	59	29	203	170	106	160	95	63	151
47	74	64	68	76	89	120	104	115	78	85	92
79	66	120	71	93	76	71	61	116	74	73	101
48	39	123	27	24	113	23	19	121	33	27	119
50	27	185	19	23	83	5	7	71	25	19	130
38	24	158	20	11	182	215	144	149	91	60	152
88	62	142	67	80	84				78	71	109
14	13	108				17	19	89	16	16	97
137	125	110				31	28	111	84	84	100
17	15	113				61	73	84	39	44	89
6	14	43	71	50	142				39	32	120
128	90	142							128	90	142
51	40	128	20	12	167	12	25	48	28	26	108
129	100	129	2	23	9	33	13	254	55	45	121
35	38	92	57	48	119	58	55	105	50	47	106
41	29	141	44	21	210	11	25	44	32	25	128
			1	15	7	33	24	138	17	20	87
14	46	30	20	23	87	51	45	113	28	38	74
32	47	68	114	73	156	93	51	182	80	57	150
65	53	123							65	53	123
25	30	83	49	49	100	22	35	63	32	38	84

An examination of published data covering 1374 adult males shows that the mean daily energy intake ranges between 1000 and 5000 kcal. 83 of these subjects ate 1250 kcal or less per day. Subjects consuming significantly less than the average quantity of food will be consuming less than the average intake of nutrients, if the diet is unchanged in composition. Twenty three students weighed their food intake for one week. Calculated vitamin A intakes ranged between 300 and 3000 μg per day, with 4 subjects taking 300—500 μg. 3 subjects had 15—20 mg vitamin C per day and 6 subjects had 0.3—0.5 mg thiamin per day. (It may be of interest to note that these were nutrition students).

Recommended intakes of nutrients are based on observations made on young, healthy people. All such tables clearly state that the figures do not take account of illness apart from the ordinary daily stresses of coughs and colds. Even this is not quite correct since, for example, it has been established that the losses of nitrogen from the body are increased in pain, sleeplessness and examination stress — normal daily stresses not likely to occur in the subjects of a laboratory controlled experiment. When illness is taken into account, a factor known to cause very large losses of protein and certain vitamins from the body, there is a greater discrepancy between recommended intakes and the needs of individuals.

Specific evidence

This discussion, so far, is based on general principles but there is evidence of deficiency of vitamins A in the apparently well-fed communities of Canada and the United States. In 1968 (*Hoppner* et al., Canadian Med. Assoc. J. **99,** 983) a report was published of vitamin A analyses of 100 human livers obtained at necropsy. Eight subjects had no vitamin A stores and 32 % of the adults had very low stores, namely 0—40 μg per g compared with normal levels of 100—300 μg per g. While it is likely that the various diseases from which the subjects suffered caused the loss of vitamin A, the authors point to the possibility of the effect of low vitamin A status on susceptability to disease. Similar results were subsequently reported from the United States (*Raica* et al. Amer. J. Clin. Nutr. **25,** 291, 1972) after examination of liver samples of 372 subjects from 5 geographical regions. 22 % of the samples had less than 40 μg vitamin A per g liver, and there was no correlation between possible cause of death, socio-economic status and vitamin A stores. What is even more relevant to the present discussion is the observation by the authors that the vitamin A concentration in subjects who died from accidental causes may be equal to or less than that of subjects who died of disease-related causes.

This means that it is possible, even in industrialised communities where margarine is enriched with vitamin A and where ordinary vitamin-A rich foods are regularly part of the diet, for a large part of the population to be deficient in vitamin A.

General evidence

A survey carried out in Switzerland between 1957 and 1962 (*Schlettwein-Gsell,* Vitamins 1967—68) indicated sub-optimal intake of vitamins in a small proportion of the population. Clinical diagnosis, which by itself is not reliable, showed probable deficiency of vitamin A in 5 % of the 2647 subjects examined, of vitamin C in 1 %, of nicotinamide in 10 % and of riboflavin in 3 %. The diet of the individual subjects was not measured, only that of the families as a whole, so it is not possible to draw firm conclusions about the incidence of undernutrition in these subjects.

Reports from the United States (*Silver* and *Goodhart,* Vitamins 1967–68) are similar. In Ohio, 18 % of boys and 26 % of girls aged 9–11 years received less than two-thirds of the recommended intake of vitamin A; low blood levels of vitamin C were found in another study. In Berkeley, California, 43 % of middle-class and 55 % of low income families consumed less than two-thirds of the recommended intake of vitamins A, B_1, B_2 and C. Among 421 adolescents in Illinois, 73 % failed to reach two-thirds of the vitamin A standard. The conclusions from a detailed survey of 2045 adolescents were that a significant minority have physical lesions and biochemically abnormal test results.

All these findings are among 'normal average' subjects and the likelihood of nutritional problems must be greater among the elderly, those eating little because of obesity problems and those with abnormal eating patterns.

Whatever the explanation of these disturbing findings the conclusion is that we cannot assume that in the well-fed western world everyone, apart from a few very poor or abnormal persons, is properly nourished. We do not know whether these findings of low intakes and low stores affect the health of the individual. Would people be in a better state of health, with all that this implies, if their intake of nutrients was brought up to the recommended levels? Are their low intakes leading to reduced mental and abilities, greater likelihood of infections and other disorders, and would there be any improvement if their intakes were increased?

Novel foods

In addition, we are likely to meet major changes in the industrialised countries in the next few years. Already, textured vegetable protein is beginning to replace meat in many manufactured products, and this tendency is expected to grow rapidly in the next ten years. There are many other novel foods which are expected to replace conventional foods such as substitutes for dairy products, foods made from algae, bacteria, moulds and yeast, foods made from waste products such as fish meal and oilseed residues, and the consumption of primary products of man's food chain such as plankton and leaf protein. The 'super exponential' rise in the population of the world is speeding up the development of such products. A generation ago they were laboratory experiments of doubtful commercial use; within the next generation they will become an essential part of the diet – they are already doing so to a small extent. Moreover, food technology, a new science, is making rapid progress and palatable, attractive and cheap foods can be made from a variety of materials. Will they be nutritious? Apart from their nutrient content, there is a problem in thesawareness of the ordinary individual of the nutritional value of his food. While he has little technical knowledge of the subject of nutrition he knows that certain foods like meat, milk and fruits and vegetables are, in some undefined way, 'good' for him. What can he do when these foods are replaced, not only by synthetic meat, milk and fruits and vegetables – for these can be enriched with nutrients as a public health measure – but by foods of no defined type, simply a 'meal'.

Thus, while we do not even know whether people are adequately fed now and whether they would be in a better state of health with extra nutrients, we are faced with the possibility of changes in the next few years.

Zusammenfassung

Viele Lebensmittel werden vom Fabrikanten angereichert, um den Verkauf zu verbessern. Die meisten Konsumländer führen eine legale Anreicherung von gemahlenem Getreide und Margarine durch. Da Beides, sowohl die Nahrungsmittel als auch das Geld zum Kauf, vorhanden sind, kann man sich fragen: warum eine solche Anreicherung?

Auf jeden Fall sind verschiedene Faktoren zu berücksichtigen, die uns lehren, daß die Anreicherung weitergeführt und möglichst noch erweitert werden soll.

1 — Obwohl die durchschnittliche Konsommation zufriedenstellend ist, gibt es nur wenige Informationen über die individuelle Konsommation.

2 — Viele Verbraucher nehmen nur 1200 bis 2000 Kalorien täglich zu sich, was auf eine entsprechend geringe Nahrungsmittelzufuhr schließen läßt.

3 — Die teilweise Minderung der Nahrungsaufnahme am Familientisch ist durch die Konsommation von „Snack-Ware", von oft geringem Nährwert, ersetzt worden.

4 — Einige der neueren Herstellungsmethoden haben zu einem stärkeren Verlust an Vitaminen geführt.

5 — In naher Zukunft werden viele unserer traditionellen Lebensmittel durch neue Nahrungsmittel ersetzt werden, z. B. Pflanzeneiweißstoffe.

6 — Es ist ein größeres Bedürfnis für Nahrungsmittel nach bestimmten Krankheitstypen und im Alter aufgetreten.

7 — Eine Anreicherung kann als eine Versicherung betrachtet werden, gegenüber einer eventuellen Krise.

Résumé

De nombreux aliments sont enrichis par les fabricants, le plus souvent pour stimuler leurs ventes. Dans la plupart des pays riches l'enrichissement des céréales moulues et de la margarine est instauré légalement. Puisque dans de telles sociétés les aliments existent de même que l'argent pour les acheter on peut so poser des questions quant à l'enrichissement et sa nécessité.

Cependant, il existe certains facteurs qui suggèrent que l'enrichissement devrait être poursuivi, voire étendu:

1 — Bien que les consommations moyennes soient satisfaisantes, on sait peu de choses concernant les consommations individuelles.

2 — De nombreuses personnes ne consomment que 1200 à 2000 kcal par jour ce qui indique une faible consommation de nourriture.

3 — Le repas type familial perdu en partie, se trouve remplacé pa la consommation de produits „snack", souven de faible valeur nutritive.

4 — Certaines nouvelle méthodes de fabrication ont conduit à une plus grande destruction des vitamines.

5 — Dans un futur proche, de nombreux aliments traditionnels pourront être remplacés par de nouveaux: telles les protéines végétales texturisées.

6 — Il est prouvé qu'il existe un besoin plus grand en nourriture à la suite de certaines maladies et pendant la vieillesse.

7 — On peut considérer l'enrichissement comme une assurance contre tout risque de pénurie.

Summary

Many foods are enriched by manufacturers, largely for sales appeal; most affluent countries legally enforce the enrichment of milled cereals and margarine. Since both food and money to buy it are available in such communities, the need for enrichment might be questioned.

However, there are several factors which suggest that enrichment should be continued and possibly even extended.

1 — Although average intakes are satisfactory, there is little information about the intake of individuals.

2 — Many individuals are consuming only 1200 to 2000 kcal per day, which suggests a correspondingly low intake of nutrients.

3 — The partial loss of the family eating pattern is being replaced by the consumption of „snacks" foods, often of lower nutritional value.

4 — Some of the newer methods of processing have led to a greater destruction of vitamins.

5 — In the near future many of our traditional foods may be replaced by novel foods such as textured vegetable proteins.

6 — There is evidence of greater need for nutrients after certain type of disease and in the elderly.

7 — Enrichment may be regarded as an insurance against any possibility of shortage.

4.

From the Nutrition Department, Queen Elizabeth College, London

Food enrichment in the developing countries

By *A. E. Bender* (London)

With 1 table

Undernutrition and malnutrition can have many causes such as: (1) non-availability of food (2) poverty (3) poor quality of the staple food (4) ignorance (5) wrong selection of foods available. Integration of the various remedies forms the basis of a national food and nutrition policy. Starting with the availability of food such a policy would include increased agricultural production with the emphasis on various protein-rich or vitamin-rich foods that may be particularly required; prevention of losses in storage; improved preservation and distribution; the introduction of a welfare scheme for the needy groups of the population, education and food enrichment.

There are differences in principle between enrichment in developed and underdeveloped countries. First a in the western world food enrichment is carried out both by official decree as a public health measure, and voluntarily by food manufacturers. In poorer countries there is little manufactured food consumed and the only enrichment is likely to be as a public health measure. Secondly, of the two major reasons for enrichment, the western countries enrich to restore processing losses such as occur in the milling of white flour, largely as an insurance against possible deficiencies, while the poorer countries enrich to cure and prevent existing malnutrition. Thirdly, the poorer countries usually lack facilities for enrichment so cannot carry out the process even though it is desirable. Fourthly, much of the food eaten may be grown by the consumer and not pass through a processing centre so enrichment is not possible. In other words it is relatively easy and the facilities exist to enrich foods in the western countries where the need has never been demonstrated, and difficult and often impossible in developing countries where malnutrition is a principal cause of retardation of mental and physical development, ill health and premature death.

Proving the need

A first logical step in an enrichment programme is to establish the need. In western countries enrichment has not followed the logical sequence outlined earlier but has been introduced for special reasons; in developing countries it is more likely that the various stages will be logically followed. Malnutrition is a known problem in most developing countries and therefore the need for enrichment is self evident. However, the cost and difficulties may make it more necessary to prove the value of enrichment, at least to the satisfaction of the government paying the costs.

Convincing evidence of this kind was provided in the Phillipines experiment of 1948—50, and the experience gained there illustrates the general problems. That experiment was carried out in an isolated geographical area in order to compare results with an untreated control area. The vehicle was the staple food of that country, namely rice. The first problem was the physical difficulty of enriching the very large quantities of rice involved. This was overcome by enriching small amounts at 200 times the concentration needed and diluting one part of this premix with 199 parts of rice. The second difficulty was that when the required nutrients were added, namely vitamins B1, B2 and nicotinic acid and iron, the B2 coloured the grains and the market tests showed that the housewives discarded the one in 200 apparently discoloured grains. It was not thus possible to add riboflavin. The third difficulty on the technological side arose from the difficulty of adding the vitamin powder to a granular food, especially since the housewife rinsed the rice before cooking and so washed off the additives. This was overcome by the skill of the food technologist — a solution of the additives was sprayed onto the rice grains and sealed with a solution of the protein, zein. This was stable to washing but released the vitamin mixture during digestion. The experiment proved extremely successful in that beri, beri was completely wiped out from the test area within 18 months, while the incidence was unchanged in the control area.

The final stage of the story illustrates that enrichment involves a great deal more than the skill of the nutritionist and the food technologist — the rice millers were able to prevent the legal enforcement of enrichment by the Central Government. As is common elsewhere, the millers avoided paying taxes by withholding information about the amount of rice they sold. They realised that if they were provided with a vitamin mixture it would be possible from analysis of the enriched rice to calculate how much rice had been milled and so how much tax should be paid, so they blocked legal enforcement of enrichment. The only recourse left to the health authorities was to encourage by an educational programme, the purchase of enriched rice, while the unenriched material is still on the market.

Amino acid enrichment

A special problem arises with amino acid enrichment. This really means lysine enrichment since other required amino acids are not available cheaply or, like methionine, impart an unattractive flavour to the food.

Cereal proteins limited in quality by lysine can be improved in the laboratory by supplementation with lysine. Table 1 shows that the calculated chemical scores of bread, and of bread successively supplemented with each limiting amino acid, agree with the biological value (BV) estimated in rats and it is possible to supplement white bread, with a BV of 45, stage by stage until it reaches almost the maximum level — BV 86. In practice there are many difficulties. First, although cereal is the staple food in many countries, because other sources of protein such as vegetables and legumes are present, the limiting amino acid in many diets is methionine not lysine. Secondly, the limiting amino acid in human diets varies with the amount of protein consumed. For example, *Kies & Fox* (1970) showed that the second limiting amino acid in maize for man was tryptophan when 4 g were fed and methionine when 13 g were fed (at the same intake of essential amino acids). Thirdly, it is more valuable to enrich with protein than with amino acids. The poorest diets known have BV of 50–60, the best diets have a BV 70–80, so the maximum possible improvement that could be achieved, even if the required amino acids were available, is about 35 %. From the point of view

Table 1. Supplementation of wheat bread with amino acids

	Limiting amino acid	Chemical score	NPU	BV
Bread	lysine*)	29	46	50
Bread + lysine	threonine	66	57	62
Bread + lys + threonine	methionine	87	70	76
Bread + lys + thr + methionine	valine?		79	86

*) at low levels of lysine chemical score is not related to BV.
(from *Bender*, 1957, and *Palgrave*, 1958)

of quantity, the poorest diets contain about 30 g protein while the best contain about 120 g, so the potential improvement is much greater by adding protein than by adding amino acids.

This problem has been the centre of argument for many years and the following position has been reached (*Scrimshaw* 1973). Only when diets are low in quantity of protein and at the same time deficient in lysine can the effects of lysine supplementation be demonstrated – diets such as those based on ragi eaten in India have been shown to be improved by lysine as indicated by growth of children. When cereal diets are improved with legumes, the lysine is increased but can still be limiting. However, the diet is now sufficiently rich in total protein (except for infants and small children) so that enrichment with lysine has no demonstrable effect.

Another problem exists with the limitation of energy intake at the same time as limited protein intake. When energy intake is inadequate added amino acids may be oxidised but to some extent the individual has adapted to the lower level of energy and the added amino acid may be, in part at least, utilised for protein enrichment. This is still an unsolved problem.

The enrichment of cereals

The technical problems of adding a mixture of nutrients in powder form have been overcome but the process did present considerable difficulties because it involves mixing a very small quantity of one powder with a very large quantity of another of different physical properties. The problem of enriching whole grain foods has also been overcome. In the case of rice, as described earlier, the grains were coated; in the case of wheat the grains are scratched (scarified) and immersed in a solution of the nutrients. Alternatively, artificial grains, made of concentrated mixtures of the nutrients, are added to the bulk of untreated grains – such grains must be indistinguishable by the consumer otherwise they will be rejected.

The current enrichment policy in India serves as an example of the technology involved. In that country the basic food in the wheat eating areas is chappatis, made from coarsely ground wheat known as atta, which is 93–95 % extraction flour. But only 3 million of the 20 million tons consumed are milled in large centres, the greater part is milled in very small mills in villages where enrichment is impracticable. The problem has been overcome by enriching the wheat grains before distribution, rather than the flour after milling. A proportion of the grains is soaked in a strong solution of lysine and mixed with the bulk of the untreated grains. The method of enriching with artificial grains composed of a mixture of the nutrients is also used. Starting in 1971, 3 million tons that are ground in the central mills have been enriched with groundnut flour as a source of protein, vitamins A, B1, B2, nicotinic acid, iron and calcium. The iron, as ferrous sulphate, has to be coated with starch to prevent reaction with phenolic substances in the groundnut flour which produces a grey colour. This process increases the retail price of the atta by 4 %. (Protein Advisory Group Bulletin)

Rice enrichment is carried out in Colombia, Formosa, Hawaii, Japan, Venezuela and the United States but is legally enforced in only a few countries.

Proteins such as fish flour, groundnut meal, soybean flour can be added to a variety of baked products, iodine is commonly added to salt and to chocolate where it is intended largely for children, iron and calcium added to a variety of foods especially flour, all six of the commonly deficient vitamins are added to foods such as milk, fruit juices, cake mixes, dried milk, baby foods, wheat flour, maize, rice, spaghetti and a variety of baked products. So long as the flavour and texture of the food are not affected, enrichment can be applied to many foods, although as a public health measure it is of little value unless added to the cheap food commonly eaten by the group for whom the nutrients are intended.

Problems

Scientifically it would appear to be possible to rectify all nutritional deficiencies by enriching the food; in practice this is not done in the countries where it is most needed for a variety of reasons – Governments do not give high priority to nutrition, the cost is considered too great, the technology and the facilities are not available, there is no organisation for ensuring that the law has been obeyed, or, most important of all, the major part of the diet is grown by the peasant farmers themselves and does not pass through the hands of the processor.

The problems met in Nepal exemplify this last point. The rice cannot be enriched since it is processed in some 50,000 small rice mills where the skills and facilities are not available and control would be virtually impossible. Goitre is widespread in Nepal with an incidence of 100 % in some areas. All salt is brought in from Tibet or India but it would not be feasible to iodise the large lumps of coarse salt carried in by many hundreds of small traders, apart from the relatively large increase in cost that would be incurred. One possible method would be to enrich the salt at the origin, for example by addition to the salt pans in India at the time of crytallisation – but since the Indians are not making use of the iodisation plants provided by UNICEF for their own use, it is not likely that they will bother to iodise a product that they sell with ease anyway.

Enrichment versus education

The opinion is held in some quarters that enrichment should be considered 'as a rather emergency-type or short-term measure, while in the long term the possibilities of improved agricultural and food processing practices along with proper food utilisation based on widespread education and extension services must be given the highest priority' (*Berger* 1973). This attitude appears to have some degree of support officially in the United States since the Food and Nutrition Board states that to avoid undue artificiality those foods chosen for enrichment should be the ones that have suffered losses in processing, and enrichment should be with nutrients of the kind and quantities native to the class of foods involved. Permission to vitaminise foods which would not normally be a source of the intended nutrient has been refused. (Presumably the addition of riboflavin to milled wheat flour is an exception since this vitamin is present in only small amounts in whole grain).

There are two reasons for rejecting this opinion. First, while it is, of course, desirable that the more nutritious crops should be produced (i.e. there should be emphasis on an agricultural policy) and that people should be educated to select a nutritious diet (i.e. emphasis on an education programme) there is no guarantee that after food is available and people are taught what to do, they will then take the right action. On the contrary, everyone knows that smoking is harmful but most people continue to smoke. What evidence have we that even a successful education programme will result in action? Enrichment of the commonly-eaten foods will ensure that the additives are eaten.

Secondly, the policy that only foods that normally contain particular nutrients in question should be enriched with these same nutrients leads to the addition, for example, of vitamin C to fruit juices. Thus those people who take the drinks and therefore obtain some vitamin C will obtain more; those individuals who do not drink fruit juices will not receive the addition. Similarly when flour is enriched those who do consume flour and obtain some B vitamins will obtain more, those who consume a large part of their carbohydrate as sucrose will not. The enrichment of instant tea with vitamin C once suggested in the United States by a manufacturer as a selling device was greeted with derision, but if it is desirable to push extra vitamin C into subjects who do not consume the right foods, then the enrichment of tea with vitamin C is more logical and more likely to be more effective than giving extra vitamin C to those already consuming it. Clearly, where there is a need to improve nutritional status an integrated policy ranging from food production to education must form part of a national nutrition policy but the attitude that enrichment is somewhat sinful must be discarded and there is no logical, scientific basis for considering such a process in any way as 'unnatural' and therefore inferior to consuming what are so wrongly called 'natural' foods.

Zusammenfassung

In industriellen Ländern stellt die Anreicherung eher eine Vorsichtsmaßnahme als eine nachweisbare Notwendigkeit dar. In den Entwicklungsländern ist der Bedarf oft klar liegend da dort weit verbreitete Mangelerscheinungen auftreten. Jedoch besondere Schwierigkeiten verhindern dort, daß selten die Anreicherung dort durchgeführt werden kann, wo die Notwendigkeit am Größten ist.

Erstens sind technische Erfahrung und wünschenswerte Lebensmittel nicht leicht verfügbar. Zweitens zögern Regierungen für diese Zwecke Mittel zur Verfügung zu stellen. Drittens wird ein großer Teil der Nahrung vom Verbraucher erzeugt, oder wenn sie selbst gekauft wird, so passiert sie nicht große Zentralen, wo eine Anreicherung möglich wäre.

Getreide ist in vielen Gebieten das Hauptnahrungsmittel und die Anreicherungsprogramme haben Zusätze an Vitaminen, Mineralstoffen, Proteinen und Lypin vorgesehen. Da wo Korn gekauft wird und an Ort und Stelle oder auch zu Hause in kleinen Mühlen gemahlen wird, wurde eine Spezialtechnik von angereichertem Korn anstatt Mehl entwickelt.

Résumé

L'enrichissement de l'alimentation est appliqué dans les pays industriels beaucoup plus en tant que palliatif que par nécessité. Dans les pays en voie de développement où la malnutrition et la carence sont très importantes, cet enrichissement vital pour ces pays, est très rarement appliqué.

Premièrement la compétence technique et l'approvisionnement en substances nutritives ne sont pas toujours disponibles. Deuxièmement les gouvernements de ces pays sont réticents pour financer de tels projets.

Troisièmement la quasi-totalité de la nourriture consommée est produite par l'indigène même si elle est achetée, elle ne passe pas dans les usines de transformation où l'enrichissement pourrait être effectué.

Les céréales représentent l'alimentation de base de ces pays et les programmes d'enrichissement y ont inclu l'addition de vitamines sels minéraux, protéïnes et lysine. Là où la nourriture est achetée en grain entier et broyée dans les moulins locaux ou à la maison, les techniques spéciales d'enrichissement de grain ont été développés à la place de l'enrichissement de la farine.

Summary

Enrichment is carried out in industrialised communities as a precaution rather than to fill a demonstrated need. In developing countries the need is often obvious since there are widespread deficiency diseases but there are special difficulties so that enrichment is rarely practised in countries where the need is greatest.

Firstly, the technical skill, facilities and required nutrients are not readily available. Secondly, Governments are reluctant to spend money on such projects. Thirdly, much of the food eaten is grown by the consumer or, even if bought, does not pass through large central factories where enrichment could be carried out.

Cereals are the major food in many areas and enrichment programmes have included the addition of vitamins, minerals, protein and lysine. Where food is bought as whole grain and milled locally in small mills or even at home, special techniques of enriching grain instead of flour have been developed.

Literatur

Kies, C. and *H. M. Fox,* J. Nutr. **100,** 1275 (1970). — *Bender, A. E.,* Science **127,** 874 (1958). — *Scrimshaw, N.,* Proceedings of the International Congress of Nutrition (in press 1973). — *Berger, S.,* International Congress of Nutrition (in press 1973). — *Bender A. E.,* Proc. Nutr. Soc. **16,** 18 (1957). — *Palgrave, J. A.,* Proc. Nutr. Soc. **17,** 11 (1958).

Address of author:

Prof. Dr. *A. E. Bender*

Nutrition Department, Queen Elizabeth College London

5.

From the Central Food Technological Research Institute, Mysore

Problems in the feeding of the weaned child

By *M. R. Chandrasekhara* (Mysore)

Summary

In India the population of the preschoolchildren is estimated to be about 110 millions. Of these about 30 % or about 33 million are said to be suffering from malnutrition of varying degrees. The weaning habits of the country differ from place to place. In most households of lower income groups the weaned child is fed with the food which the parents take but made more dilute in the form of gruel or porridge. This practice coupled with some food taboos has been found to be the cause of multiple nutritional deficiency in this age group.

The problems of providing adequate nutrition to this section of the population are (a) the formulation of blends of locally available foods so that the composite protein has a suitable amino gram (b) ensuring the adequate storage life and freedom from infestation (c) processing the food to make it suitable for serving to the children and (d) keeping the cost of the product low enough to make it available to the lower economic section of the population.

A feeding programme undertaken by the Government for preschool children uses „Bal-Ahar", a blended food containing wheat, peanut flour and soy flour and fortified with vitamins. A second programme is the distribution of Miltone, a vegetable toned milk to the children of slum dwellers in some cities. These two programmes are discussed. Attempts to introduce processed protein foods to avoid several defects in the present programme and their feasibility are examined.

Résumé

Problèmes d'alimentation chez l'enfant sevré.

Aux Indes, la population des enfants préscolaires est estimée à environ 110 millions. Parmi ceux-là environ 30 % (soit environ 33 millions) souffrent de malnutrition à différents degrés. Les coutumes de sevrage varient, dans le pays, selon les régions. Dans la plupart des ménages à revenu modeste, l'enfant sevré se nourrit des mêmes aliments que les parents, mais cette nourriture leur est donnée sous forme diluée (gruau ou bouillie d'avoine). Ces pratiques, de même que certains tabous, sont responsables des multiples déficiences constatées dans ce groupe d'âge.

Les problèmes pour fournir une alimentation adéquate à cette catégorie de la population sont a) élaborer des formules de mélange d'aliments localement disponibles, de façon à ce que la composition en protéines en soit convenable, b) s'assurer de conditions de stockage adéquates et de l'absence d'infestations, c) préparer cette nourriture de façon à ce qu'elle convienne aux enfants et d) tenir le prix de revient de ce produit suffisamment bas pour qu'il reste accessible aux couches de populations économiquement faibles.

Un programme d'alimentation, entrepris par le Gouvernement, destiné aux enfants préscolaires, utilise le »Bal-Ahar«, un mélange alimentaire contenant du froment, de la farine d'arachide, de la farine de soja et des vitamines. Un deuxième programme concerne la distribution de »Miltone«, un lait végétal tonifié, aux enfants des bas quartiers de certaines villes. Ces deux programmes sont discutés. Par ailleurs, on examine la possibilité d'introduire des aliments protéiques préparés de façon à éviter diverses imperfections dans le présent programme.

Zusammenfassung

Ernährungsprobleme beim entwöhnten Kleinkind.

In Indien schätzt man die Anzahl der Kleinkinder auf etwa 110 Millionen. Etwa 30 % unter ihnen (etwa 33 Millionen) leiden an Ernährungsschäden. Die Entwöhnungsgebräuche des Landes wechseln je nach den verschiedenen Provinzen. In den meisten Familien mit geringem Einkommen ernährt sich das Kleinkind in derselben Weise wie die Eltern, mit dem Unterschied, daß die zugeführten Speisen verdünnt werden (Weizenmehl oder Haferschleim). Diese Gewohnheiten, zusammen mit gewissen Tabus, sind verantwortlich für die verschiedenen Unterernährungserscheinungen, die man in diesem Lebensalter feststellen kann.

Die Probleme, dieser Bevölkerungskategorie eine angemessene Ernährung zukommen zu lassen, betreffen a) die Formulierung einer Mischung von lokal disponiblen Lebensmitteln mit dem Ziel, eine ausgeglichene Eiweißzufuhr zu gewährleisten, b) die Sorge für gute Aufbewahrungsmöglichkeiten und Abwesenheit von Verunreinigungen, c) die Herstellung eines Nahrungsmittels, das den Kindern zusagt und d) den Kostenpreis, der so niedrig wie möglich gehalten werden soll, damit er auch für die armen Bevölkerungsschichten annehmbar ist.

Ein von der Regierung für Kleinkinder unternommenes Ernährungsprogramm benutzt das „Bal-Ahar", eine Mischung von Weizenmehl, Erdnußmehl, Sojamehl, angereichert mit Vitaminen. Ein zweites Programm betrifft die Verteilung von „Miltone", einer pflanzlichen Milchspeise, an Kinder der Armenviertel gewisser Städte. Beide Programme werden besprochen. Weiterhin wird die Möglichkeit erwogen, gewisse proteinreiche Lebensmittel einzuführen, mit dem Ziel, diverse Schwächen im aktuellen Programm zu vermeiden.

Adress of author:
M. *R. Chandrasekhara,*
Project Administrator and Coordinator — Miltone Project (Government of India),
Bangalore Dairy — Bangalore 560029

6.

Action tératogène des carences vitaminiques

Par *A. Giroud* (Paris)

Avec 6 figures

Les déficiences vitaminiques ont des causes multiples. Elles peuvent être le résultat de l'élimination artificielle des vitamines d'un aliment naturel, de la destruction d'une vitamine (Vit. E) dans un complexe par d'autres éléments de l'alimentation, de la suppression par divers antibiotiques de l'apport naturel des vitamines B par la flore digestive. Un antagoniste peut empêcher le rôle fonctionnel d'une vitamine: c'est le cas avec les coumarines (dicoumarol, hydroxycoumarol, tromexane etc. ...) qui se rencontrent dans des fourrages moisis et qui s'opposant à l'action de la vitamine K, déterminent des hémorragies. Plusieurs autres substances peuvent aussi perturber le métabolisme de certaines vitamines. Des antiépileptiques: diphénylhydantoïne, phénobarbital (*Mannheimer* 1952, *Gerson* 1970; *Protchard* et col. 1971), des substances toxiques telles qu'en renferment les graines de certains lupins (*Gardiner* 1960) font baisser dans le sang le taux de l'acide folique. Un antituberculeux, l'isoniazide, entraîne une élimination urinaire considérable de la pyridoxine (*Lévy* 1969).

Les déficiences vitaminiques ont des répercussions qui peuvent s'étendre d'un simple retard de croissance à la mort de l'embryon (avortement ou résorption) sinon même à la stérilité. Selon que l'atteinte est précoce ou tardive les répercussions diffèrent.

A un certain degré presque toutes les carences peuvent avoir la mort pour conséquence.

Les plus frappants résultats des atteintes précoces, c'est l'apparition de *malformations*, c'est-à-dire la perturbation des structures anatomiques. Elles peuvent concerner tous les organes: mais chez les oiseaux elles portent souvent sur le squelette tandis que chez les mammifères elles frappent fréquemment le système nerveux.

Elles se développent au cours du début du développement pendant cette période de grande sensibilité où se réalisent les structures fondamentales c'est-à-dire les ébauches des divers organes. Il ne s'en produit donc que pendant l'embryogénèse, il ne s'en produit ni avant ni après. Leur type dépend en grande partie du moment précis où se produit la carence. Ces variations ont été bien mises en évidence par *Nelson* en utilisant à des moments définis de la gestation un antagoniste de l'acide

Fig. 1. Les malformations se produisent pendant l'embryogénèse; leur type varie suivant le stade. D'après les données de *Nelson.*

folique: au début ce sont des malformations du système nerveux, à la fin ce sont celles des membres. Le type dépend aussi de la nature de la vitamine déficiente: la déficience en B2, par simple régime carencé, donne surtout des malformations des membres, la déficience en vitamine A donne des malformations du rein, de l'appareil vasculaire et génital.

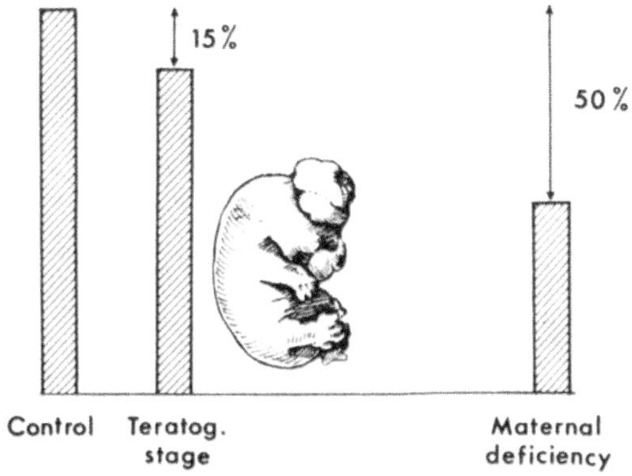

Fig. 2. Légèreté des carences tératogènes. Au stade tératogène, de la carence pantothénique, c'est-à-dire au stade où se produisent les malformations le taux de l'acide pantothénique (foie maternel) est peu diminué (15 %) alors que les perturbations chez l'adulte nécessitent une carence beaucoup plus marquée (50 %).

Des carences légères sont suffisantes pour produire des malformations, aucun signe clinique ne se manifeste chez la mère. Des dosages chimiques ont confirmé cette légèreté. Dans la carence en riboflavine, il suffit, au stade tératogène, d'une baisse de 20 % du taux vitaminique pour provoquer des malformations et pour la carence en acide pantothénique d'une baisse de 15 % (*Giroud* et col. 1961 et 1956).

Il faut ajouter que tout déséquilibre peut être nocif: un excès comme une déficience peut être tératogène, ce qui est bien évident pour la vitamine A.

Divers mécanismes ont été envisagés pour expliquer les malformations: nécroses de cellules, insuffisance de leur multiplication, mais on peut surtout considérer que de simples déficiences fonctionnelles des cellules, vis à vis des phénomènes d'organisation, sont susceptibles d'en produire. La participation des vitamines à de nombreux processus enzymatiques de la vie cellulaire laisse bien entrevoir cette possibilité.

C'est l'apparition de ces malformations anatomiques qui constitue la tératogénèse au sens strict. Mais il y a d'autres répercussions qui sont plus tardives. Elles ne portent plus sur les structures anatomiques mais sur les structures histologiques. Elles sont également importantes.

Ce sont des *retards de croissance:* staturale et surtout pondérale. Ce sont ensuite des *lésions tissulaires* analogues à celles que connaît l'anatomie pathologique, elle sont soit de type banal tels qu'oedèmes, hémorragies ou nécroses soit de type spécifique: dégénérescence musculaire (carence en vitamine E) ou déformation de l'os (carence en vitamine D) ou incoagulabilité du sang suivie d'hémorragies (carence en vitamine K).

Ce peuvent être surtout des *troubles d'histogénèse,* particulièrement importantes au niveau du cerveau, comme le démontrent les insuffisances pondérales, les alté-

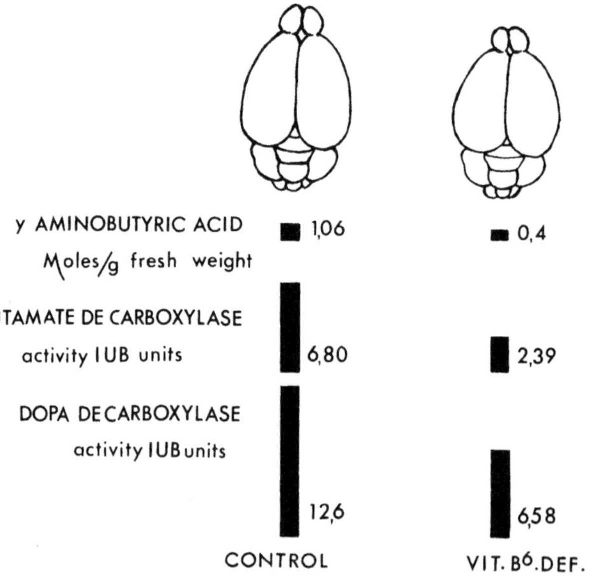

Fig. 3. Troubles tardifs du développement cérébral dans la carence en pyridoxine. Retard de la croissance cérébrale. Déficiences chimiques diverses au niveau du cerveau: γ-aminobutyrique acide, glutamate decaboxylase, dopadécarboxylase (D'après *Körner* et *Novak*).

rations histologiques ou chimiques de cet organe et ce que confirme plus tard les tests d'apprentissage. C'est ce que l'on observe par exemple dans la déficience en pyridoxine (*Körner & Novak* 1971). Le poids du cerveau à la naissance n'est que 770 mg au lieu de 825. A 15 jours, les valeurs chimiques sont modifiées: celle de l'acide γ-aminobutyrique est de 0,339 au lieu de 1, 060, celles de la glutamate décarboxylase sont de 2,30 au lieu de 6,80 et celles de la décarboxylase de 6,58 au lieu de 12,06. A 60 jours les tests d'apprentissage confirment la déficience physiologique des animaux carencés. Ces altérations tardives peuvent être définitives et constituer ainsi un grave problème.

Répercussions des diverses carences.

La carence en *thiamine* n'entraîne pas de malformations. Chez les oiseaux, cette vitamine est nécessaire au développement comme le prouve surtout la grande mortalité après emploi d'antivitamine (*Naber* et col. 1954). Chez le rat, la carence provoque des résorptions au début du développement par suite de troubles hypophyso-génitaux (*Nelson* & *Evans* 1955). Chez la truie, elle perturbe aussi la gestation (*Ensminger* et col. 1947). Chez l'homme outre des cas morti-natalité, des cas de béribéri congénital en sont le résultat.

La carence en riboflavine chez le rat détermine un retard de croissance des membres et des syndactylies (*Warkany* et *Schraffenberger* 1944) (*Giroud* et *Boisselot* 1947).

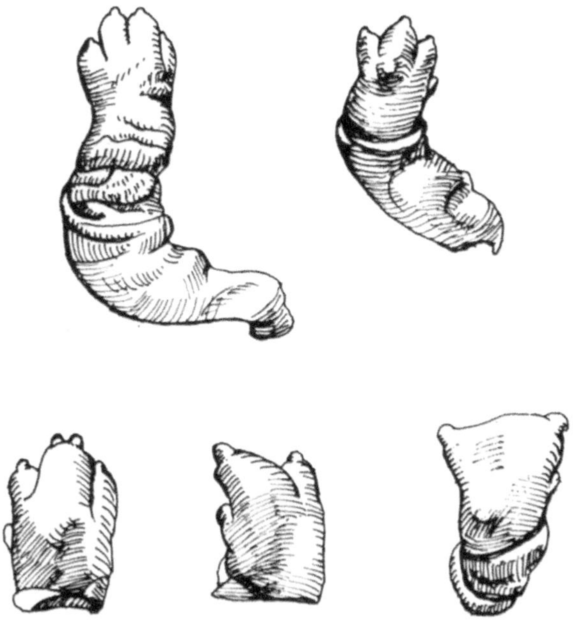

Fig. 4. Malformations surtout squelettiques dans la carence B2: raccourcissement des membres et syndactylies.

La carence en *biotine* chez les oiseaux réduit les éclosions et entraîne des altérations du squelette telles que torsions des os et syndactylies (*Cravens* et col. 1944).

Chez le rat, il n'y a pas de malformations mais des résorptions (*Giroud et Lefebvres* 1956) ainsi que des altérations du foie et du coeur (*Cooper* et *Brown* 1958).

La déficience *pantothénique* entraîne chez les oiseaux des troubles du développement (*Gillis* 1948). Chez le rat, elle détermine des résorptions et des malformations notamment du système nerveux (*Lefebvres* 1951) et plus tardivement des ectrodactylies consécutives à des altérations vasculaires (*Giroud* et *Lefebvres* 1955). Par des antagonistes, *Zunin* et *Borrow* (1954) ainsi que *Nelson* et col. (1957) ont obtenu de nombreuses malformations portant sur les divers appareils. Des effets nocifs ont été vus chez la truie (*Ulrey* 1966) et le cobaye (*Hurley* 1965).

La déficience *folique* entraîne chez l'oiseau outre une grande mortalité, des malformations des membres: angulation, syndactylies, becs de perroquet. Chez le rat, elle provoque outre des résorptions, des malformations surtout du système

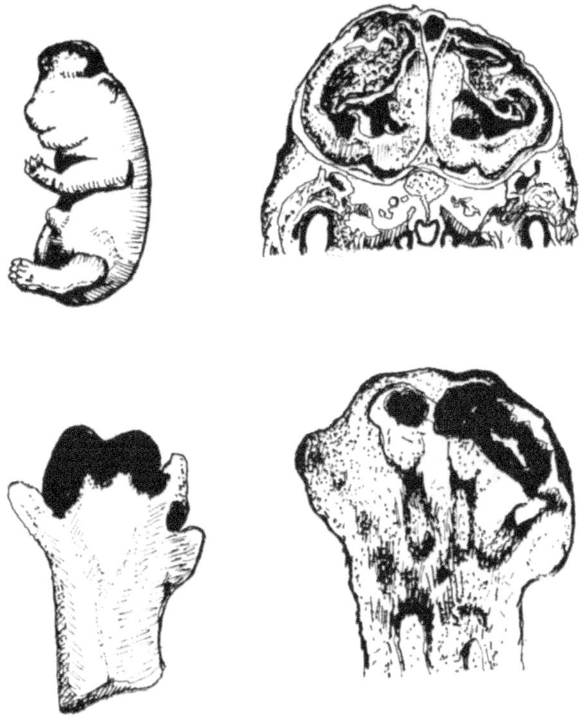

Fig. 5. Malformations rénales (rein en fer à cheval) ou oculaires (fibrose du vitré) dans la carence A.

nerveux. Par des antagonistes des malformations très diverses ont été obtenues (*Nelson* et col 1956). Cette action tératogène a été observé chez de nombreuses espèces avec des antagonistes (x-méthylfolique): ainsi chez la souris, *Tuchmann-Duplessis* et *Mercier-Parot*, et chez le chat *Tuchmann-Duplessis* et *Lefebvres*. Chez le mouton, *James* & *Keeler* (1968) ont obtenu avec l'aminoptérine, des petits atteints de malformations des membres (hyperlaxité ou raideurs articulaires) analogues à celles que donne la consommation de certains lupins. Avec le même antagoniste, utilisé chez la femme comme abortif, *Thiersch* (1952) a observé de graves malformations du système nerveux (anencéphalie, exencéphalie) quand la gestation était poursuivie, ce qu'ont confirmé divers auteurs.

La carence en *cyanocobalamine* (Vit. B12) détermine des troubles de la reproduction chez les oiseaux: *Alcelse* et col. (1950) ont signalé des hémorragies et des atrophies musculaires et *Ferguson* et col. (1954) des lésions des divers organes. Chez le rat, *James* et col. (1955) n'ont trouvé que des altérations tissulaires. Mais *Newbern* et *O'Dell* (1958) ont vu des hydrocéphalies et *Randell* (1956) des anomalies oculaires. Naturellement, ces effets sont amplifiés chez les animaux germfree où la source habituelle de vitamine B est supprimée (*Valencia* et *Saquet* 1968). Vu l'intrication fonctionnelle de cette vitamine avec l'acide folique, la carence folique aggrave la situation ou inversement un supplément de cette vitamine l'améliore.

La carence en *pyridoxine* chez les oiseaux avait révélé des troubles de la ponte: l'utilisation d'antagonistes ont entraîné une énorme mortalité (*Cravens* 1952). Chez le rat au début du développement, selon *Nelson* & *Evans* (1957), il se produit surtout des avortements. Cependant la carence jointe à l'action d'un antagoniste peut produire des malformations diverses: omphalocèle, exencéphalie, fissures palatines, micrognathies (*Davis* et col. 1970). Tardivement, la carence ralentit considérablement la croissance générale et arrête spécialement le développement du cerveau (altérations pondérales, chimiques et fonctionelles *Körner* et *Novak* 1971). Chez l'homme, des retards mentaux ont été constatés qui seraient imputables à une déficience en pyridoxine (*Frimpter* et col. 1969).

La carence en *choline* provoque surtout des troubles tardifs. Chez le poulet elle détermine des épaississements des os des pattes (*Jukes* 1940). Chez le porc outre, une mortalité postnatale, elle entraîne des troubles locomoteurs (*Ensminger* 1947).

Le cas de *l'acide nicotinique* est très spécial. L'utilisation d'antagonistes chez les oiseaux et les mammifères perturbe le développement et crée des malformations. Cela démontre que l'acide nicotinique est physiologiquement nécessaire au développement, mais non qu'il doit être apporté par l'alimentation, car il semble bien qu'il soit synthétisé par beaucoup d'espèces à partir du tryptophane. Chez l'homme, malgré la fréquence de la pellagre on n'a pas constaté de malformations ni de perturbations de la gestation.

La déficience en *vitamine A* limite la production des œufs, leur degré d'éclosion et la viabilité des poussins (*Mac Clymont* et *Hart* 1948). Sur la truie *Hale* (1935) a montré, qu'elle augmente la morti-natalité et diminue la résistance des nouveau-nés; de plus, elle détermine des malformations: rein en fer à cheval, microphtalmies et fissures palatines. Faits confirmés par *Palludan* (1966) qui note aussi des altérations de nerfs rachidiens. Chez le veau, elle entraîne tardivement du fait d'altérations osseuses du crâne des atrophies du nerf optique. Des troubles de la gestation ont été constatés également chez la brebis et chez le lapin. Chez le rat, *Warkany* et *Schraffenberger* (1946), *Roux* & *Dupuis* (1962) ont obtenu des malformations caractéristiques: reins en fer à cheval, des anomalies vasculaires, oculaires, ainsi que des arrêts de l'évolution de l'appareil génital mâle. Chez l'homme un seul cas a été envisagé (*Sarma* 1959).

L'excès de vitamine A est aussi tératogène chez le poulet (*Thompson* 1965) et chez divers mammifères (*Cohlan* 1953) (*Giroud* et *Martinet* 1955). Chez l'homme un cas possible a été signalé par *Pilotti* et *Scorta* (1965).

La déficience en *vitamine D* entraîne facilement du rachitisme chez les poulets Creeper (*Landauer* 1934). Des signes de rachitisme ainsi que des hernies ont été notées chez le poulain, le chien (*Chavanae* 1944), ce qui dépend beaucoup de la teneur en Ca et P du régime. *Willis* (1938) aussi a noté du rachitisme chez le veau

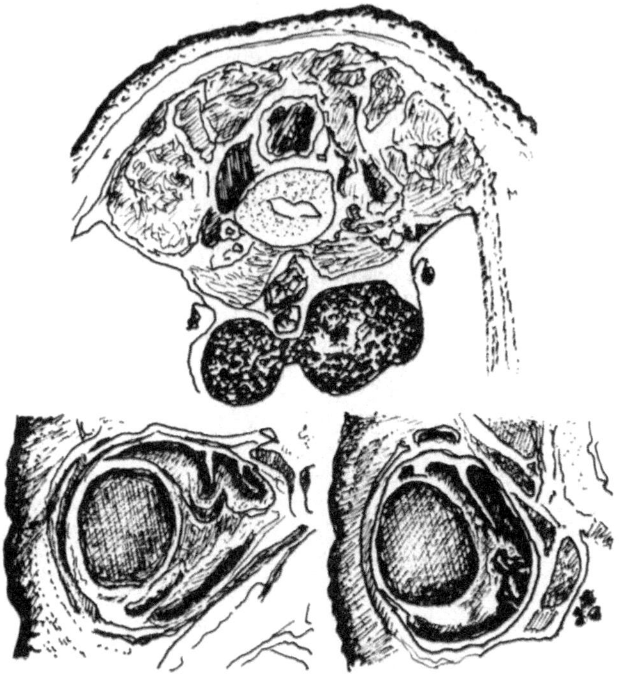

Fig. 6. Malformations par carence pantothénique: exencéphalie, ectrodactylie par suite d'altérations vasculaires.

dont le métabolisme maternel était perturbé; *Warkany* (1943) a obtenu des altérations rachitiques chez le rat. Chez l'homme, du rachitisme a été observé à la naissance (*Maxwell* 1934).

Des excès sont aussi nocifs: chez le lapin, *Friedman* et col. (1969) ont vu des rétrécissements supra-valvulaires de l'aorte et des calcifications prématurées du crâne. Ces dernières altérations pourraient être aussi constatées chez l'homme.

La déficience en *vitamine K* provoque surtout des lésions hémorragiques tardives. Chez la lapine, *Moore* et col. (1942) ont vu des hémorragies rétroplacentaires suivies d'avortements et chez le rat, *Brown* et col. (1947) des hémorragies cérébrales. Chez l'homme, on a noté des hémorragies surtout oculaires (*Terado* 1955).

La déficience en *vitamine E* détermine chez le poulet des altérations des vaisseaux extra-embryonnaires qui entraînent la mort (*Adamstone* 1931). Chez le dindon, on a vu des hémorragies du vitré et des opacités du cristallin (*Ferguson* et col. 1954). Chez le rat, il y a des altérations vasculaires du placenta suivies de mort (*Mason* 1942) et même de véritables malformations (*Cheng* 1961).

Tardivement, chez le mouton, il se produit des lésions caractéristiques des fibres musculaires (white muscular disease, *Safford* et col. 1956).

Ainsi les répercussions des carences varient. Elles varient selon la nature de la vitamine envisagée, l'intensité de la carence et selon la période du développement où elle se produit. Cela n'est vrai que chez les mammifères, puisque chez les oiseaux, elles ne peuvent agir qu'avant la ponte, sauf dans les cas expérimentaux où l'on agit sur l'embryon lui-même. Chez les mammifères, les répercussions sont très différentes selon qu'il s'agit de carences précoces ou tardives: malformations anatomiques au début, altérations histologiques plus tard.

Des interférences avec la constitution génétique méritent d'attirer l'attention. Pour une même carence les répercussions, en particulier les malformations, varient avec les espèces et avec les races animales, qu'il s'agisse soit de besoins plus ou moins importants soit de susceptibilité plus ou moins grande de leurs organes.

Landauer a noté que les embryons de poules Creeper font beaucoup plus facilement du rachitisme que les autres (1934) que les poules noires sont bien plus sensibles à la carence en vitamine B2 que les poules blanches (1953), que les hétérozygotes pour la chondrodystrophie sont beaucoup facilement atteints de malformation des membres que d'autres à la suite de l'emploi d'un antagoniste de l'acide nicotinique (1965). Chez le rat, la vitamine E est absolument nécessaire pour l'implantation de l'embryon. Certaines races de souris sont spontanément sujettes à l'avortement ce fait, qui révèle une augmentation des besoins, peut être corrigé par une supplémentation en vitamine E (*Lee* et col. 1953). Chez la vache, la jument, la chèvre, cette vitamine n'est pas nécessaire et il en est probablement de même chez la femme. *Andersen* (1949) avait noté avec la carence A de notables variations de la hernie diaphragmatique selon les diverses races de rats. *Warkany* & *Kalter* (1957) avec la galactoflavine, une anti-vitamine B2, ont vu de très grandes variations de la fréquence des malformations selon les races de souris.

L'homme semble plus résistant, peut être du fait de sa nature polyhybridique que les animaux de races pures, mais peut-être aussi parce qu'il n'a pas été soumis à des déséquilibres aussi définis que ceux réalisés expérimentalement. En effet, chez lui les seuls cas sûrs de tératogénèse ont été provoqués par des antifoliques utilisés en vue de provoquer un avortement (*Thierch* 1952, *Meltzer* 1956, *Warkany 1959*, *Shaw* et *Steinbach* 1968).

Conclusion

Toutes ces données révèlent l'importance d'un apport correct des vitamines non seulement pendant les premiers stades du développement où des déficiences provoquent l'avortement ou des malformations, mais aussi pendant les stades tardifs où elles peuvent ralentir la croissance, entraîner diverses lésions des organes mais surtout perturber l'histogénèse des centres nerveux.

Literatur

Davis, S. D., T. Nelson and H. Shepard, Teratogenetic of vitamin B6 deficiency. Science **169**, 1329—1330 (1970). — *Frimpter, G. W., R. J. Andelman and W. F. George*, Vitamin B6 dependency syndromes. Am. J. Clin. Nutr. **22**, 794—805 (1969). — *Gardiner, M. R.*, Lupinosis. Aust. Vet. J. **36**, 135—140 (1961). — *Gerson, C. D., G. W. Hepner, N. Brown, N. Cohen, V. Herbert* and *H. D. Janowitz*, Inhibition by Diphenylhydantoin of Folic acid absorption in man. J. Clin. Invest. **49**, 33a (1970). — *Giroud, A.*, Nutrition of the embryo (Springfield 1970). — *Giroud, A.*, Nutritional requirements of the embryo, World

Review of Nutrition and Dietetics 1973 vol. **18**, p. 195 references générales. – *Korner, W. F.* and *H. Novak*, The influence of vitamin B6 deficiency on the fetal postnatal development of the rat. Malformations congénitales des mammifères. 243–253 (Paris 1971). – *Levy, L.*, Mechanism of drug induced vitamin B6 deficiency. Annals New York Acad. Sciences **166**, 184–190 (1969). – *Mannheimer, E.*, *F. Pakesch, E. Reimer* and *H. Vetter*, Die hämatologischen Komplikationen der Epilepsiebehandlung mit Hydantoinkörper. Med. Klin. **47**, 1397 (1952). – *Pritchard, J. A., D. E. Scott* and *P. J. Whalley*, Maternal folate deficiency and pregnancy westage. Am. J. Obst. & Gynec. **109**, 341–346 (1971).

Adresse de l'auteur:
Professeur Dr. *A. Giroud*
Membre de l'Académie de Médecine, 7, rue Monticelli, 75014 Paris

7.

Anwendung der Vitamine C und E als Antioxidantien in der Lebensmitteltechnologie

Von *H. Kläui* (Basel)

Mit 5 Abbildungen und 14 Tabellen

Neben ihrer nutritiven Wirkung als essentielle Faktoren in unserer Nahrung besitzen einige Vitamine und Provitamine interessante chemische Eigenschaften, welche die Grundlage für eine ganze Reihe von technologischen Anwendungen dieser Wirkstoffe in der Nahrungsmittelindustrie bilden. Die hohen Reinheitsanforderungen, denen die industriell und in großen Mengen produzierten Vitamine und Provitamine genügen müssen, und ihre offensichtliche Unbedenklichkeit lassen diese Produkte als besonders bevorzugte Zusatzstoffe für Lebensmittel erscheinen.

Als Beispiele für die primär nicht-nutritive Anwendung seien genannt:

- Die Verwendung von Provitamin A, d. h. β-Carotin, und von andern Carotinoiden, zur Färbung von Margarine, Fetten und Ölen, Fruchtsaftgetränken etc.
- Die Ausnützung der gelben Farbe von Riboflavin, d. h. Vitamin B_2 zur Färbung wäßriger Systeme.
- Der Einsatz von Vitamin E in Form des freien Tocopherols als Antioxydans für Fette und Öle und für andere fettlösliche Vitamine und Provitamine, und die Verwendung von Vitamin E in Futtermitteln zur Stabilisierung des Schlachtkörpers, d. h. als systemisches Antioxydans.
- Das Vitamin C, dessen reduzierende und antioxidative Eigenschaften ihm die verschiedenartigsten Anwendungsgebiete in der Nahrungsmittelindustrie eröffnet haben; aber auch in der Photographie oder zur Entfernung von Chlor aus chloriertem Trinkwasser, ferner bei der Plastikherstellung, als Fleckenentferner und Reinigungsmittel für Getränketanks kann Ascorbinsäure eingesetzt werden. Die meisten Anwendungen, z. B. in Getränken, Früchte- und Gemüsekonserven, beruhen auf der antioxidativen Wirkung. Unter gewissen Bedingungen kann aber die Ascorbinsäure, nach vorausgegangener Oxidation zur Dehydroascorbinsäure, auch als Oxidationsmittel wirken, z. B. als Backhilfsmittel in Mehlen.

In einem ersten Teil soll in dieser Darstellung über die Verwendung der Vitamine C und E als Antioxidantien für Fette und Öle und allgemein für die Lipidanteile in Nahrungsmitteln, und in einem zweiten Teil über den Einsatz der Ascorbinsäure als Stabilisator in vorwiegend wäßrigen Systemen berichtet werden.

I. Vitamine C und E als Antioxidantien für Fette und Öle und für Lipidanteile in Nahrungsmitteln

Seit Menschen Vorräte anzulegen begannen, wurden Konservierungsverfahren entwickelt; erwähnt seien Trocknen, Kochen, Eindicken, Kühlen, Gären, ferner chemische Hilfsmittel wie Salzen oder Pökeln, Räuchern, Schwefeln. Bis heute wurden diese z. T. uralten Konservierungsverfahren im Einzelhaushalt oder in Kleinbetrieben gepflegt; erst die industrielle Anwendung und Weiterentwicklung, die in jüngster Zeit eingesetzt hat, befreite den einzelnen von der Vorratssorge und bildete die Grundlage für die modernen Bevölkerungs-Agglomerationen.

Ein Teil-Aspekt des Konservierungsproblems im allgemeinen ist der Schutz vor Oxidationen; seine wissenschaftliche Bearbeitung begann erst in diesem Jahrhundert und ist noch keineswegs abgeschlossen.

Die Oxidationen in Lipidsystemen verlaufen sowohl als enzymatisch katalysierte Oxidationen als auch allgemein als Autoxidationen. Die in Nahrungsmitteln vorkommenden und der Oxidation unterworfenen Lipide umfassen die gewöhnlichen eßbaren Fette und Öle, Sterole und Sterolester, freies und verestertes Vitamin A und D, Aromasubstanzen, insbesondere z. B. Citrusöle, komplexe Lipide wie Phospholipide und Lipoproteine und Derivate von Lipiden, Fettsäuren und Fett-Alkoholen, ferner Kohlenwasserstoffe und Carotinoide. Lipide kommen in den meisten Nahrungsmitteln vor, und auch geringste Mengen von Lipiden können für die Lagerfähigkeit der Produkte von großer Bedeutung sein, wie spätere Ausführungen zeigen werden.

Die Autoxidation oder atmosphärische Oxidation ist besonders dann von großer praktischer Bedeutung, wenn die resultierenden Oxidationsprodukte toxisch sind (1) oder schlecht riechende und schmeckende Aldehyde und Ketone enthalten. Bei der Oxidation von Milchfetten in Milch und Molkereiprodukten können z. B. Aldehyde und andere Zersetzungsprodukte entstehen, welche den Geschmack der Milch bereits in einer Konzentration von 1 ppm und weniger beeinflussen, wie aus der Tab. 1 hervorgeht (2).

Im Zusammenhang mit der Frage, wie solche Zersetzungsprodukte entstehen, wurde die Kinetik der Oxidationsreaktionen in den letzten Jahren ausgiebig untersucht (3); hier seien nur summarisch die wesentlichen Reaktionen zusammengefaßt. In Abb. 1 werden die verschiedenen Reaktions-Typen und die resultierenden Produkte am Beispiel der Oxidation eines Triglycerid-Öles dargestellt.

Der zeitliche Ablauf dieser Reaktionen ergibt sich aus der schematischen Darstellung in Abb. 2 (3).

Als Vorstufe der Oxidations-Reaktionen erfolgt — in der Initiationsphase — die Bildung der Radikale. Die Bildung der Radikale nimmt interessanterweise nicht proportional mit der Zahl der Doppelbindungen zu, sondern in viel stärkerem Maße: Linolsäure z. B. oxidiert rund 10mal schneller als Ölsäure, und Linolensäure 20 bis 30mal rascher. Bedeutungsvoll ist weiter, daß geringste Anteile verschiedener Verbindungen die Radikalbildung entweder drastisch beschleunigen oder

Tab. 1. Geschmacksstoffe in Milchprodukten
Schwellenwerte der organoleptischen Erfassung (in ppm)

Verbindung	Geschmacks-Schwellenwerte in		
	Wasser	Milch	Öl
Säuren			
Buttersäure	6.8	25.0	0.6
Caprinsäure	3.5	7.5	200
Palmitinsäure			10000
Alkohole			
Butanol		0.500	
Hexanol		0.500	
Hexenol		0.01	
Octenol		0.01	
Ester			
Buttersäuremethylester		0.500	
Buttersäureäthylester		0.025	
Valeriansäureäthylester		0.025	
Capronsäureäthylester		0.075	
Caprylsäureäthylester		0.5	
Ketone			
2-Butanon		79.5	
2-Pentanon		8.4	
2-Hexanon		0.4	
2-Heptanon		0.7	
2-Octanon		0.5	
2-Nonanon		3.5	
2-Undecanon		15.5	
2-Tridecanon		18.4	
Oct-1-en-3-on		0.01	
Aldehyde			
Acetaldehyd		1.2	
Propanal (Propionaldehyd)		0.43	1.6
Butanal (Butyraldehyd)		0.19	0.02
Pentanal (Valeraldehyd)		0.13	0.15
Hexanal (Capronaldehyd)		0.05	0.15
Heptanal (Oenanthaldehyd)		0.12	0.04
Octanal (Caprylaldehyd)		0.07	0.46
Nonanal (Pelargonaldehyd)		0.22	0.32
Decanal (Caprinaldehyd)		0.24	1.0
Undecanal			0.1
Dodecanal (Laurinaldehyd)			0.46
Aldehyde			
n-Hex-c2-enal		0.07	
n-Hex-t2-enal		0.10	2.5
n-Hex-c3-enal			0.1
n-Hept-c4-enal			0.0015
n-Hept-2-enal		0.077	0.63
n-Non-2-enal		0.004	0.1
n-Deca-2-enal		0.092	5.5
n-Hepta-2,4-dienal		0.05	
n-Nona-2,4-dienal			.01
n-Deca-2,4-dienal	0.005		0.28
Methional (Methionaldehyd)		0.05	

Auszug aus *Kinsella, J. E.*, Soc. Chem. Ind. **1969**, 36 nach *Labuza, T. P.* (2)

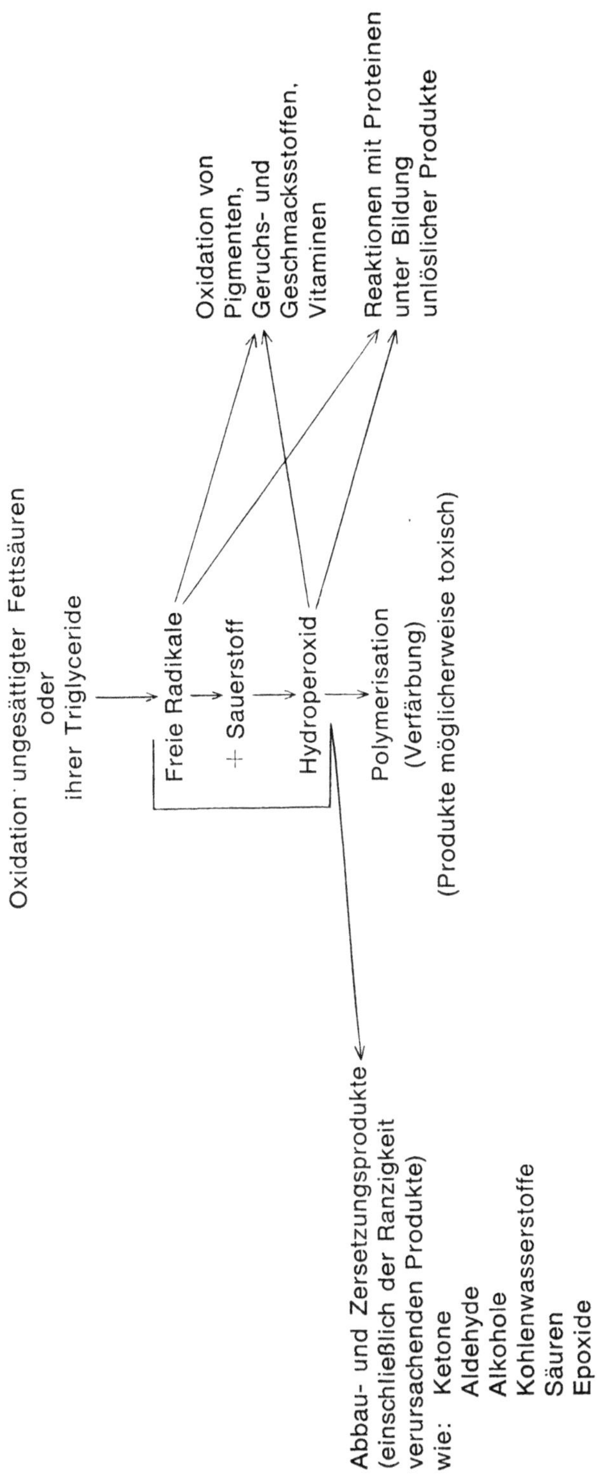

Abb. 1. Fettoxidation, Übersicht der verschiedenen Reaktionen. Nach *T. P. Labuza* (2).

inhibieren können; mit sehr reinem Ausgangsmaterial tritt die Radikalbildung nur sehr langsam ein.

Der gesamte Oxidationsverlauf wird schematisch in Abb. 3 dargestellt. Sowohl der Verlauf als auch die Geschwindigkeit der zahlreichen möglichen Reaktionen

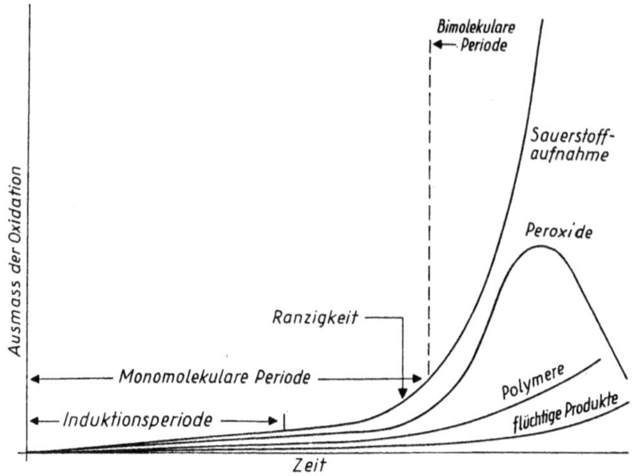

Abb. 2. Schema des zeitlichen Ablaufs der Fettoxidation. Nach *Labuza, T. P.* (2).

Reaktionsbeginn

(Initiator)	$\xrightarrow{k_i}$	freie Radikale	A.
	Reaktions-Geschwindigkeit $= R_i$		

Ausbreitung

$R\cdot + O_2$	$\xrightarrow{k_o}$	$ROO\cdot$	B.
$ROO\cdot + RH$	$\xrightarrow{k_p}$	$ROOH + R\cdot$	C.

Reaktionsende

$ROO\cdot + ROO\cdot$	$\xrightarrow{k_t}$	Nicht-radikalische Produkte	D.
$ROO\cdot + R\cdot$	$\xrightarrow{k_t'}$		E.
$R\cdot + R\cdot$	$\xrightarrow{k_t''}$		F.

Abb. 3. Allgemeines Schema der Reaktionsstufen bei der Fettoxidation. Nach *T. P. Labuza* (2).

werden von verschiedensten Faktoren beeinflußt wie z. B. Art des Substrates, relative Sauerstoffmenge, Löslichkeit bzw. Diffusion des Sauerstoffs im Substrat, Verhältnis von Oberfläche zu Volumen, Temperatur des Systems; der Vorgang ist somit sehr komplex.

Die Initiations-Reaktion besitzt eine beträchtlich hohe Aktivierungsenergie. Als Erklärung für die trotzdem zustandekommende Bildung von Peroxiden wird seit kurzem die Rolle des Singulett-Sauerstoffs in Betracht gezogen. *Rawls* und *von Santen* (4, 5) postulieren, daß bei Annahme eines Singulett-Sauerstoff-Atoms die Hydroperoxid-Bildung elektronentheoretisch zwanglos möglich, hingegen beim gewöhnlichen Triplett-Sauerstoff eine Reaktion unwahrscheinlich ist. Singulett-Sauerstoff kann aus dem üblichen Sauerstoff in einer photochemischen Reaktion in Anwesenheit von Sensibilisatoren entstehen. Als Sensibilisatoren wirken z. B. die weitverbreiteten Phytin-Pigmente, wie Chlorophylle, Porphyrine, Phthalocyanine und Myoglobin, nicht aber die Carotinoide.[*)] *Rawls* und *von Santen* (4) fanden z. B., daß der Singulett-Sauerstoff 10^3 bis 10^4mal rascher mit Methyllinoleat reagiert als gewöhnlicher Sauerstoff.

Uri's (22) Hypothese der primären Initiation durch Metallspuren steht nicht im Gegensatz zur modernen Singulett-Sauerstoff-Theorie: *Uri* hatte auf Grund einer thermodynamischen Analyse des Problems festgestellt, daß diejenigen Metalle am aktivsten sind, welche durch einen ein-Elektronen-Übergang oxidiert werden. Viele der durch Licht angeregten Sensibilisatoren sind Metallkomplexe, die in eben dieser Art reagieren und in manchen Fällen noch aktiver als die freien Metalle sind. Am Beispiel des Eisenporphyrins hatte *Uri* bereits auf die mögliche stärkere Wirkung durch Komplexierung hingewiesen, und *Tappel* (23) zeigte die stärkere Wirkung von Kupfer-Proteinen (24—29).

Mit dem Zusatz von Stabilisatoren wird eine Verzögerung oder Verhinderung der Autoxidation angestrebt. Als Zusätze kommen sowohl Substanzen in Betracht, welche die freien Radikale abfangen und dadurch die Kettenreaktionen unterbrechen, als auch solche, welche die Bildung der freien Radikale verhindern. Zur ersten Gruppe gehören die üblichen, meist phenolischen Antioxidantien, wie BHA, BHT, die Gallate, Tocopherole; sie wirken durch Abgabe eines Wasserstoffatoms an ein Radikal. Die zweite Gruppe umfaßt Komplexbildner, wie EDTA, Citronensäure, Ascorbinsäure und deren Ester; diese Verbindungen wirken durch Inaktivierung von Metallkatalysatoren.

Eine Verzögerung der Autoxidation bei Lebensmitteln kann außer durch Zusätze auch durch Schaffung optimaler Bedingungen erreicht werden, z. B. durch

---

*) Die Angaben aus der Literatur betreffend die Wirkung von Carotin bei der Autoxydation von Ölen und Fetten sind widersprechend. Wie aus den folgenden Arbeiten hervorgeht, wurde gefunden, daß Carotin und Carotinoide

a) die Sauerstoffaufnahme in Ölen beschleunigen,
b) die Peroxidzahl nur unwesentlich beeinflussen,
c) eine konzentrationsabhängige Wirkung haben und schließlich
d) eine antioxidative Wirkung besitzen.

Die Anwesenheit von β-Carotin in Ölen bewirkt im allgemeinen eine Beschleunigung der Sauerstoffaufnahme (6, 7, 8, 9, 10, 11, 12). Nach *Greenbank* und *Holm* (13) beeinflussen Carotin und Lycopin die Peroxidzahl in Baumwollsaatölen nur unwesentlich. Eine dem Chlorophyll ähnliche pro-oxidative Wirkung schreibt *Henk* (14) dem Carotin zu. Eine konzentrationsabhängige Beschleunigung bzw. Verzögerung der Oxidation von Maisöl durch Carotin wurde von *Werner* (15) gefunden. Andere Autoren beschreiben eine antioxidative, stabilisierende Wirkung von Carotin und Carotinoiden (16, 17, 18, 19, 20, 21).

Die vorliegenden Ergebnisse lassen keine klaren Schlußfolgerungen zu, und es sind somit weitere Arbeiten zur Festlegung der Wirkung von Carotin bei der Autoxidation von Ölen und Fetten erforderlich; Carotin scheint aber nicht als Sensibilisator wirksam zu sein (betr. Einfluß von Antioxydantien und Synergisten in Gegenwart von Kupferspuren siehe Tab. 6 und 7).

Eliminierung des Sauerstoffs in der Packung, sei es durch Inert-Begasung oder Evakuieren oder durch Einhalten eines kritischen Feuchtigkeitsgehaltes bei dehydratisierten Nahrungsmitteln und ganz allgemein durch günstige Verarbeitungs- und Lagerungsbedingungen.

In der Praxis werden optimierte Mischungen von Zusätzen zweckmäßigerweise mit den günstigsten Fabrikations- und Lagerungsbedingungen kombiniert, um beste Ergebnisse, d. h. eine möglichst lange Erhaltung der ursprünglichen Qualität eines Nahrungsmittels, zu erzielen. Die Prüfung des Einflusses der verschiedenen Faktoren ist angesichts der großen Zahl von Parametern sehr komplex. Entscheidend für die Beurteilung ist natürlich die organoleptische Prüfung; aus verschiedenen Gründen, und insbesondere bei vergleichenden Stabilitätsversuchen, wird der Verlauf der Autoxidation mit Bestimmungen der Peroxidzahl (POZ) und der Thiobarbitursäure-Zahl (TBA-Zahl) und anderen chemischen oder physikalisch-chemischen Kriterien zu erfassen versucht. Bei Nahrungsmitteln, sogar bei relativ einfach zusammengesetzten, kann die Interpretation der Ergebnisse solcher Bestimmungen aber mit Schwierigkeiten verbunden sein, wie anhand des folgenden Beispiels aus der Literatur gezeigt wird.

Fricker (30) untersuchte die Veränderungen, und speziell die Oxidation der Lipide, in zwei Fischkonserven in einem Langzeit-Lagerversuch. Sardinen und Thon wurden eingesetzt, und die Untersuchung erstreckte sich auf das zugesetzte freie Öl in der Konservenbüchse und auf die aus dem Fischfleisch durch Extraktion gewonnenen Fisch-Lipide. Die Ergebnisse, dargestellt in Abb. 4 und Abb. 5, zeigen

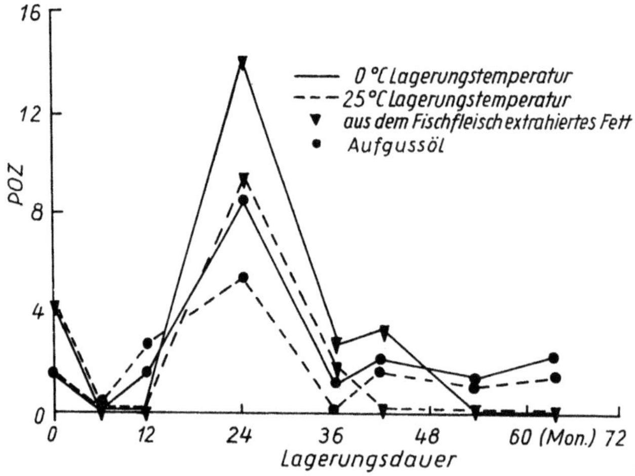

Abb. 4. Peroxidzahl von Thunfisch-Konserven. Nach *Fricker, A.* (30).

klar, daß weder die POZ noch die TBA-Zahl als direkte Indikatoren für den Zustand eines Fettes geeignet sind: Nach einem anfänglich steilen Anstieg fallen alle Werte nach einer längeren Lagerdauer wieder ab und erreichen annähernd wieder die Ausgangswerte; trotzdem kann es keinem Zweifel unterliegen, daß die Konserven einer mit der Lagerdauer stets fortschreitenden Oxidation und Zersetzung unterworfen waren. Interessant ist auch die Feststellung, daß bei den Sardinen die TBA-Zahl ihr Maximum erst nach zwei Jahren erreicht und daß nach dieser Zeit die POZ bereits wieder auf sehr niedrige Werte gesunken ist; es geht daraus hervor, daß die Fettveränderungen auch bei niedriger POZ weiterlaufen können.

Zu einer analogen Aussage kamen *Pokorny* und Mitarb. (31) bei Trockensuppenpräparaten: Die POZ erwies sich als nutzlos zur Verfolgung der Oxidation des zugesetzten Fettes, da unter den Bedingungen des Versuchs die Peroxide sich offen-

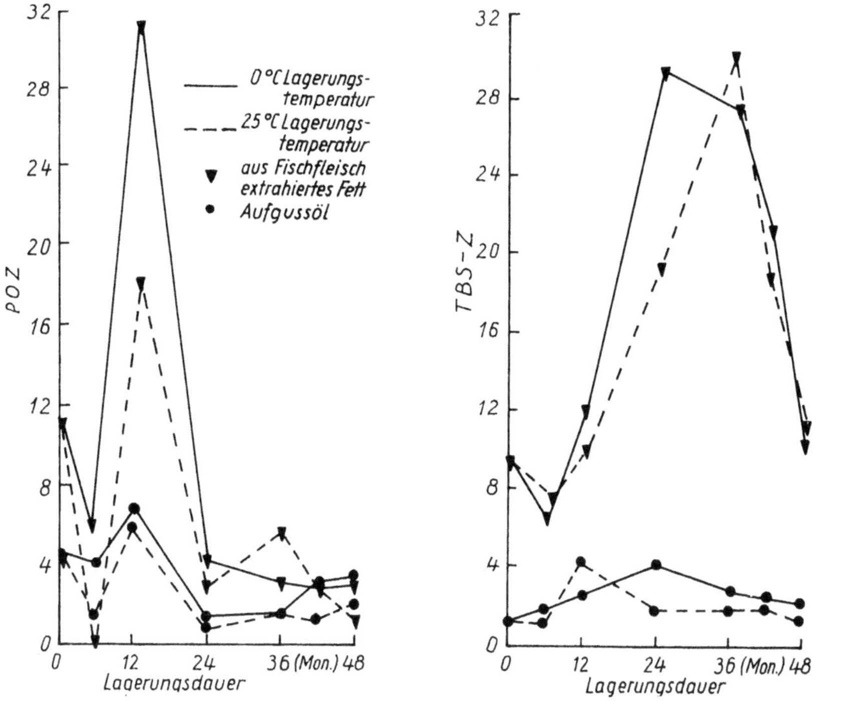

Abb. 5. Peroxid- und Thiobarbitursäure-Zahl von Ölsardinen. Nach *Fricker, A.* (30).

bar in gleichem Maße, wie sie gebildet wurden, wieder zersetzten bzw. weiterreagierten.

Es scheint festzustehen, daß die Messung der Sauerstoffaufnahme ein direktes Maß für den Umfang der Oxidation darstellt, während die übrigen Methoden, wie Peroxidzahl, TBA-Zahl, Benzidin- und p-Anisidin-Zahl (32), UV-Absorption, nur empirische Werte liefern (33—38). Für Öle geeignete Apparate zur Messung der Sauerstoffaufnahme wurden z. B. von *Berger* (39) und von *Pardun* und *Kroll* (40) entwickelt, und ein neuer Apparat zur automatischen Bestimmung des Sauerstoffverbrauchs in Trockenprodukten wurde von *Marcuse* (41) beschrieben.

Die Beurteilung der Wirksamkeit von Antioxidantien in Nahrungsmitteln ist weiterhin dadurch erschwert, daß in vielen Fällen das Lipid nur in sehr geringer Menge im Nahrungsmittel enthalten ist. Hier spielt die Art der Verteilung des Fettes eine Rolle, und auch die übrigen Komponenten, die Verarbeitung und die Art des Endproduktes und natürlich die Eigenschaften des Antioxidans und die Art und Weise, wie es dem Nahrungsmittel zugesetzt wird, beeinflussen in kaum vorhersehbarem Ausmaß das Ergebnis.

Aus Tab. 2 ist ersichtlich, daß die angeführten Gemüse alle weniger als 1 % Lipide enthalten. Trotzdem sind es in manchen Fällen diese geringen Fettanteile, die durch ihr Verhalten bei der Autoxidation die Lagerfähigkeit des Nahrungsmittels entscheidend beeinflussen. Dies hängt speziell damit zusammen, daß diese Lipid-Anteile häufig reich an hoch-ungesättigten Linol- und Linolensäure-Estern

Tab. 2. Fettgehalt in Vegetabilien

Gemüse	% Fett
Spargeln	0.15—0.30
Kartoffeln	0.10—0.20
Lima-Bohnen	0.33—0.49
Erbsen	0.34—0.48
Bohnen	0.09—0.14
Spinat	0.27—0.58

Nach *Lee, F. A.* (42) und *Fricker, A.* (3).

sind; in der Lipidfraktion von Kartoffeln wurden beispielsweise 60 % dieser beiden Polyensäuren gefunden (42, 30). In nicht-verarbeiteten Kartoffeln sind die Fette im Zellgerüst geschützt eingelagert und eine Oxidation erfolgt nur sehr langsam; in verarbeiteten Kartoffelprodukten mit ihrer relativ großen Oberfläche, wie z. B. in Kartoffelpulver, -flocken oder- granulaten, sind die Lipide nicht mehr gleichermaßen geschützt und ihre beschleunigte Oxidation macht sich in geschmacklichen Veränderungen bemerkbar.

Anhand dieser Hinweise sollte die Komplexität der Probleme bei der Autoxidation und Stabilisierung von Nahrungsmitteln aufgezeigt werden. Wenn auch in gewissen Fällen einzelne Faktoren separat untersucht werden können, so müssen für eine gesamthafte Beurteilung Versuche mit dem betreffenden Nahrungsmittel und unter Einhaltung der praktischen Verarbeitungs- und Lagerbedingungen einschließlich der küchenmäßigen Zubereitung und der geschmacklichen Beurteilung der damit hergestellten Speisen durchgeführt werden.

Auf Grund der Arbeitshypothese, daß die besonders hohe Stabilität gewisser Systeme in der Natur — z. B. die Stabilität von Carotinoiden in Pflanzen und Früchten — auf der Kombination von spezieller submikroskopischer Struktur mit

Tab. 3. Filmtest mit Vitamin A-Palmitat bei 45° C
Induktionsperiode in Stunden (80 % Vitamin A-Retention)

Antioxidans	Synergist		
10 mg*)	20 mg Colamin*)	20 mg Diäthanolamin*)	ohne
α-Tocopherol	18	35	12
γ-Tocopherol	30	235	19
δ-Tocopherol	22	50	16
ohne	7	7	7

*) pro Mio IE A

dem Vorhandensein synergistischer Mischungen von Antioxidantien und komplexierenden Mitteln beruhen könnte, haben wir uns auf die Untersuchung des Synergismus von Tocopherol mit Ascorbaten und anderen Zusätzen konzentriert (43). Unter diesen soll als Beispiel der Synergismus mit Aminen herausgegriffen werden

(44, 45). Als Substrat wurde Vitamin-A-Palmitat verwendet (Bedeutung von synergistischen Mischungen für Vitamin-A-Pulver [46 a, b, c]).

Die Tab. 3 gibt die Resultate eines Filmtests wieder, bei dem Vitamin-A-Palmitat in Form eines dünnen Films bei 45° C aufbewahrt und der Vitamin-A-Gehalt periodisch bestimmt wird. Die Werte in der Tabelle geben die Zeitdauer in Stunden an, nach welcher das Vitamin A auf 80 % seines ursprünglichen Gehaltes abgesunken ist. Diese sogenannte Induktions-Periode wird durch Zusatz von Diäthanolamin stark verlängert, wobei γ-Tocopherol weitaus stärker als δ- und α-Tocopherol anspricht.

Tab. 4. Filmtest mit Vitamin A-Palmitat bei 45° C γ-Tocopherol plus Diaethanolamin Einfluß des Dispersitätsgrades des Alkanolamins im Vitamin A-Palmitat auf die Wirksamkeit der Antioxidantienmischung.

Muster	Zusammensetzung	Induktionsperiode in Stunden (ca.)
1	220 mg Vitamin A-Palmitat 10 mg γ-Tocopherol	23
2	1) + 20 mg Diäthanolamin	280
3	2) + 50 mg „Tween 80"	400
4	2) + 10 mg Palmitinsäure (0.2 Mol/Amin)	700
5	2) + 25 mg Palmitinsäure (0.5 Mol)	1000
6	2) + 50 mg Palmitinsäure (1 Mol)	1300

Mono-Aethanolamin zeigt ein analoges Verhalten.

Der Einfluß des Dispersitätsgrades des im Substrat unlöslichen Diäthanolamins auf die synergistische Wirkung geht aus Tab. 4 hervor. Wie erwartet steigt die Wirkung durch Dispergierung mit Hilfe eines Emulgators, und sie wird noch weiter erhöht durch Bildung des noch besser dispergierbaren Salzes mit einer Fettsäure.

Durch weiteren Zusatz von Ascorbylpalmitat kann die Wirkung der Kombinationen noch gesteigert werden, wie aus Tab. 5 ersichtlich ist. Der außerordentlich starke Synergismus der Mischung von Tocopherol und Ascorbylpalmitat mit Colamin fällt drastisch ab, wenn der Test bei 100 % rel. Feuchtigkeit durchgeführt wird. Die Erklärung für diesen eindrücklichen Effekt der hohen Feuchtigkeit mag darin liegen, daß die Mischung unter diesen Bedingungen Wasser aufnimmt und in ein 2-Phasen-System zerfällt, wodurch wenigstens ein Teil des Colamins und Ascorbylpalmitats dem autoxidablen Substrat entzogen wird.

Diese Hypothese wird gestützt durch Versuche, bei welchen das hydrophile Colamin durch lipophile Amine ersetzt wird. Als Beispiel wird das Verhalten von Octadecylamin in der Mischung Nr. 11 (Tab. 5) gezeigt, die keinen feuchtigkeitsbedingten Abfall der Wirksamkeit mehr zeigt. Der wasserunlösliche basische Synergist und sein fettlösliches Salz mit dem Ascorbylpalmitat bleiben im öligen Substrat und erhalten damit die volle Wirksamkeit des Systems.

In Gegenwart von Kupfer wirkt Colamin stark pro-oxidativ, wie in den Tab. 6 und 7 am Beispiel der Stabilität von β-Carotin in Sonnenblumenöl und Paraffinöl gezeigt wird. Der Zusatz von Ascorbylpalmitat und Tocopherol zusammen inhibiert die oxidationsbeschleunigende Wirkung des Systems Colamin plus Kupfer vollständig. Eine analoge Wirkung der Ascorbinsäure mit Di- und Triäthanolamin bei Baumwollsaatöl wurde von *Kalamyn* und *Araskyan* (47) beschrieben.

Tab. 5. Filmtest 45° C trocken und feucht (100 % R.F.), Vitamin A-Palmitat und verschiedene Stabilisatoren

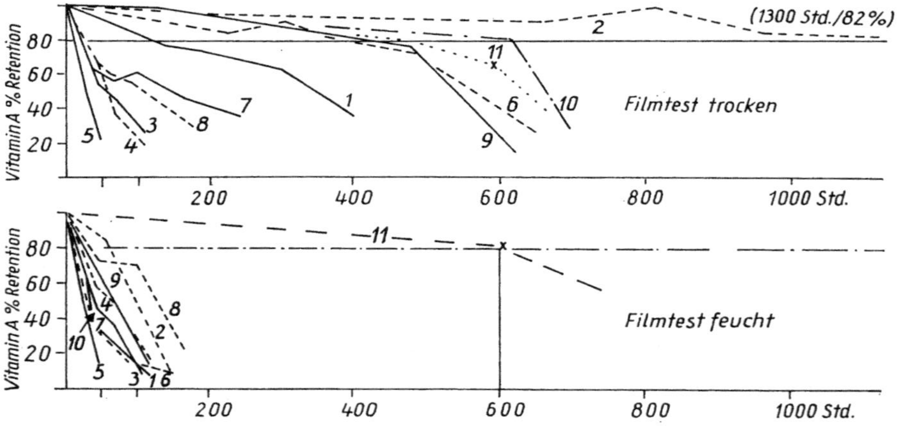

Art und Menge der Stabilisatoren in mg/Mio IEA

Versuchs-No.	1	2	3	4	5	6	7	8	9	10	11
α-Tocopherol	1	1	1	1	1						1
α-Tocopherol-acetat									1	10	
Colaminpalmitat	100	100			100	100	200		100	100	100*)
Ascorbylpalmitat		100	100	100		100		200	100	100	100
Citrylpalmitat	100		100								
Citronensäure				20	20						

*) Octadecylamin

Tab. 6. Stabilität von β-Carotin (0.05 %) in Sonnenblumenöl
Wirkung verschiedener Zusätze ohne und mit Kupferoleat (10 ppm) (offen gelagert in Bechergläsern)

No.	Stabilisierende Zusätze (ppm)			% Retention von β-Carotin bei 45° C (nach ... Tagen)							
	Ascorbyl-palmitat	α-Toco-pherol	Colamin-palmitat	Sonnenblumenöl				Sonnenblumenöl + Cu-Oleat			
				Tage				Tage			
				10	20	30	40	10	20	30	40
1	—	—	—	70	0	0	0	5	0	0	0
2	—	100	—	75	19	0	0	40	0	0	0
3	100	—	—	100	80	0	0	61	0	0	0
4	—	—	50	70	0	0	0	0	0	0	0
5	—	100	50	75	33	0	0	20	0	0	0
6	100	—	50	100	93	50	5	87	55	0	0
7	100	100	—	100	93	40	5	76	51	5	0
8	100	100	50	100	93	65	7	87	60	5	0

Tab. 7. Stabilität von β-Carotin (0.05 %) in Paraffinöl
Wirkung verschiedener Zusätze ohne und mit Kupferoleat (10 ppm) (offen gelagert in Bechergläsern)

No.	Stabilisierende Zusätze (ppm)			% Retention von β-Carotin bei 45° C (nach ... Tagen)								
	Ascorbyl-palmitat	α-Toco-pherol	Colamin-palmitat	Paraffinöl				Paraffinöl + Cu-Oleat				
				Tage				Tage				
				20	40	50	60	10	20	30	40	60
1	—	—	—	100	95	90	84	100	70	42	0	0
2	—	100	—	100	99	97	97	100	100	95	85	84
3	100	—	—	100	85	70	63	100	100	96	75	45
4	—	—	50	100	90	88	85	100	70	40	0	0
5	—	100	50	100	99	99	98	100	100	99	96	91
6	100	—	50	100	98	97	95	100	100	100	80	50
7	100	100	—	100	98	97	94	100	100	97	95	94
8	100	100	50	100	100	100	94	100	100	100	100	98

Aus diesen Modellversuchen geht klar die große Bedeutung der physikalisch-chemischen Eigenschaften des Antioxidantien-Gemisches hervor. Die mit der Löslichkeit und Oberflächenspannung zusammenhängende Verteilung allgemein und speziell zwischen Fett- und Wasserphase spielt eine wichtige Rolle. Da zahlreiche Nahrungsmittel komplexe Polyphasen-Systeme darstellen, ist diese Eigenschaft auch für die praktische Anwendung von großer Bedeutung. Der innige Kontakt des Antioxidans mit dem oft nur in geringer Menge und in feinstverteilter Form vorhandenen Fett bildet die Voraussetzung für eine gute Wirkung. Diese Voraussetzung wird für viele Nahrungsmittel in ihrem natürlichen Zustand erfüllt: Sowohl die Tocopherole und andere phenolische Komponenten, z. B. aus Gewürzen (48) (als Antioxidantien der ersten Gruppe), als auch die Ascorbinsäure, Citronensäure und andere Verbindungen, welche die Radikalbildung verhindern, sind in Nahrungsmitteln, besonders in denen pflanzlichen Ursprungs, weit verbreitet (49, 50).

Tab. 8. Antioxidantien in Hühnerfett und Schweineschmalz.
Schaal Oven-Test, 45° C
Wirksamkeit: Tage bis zum Erreichen von 20 meq Peroxiden

Nach *Bauernfeind, J. C.* und *Cort, W. M.* (80).

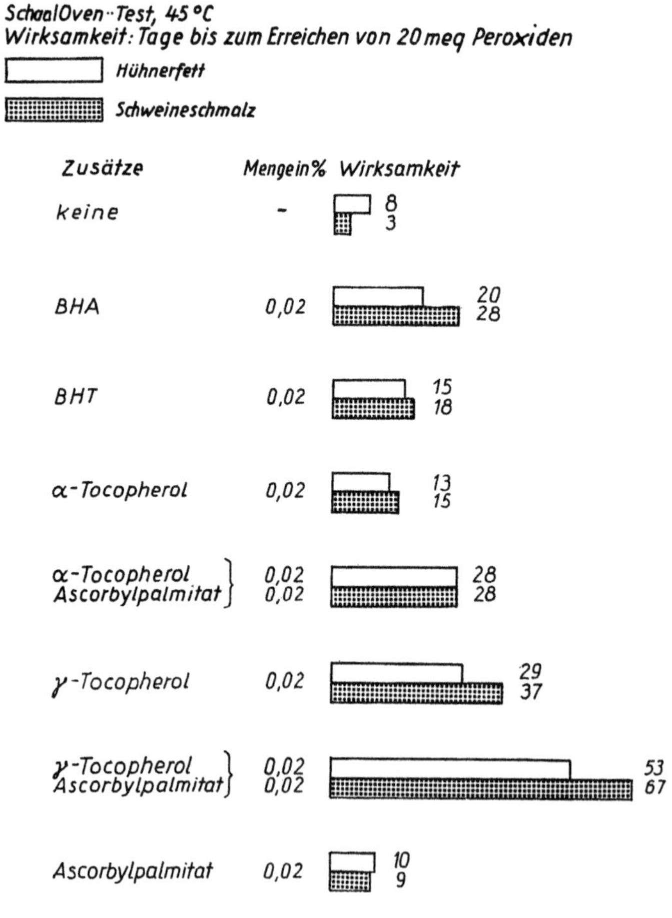

Viele Publikationen befassen sich mit der relativen Wirksamkeit der Tocopherole, insbesondere von α-, β-, γ- und δ-Tocopherol. Diese ist offensichtlich sehr stark von den Versuchsbedingungen abhängig: Zu den wichtigsten gehören die Konzentration, die Temperatur, die Zusammensetzung, die Verteilung und der Oxidationszustand des Substrates. Unter milden Bedingungen bei rund 35° C geht die antioxidative Wirkung der Tocopherole parallel mit der biologischen Wirksamkeit, d. h. $\alpha>\beta>\gamma>\delta$ (51, 52). Bei erhöhter Temperatur, zwischen 50 und 100° C, resultiert die umgekehrte Reihenfolge, d. h. $\delta>\gamma>\beta>\alpha$ (53). *Parkhurst* und Mitarb. (54) fanden die Reihenfolge $\gamma>\delta>\alpha$, die mit der von *Olcott* und *van der Veen* (55) und auch mit der unter den von uns eingehaltenen Versuchsbedingungen übereinstimmt (Tab. 3). In mehr ungesättigten Systemen erwies sich nach *Lea* α-Tocopherol als wirksamer (56). Die praktisch sehr wichtige Beeinflussung der Wirksamkeit der Tocopherole durch Ascorbylpalmitat wurde vielfach beschrieben (6, 57–79). Die Wirkung bei Hühner- und Schweinefett wurde kürzlich von *Bauernfeind* und *Cort* (80) untersucht (Tab. 8).

Vegetabilische Öle enthalten von Natur aus Tocopherole, und hier wirkt deshalb der Zusatz von Ascorbylpalmitat allein schon stabilisierend (81) (Tab. 9).

Tab. 9. Antioxidative Wirkung steigender Mengen von Ascorbylpalmitat in verschiedenen Ölen bei 80° C

Ascorbyl-palmitat	Peroxid-Zahl				
	Sonnen-blumenöl 1 Tag	Arachis-öl 2 Tage	Sojaöl 2 Tage	Palmöl 3 Tage	Schweine-schmalz 5 Tage
0 (Kontrolle)	46.2	17.2	100.0	29.5	>400
100	12.7	7.6	43.2	23.6	>400
200	15.4	6.5	12.5	14.2	>400
300	10.0	4.9	3.2	13.3	>400
400	13.7	4.3	2.5	13.0	186
500	14.2	3.7	2.0	9.9	1.2

Die Kombination von Tocopherol und Ascorbylpalmitat mit Lecithin führt zu einer gut wirksamen Mischung (in der Tabelle „Paste A") (69), deren Wirkung durch Zusatz von Gallaten noch weiter gesteigert werden kann (in der Tabelle „Paste G"; 2 g „Paste A" oder „Paste G" pro kg Öl entsprechen je 500 ppm Ascorbylpalmitat).

Tab. 10. Stabilität von Sonnenblumenöl bei 80° C

Antioxidans mg/kg Öl	Peroxid-Zahl 2 Tage	3 Tage
2000 Antioxidantien-Paste A*)	0	1.8
1200 Antioxidantien-Paste A**)	0	38.4
2000 Antioxidantien-Paste G*)	0	1.6
1200 Antioxidantien-Paste G**)	0	22.1
100 BHA + 100 BHT	165	>400
0 (Kontrolle)	200	>400

*) entsprechend 500 mg Ascorbylpalmitat
**) entsprechend 300 mg Ascorbylpalmitat

Die Wirkung dieser optimierten Mischung bei Sonnenblumenöl bei 80° C wird in der Tab. 10 (81) dargestellt, diejenige in andern Ölen, ebenfalls bei 80° C, in der Tab. 11 (81).

Tab. 11. Stabilität verschiedener Öle bei 80° C

Antioxidans 2000 mg/kg Öl	Peroxid-Zahl nach x Tagen (offen in Petri-Schalen bei 80° C)				
	Arachisöl	Sojaöl	Palmöl	Schweineschmalz	
	5 Tage	4 Tage	4 Tage	7 Tage	12 Tage
Paste A	2.5	2.9	15.5	>400	>400
Paste G	1.7	1.4	5.0	0.6	4.6
0 (Kontrolle)	70.6	>400	38.1	>400	>400

Die Kontrolle bei Raumtemperatur-Lagerung bestätigt die gute Wirkung der erwähnten Mischungen, wie aus Tab. 12 (81) hervorgeht.

Tab. 12. Antioxidative Wirksamkeit bei Antioxidantien-Pasten A und G bei Raumtemperatur in verschiedenen Ölen

Öl/Fett	Peroxid-Zahl nach 180 Tagen/RT			
	BHA + BHT (je 100 mg/kg)	Antioxidantien-Paste A (2 g/kg)	Antioxidantien-Paste G (2 g/kg)	Kontrolle
Arachisöl	—	0	0	14.2
Sonnenblumenöl	20.5	1.6	1.1	26.4
Sojaöl	—	0.8	0.3	19.8
Schweineschmalz	—	0	0	5.4

In der Tab. 13 (81) werden die Peroxidzahlen der Fette angeführt nach einjähriger Lagerung bei Raumtemperatur und nach einer zusätzlichen anschließenden Erhitzung auf 50° C während 48 Stunden. Diese sogenannte Oxidationsbereitschaft (63, 82, 83) macht sich besonders beim hoch-ungesättigten Sonnenblumenöl bemerkbar.

Tab. 13. Ergebnisse nach einjähriger Lagerung bei RT und nach zusätzlicher Erwärmung während 48 Stunden auf 50° C (Oxidationsbereitschaft)

Lagerbedingungen	Antioxidans	Arachisöl*)	Sonnenblumenöl*)	Sojaöl*)	Schweineschmalz*)
1 Jahr/RT	Paste A**)	0.6	5.0	3.1	0
	Paste G**)	0	4.2	2.3	0
	0 (Kontrolle)	33.9	56.0	58.0	21.3
1 Jahr/RT + 48 Std. bei 50° C	Paste A**)	3.8	23.3	8.5	0
	Paste G**)	2.5	15.8	5.6	0
	0 (Kontrolle)	51.4	111.4	97.5	45.7

*) Peroxid-Zahl
**) 2000 mg/kg

Auf die Bedeutung der feinen Dispergierung des Antioxidans zur Erzielung einer besseren Wirkung wurde hingewiesen. Ein weiterer wichtiger Faktor ist der Zeitpunkt der Zugabe: Je früher das Antioxidans dem Nahrungsmittel zugesetzt werden kann und je weniger verändert das Fett noch ist, um so besser ist der zu erreichende Effekt. Als Beispiel für die Bedeutung einer feinen Dispergierung können noch walzengetrocknete Kartoffelflocken erwähnt werden: Durch Einsatz von Ascorbylpalmitat in Form des wasserdispergierbaren Natrium-Salzes konnte seine antioxidative Wirksamkeit ungefähr verdoppelt werden (45).

Als Beispiel für die Bedeutung beider Faktoren – Dispergierung und Zeitpunkt der Zugabe – soll *King* (84) zitiert werden, der über die Wirkung von 25 ppm Tocopherol bei Milch berichtete. Eine gute Wirkung wurde nur erzielt, wenn das Tocopherol der Milch in emulgierter Form zugesetzt wurde und wenn der Zusatz sehr rasch nach dem Melken erfolgte. Nach *Pallansch* (85) scheinen für Milchprodukte grenzflächenaktive Antioxidantien erforderlich zu sein, um die metallkatalysierte Oxidation zu hemmen.

Auch für Margarine ist anzunehmen, daß oberflächenaktive Antioxidantien eine stärkere Anreicherung an den Grenzflächen dieser Emulsionssysteme ergeben; die Margarine konnte in den letzten Jahren ihren Anteil am Butter-Margarine-Markt z. T. beträchtlich erweitern, z. B. in Großbritannien um ein Drittel allein während des letzten Jahres (86).

Die systemische Anwendung von Antioxidantien bei Schlachttieren durch Verabreichung im Futter vermittelt dem Fett im Schlachtkörper einen Schutz gegen Strahlungsschäden (87, 88). Hingegen ergab die systemische Anwendung von Tocopherol durch Fütterung von Tocopherol-acetat (und von anderen Antioxidantien) zum Schutz der Milch vor Oxidation keine eindeutige Wirkung; es scheint, daß verschiedene Kupfergehalte und andere Faktoren die Ergebnisse beeinflussen (89–92).

II. Die funktionelle Anwendung der Ascorbinsäure in Nahrungsmitteln

Bekanntlich wird Ascorbinsäure leicht oxidiert, wobei diese Oxidation durch Kupfer katalysiert wird, und diese Reaktionsbeschleunigung trifft für fast alle Lebensmittel zu, da die hierfür notwendigen Spuren von Kupfer praktisch überall vorhanden sind. Ganz besonders wirksam ist die Ascorbinsäure-Oxidase, ein Enzym mit einem Kupfergehalt von 0,34 %. Die Anwendung der Ascorbinsäure ist deshalb in manchen Fällen nicht problemlos, da ihre leichte Oxidierbarkeit die Bildung von Wasserstoffperoxid und Peroxid-Radikalen fördern kann. Von praktischer Bedeutung ist diese Problematik insbesondere bei Milch und Milchprodukten (93, 94).

Die stabilisierende Wirkung von Rutin, Quercetin und verwandten Flavonol-Verbindungen und ihre in vivo Ascorbinsäure-sparende Wirkung wird von *Clemetson* und *Andersen* (95) auf die chelatogene Gruppen aufweisende Struktur dieser Verbindungen zurückgeführt.

In sauren Lösungen ist Ascorbinsäure stabiler als in neutralen, und im alkalischen Bereich und in Anwesenheit von Luftsauerstoff erfolgt eine sehr rasche Oxidation. (Ascorbinsäure → Dehydroascorbinsäure → Diketogulonsäure → Threonsäure → CO_2 [96, 97]).

Die praktische Anwendung der Ascorbinsäure in wäßrigen oder nicht-fettigen Lebensmitteln beruht auf folgenden Funktionen dieser Verbindung:

1) Reaktion mit Sauerstoff und dadurch Inaktivierung desselben,
2) Reaktion, d. h. Reduktion von Schwermetallen und Inaktivierung,
3) Verschiebung des Redox-Potentials ins reduzierende Gebiet,
4) Reduktion von gewissen unerwünschten Oxidationsprodukten, und
5) Vernetzende Wirkung auf Glutengerüst (als Dehydroascorbinsäure).

Die Bedeutung der Ascorbinsäure als Lebensmittelzusatz geht daraus hervor, daß rund ein Drittel der Weltproduktion von der Lebensmittelindustrie verbraucht wird. Die vier wichtigsten Anwendungsgebiete sind:

– Fruchtsäfte und Fruchtsaftgetränke: als Antioxidans und Stabilisator
– Fleisch und Fleischprodukte: als Stabilisator und Hilfsmittel zur Nitrit-Einsparung bei der Fleischumrötung
– Mehl und Mehlprodukte: als Backhilfsmittel
– und Bier: als Stabilisator.

Die Tab. 14 gibt eine Übersicht der in EWG-Ländern für die verschiedenen Anwendungsgebiete vorgeschlagenen Mengen von Ascorbinsäure.

Tab. 14. Als Antioxidans maximal eingesetzte Ascorbinsäure-Mengen in EWG-Ländern

Fruchtsäfte und Fruchtsaftgetränke, Limonaden, Sirupe	200 mg/l
Bier	100 mg/l
Wein	200 mg/l
Fleisch und Fleischprodukte (Umrötung)	1 g/kg
Frischfleischprodukte	2 g/kg
Tiefkühlgemüse und -früchte, Konserven	2 g/kg
Mehl (Backverbesserung)	100 mg/kg
Fische	1 g/kg
Margarine	300 mg/kg
Milchprodukte, Milchpulver	500 mg/kg
Kartoffeln, roh, geschält	2 g/kg

Hunderte von Publikationen befassen sich mit der Anwendung der Ascorbinsäure in Lebensmitteln; eine gute Übersicht erschien kürzlich von *Bauernfeind* und *Pinkert* (98).

Die wesentlichen und für eine gute Wirkung der Ascorbinsäure entscheidenden Faktoren in den verschiedenen Anwendungsgebieten werden in den folgenden Abschnitten zusammengefaßt.

Früchte, Fruchtsäfte, Fruchtsaftgetränke und Gemüse

Hier spielt die Ascorbinsäure eine wichtige Rolle bei der Verhinderung der enzymatischen Bräunung. Die enzymatische Bräunung ist an das Vorhandensein von Enzym, Substrat und Sauerstoff gebunden. Bei Früchten handelt es sich bei den Enzymen in den meisten Fällen um Polyphenoloxidasen (99, 100), und die einfachste Methode zu deren Inaktivierung besteht in der Anwendung von Hitze. Allerdings muß dann in Kauf genommen werden, daß das Produkt dabei einen Kochgeschmack erhalten und daß seine Textur verändert werden kann. Deshalb werden noch in manchen Fällen chemische Enzym-Inhibitoren verwendet. Schwefeldioxid ist wohl das meistverwendete Mittel, dann folgen Säuren, und unter diesen nimmt die Ascorbinsäure dank ihrer reduzierenden Eigenschaften eine Sonderstellung ein. Im Gegensatz zu SO_2 ist die Ascorbinsäure kein Enzym-Gift, ihre Wirkung beruht vielmehr darauf, daß die bei der Oxidation des Substrats durch das Enzym gebildeten Oxidationsprodukte von der Ascorbinsäure laufend wieder reduziert werden. Dieser Vorgang läuft mit einer Abnahme der Enzymaktivität einher bis zur vollständigen Inaktivierung oder bis zum vollständigen Verbrauch des Sauerstoffs oder der Ascorbinsäure. Dieser Mechanismus erklärt die Erfahrungstatsache, daß die Ascorbinsäure zur Entfaltung einer guten Wirkung in genügender Menge, d. h. im Überschuß, vorhanden sein muß; andernfalls erfolgt

Bräunung, sobald alle Ascorbinsäure aufgebraucht ist. Auch resultiert hieraus die wichtige Folgerung, daß die Verarbeitungs- und Lagerbedingungen so gewählt werden müssen, daß möglichst keine vorzeitige Zerstörung der Ascorbinsäure erfolgt. Jedenfalls darf während der Lagerung kein Sauerstoff mehr Zugang zum System haben, da sonst die Ascorbinsäure verbraucht wird und dann Oxidation eintritt unter Bildung der bekannten Farb- und Geschmacksveränderungen. Die zur Erzielung der optimalen Stabilität eines mit Ascorbinsäure stabilisierten oder natürlicherweise ascorbinsäurehaltigen Lebensmittels *zu beachtenden Maßnahmen* sind somit identisch mit denen zur Erreichung einer optimalen Ascorbinsäure-Stabilität; es sind dies:

1) Alle mit dem Produkt in Berührung kommenden Behälter, Rührer usw. sollen aus rostfreiem Stahl, Aluminium oder Kunststoff bestehen.
2) Ein Kontakt mit Bronze, Messing, Kupfer und Eisen ist zu vermeiden.
3) Wenn möglich ist das Produkt unter Inert-Gas oder im Vakuum zu verarbeiten, zweckmäßigerweise nach vorangegangener Entlüftung. Beim Rühren, Emulgieren, Homogenisieren und dgl. soll keine Luft ins Produkt eingeführt werden.
4) Die Behälter sollen gut gefüllt und einen möglichst kleinen Kopfraum haben.
5) Wenn immer die Eigenschaften des Produktes es zulassen, sollte eine Kurzzeit-Hitze-Behandlung angewendet werden zur Inaktivierung der Enzyme.
6) Mikroorganismen sollten durch Filtration entfernt oder durch Hitzebehandlung inaktiviert werden, und die weitere Verarbeitung sollte dann unter aseptischen Bedingungen erfolgen.
7) Lagerung bei tiefer Temperatur.
8) Schutz vor Licht.
9) Wo möglich können sequestrierende und stabilisierende Stoffe zugesetzt werden, wie z. B. Polyphosphate, Citrate, EDTA, Cystein.
10) Ein Teil der Ascorbinsäure kann zweckmäßigerweise erst direkt vor der Abfüllung (in Flaschen, Konservendosen usw.) zugesetzt werden (pro 1 ml Restluft werden theoretisch 3,3 mg Ascorbinsäure verbraucht).
11) Verwendung von Rohstoffen mit möglichst niedriger Peroxidzahl, z. B. Aroma-Öle.

Das Aroma von gewissen Citrusfrüchten, wie Grapefruits und Mandarinen, ist sehr oxidationsempfindlich, und die natürlicherweise vorhandene Ascorbinsäuremenge genügt meist nicht zur Gewährleistung eines Überschusses während der Verarbeitung und Lagerung; hier übt deshalb zugesetzte Ascorbinsäure einen guten Schutz auf das Aroma aus.

Über eine stabilisierende Wirkung der Ascorbinsäure wurde auch bei folgenden Produkten berichtet: in Gläsern eingemachte Karotten, Oliven, Blumenkohl und Pilze, ferner Sauerkraut und Meerrettichpulver.

Bei eingemachten Früchten hängt die Erhaltung des ursprünglichen Aromas mit der Einstellung des Redox-Potentials auf einen Wert zwischen r_{II} 13 und 16 zusammen, und hierfür eignet sich die Ascorbinsäure gut.

Bier

Das Auftreten von Veränderungen der Farbe und des Geschmacks kann durch Ascorbinsäure verhindert oder wenigstens verzögert werden, indem auch hier ein günstiges Redoxpotential geschaffen wird. Die optimale Ascorbinsäuremenge liegt nach *Knorr* (101) bei 20 bis 40 mg pro Liter. Auf die praktisch wichtige Möglichkeit, Bier durch Ascorbinsäure-Zusatz länger und bei tieferen Temperaturen lagern zu können, wies *Ammon* (102) hin.

Wein

Hier kann die Ascorbinsäure mit Erfolg partiell die Wirkung der schwefligen Säure ersetzen. Der Zusatz muß direkt vor der Abfüllung erfolgen, um den Überschuß an nicht-oxidierter Ascorbinsäure zu gewährleisten (103, 104).

Fleisch und Fleisch-Produkte

In Würsten beschleunigt die Ascorbinsäure – wo sie meist als Natriumsalz eingesetzt wird – die Umrötung und stabilisiert und verstärkt die gebildete Farbe; sie erlaubt damit eine Reduktion der Nitritmenge um rund 30 bis 50 %. Durch Verwendung von Natriumascorbat kann aber nicht nur die Menge an Nitrit-Pökelsalz vermindert werden, sondern es resultiert auch ein bis um die Hälfte niedrigerer Restgehalt an Nitrit im Nahrungsmittel.

Grau (105) hat die technischen Vorteile der Anwendung von Ascorbaten wie folgt zusammengefaßt:

1) Zeitersparnis.
2) Sichere und gleichmäßige Pigmentbildung.
3) Tiefere Farbe des gebildeten Nitrosomyoglobins.
4) Bessere Farbstabilität, insbesondere der Schnittflächen.
5) Besseres Aroma.
6) Geringere Tendenz zum Ranzigwerden.

Als weiterer Vorteil kann hinzugerechnet werden, daß die wichtige konservierende Wirkung der Nitrit-Behandlung (106, 107) durch Ascorbate nicht beeinträchtigt wird.

Über eine oxidationshemmende Wirkung der Mischung Tripolyphosphat-Ascorbinsäure bei gekochtem Fleisch wurde von *Davis* (108) berichtet. Durch Erhitzen des Fleisches mit dieser Mischung auf 100° C werden anscheinend antioxidativ wirksame Verbindungen gebildet.

Die Kombination von phenolischen Antioxidantien, wie BHA und Propylgallat, mit Ascorbinsäure stabilisiert die ansprechend rote Farbe des Oxymyoglobins in rohem Fleisch während einiger Tage (109), und die Verwendung einer Antioxidantienmischung mit Tocopherol, Ascorbylpalmitat und Citronensäure verbessert das Aussehen und die Stabilität von englischen Rohwürsten (110).

Mehl und Mehlprodukte

Die backverbessernde Wirkung der Ascorbinsäure beruht auf einer Verbesserung der Elastizität des Teiges, einer Verstärkung des Glutengerüstes und einer Erhöhung der Kapazität, beim Backprozeß die Gase zurückzuhalten (111). Diese günstigen Effekte kommen durch eine intermolekulare Vernetzung der Proteine im Mehl zustande, insbesondere durch oxidative Bildung von Disulfidbrücken aus Sulfhydryl-Gruppen, und wahrscheinlich auch durch Bildung von reaktionsfähigen Polyaldehyden aus Polyolen. Die Verwendung der stark reduzierenden Ascorbinsäure zur Förderung dieser Oxidationsreaktionen erscheint zunächst als Widerspruch; die Oxidation der Sulfhydrylgruppen wird aber durch das Oxidationsprodukt der Ascorbinsäure, die Dehydroascorbinsäure, bewirkt. Diese entsteht bei der Teigbereitung durch enzymatische und nicht-enzymatische Oxidation aus der zugesetzten Ascorbinsäure, und bei der Reaktion mit Sulfhydryl-Gruppen wird sie in diese letztere zurückverwandelt, wodurch sie nach erneuter Oxidation wieder backverbessernd wirken kann.

Weitere Anwendung findet die Ascorbinsäure als Antioxidans in Tiefkühlprodukten, Milch und Milcherzeugnissen, tierischen Fetten, Margarine, Citrusölen, Fischen und Meertieren, Kartoffelprodukten, insbesondere Kartoffeltrockenerzeugnissen, Trockengemüse, Süßwaren und Snacks (Knabberartikel).

* * *

Zusammenfassend kann festgestellt werden, daß die komplexe Zusammensetzung und Mikrostruktur der Lebensmittel, die Überlagerung verschiedenster Vorgänge bei ihrer Gewinnung, Verarbeitung, Lagerung und schließlich bei der Zubereitung eine derartige Vielfalt von Faktoren darstellen, daß jedes einzelne Stabilisierungsproblem einer eigenen und eingehenden Bearbeitung bedarf.

Ascorbinsäure und Tocopherol sind Bestandteile vieler Lebensmittel, und sie stehen, dank ihrer Synthese als Vitamine, in reiner Form zur Verfügung; ihr Einsatz, gegebenenfalls in optimierten Mischungen mit weiteren lebensmitteleigenen und anderen Wirkstoffen wie Phosphatiden und Gallaten kann mithelfen, das Ziel, nämlich die Verbesserung der Haltbarkeit unserer Lebensmittel zu erreichen.

Zusammenfassung

Die Vitamine spielen zweifelsohne ihre wichtigste Rolle in unserer Nahrung als biologische, nutritive Wirkstoffe. Dank ihrer besonderen Eigenschaften wirken die Vitamine C und E als Antioxidantien und Stabilisatoren. Insbesondere die Ascorbinsäure hat eine breite Verwendung gefunden in der Nahrungsmittelindustrie, wo sie als Antioxidans, Reduktionsmittel und — unter bestimmten Bedingungen — als Oxidationsmittel dienen kann.

Bei der Suche nach möglichst physiologischen Antioxidantien fiel auf, daß manche leicht oxidierbaren Stoffe im Pflanzen- und Tierreich wohl außergewöhnlich stabil sind, solange sie im unverletzten Gewebe belassen werden, daß aber die aus solchen Systemen isolierten antioxidativ wirksamen Produkte eine relativ bescheidene Wirkung zeigen. Neben der besonderen submikroskopischen Struktur des intakten Gewebes wird die gute Stabilität gewisser natürlicher Systeme dem Synergismus von Antioxidantien mit Komplexbildnern und anderen Synergisten zugeschrieben.

Es wurden deshalb ganz speziell synergistische Mischungen von natürlichen oder naturnahen Produkten untersucht, und es konnten dabei mit basischen Synergisten interessante Effekte erzielt werden.

Im besonderen wird die antioxidative Wirkung von Kombinationen von Tocopherol mit Ascorbinsäure und Ascorbylestern und weiteren Synergisten bei Fetten und Ölen beschrieben.

Résumé

Les vitamines sont essentiellement considérées comme des facteurs diététiques. Cependant certaines vitamines possèdent des propriétés chimiques intéressantes qui en font des anti-oxydants utiles dans l'industrie alimentaire. Les exemples en sont la vitamine E qui sert d'anti-oxydant très sûr et la vitamine C qui peut être utilisée dans des produits comme anti-oxydant, en tant qu'agent réducteur, et aussi, très curieusement comme agent oxydant.

Notre travail a d'abord concerné l'aspect du synergisme des mixtures où il entre des tocophérols et des esters ascorbiques. La valeur stabilisatrice relativement modeste des anti-oxydants isolés de sources naturelles n'explique pas la stabilité inhabituelle de nombreuses substances oxydables dans de tels systèmes naturels. C'est pourquoi comme hypothèse de travail nous avons présumé que la stabilité de tels systèmes dans la nature est très probablement liée à l'association avec des structures submicroscopiques particulières et avec des mélanges synergétiques d'anti-oxydants et d'agents complexants. Des effets optimaux ont été obtenus avec des mélanges contenant du tocophérol, ascorbylpalmitate, lécithine, et gallates, c'est-à-dire des ingrédients considérés comme physiologiquement acceptables. Des résultats supplémentaires de ces recherches montrent que certains synergistes de réaction basiques sont capables d'augmenter fortement l'effet anti-oxydant des tocophérols très répandus.

Summary

Vitamins are considered primarily as essential dietary factors. However, some of the vitamins have interesting chemical properties which make them useful as antioxidants in the food industry. Examples are vitamin E which is used as a safe antioxidant, and vitamin C which can be used in foods as an antioxidant, as a reducing agent, and, surprisingly, also as an oxidizing agent.

Our work has been primarily concerned with the aspect of synergism of mixtures containing tocopherols and ascorbyl esters. The relatively modest stabilizing effectiveness of the antioxidants isolated from natural sources does not explain the unusual stability of many oxidizable substances in such natural systems. Therefore, as a working hypothesis, we have assumed that the stability of such systems in nature is most likely related to association with particular submicroscopic structures and with synergistic mixtures of antioxidants and complexing agents. Optimal effects were obtained with mixtures containing tocopherol, ascorbylpalmitate, lecithin and gallates, i.e. ingredients considered to be physiologically acceptable. Further results of these investigations show that some basic synergists are capable of strongly increasing the antioxidant effect of the widespread tocopherols.

Literatur

1. Inform. Bull. Brit. Ind. Biol. Res. Ass. **10**, 4 (1971). — 2. *Labuza, T. P.*, CRC Critical Reviews in Food Technology, Okt. **1971**, 355. — 3. *Mahoney, R. L.*, Angew. Chem. **81**, 555 (1969). — 4. *Rawls, H. R.*, und *P. J. von Santen*, Ann. N.Y. Acad. Sci. **171**, 135 (1970). — 5. *Rawls, H. R.*, und *P. J. von Santen*, J. Amer. Oil Chem. Soc. **47**, 121 (1970). — 6. *Kläui, H.*, Wiss. Veröff. Dtsch. Ges. Ernährg. **9**, 390 (Darmstadt 1963). — 7. *Lee, F. A.*, Nature **176**, 463 (1965). — 8. *Olcovich, H. S.*, und *H. A. Matill*, J. Biol. Chem. **91**, 105 (1931). — 9. *Olcott, H. J.* J. Amer. Chem. Soc. **56**, 2492 (1934). — 10. *Hirsch, P.*, Chem. Konservierung von Lebensmitteln, 112 (Dresden und Leipzig 1956). — 11. *Emanuel, N. M.*, und *Yu. N. Lyaskovskaya*, The Inhibition of Fat Oxidation Processes (Oxford and London 1967). — 12. *Henze, R. E.*, und *F. W. Quackenbush*, J. Amer. Oil Chem. Soc. **34**, 1 (1957). — 13. *Greenbank, G. R.*, und *G. E. Holm*, Ind. Eng. Chem. **26**, 243 (1934). — 14. *Henk, H. J.*, Fette und Seifen **48**, 90 (1941). — 15. *Werner, H.*, Z. Fleisch-Milchhyg. **52**, 207 (1942). — 16. *Newton, R. C.*, Oil and Soap **9**, 247 (1932). — 17. *Herrisset, A.*, Bull. Soc. Chim. Biol. **30**, 187 (1948). — 18. *Kotova, O. G.*, Izv. Vysch. Uch. Zaved. Pishch. Tekhnol. **5**, 53 (1958). — 19. *Arisheva, E. A.*, Izv. Vysch. Uch. Zaved. Pishch. Tekhnol. **4**, 95 (1958). — 20. *Arisheva, E. A.*, Izv. Vysch. Uch. Zaved. Pishch. Tekhnol. **1**, 104 (1959). — 21. *McConnel, J. E. W., und W. B. Esselen*, J. Amer. Oil Chem. Soc. **24**, 6 (1947). — 22. *Uri, N.*, Autoxidation and Antioxidants, Vol. I, 163, Ed. *W. O. Lundberg* (New York and London 1961). — 23. *Tappel, A. L.*, J. Amer. Oil Chem. Soc. **32**, 252 (1955). — 24. *Hirano, Y.*, und *H. S. Olcott*, J. Amer. Oil Chem. Soc. **48**, 523 (1971). — 25. *Kwoh, Th. L.*, J. Amer. Oil Chem. Soc. **48**, 550 (1971). — 26. *Love, J. D.*, und *A. M. Pearson*, J. Amer. Oil Chem. Soc. **48**, 547 (1971). — 27. *Osterberg, R., und B. Sjoberg*, J. Amer. Oil Chem. Soc. **48**, 525 (1971). — 28. *Labuza, T. P., M. Silver, M. Cohn, N. D. Heidelbaugh* und *M. Karel*, J. Amer. Oil Chem. Soc. **48**, 527 (1971). — 29. *Mertens, W. G., C. E. Swindells* und *B. F. Teasdale*, J. Amer. Oil Chem. Soc. **48**, 544 (1971). — 30. *Fricker, A.*, Mitt. Lebensmitt. Hyg. **59**, 428 (1968). — 31. *Pokorny, J., H. Zwain* und *G. Janicek*, Z. Lebensm. Unters. Forsch. **135**, 132 (1967). — 32. *Holm, U.*, und *K. Ekbom-Olson*, 11. Weltkongr. Int. Ges. Fett-Forschg., Göteborg, Juni **1972**, Ref. No. 178, 100. — 33. *Martinez, F.*, und *T. P. Labuza*, J. Food Sci. **33**, 241

(1968). – 34. *Karel, M.*, und *T. P. Labuza*, Mechanisms of deterioration and formulation of space diets, Air Force Contract **49,** 609 (1967). – 35. *Karel, M.*, und *T. P. Labuza*, Optimization of protective packaging for space foods, Air Force Contract # F 41-609-68C-0015 (1968). – 36. *Quast, D.*, Ph. D. Thesis, M.I.T. (Cambridge, Mass. 1972). – 37. *Quencer, R., P. A. Buck* und *L. Mattick*, J. Amer. Oil Chem. Soc. **41,** 650 (1964). – 38. *Yanishlieva, N.*, und *A. Popov*, Nahrung **16,** 121 (1972). – 39. *Berger, K. G.*, J. Food Technol. **6,** 253 (1971). – 40. *Pardun, H.*, und *E. Kroll*, Fette-Seifen-Anstrichmit. **74,** 366 (1972). – 41. *Marcuse, R.*, 11. Weltkongr. Int. Ges. Fett-Forschg., Göteborg, Juni **1972,** Ref. No. 175, 99. – 42. *Lee, F. A.*, Food Res. **19,** 515 (1954). – 43. *Kläui, H.*, Gordon Conf. Food and Nutrition, Aug. 12–16, **1968,** New London, New Hampshire. – 44. *Olcott, H. S.*, und *E. J. Kuta*, Nature **183,** 1812 (1959). – 45. *Kläui, H.*, University of Nottingham Seminar on Vitamins, p. 110, Ed. *M. Stein* (Edingburgh and London 1971). – 46a. *Kläui, H., W. Hausheer* und *G. Huschke*, Internat. Encycl. Food and Nutrition, Vol. 9, 123, Fat-soluble Vitamins, Ed. *R.A. Morton* (New York 1970). – 46b. *Kläui, H.*, F. Hoffmann-La Roche & Co. AG, Basel. U.S. Pat. 3,252,864 (1966). – 46c. *Kläui, H.*, F. Hoffmann-La Roche & Co. AG, Basel. U.S. Pat. 3,252,865 (1966). – 47. *Kamalyan, G. V.*, und *O. M. Araskyan*, Biokhimiya **21,** 313 (1956). – 48. *Schulze, H., A. Palizsch, A. Zejda* und *A. Fischer*, 11. Weltkongr. Int. Ges. Fett-Forschg., Göteborg, Juni **1972,** Ref. No. 92, 59. – 49. *Bunnell, R. H., J. Keating, A. Quaresimo* und *G. K. Parman*, Amer. J. Clin. Nutr. **17,** 1 (1965). – 50. *Brubacher, G.*, Int. Z. Vit. Forschg. **36,** 409 (1966). – 51. *Brubacher, G.*, und *H. Weiser*, Wiss. Veröff. Dtsch. Ges. Ernährg. **16,** 50 (Darmstadt 1967). – 52. *Govind Rao, M. K.*, und *K. T. Achaya*, Fette-Seifen-Anstrichmit. **69,** 711 (1967). – 53. *Lea, C. H.*, und *R. D. Ward*, J. Sci. Food Agric. **10,** 537 (1959). – 54. *Parkhurst, R. M., W. A. Skinner* und *P. A. Sturm*, J. Amer. Oil Chem. Soc. **45,** 641 (1969). – 55. *Olcott, H. S.*, und *J. van der Veen*, Lipids **3,** 331 (1968). – 56. *Lea, C. H.*, J. Sci. Food Agric. **11,** 212 (1960). – 57. *Abbot, J.*, 18th. Int. Dairy Congr. Vol. **18,** 464 (1970). – 58. *Baltes, J.*, Wiss. Veröff. Dtsch. Ges. Ernährg. **16,** 169 (Darmstadt 1967). – 59. *Cantarelli, C.*, Olii minerali – Grassi e saponi – Colori e vernici **35,** 281 (1958). – 60. *Brownley, C. A.*, und *L. Lachmann*, J. Pharm. Sci. **54,** 1480 (1965). – 61. *Clement, C. H.*, Food Manuf. Ingrd. Survey, Jan. **1966.** – 62. *Froelich, R.*, Pharmazie **18,** 20 (1963). – 63. *Hadorn, H.*, und *K. Zürcher*, Mitt. Lebensmitt. Hyg. **57,** 127 (1966). – 64. *Herisset, A.*, und *C. Gauthier*, Ann. Pharm. Fr. **15,** 394 (1957). – 65. *Janecke, H.*, Arch. Pharm. **290/62,** 178 (1957). – 66. *Koops, J.*, Z. Lebensm. Unters. Forschg. **128,** 128 (1965). – 67. *Mattsson, S.*, und *S. Johansson*, 18th Int. Dairy Congr. Vol. **18,** 226 (1970). – 68. *Privett, O. S.*, und *F.W. Quackenbush*, J. Amer. Oil Chem. Soc. **31,** 321 (1954). – 69. *Riemenschneider, R. W.*, und *J. Turer*, U.S. Pat. 2,383,815 (1945). – 70. *Riemenschneider, R. W., J. Turer, P.A. Wells und C. A. Waldo*, Oil and Soap **21,** 47 (1944). – 71. *Sedlacek, B. A. J.*, Fette-Seifen-Anstrichmit. **70,** 795 (1968). – 72. *Sedlacek, B. A. J.*, Nahrung **12,** 721 (1968). – 73. *Siegfried, B.*, und *R. Schneider*, Pharm. Acta Helv. **28,** 131 (1953). – 74. *Smith, F. H., D. E. Brady* und *R. E. Comstock*, Ind. Eng. Chem. **37,** 1206 (1945). – 75. *Somogyi, J. C.*, und *H. Kündig*, Mitt. Lebensmitt. Hyg. **52,** 103 (1961). – 76. *Spetsig, L. O.*, Acta Chem. Scand. **8,** 1646 (1954). – 77. *Tamsma, A., M. J. Pallansch, T. J. Mucha* und *W. I. Patterson*, J. Dairy Sci. **44,** 1644 (1961). – 78. *Tamsma, A., T. J. Mucha* und *M. J. Pallansch*, J. Dairy Sci. **45,** 1435 (1962). – 79. *Tamsma, A., T. J. Mucha* und *M. J. Pallansch*, J. Dairy Sci. **46,** 114 (1963). – 80. *Bauernfeind, J. C.*, und *W. M. Cort*, Encyclopedia of Food Technology, AVI Publ. Co., Westport; to be publ. 1972. – 81. *Pongracz, G.*, F. Hoffmann-La Roche & Co. AG, Basel, nicht publ. Arbeit. – 82. *Iselin, E.*, Mitt. Lebensmitt. Hyg. **35,** 113 (1944). – 83. *Iselin, E.*, Mitt. Lebensmitt. Hyg. **39,** 310 (1948). – 84. *King, R. L.*, J. Dairy Sci. **51,** 1705 (1968). – 85. *Pallansch, M. J.*, Ref. Food Eng., Febr. **1971,** 113. – 86. *McKerrigan, A. A.*, Food Trade Rev., April **1972,** 17. – 87. *Budowski, P., H. Fisher* und *P. Griminger*, Poultry Sci. **48,** 350 (1969). – 88. *François, A. C.*, und *A. Pihet*, Ann. Zootech. **9,** 195 (1960). – 89. *Dunkley, W. L., M. Ronning, A. A. Franke* und *J. Robb*, J. Dairy Sci. **50,** 492 (1967). – 90. *Dunkley, W. L., A. A. Franke* und *J. Robb*, J. Dairy Sci. **51,** 531 (1968). – 91. *Dunkley, W. L., A. A. Franke* und *E. Low*, J. Dairy Sci. **51,** 1215 (1968). – 92. *Dunkley, W. L., A. A. Franke* und *M. Ronning*, J. Dairy Sci. **51,** 863 (1968).

— 93. *Patron, A.*, Sv. Inst. Konservierungsf. Rapport **1968**, No. 240, 203. — 94. *Samuelsson, E. G.*, Inst. Konservierungsf. Rapport **1968**, No. 240, 203. — 95. *Clemetson, C. A. B.*, und *L. Andersen*, Ann. N.Y. Acad. Sci. **136**, 339 (1966). — 96. *Spanyar, P.*, *E. Kevei* und *M. Blazovich*, Z. Lebensmitt. Unters. Forsch. **126**, 10 (1964). — 97. *Khan, M. M. T.*, und *A. E. Martell*, J. Amer. Chem. Soc. **89**, 4176 (1967). — 98. *Bauernfeind, J. C.*, und *D. M. Pinkert*, Advanc. Food Res. **18**, 219 (1970). — 99. *Diemair, W.*, und *W. Postel*, Wiss. Veröff. Dtsch. Ges. Ernährg. **14**, 248 (Darmstadt 1965). — 100. *Luh, B. S.*, *E. T. Hsu* und *K. Stachowicz*, J. Food Sci. **32**, 251 (1967). — 101. *Knorr, F.*, Wiss. Veröff. Dtsch. Ges. Ernährg. **14**, 271 (Darmstadt 1965). — 102. *Ammon, R.*, Wiss. Veröff. Dtsch. Ges. Ernährg. **14**, 206 (Darmstadt 1965). — 103. *Bauernfeind, J. C.*, und *D. M. Pinkert*, Advanc. Food Res. **18**, 219 (1970). — 104. *Tanner, H.*, Wiss. Veröff. Dtsch. Ges. Ernährg. **14**, 229 (Darmstadt 1965). — 105. *Grau, R.*, Wiss. Veröff. Dtsch. Ges. Ernährg. **14**, 262 (Darmstadt 1965). — 106. *Spencer, R.*, Food Manuf. **41**, 39 (1966). — 107. *Perigo, J. A.*, und *T.A. Roberts*, J. Food Technol. **3**, 91 (1968). — 108. *Davis, J. A.*, Ref. Food Eng., Febr. **1971**, 113. — 109. *Greene, B. E.*, Ref. Food Eng., Febr. **1971**, 113. — 110. *Evans, G. G.*, The effect to Ronoxan D20 on the occurrence of white-spot, and on colour stability in British pork sausages, B.F.M.I.R.A., Technical Circular No. 486, July **1971**. — 111. *Calvel, R.*, Bull. Anc. Elèves Ecole Fr. Meunerie No. 225, 117 (1968).

Anschrift des Verfassers:
Dr. *H. Kläui*
Abteilung für Vitamin- und Ernährungsforschung der
F. Hoffmann-La Roche & Co. AG, Basel/Schweiz

8.

Travail de l'Università di Milano et de l'Università di Perugia

Extraction des antioxydants naturels des olives: Etude expérimentale

Par *C. Cantarelli* et *G. Montedoro*

Avec 4 figures et 6 tableaux

La résistance naturelle de l'huile d'olive brute ou vierge à la peroxydation du rancissement est un fait bien connu par les techniciens, et dont nous (1, 2) avons donné la démonstration expérimentale.

Il est connu, d'ailleurs, que cette stabilité envers les effets de l'oxygène est perdue à la suite du raffinage (1, 2) et qu'en mélangeant l'huile vièrge avec celle rectifiée on a une perte de pouvoir antioxygène (1).

Les composants de l'huile brute qui lui donnent cette résistance naturelle à l'oxydation ont été reconnus dans la fraction phénolique de l'insaponifiable, ainsi que dans les tocophérols. Plusieures substances phénoliques ont été separées et identifiées dans cette huile, parmi lesquelles des acides-phénols dont on a vérifié le pouvoir antioxygène (3).

Des aperçus analogues ont été fournis pour d'autres oléagineux (soja, arachide, tournesol, coton, lin, cacao, germe des céréales) dont on a extrait differents composés phénoliques ayant un pouvoir antioxygène (4, 5, 6, 7, 8).

La faible teneur en polyphénols, ainsi que la démolition alcaline de ces substances et leur oxydabilité à chaud au cours du raffinage, peuvent expliquer le défaut de résistance au rancissement des huiles de graine vis à vis de l'huile vierge d'olive (2).

Le fruit de l'olivier, dont on extrait l'huile, est d'ailleurs très riche en polyphénols, sa couleur étant due à différents anthocyanes (9, 10, 11, 12), qui s'accumu-

Tableau 1. Composés phénoliques dont est reconnu l'action antioxygène

	Références
extraits des oleagineux	
ac. caféique (avoine)	*Daniels* et *Martin* (7)
caféylglycérate (avoine)	*King* (8)
ac. férulique (avoine)	*Daniels* et *Martin* (7)
férulylglycérate (avoine)	*King* (8)
6, 7, 4 trihydroxyflavone (soya)	*Gyorgy et al.* (4)
extrait feuilles d'olivier	*Frenguelli, La Notte et al.* (17, 18)
id. huiles d'olive	*Montedoro* et *Cantarelli* (2, 3)
id. de margines	*Cantarelli* (22)
extraits d'autres espèces végétales	
ac. caféique	*Montedoro* et *Cantarelli* (2)
d-catéchine	*Montedoro* et *Cantarelli* (2)
kampférol	*Kaufmann et al.* (19)
quercétine	id., *Yasumoto et al.* (19, 23)
dihydroquercétine	*Kaufmann et al.* (19)
robinetine	id.
morine	id.
fisetine	id.
rhamnetine	id.

Tableau 2. Substances phénoliques identifiées dans les olives et leurs derivés (les chiffres se rapportent aux références bibliographiques)

	Olives	Feuilles	Huiles	Margines
Composés				
– *glucosides:*				
cyanidine-3-ramnoglucoside (oléocyanine)	(12)			
cyanidine-3-glucoside	(10)			
cyanidine-3-rutinoside	(10)			
cyanidine-3-sophoroside	(10)			
autres glucosides de la cyanidine (mono- et di-glucoside et bioside)	(9, 10, 12)			
– *flavonols*	(9)			
– *flavanes*	(9, 11)			
catéchines				
– *autres phénols*				
o-diphénols (oléorupéine)		(15)		
acides phénols: p- hydroxybenzoique, syringique, caféique, dihydrocaféique, vanillique, omovanillique, gentisique, sinapique, coumariques			(3)	
phénols alicycliques: ac. quinique et ac. shiquinique			(3)	
phénols alcools: alcool -(p-hydroxy-phényl)éthylique, alcool -(3,4-dihydroxy-phényl)éthylique				(13, 14 et 16)
mélanines: catéchol-mélanines				(13, 14 et 16)

lent avec la chaîne des composés intermédiaires de leur biosynthèse, à partir des acides shiquimique et quinique.

Lors de l'extraction de l'huile par des moyens mécaniques on obtient des margines dans une proportion variable entre 35 à 45 % du poid des fruits, qui sont très riches en composés phénoliques (de 1 à 1,5 % de phénols totaux exprimés en ac. gallique).

Les composants phénoliques des huiles, des margines et des fruits et des feuilles d'olivier ont été identifiés par *Ragazzi* et col. (13, 14), *Panizzi* (15), *Montedoro* (2, 3), *Calatroni* (16), *Frenguelli* (17), *La Notte* (18).

Tableau 3. Teneur en polyphénols de quelques huiles brutes et raffinées

Oléagineuse	Polyphénols totaux (ac. gallique) p.p.m.
Olives	
au cours de la conservation des fruits	
Cv. *Grappolo* à la récolte (I.P. 9)	18.7
id. apré 97 jours (I.P. 34)	2.2
Cv. *Dolce Agogia* à la récolte (I.P. 7)	412.1
id. aprés 83 jours (I.P. 17)	2.7
au cours de l'extraction par pression	
égouttage spontané	18.0
après 10' pressurage	34.0
après 60' pressurage	40.0
après 120' pressurage	50.0
au cours du raffinage	
huile brute	132.0
après neutralisation	30.0
après décoloration	20.0
après désodorisation	0.0
Arachide	
huile brute	14.8
après neutralisation	0.0
Pepins	
huile brute	77.0
après raffinage	0.0
Tournesol	
huile brute	6.8
après raffinage	0.0

Dans le tableau 2 on a resumé les données sur les substances phénoliques identifiés dans les produits et dans le tableau 3 sont résumés les dosages dans différentes huiles d'olive et de graines.

Le pouvoir antioxygène de ces substances a été évalué dans differentes conditions, soit par adjonction des extraits à des glycérides synthétiques et à des huiles naturels rectifiés, ainsi que par des traitements sélectifs de soustraction des phénols des huiles, au moyen d'adsorbants (tels que les polyamides, le polyvinylpyrrolidone et les charbons activés) et par extraction avec solvants (2, 3, 19, 20, 21, 22).

Ces différentes techniques ont permi d'établir quel soit l'effet direct de l'adjonction, et, par contre, de la soustraction aux huiles naturelles de ces composants. Quelques données sont présentées dans le tableau 4. On peut remarquer l'effet antioxygène de différentes substances pures – flavonoides, acides-phénols (caféique et férulique et leur esters) – ainsi que des extraits de huile vierge, de margines et de feuilles. D'autre part, l'huile soumise à des traitements qui enlèvent les composés phénoliques perd sa résistance à l'oxydation (2).

Tableau 4. Effect de la soustraction des composées phénoliques sur la stabilité des huiles

			Activité antioxygène (1)	
			T_{100}	(AOM)*
Huiles (I.P. 15)				
témoin			27	
extraite au méthanol			19	
traité à la polyammide			3	
Huiles (I.P. 4.6)				
témoin	(PF 442)		267	
extraite au méthanol	(PF 0)		16	
traité à la polyamide	(PF 210)		42	
traité au polyvinylpirrolidone	(PF 382)		92	
			T_{100}	(Schaal)**
		A		B
Huiles (I.P. 11)				
témoin		540		480
traité au charbon Tonsil AC		510		325
id. Carboraffin		460		400

PF = polyphénols totaux exprimés en p.p.m. d'ac. gallique

(1) T_{100} = temps en heures pour atteindre la valeur de I.P. = 100, respectivement aux tests AOM* et Schaal**

De ces résultats on peut tirer la conclusion que la fraction phénolique de l'olive représente un additif intéressant pour la stabilisation des corps gras, ainsi que pour d'autres effets physiologiques, notamment pharmacologiques (14).

L'adjonction de substances phénoliques de synthèse aux matières grasses alimentaires est un fait acquis et dans toute législation alimentaire on cite des substances telles que BHT, BHA, esters galliques, NDGA; d'autres substances ont été également proposées (23).

On a cru cependant intéressant réaliser l'extraction des composés phénoliques des margines afin d'obtenir une fraction suffisamment active et liposoluble, avec des moyens qui n'engagent pas une modification de ces composants naturels.

Les margines qu'on obtient de l'extraction des olives par des moyens mécaniques (pression, centrifugation directe ou après fluidisation des pâtes) ont une composition variable suivant les conditions agronomiques (variété, degré de maturation, climat), et technologiques (degré d'extraction, dilution, fermentation).

Moyennement, on peut chiffrer cette composition avec les valeurs suivants, en pourcentage (13, 14):

Matière sèche	10 –15
Sucres simples	1 – 1,6
Polyoses complexes: en sucre	1,5 – 2,0
en poid de mucillages	1,4 – 1,7
Mannitol	0,1 – 0,6
Acides aliphatiques	0,5 – 1,5
Composés phénolique et mélanines	4,4 – 5,7
Substances azotées, en N_2	0,10– 0,15
Cendres	2 – 2,5

avec une teneur en composants à l'état colloidale qui peut être très importante.

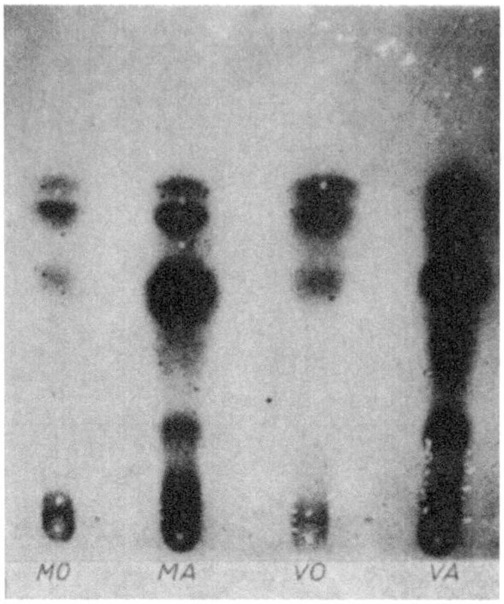

Fig. 1. Separation TLC des polyphénols extraits du fruit d'olivier (var. *Raggio*) et de son huile:

MO: huile d'olives mûres — VO: huile d'olives vertes
MA: margines des mêmes olives — VA: margines des mêmes olives

Nous avons évalué cette fraction, séparable par centrifugation (separateur à chambres) à 20–25 %. Les composés phénoliques sont en partie en solution, en partie liés à ce materiel colloïdal et ils peuvent d'ailleurs être distingués suivant la solubilité, voir les dimensions moleculaires, dans les rapports suivant:

Acides phénols et autres composés phénoliques simples solubles dans l'acétate d'éthyle	10–12
Polyphénols solubles dans l'eau	60–70
Polyphénols polymères et mélanines	30–40

L'extraction et la purification des composants antioxygène des margines ont été réalisées soit par précipitation que par solvants selectifs. Ce dernier moyen donne les resultats plus satisfaisants, même si les rendements ne soyent plus importants, pour la facilité des opérations et la possibilité de travailler en continu.

Les essais préalables sur systèmes modèle ont montré l'intérêt de l'emploi de mélanges de solvants. Les mélanges ternaires eau-acétone-acétate d'éthyle, ainsi que eau-éthanol-acétate d'éthyle amenées à des concentrations de démixtion de la phase organique permettent une séparation aisée.

L'extraction est par ailleurs améliorée par saturation avec des sels; le coéfficient de partage des produits à extraire est ainsi modifié et la démixtion de la phase organique est plus facile (24).

Quelques données sont présentées graphiquement.

L'utilisation de ces resultats pour l'extraction des margines se heurte à des difficultés par la présence de materiels colloïdaux et la formation de gels avec les solvants, difficiles à résoudre par démixtion. Une purification préalable peut être réalisée par séparation centrifuge des gels après adjonction de solvants tels que l'acétone et les alcools.

Les matériels colloïdaux ainsi separés contiennent des phénols liés.

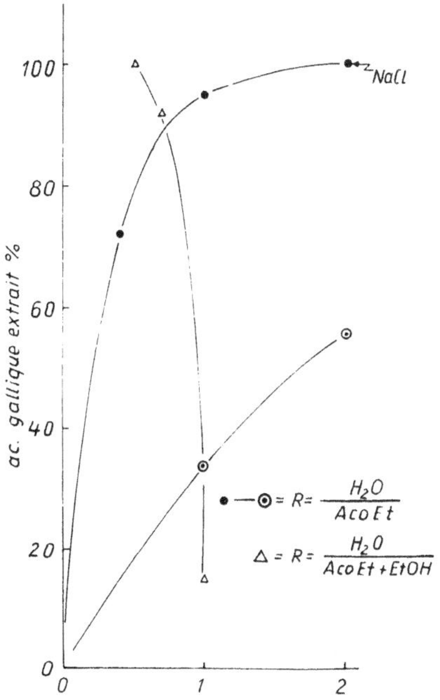

Fig. 2. Effects de la saturation avec NaCl et de l'éthanol sur l'extraction de l'ac. gallique en sol. acqueuse avec l'acétate de éthyle.

On a également essayé une hydrolyse de ces colloïdes, mais l'emploi des dépolymérases pose des problèmes à cause de l'inhibition des enzymes par les polyphénols. Une préparation de polygalacturonase a été néanmoins utilisée avec succès, lorsque différentes préparations de cellulases et protéases n'ont pas donné des résultats.

Quelques données de comparaison pour des essais avec les différents solvants déjà indiquées montrent l'éfficacité de ce traitement préalable.

Le materiel extrait a été purifié par évaporation du solvant, redissolution éventuelle dans l'acétate d'éthyle et séchage sous vide à basse température. On a ainsi obtenu des produits partiellement cristallisés, mélangés avec une phase huileuse; la solubilité de ces derniers composants par les hydrocarbures permet une purification ultérieure; le fractionnement par solvants a donné les résultats suivants:

pigments non phénols (solubles dans l'éther de pétrole) 20 %

phénols totaux, soit le 80 % du total, contenant une fraction de composés simples (acides-phénols) solubles à l'éther (16 %), une fraction de polymères plus importante, solubles dans l'acétone aqueuse (20 %) le restant étant soluble dans les solvants anhydres.

Tableau 5. Essais d'extraction des polyphénols des margines avec differents systèmes de solvants: données pour 1000 ml de margine (15,5 g F.T.*)

Fractions		Acétone/ Acétate d'Ethyle (1:0,5 V/V)	Méthanol/ Acétate d'Ethyle (1:0,5 V/V)	Ethanol/ Acétate d'Ethyle (1:0,5 V/V)	Pectinase* Acétone/ Acétate d'Ethyle (1:0,5 V/V)
precipité	g	254	358	241	108
phase aqueuse	ml	880	830	935	1040
extrait solvant	ml	1420	1270	1285	1560
*composants phénoliques** (g)					
dans le précipité		4.63	7.03	4.95	1.32
dans la phase aqueuse		8.94	6.72	8.87	11.90
dans le solvant		1.58	1.40	1.33	1.93
concentration dans le solvant (mg/ml)		0.11	0.10	0.10	0.12

* FT = phénols totaux exprimés en ac. gallique.

Les solvants utilisés se classent comme suit: acétate d'éthyle (800 p.p.m. de phénols dissous), éthanol (à 96°: 740 p.p.m.), acétone (650 p.p.m.), méthanol (a 98 % 360 p.p.m.; a 25 % 540 p.p.m.).

L'analyse par T.L.C. des produits solubilisés avec differents solvants montre la présence d'acides-phénols, associés à des composants peu mobiles dans les extraits à l'éthanol et à l'acétone, qui manquent dans les solutions d'acétate d'éthyle et d'éther.

Des données sont presentées dans le tableau 6.

Tableau 6. Séparation chromatographique d'acides phénols en couche mince de solutions obtenus par différents solvants de l'extrait brut de margines

Solvant		Méthanol	Ethanol	Acétone	Acétate Ethyle	Ethér ethylique
Concentration mg/ml		0.76	0.66	0.65	0.66	0.30
	Rf x 100					
Ac. vanillique	66	+	+	+	+	+
Ac. gentisique	62	+	+	+	+	±
Ac. sinapique	60	+	+	+	+	+
Ac. dihydrocaféique	52	+	+	+	+	+
Ac. caféique	48	+	+	+	+	±
Temour		+	+	+	—	—

Solvant = TEF
Revelateur = Folin Ciocalteau

L'extraction a été réalisée à l'échelle pilote en discontinu et en continu. Dans le premier cas, avec 25 litres de margines, le procédé comprenait les opérations suivantes: adjonction de bisulfite sodique (80 p.p.m.) et d'enzyme pectolytique (200 p.p.m.), mélange pendant 3 heures et décantation; adjonction d'acétone (0,5 vol.), mélange, décantation et séparation centrifuge des boues (le 4 % en poids humide, soit le 0,8 % en poids sec); la phase liquide mélangée avec acetate d'éthyle (0,5 vol.) et additionnée de chlorure de sodium à saturation séparait le 35 % de phase organique, avec un rendement en phénols totaux du 22 % (contre le 77 % théorique).

L'extraction en continu a été réalisée avec un extracteur, dont le schéma est présenté dans la fig. 3, muni d'un vibreur; les rendements théoriques étant dans ce cas assez loins des données réelles à cause de la formation d'émulsions génantes.

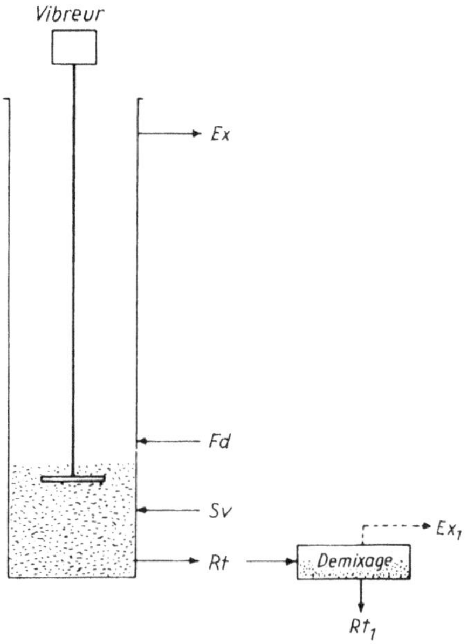

Fig. 3. Extracteur.

L'activité antioxygène des extraits a été évaluée avec différentes méthodes. Les extraits étaient solubilisés dans l'huile: la solution était melangée dans le corp gras et le solvant évaporé sous vide; l'huile était filtrée par la suite et la solution huileuse utilisée comme additif. La teneur en phénols solubilisés varie suivant le solvant; entre le 20 et le 48 % du solubilut est liposoluble. Néammoins la concentration finale dans les huiles par addition de differents extraits atteint toujours des valeurs assez proches; moyennement de 350 p.p.m., dont le 70 % est hydrosoluble.

Aux test de Schaal et AOM on remarque que l'action antioxydante est beaucoup plus évidente aux températures inférieures à 60° C.

Quelques résultats sont présentés graphiquement dans la fig. 4, pour différentes concentrations de cet additif. Les données sont tout à fait semblables à celles relatives à d'autres antioxygènes phénoliques de synthèse; une protection efficace peut être obtenue à des concentrations, exprimées en acide gallique, de 5 à 10 fois moindres des doses admises par les différentes législations alimentaires.

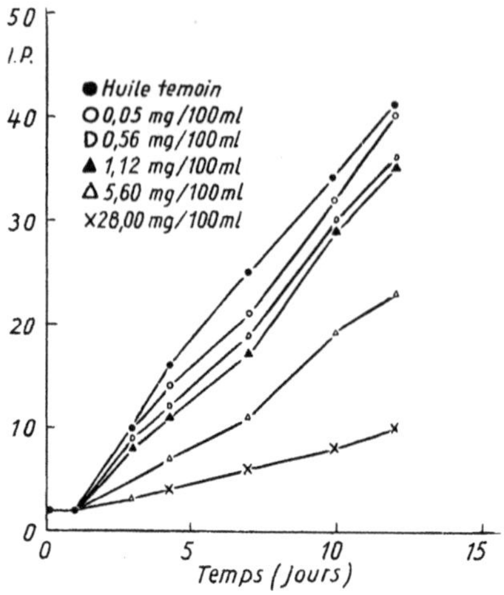

Fig. 4. Stabilite à l'oxydation d'une huile après addition d'extrait de polyphénols de margines.

Zusammenfassung

Das Olivenöl ist für seine Resistenz gegen die Autoxydation bekannt. Dieses Charakteristikum verschwindet nach der Raffination. Die Analyse des Unverseifbaren zeigt das Vorhandensein von Phenolen, an denen das Öl besonders reich ist.

Einige Phenolsäuren und andere Phenole sind isoliert worden; ihre Fettlöslichkeit genügt, um einen guten Schutz gegen die Oxidation zu haben.

Diese Substanzen sind dem wäßrigen Teil der Oliven mit verschiedenen Methoden in Laboratorien und Versuchswerken entzogen worden.

Dabei ist der Zusammenhang zwischen Fettlöslichkeit und antioxidativer Wirkung dieser Extrakte berücksichtigt worden.

Dieser Extrakt ist ein interessantes technisches Hilfsmittel für die Speisefette, wenn man sein natürliches Vorhandensein im Olivenöl zur Kenntnis nimmt; das, wie man weiß, sehr nahrhaft ist.

Résumé

L'huille d'olive vierge est connue pour sa résistance à l'autoxydation. Ce caractère n'existe plus après le raffinage.

L'analyse de la fraction insaponifiable de cette huile montre la présence de composés phénoliques, dont cette huile est particulièrement riche. Il s'agit d'acides phénols et d'autres polyphénols dont la liposolubilité est suffisante pour assurer à l'huile une bonne protection contre l'oxygène.

Ces substances ont été extraites des margines par différentes méthodes, à l'échelle de laboratoire et à l'échelle pilote; la composition, la liposolubilité et l'activité antioxygène dans les graisses ont été évaluées.

Il s'agit d'un additif pour les corps gras alimentaires intéressants étant naturellement présent dans une huile qui a fait ses preuves sur le plan nutritionnel.

Summary

The peculiar resistance of crude olive oil to autoxydation is well known; their characteristic disappears after refining.

The analysis of unsaponifiable fraction shows the presence of phenolic compounds, which are particularly represented in this oil. Some phenolic acids and other polyphenols have been isolated; their liposolubility is sufficient to ensure a good protection of the oil against oxydation. These substances have been extracted from the water fraction of olives by different methods, at laboratory and pilot plant level.

The composition, liposolubility and the antioxydant activity of these extracts have been evaluated.

This extract represent an interesting additive for edible fats, considering its natural presence in olive oil, nutritional qualities of which are well recognized.

Literatur

1.*Cantarelli, C.*, Olivic. **13,** 7 (1958). — 2. *Montedoro, G., C. Cantarelli,* Riv. Ital. Sost. Grasse **46,** 115—24 (1969). — 3. *Montedoro, G.*, Sci. & Tecnol. Alim. **3,** 177 (1972). — 4. *Gyorgy, P., K. Murata, K. Ikehata,* Nature **203,** 870 (1964). — 5. *Sosulski, F. W., C. W. McLeary,* J. Fd. Sci. **37,** 253 (1972). — 6. *Ibrahin, R. K., M. Shaw,* Phytochem. **9,** 1855 (1970). — 7. *Daniels, D. G. H., H. F. Martin,* Nature **191,** 1302 (1961). — 8. *King, H. G. C.*, Chem. Ind. **32,** 1468 (1962). — 9. *Cantarelli, C.*, I° Conv. Naz. Oliv.-Oleario, Spoleto 1—3 giugno 1962. — 10. *Vasquez Roncero, A., R. Maestro Duran,* Grasas y Aceites **21,** 208 (1970). — 11. *Vasquez Roncero, A., R. Maestro Duran, E. Graciani Costante,* Grasas y Aceites **22,** 371 (1971). — 12. *Musajo, L.*, Ann. Fac. Agraria di Bari **2,** 3 (1940). — 13. *Ragazzi, E., G. Veronese,* Ann. Chimica **57,** 1380 (1967). — 14. *Ragazzi, E., G. Veronese, A. Pietrogrande,* Ann. Chimica **57,** 1398 (1967). — 15. *Panizzi, L., M. L. Scarpati, G. Oriente,* Gazzetta Chimica Ital. **90,** 1449 (1960). — 16. *Calatroni, C.*, These Scienze della Preparazioni Alimentari. Univ Milano Anno acc. 1971-72. — 17. *Frenguelli, B.*, Olearia **2,** 675 (1948). — 18. *La Notte, E., N. Romito,* Rélat. III° CITO Torremolinos (Malaga) 14—17 Juin 1971. — 19. *Kaufmann, H. P., A. El Wahab el Baya,* Fette-Seif.-Anstr. **69,** 236 (1967). — 20. *Pratt, D. E.*, J. Fd. Sci. **29,** 27 (1964). — 21. *Pratt, D. C.*, J. Fd. Sci. **37,** 322 (1972). — 22. *Cantarelli, C.*, Riv. Ital. Sost. Grasse **38,** 69 (1961). — 23. *Yasumoto, K., A. Yamamoto, H. Mitsuda,* Agr. Biol. Chem. **34,** 1162 (1970). — 24. *Singleton, V. L.*, Am. J. Enol. Vitic. **12,** 1 (1961).

Adresses des auteurs:

Prof. Dr. C. *Cantarelli,* Università di Milano, via Celoria, 2, I-20133 Milano

Dr. G. *Montedoro,* Università di Perugia, S. Pietro, I-06100 Perugia

9.
L'addition de vitamines aux aliments

Par *L. Genevois* (Paris)

L'addition de vitamines synthétiques aux aliments est devenue une pratique de la grande industrie alimentaire, depuis la décision du Président Roosevelt du 1 octobre 1943.

La farine blanche de blé fut complétée des vitamines enlevées avec les enveloppes par la monture: 4,5 mg/kg de B_1 (thiamine), 2,6 mg/kg de B_2 (riboflavine), 35 mg/kg de nicotinamide (niacine), ou acide nicotinique.

Les besoins quotidiens de l'homme sédentaire de 70 kg étant fixés à 1,2 mg de B_1, 1,6 mg de B_2, 12 mg de niacine, par la Commission de l'Association des médecins Américains.

Les besoins du travailleur de force, de la femme en gestation ou allaitante, étaient estimés pratiquement doubles des précédents.

Ces mesures firent disparaître la pellagre du sud des Etats-Unis, où elle était endémique depuis de nombreuses années.

Il fut conseillé en même temps d'ajouter 10 mg de vitamine A par kg de margarine.

Dans l'après guerre, ces mesures ne furent plus appliquées; l'étude des aliments disponibles en Europe durant les années 1946—1947, comportant une forte proportion de légumes verts, riches en vitamines de groupes B et A, fit considérer comme inutiles l'adoption de mesures analogues à celles qui furent prises aux Etats-Unis.

Par contre, l'enrichissement en vitamine B_1 du riz poli consommé en divers pays, notamment aux Philippines fut pratiqué et permit d'éliminer, non seulement le béribéri, mais encore la tuberculose.

Les enquêtes alimentaires ont révélé, notamment en Amérique latine, de nombreuses régions où sévissent des insuffisances alimentaires plus ou moins graves.

Les populations d'Amérique latine se nourrissant traditionnellement de maïs présentent rarement des cas de pellagre. Une vieille coutume indigène veut que le maïs soit cuit longuement à l'eau de chaux, alcaline, opération qui libère l'acide nicotinique combiné à un peptide, le niacinogène, qui le rend inaccessible à nos enzymes digestifs.

Après hydrolyse alcaline, l'acide nicotinique, libéré, est soluble dans l'eau. Si, à ce moment de la préparation, la masse de grain est lavée à l'eau, l'acide nicotinique est éliminé, et le maïs devient pellagrigène. Ce fait a été récemment observé par le nutritionniste Mexicain *Chavez* au Yucatan. Une autre erreur parfois commise, consiste à utiliser de la chaux en poudre, carbonatée, inefficace. On trouve sur les marchés ruraux du Mexique de la chaux en morceaux, de 20 à 100 grammes, morceaux qui doivent être cassés et pulvérisés au moment de l'emploi. Après cuisson en présence de chaux non carbonatée, l'excès d'eau alcaline doit être seulement égouttée, sans lavage. Il a fallu dans certains cas prescrire l'addition d'acide nicotinique, 30 mg environ par kg de maïs, pour faire disparaître les symptômes de pellagre (asthénie, diarrhée, anorexie, perte de poids).

La carence en vitamine A s'observe sur des populations vivant sur des terres arides, desséchées pendant de longs mois, elle se traduit d'abord par la cécité nocturne puis par des cas de xérophtalmie (*Chavez* et *Hernandez* 1970).

L'habitude des Africains de cultiver partout du palmier à huile, donnant une huile très riche en carotène β, les met à l'abri de pareils accidents.

Le Professeur *Aebi*, de Berne, traitant au Congrès de nutrition de Mexico de l'addition de vitamines synthétiques aux aliments, rappela que ce procédé est pratiquement le seul ayant relevé la valeur alimentaire du pain blanc; les consommateurs se détournent rapidement de l'utilisation du pain complet, même lorsque la couche à aleurone a été finement moulue; l'addition de vitamines est donc à recommander lorsqu'il s'agit d'alimenter des individus fournissant un effort physique intense, nourris principalement de pain blanc, de biscuits ou de pâtes alimentaires, c'est le cas des troupes en campagne, des ouvriers vivant sur des chantiers loin de tout ravitaillement.

L'addition de vitamines aux aliments du bétail est une pratique aujourd'hui très répandue; elle est justifiée par l'énorme vitesse de croissance des animaux d'élevage, de 10 à 20 fois celle de l'homme. Elle dépend évidemment de toute la ration utilisée, et de l'espèce à laquelle elle est destinée.

Zusammenfassung

Im Jahre 1943 erging vom Präsidenten Roosevelt, als Folge eines Berichts der Amerikanischen Medizinischen Vereinigung, die Vorschrift, Vitamine der Gruppe B und mineralische Salze dem weißen Mehl zuzugeben, um die beim Ausbeuteln der Kleie ausgemerzten Elemente zu ersetzen.

Es wurden dabei zugesetzt:
4,5 mg je kg an B1 (Aneurin)
2,6 mg je kg an B2 (Riboflavin)
35,0 mg je kg an Nicotinamid (Niacin)
200,0 mg an Ca CO_3 (feines Pulver)
50,0 mg an Eisenpyrophosphat

Das Kochsalz enthielt pro kg 100 mg Kaliumjodid (in der Schweiz wurden seit 1928 10 mg zugegeben).

Diese Maßnahmen brachten die endemische Pellagra in den Südstaaten, den Kropf bei Kindern in Gebirgsländern und die hypochrome Frauenblutarmut in den Großstädten zum Verschwinden.

Ähnliche Vorschriften wurden anschließend in verschiedenen Ländern erlassen: z. B. Zugabe von B1 zum geschälten Reis (Philippinen 1947).

In Indien werden mit Vitaminen und Lysin angereicherte Mehle (1,8 g/kg) benutzt.

Résumé

En 1943, Le Président Roosevelt, sur un rapport de l'Association des Médecins Américains, prescrivit d'introduire des vitamines du groupe B et des sels minéraux à la farine blanche de blé, de manière à lui restituer les éléments éliminés par le blutage de sons. Il fit ajouter:
4,5 mg par kg de B1 (aneurine, facteur antibéribérique).
2,6 mg par kg de B2 (riboflavine, facteur de croissance).
35,0 mg par kg de nicotinamide (niacine antipellagreuse).
200 mg de CO3 Ca en poudre fine.
50,0 mg de pyrophosphate de fer.

Le chlorure de sodium alimentaire était additionné de 100 mg au kg d'iodure de potassium (en Suisse on ajoutait 10 mg depuis 1928).

Ces mesures firent disparaître la pellagre endémique dans les Etats du Sud, le goître des enfants dans les Montagnes Rocheuses, l'anémie hypochrome des femmes dans les grandes villes.

Des mesures analogues ont été prises par la suite dans divers pays: par exemple, l'addition de B1 au riz poli aux Philippines (1947). Des farines de blé enrichies en vitamines et lysine (1,8 g/kg) sont utilisées en Inde.

Summary

In 1943, on a report from the Association of American Physicians, President Roosevelt prescribed the introduction of group B vitamins and mineral salts to white flour so as to restore those elements eliminated by the sifting of bran. The following were added:

4.5 mg per kg of B1 (aneurin, antiberiberi factor)
2.6 mg per kg of B2 (riboflavin, growth factor)
35.0 mg per kg of nicotinamide (anti-pellagra niacin)
200.0 mg CO3 Ca in fine powder
50.0 mg iron pyrophosphate

Alimentary sodium chloride was added at the rate of 100 mg to 1 kg potassium iodide (in Switzerland 10 mg has been added since 1928).

These measures wiped out endemic pellagra in the Southern States, infantile goitre in the Rocky Mountains, hypochrome anaemia in women in large towns.

Later on analogous measures were taken in different countries: for example, addition of vitamin B1 to polished rice in the Philippines (1947). Flour, enriched with vitamins and lysin (1.8 g/kg), is used in India.

Adresse de l'auteur:
Professeur Dr. *L. Genevois*
18, rue Duban, F 75016 Paris

10.

From the Chairman, Department of Nutrition Rutgers University, New Brunswick, New Jersey, U.S.A.

The amino acid requirements of man: absolute or relative?

By *Hans Fisher* (New Brunswick)

With 5 tables

The first quantitative studies by Rose on the amino acid requirements of man where completed less than 20 years ago (*Rose* et al., 1955). *Rose* was careful to point out the considerable variation that existed in the requirement for individual amino acids among different individuals; however, the considerable difficulties encountered in carrying out such studies in human subjects tended to obscure possible variations in requirement so that the Rose values came to be accepted by many as absolute entities.

Much progress has been made in the last two decades to delineate more fully and completely the quantitative needs for amino acids not only of adult men and women, but also of the young infant and of the growing child. A summary of such values is given in Table 1. It can be seen that there are major differences in the ratio between the essential amino acid requirement and the total protein (or nitrogen) requirement among the different age intervals. There are also differences in the pattern of the essential amino acids required at the various stages of development, to which reference will be made again later.

It is significant to recall *Mitchell's* (1962) suggestion that the essential amino acid requirement of the young, growing organism should be considered as an 'aggregate' requirement, i.e., that all essential amino acids must be presented to the tissues and cells in the proper proportion and quantity at the same time. This

Table 1. Essential Amino Acid and Protein Requirements in mg/kg Body Weight of Human Subjects of Various Ages

Amino Acid	*Infants* *Holt*	*Child, 10–12 yr.* *Nakagawa*	*Adult Man* *Rose*	*Adult Women* *Hegsted*	*Fisher*
Histidine	25	—	—	—	—
Isoleucine	111	28	10	10	2
Leucine	153	49	11	13	3
Lysine	96	59	9	10	1
Methionine & Cystine	50	27	14	13	3
Phenylalanine & Tyrosine	90	27	14	13	8
Threonine	66	34	6	7	4
Tryptophan	19	4	3	3	1
Valine	95	33	14	11	4
Total EAA	705	261	81	80	26
Total Protein Needs	1700	700	425	425	425
EAA as % Total	41	36	19	19	6

Modified after *Munro* (1972).

is in contrast to what *Mitchell* termed the 'particulate' requirement for maintenance in the adult. By this concept was meant the utilization of even single amino acids, irrespective of their proper balance, and of meeting the total amino acid needs simultaneously.

The essential amino acid requirements generally reflect the composition of the tissues undergoing synthesis at each stage of an organism's development. The differences in the amino acid requirement pattern that exist between the child and

Table 2. The Changing Pattern of Amino Acid Requirements during Childhood and Maturity

Amino Acid	Requirement Expressed as % of *Total Essential Amino Acid Needs* *Child*	*Man*
Isoleucine	10.7	12.3
Leucine	18.8	13.6
Lysine	*22.6*	*11.1*
Methionine & Cystine	*10.3*	*17.3*
Phenylalanine & Tyrosine	10.3	17.3
Threonine	13.0	7.4
Tryptophan	1.5	3.7
Valine	12.6	17.3

Calculated from data in Table 1.

adult man, can undoubtedly be ascribed to the relative importance of muscle tissue in the growing youngster versus the importance of keratin proteins of skin, nails and hair which assume relatively greater importance in adult man. These differences in pattern are strikingly illustrated in Table 2, which lists the individual essential amino acid requirements as a percentage of the total essential amino acids required for growth or for maintenance. It should be noted, especially, that the amino acids lysine and methionine plus cystine, which are often in shortest supply with commonly available protein sources, show the greatest changes. Thus, lysine, represents a much higher percentage (double) of the total essential amino acid requirement during growth than it does for maintenance. Conversely, the methionine plus cystine requirement is considerably higher for maintenance of adult man than it is during childhood.

The concept of amino acid balance and imbalance, as reviewed so elegantly by *Harper* and associates (1970), is also important for our present consideration; we shall show that amino acid imbalance is a phenomenon which appears to afflict only the young, but seems of little importance in the nutritional consideration of adult man.

Table 3 shows a typical example of an amino acid imbalance in young, growing chicks. When, to a low protein diet, deficient in an essential amino acid (in this case, lysine) one adds a mixture of essential amino acids, well balanced except for the amino acid originally lacking (lysine), the animal responds by reducing its food intake, followed by a depressed growth rate. It should be noted that the chicks receiving the supplement of a lysine-free essential amino acid mixture consumed *less food* and grew *less well* than did those that did not get the amino acid supplement. This constitutes a typical case of an amino acid imbalance. One can, of course, correct the imbalance by adding additional lysine to the diet.

Table 3. Growth Rate, Food and Lysine Consumpion of Young Chicks on Diets with Varying Protein and Lysine Content and Supplemented with an Imbalancing Amino Acid Mixture

Dietary			Measurement		
Protein Level %/o of diet	Lysine Level %/o of protein	Lysine-free Amino Acid Mixture %/o of diet	Body Weight g	Food Intake g	Lysine Intake g
11	4.0	0	148	219	0.97
11	4.0	4	129	164	0.72
14	2.7	0	129	175	0.67

From *Fisher* et al. (1960)

Table 3 also shows the response of another group of chicks that received slightly more protein than the original control group (14 instead of 11 %/o) and the level of lysine, as a percent of the protein, was less (2.7 instead of 4.0 %/o). These animals, seemingly by coincidence, ate a similar amount of food and grew at the same rate as the imbalanced group that received only 11 %/o protein. A simple calculation shows that the imbalanced group that received the 4 %/o amino acid supplement and the group on the higher protein, but lower lysine diet are indeed very similar in terms of those parameters that are important for our consideration. The imbalanced group did not consume the 11 %/o protein diet only, but 11 %/o protein plus 4 %/o of the lysine-free essential amino acid mixture, or, a diet supplying the equivalent of 15 % protein. And 15 % protein dilutes the 4 % lysine present in the 11 % protein to 2.9 % so that, in essence, the imbalanced diet is nearly the same as the 14 % protein diet with its 2.7 % lysine (15 % protein, 2.9 % lysine vs. 14 % protein, 2.7 % lysine). These findings strongly suggest that the essential amino acid requirement (in this case for lysine) is dependent upon the level of *total effective protein or amino acids* available to the organism.

Let us now consider a series of studies in which adult human subjects were given a diet which was deficient in an essential amino acid (tryptophan) and this diet was then further imbalanced through the addition of gelatin, a tryptophan-free protein. On the basis of the work with young, growing animals, it might have been anticipated that such diets might lead to inferior utilization of the dietary protein. The results, as shown for Experiment 3 in Table 4, show that during Period B, following the negative nitrogen balance resulting from the deficiency in tryptophan (Period A), the subjects retained *more* dietary nitrogen and were in strong positive nitrogen balance even though the level of typtophan had not changed, though the level of intake of total nitrogen had increased.

It is evident, again, that amino acid balance and imbalance relate to the age and stage of development of the subject. The susceptibility of man to amino acid imbalance is apparently relatively low even in the infant, presumably because of the relatively slow rate of growth as compared with that of the rat or chick.

Table 4. Nitrogen Balance of Men Receiving Different Amounts of Dietary Nitrogen and Tryptophan

Period[a]	Daily Intake *Nitrogen*	*Tryptophan*	Nitrogen *Balance*
	Experiment 1		
A	18.1[b]	1100	2.6 ± 0.3
B	19.6[c]	113	0.3 ± 0.1
C	19.6[c]	213	–0.4 ± 0.5
	Experiment 2		
A	9.5[d]	213	–0.6 ± 0.3
B	19.5[c]	113	1.8 ± 1.0
C	19.5[c]	213	1.4 ± 0.8
	Experiment 3		
A	9.5	113	–1.6 ± 0.3
B	19.5[c]	113	3.8 ± 1.2
C	19.5[c]	213	1.9 ± 0.5

[a] Each period was of 7 days' duration.
[b] Good quality food protein.
[c] Composed of 9 g hydrolyzed casein N, 10 g gelatin N and the remainder miscellaneous sources.
[d] Composed of 9 g hydrolyzed casein N and 0.5 g N from miscellaneous sources.
From *Fisher* et al. (1965).

An interesting example of the considerable tolerance of the young child to poorly balanced protein may be found in the report of *Wilmore* and *Dudrick* (cited in *Parenteral Nutrition, Meng* and *Law* Editors, 1970). These workers observed remarkable growth in a young infant given fibrin hydrolysate intravenously as the only source of dietary nitrogen whereas this protein source is known to permit only poor growth in the young rat (*Winje* et al., 1954).

An important observation derived from the failure to induce an amino imbalance in adult man relates the prior state of protein nutrition of the subject to his subsequent response. Table 4 shows that the utilization of a so-called imbalanced protein depends on the prior protein nutriture of the subject. When the subjects were in strong positive nitrogen balance, (as in Experiment 1, Period A) little or no utilization was made subsequently when the poor quality protein was administered (Period B). When the subjects were in negative nitrogen balance during Period A as a result of an inadequate total protein or amino acid intake (Experiments 2 and 3) good utilization was made of the poor-quality gelatin protein.

These findings have recently been extended in our laboratory by re-assessing the amino acid requirement of women adapted to minimal protein (nitrogen) and essential amino acid intakes. Instead of 7–9 g nitrogen per day, and a mixture of essential amino acids patterned after 20 g of whole egg protein as used by Leverton and others (cited by *Rose*, 1957) our subjects received only 5 g nitrogen per day and a mixture of essential amino acids based upon twice the requirement levels determined under the conditions of Leverton. The differences in requirement (Table 5) are considerable, both qualitatively in terms of the pattern as well as quantitatively.

Table 5. Essential Amino Acid Requirements of Young Women

Amino Acid	*Leverton*[a] mg/day	*Fisher*[b] mg/day
Lysine	500	50
Tryptophan	160	50
Phenylalanine	670	400
Threonine	310	200
Methionine	350	150
Leucine	620	150
Isoleucine	450	100
Valine	650	200

[a] Determined with diets supplying 7–9 g N and essential amino acids as present in 20 g whole egg; taken from *Rose* (1957).

[b] Determined with diets supplying 5 g N and twice the essential amino acids listed under column 'Leverton'; taken, in part, from *Fisher* et al. (1969, 1971).

It seems appropriate to conclude by pointing to these differences, for they signify that the amino acid requirements of man (and, indeed, for animals also) are not absolute, but vary with the state of development and with the prior dietary history of the subject as it pertains particularly to his protein and amino acid intake. As we remain alert to fight protein malnutrition and improve man's diet in many areas of the world we should keep in mind the non-absolute nature of his amino acid requirement and try to meet these needs intelligently and in the light of some of the factors that have been discussed here today.

Zusammenfassung

Auf Grund der besten augenblicklich vorhandenen Informationen kann man sagen, daß die Aminosäurenbedürfnisse des Menschen, wie die des Tieres, je nach Alter, der totalen Eiweißaufnahme, der Art der essentiellen Aminosäuren und der Diät-Vorgeschichte des Einzelnen schwanken. Der Anteil an notwendigen essentiellen Aminosäuren, als Prozent von der Gesamtzufuhr von Eiweiß, beläuft sich auf 40 % bei Kindern und auf etwa die Hälfte (20 %) bei Erwachsenen. Eine Aminosäure, Histidin, scheint besonders unentbehrlich für Kleinkinder zu sein, kann dagegen in der Diät von Kindern und Erwachsenen fehlen. Gewisse, nicht bestätigte Anzeigen deuten darauf hin, daß gewisse essentielle Aminosäuren im Alter mehr erfordert werden als in früheren Lebensjahren. Das Aminosäuregleichgewicht ist besonders wichtig in der Jugend, wogegen wenig direkte Klarheit bei Säuglingen und Kindern vorliegt. Bei Erwachsenen können Schwankungen in der Art und dem Gleichgewicht von essentiellen Aminosäuren das Bedürfnis für die essentiellen Aminosäuren verändern. Auf Grund dieser und anderer Informationen darf vernünftigerweise daraufhin geschlossen werden, daß die Aminosäurenbedürfnisse des Menschen nicht absolut, sondern Schwankungen unterzogen sind, die auf diätischen und physiologischen Bedingungen beruhen.

Résumé

Suivant les meilleures informations dont on dispose, le besoin en acides aminés de l'homme ainsi que ceux des animaux varient selon l'âge, le niveau global de la ration protéique, le choix des acides aminés essentiels et le passe alimentaire de l'individu. Le taux d'acides aminés essentiels nécessaire en tant que pourcentage du besoin global de protéines doit partant de 40 % chez l'enfant, être modifié à environ la moitié soit 20 % chez l'homme et la femme adultes. Un acide aminé, l'histidine, apparaît comme essentiel pour le jeune enfant mais n'est pas prescrit pour un régime concernant des enfants plus agés ou des sujets adultes. Il reste encore à confirmer l'évidence que certains acides aminés essentiels son nécessaires en plus grande quantité durant la période de vieillesse qu'aux différentes âges de la vie. L'équilibre des acides aminés revêt une importance particulière chez la jeunesse bien que peu de preuves absolues en aient prouvé l'évidence tant pour les enfants en bas âge que pour les plus vieux. Chez la femme et l'homme adultes des changements dans le choix et l'équilibre des acides aminés essentiels, peuvent modifier les besoins de ces acides. Compte tenu de ceci et d'autres informations on peut raisonnablement conclure que les besoins en acides aminés chez l'homme ne sont pas absolus mais varient suivant les conditions diététiques et physiologiques.

Summary

According to the best available information, the amino acid requirement of man, like that of animals, varies with age, the level of total protein intake, the pattern of the essential amino acids and with the previous dietary history of the individual. The ratio of essential amino acids required as a percentage of the total protein needs changes from 40 % in infants to about half that value or 20 % in adult men and women. One amino acid, histidine, appears to be essential for the young infant but is not required in the diet for older children or adult subjects. There is some as yet unconfirmed evidence that certain essential amino acids are required in larger quantities during old age than during earlier stages of life. Amino acid balance is of particular importance in the young although little direct evidence is available for infants and children. In adult men and women changes in the pattern and balance of essential amino acids may change the requirement for essential amino acids. On the basis of this and other information, it may be reasonably concluded that the amino acid requirement of man is not absolute but changes in accordance with dietary and physiological conditions.

Literatur

Dudrick, S. J., in: Parenteral Nutrition. Edited by *H. C. Meng* and *D. H. Law* (Springfield, Illinois 1970). — *Fisher, H., M. K. Brush,* and *P. Griminger*, Amer. J. Clin. Nutrition **22**, 1190—1196 (1969). — *Fisher, H., M. K. Brush,* and *P. Griminger*, Amer. J. Clin. Nutrition **24**, 1216—1223 (1971). — *Fisher, H., M. K. Brush, P. Griminger,* and *E. R. Sostman*, J. Nutrition **87**, 306—310 (1965). — *Fisher, H., P. Griminger, G. A. Leveille,* and *R. Shapiro*, J. Nutrition **71**, 213—220 (1960). — *Harper, A. E., N. J. Benevenga,* and *R. M. Wohlheuter*, Physiol. Rev. **50**, 428—558 (1970). — *Mitchell, H. H.*, Comparative

Nutrition of Man and Domestic Animals, Vol. 1 (New York 1962). — *Munro, H. N.*, Amer. Med. Assoc. Symposium on Total Parenteral Nutrition, Nashville, Tennessee, January 17, (1972) 7. — *Rose, W.C.*, Nutrition Abstracts Rev. **27**, 631—647 (1957). — *Rose, W.C., R. L. Wixom, H. B. Lockhart,* and *G. F. Lambert*, J. Biol. Chem. **217**, 987—995 (1955). — *Winje, M. E., A. E. Harper, D. A. Benton, R. E. Boldt, and C. A. Elvehjem*, J. Nutrition **54**, 155—166 (1954).

Adress of author:
Dr. *Hans Fisher*
Chairman Department of Nutrition Rutgers University New Brunswick, New Jersey, USA

11.
Flavor-improving effects of glutamic acid and inosine monophosphate

By *Masao Fujimaki* (Tokyo)

With 4 figures and 7 tables

I. Introduction

Amino acids are amphoteric electrolytes possessing buffer actions and easily interact electrostatically (or through the ionic bonding) with acids and bases in foods. Such interaction may serve to give mildness to the flavour of foods. It has been known that a synthetic Sake, for example, is made milder in flavor when combined with appropriate amounts of amino acids such as glycine, *DL*-alanine, *L*-leucine and *L*-arginine. Similar examples are found in pickles or in sour drinks where milder flavors are brought about as well by adding glycine, sodium mono-aspartate and some others. Probably along this line an attempt has been made that the amino acid mixture in terms of the "Hydrolyzed Vegetable Protein" (HVP), "Hydrolyzed Animal Protein" (HAP) and the like, are used as additives. The above-mentioned action of endowing the mildness may well be regarded as relating to a flavor-improving effect in a sense. However, we have recognized *L*-glutamic acid or sodium monoglutamate (MSG) as a flavor-improver in a more positive sense. Since the epochal finding of MSG by Dr. *K. Ikeda* in 1908, its value as a positive flavor-improver has been highly assessed, as well known.

Similar, but chemically quite different, flavor compounds of benefit are 5'-nucleotides typified by inosine 5'-monophosphate (5'-IMP) and guanosine 5'-monophosphate (5'-GMP) whose values of importance as seasonings have been disclosed first by *Kuninaka* (1960).

The predominance of MSG and flavor nucleotides over other seasonings has been found both in the effectiveness and in the familiarity throughout the world; recently we observe the yearly amounts of production in Japan totalling roughly 100,000 metric tons for MSG and 300 metric tons for the nucleotides.

Thus, the present paper makes mentions forcussed on MSG and the flavor nucleotides (especially 5'-IMP), relating their methods of production in brief and their properties of chemical, organoleptic and neurophysiological interest.

On the other hand, there is a continuingly increasing trend of paying attention to peptides that may have flavor-improving effects similar to or, in some cases, larger than those of amino acids. Peptides, which also are amphoteric electrolytes, have buffer actions to give mildness to foods flavors and often may be more favorable than amino acids in a sense that the formers show somewhat higher pK_1-values and lower pK_2-values than the latter; oligopeptides, i.e., lower-molecular peptides, are apparently more effective. The author and coworkers have found several effective *L*-glutamyl oligopeptides. The present paper includes a mention on these peptides, since information provided from studying their properties physicochemically and organoleptically is considered to be suggestive in investigating flavor-active factors in protein hydrolysates and also in ellucidating the complex flavor notes of proteinaceous foods.

Besides, the author would like to make mention, with some emphasis, of the so-called "Chinese Restaurant Syndrome" that may be a growing problem of physiological importance.

II. Methods of Production

Monosodium L-glutamate (MSG)

The methods for producing MSG on an industrial scale are classified into three types: protein hydrolysis, fermentation, and chemical synthesis. In the earlier days the first method of production was applied chiefly. As the raw materials were used the wheat and soybean proteins whose contents of constituent glutamic acid were predominantly larger than those of other amino acids.

After World War II the fermentative processes were developed as a result of the findings of various glutamic acid-producing bacteria. The bacteria receiving the practical uses at present are those belonging to the genera *Brevibacterium, Corynebacterium, Microbacterium* and *Arthrobacter* (*Tsunoda* and *Okumura* 1971). In general, the processes include three steps as shown in the table: (1) aerobic fermentation to accumulate *L*-glutamate formed through α-ketoglutarate from the carbon sources, *e.g.*, dextroses and waste liquors; (2) isolation of *L*-glutamic acid through ion-exchanges or by crystalization as a hydrochloride; and (3) neutralization followed by recrystallization to yield a MSG preparation. Talking of the fermentation method, there is an expectation of using *n*-paraffins as the carbon sources, and the research is going to be directed toward this purpose.

On the other hand, an effective method of synthesis using acrylonitrile as a starting material has been proposed in 1958, and an Ajinomoto plant based on this method is in operation with a monthly amount of production approximating 1000 metric tons recently. This process includes the first step of synthesizing *DL*-glutamic acid (*i.e.*, acrylonitrile → β-formylpropiononitrile → α-aminoglutaronitrile → *DL*-glutamic acid-α,γ-diamide → *DL*-glutamic acid), the second step of the racemic resolution to obtain the *L*-isomer, and the final step of yielding a MSG preparation. Without fail, such a chemical method of the MSG production is promising as well as the fermentation method mentioned.

5'-Ribonucleotides

The methods established so far for industrial production of the flavor nucleotides, 5'-IMP and 5'-GMP, are listed, in the historical order, as follows: (1) enzymatic degradation of RNA (1961—); (2) fermentative production of nucleosides and their chemical phosphorylation (1964—); (3) direct production by fermentation (1966—); and (4) chemical degradation of RNA into nucleosides and their chemical phosphorylation (1967—), as reviewed by *Kuninaka* (1971).

In the first method the starting material, RNA, is, in practice at present, obtained exclusively from yeast by extraction, although a possibility has been suggested for utilizing microorganisms other than yeast as the RNA sources. As the enzyme solution for the degradation of the yeast RNA, the Yamasa group headed by *Kuninaka* (1971) employs an aqueous extract of a *Penicillium citrinum* mutant culture which exhibits a potent 5'-former-nuclease activity. Thus, 5'-nucleotides including adenosine 5'- monophosphate (AMP) are formed, and 5'-IMP is easily obtainable from the AMP by deamination using *Aspergillus* adenyl deaminase.

As for the second method the *Ajinomoto* group has succeeded in producing inosine by use of an adenine-requiring mutant of *Bacillus subtilis.* Inosine is subsequently converted to 5'-IMP by the chemical phosphorylation.

Thirdly, the *Kyowahakko* group developed a direct process of producing 5'-nucleotides with the aid of *Brevibacterium ammoniagenes.* In such a method it is of major importance that the microorganisms *per se* lack in the phosphatase activity.

The latest method, being attempted by the *Asahikasei* group, includes solely the chemical operations ofter having obtained RNA from yeast. According to this method the material RNA is once decomposed exhaustively into nucleosides, without any formation of flavor-inactive 2'(3)-nucleotides.

Subsequently the nucleotides are phosphorylated to produce 5'-nucleotides.

III. Properties of *L*-Glutamic Acid

L-Glutamic acid is known to occur, in a free state, in a wide variety of natural and processed foods and to contribute to their palatable flavors. *L*-Glutamic acid as a chemical seasoning holds a form of sodium salt mono hydrate. The preparation, MSG monohydrate, possesses the following chemical and physical properties: MW, 187.13; N content, 7.48 %; Na content, 12.30 %; $[\alpha]_D^{20°} = +25.15°$; easily soluble in water; and less hygroscopic than sodium chloride. A 10 % solution of MSG in water shows a pH-value of 7.0. In general, the crystalline preparration of MSG (monohydrate) is stable and its loss by heating is little, if any, under the conventional conditions of food processing, storage, and cooking. At a high temperature above 100° C and in the alkaline region at the same time, the racemization reaction occurs gradually, leading to the partial formation of the *D*-isomer which has no flavor activity. Under the strongly acidic conditions, on the contrary, the cyclization takes place as a result of the condensation reaction between the α-amino and γ-carboxyl groups, with formation of pyrrolidone carboxylic acid which is also flavor inactive. The decomposition or conversion by enzymes, e.g., *L*-glutamate transaminase, dehydrogenase, decarboxylase, glutamine synthetase, glutamate racemase etc., is another problem encountered often in the fermentative processings of foods such as in making Shoyu (soysauce), Miso (fermented soy), cheese, wines, and so on; the decomposed or converted compounds formed thereby are not only flavorinactive but also, possibly, responsible for rather unfavorable effects.

MSG has a flavor threshold of 0.03 % in water. Analysing its characteristic quality of flavor, some earier investigators described that the taste of MSG was accounted as a complex sensation of the four basic tastes, salty, sour, sweet, and bitter. However, detailed work by *Ninomiya* (1969) using an Ajinomoto panel of 100 members trained demonstrated that the MSG taste is analysable into taste components, saltyness, sourness, sweetness, bitterness, and Umami (palatability); with weighing factors of 13.5 %, 3.4 %, 9.8 %, 1.7 %, and 71.4 %, respectively. Setting aside the discussion concerning whether or not the taste sensation "Umami" is to be assessed as one of the basic tastes, the author would like, at present, to express this in terms of the "flavor-improving effect" (Such an expression will be used as well for quilifying the taste note of 5'-nucleotides to be mentioned below).

In order to explain the taste-improving effect of *L*-glutamic acid from the standpoint of stereochemistry, *Kaneko* (1970) proposed a five-membered ring model as shown in Fig. 1 (I_a). According to him, *L*-glutamic acid in aqueous solution is able to take this shape smoothly as a result of the electrostatic interaction between the cathionic α-mino ($NH^{+}{}_{3}$) and anionic γ-carboxcyl (COO^{-}) groups and such a configuration is a requirement for exhibiting the flavor activity. On

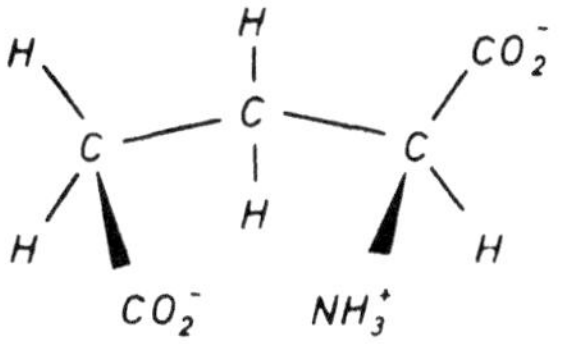

I_a

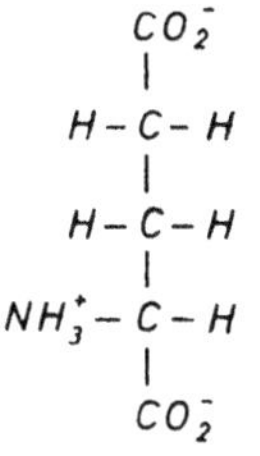

I_b

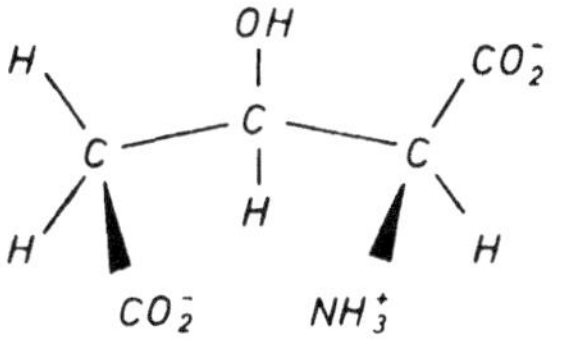

II_a

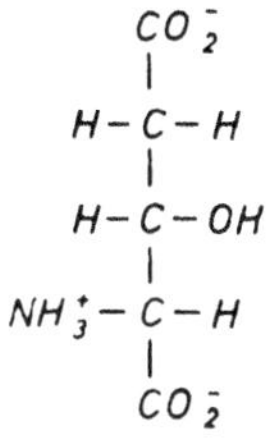

II_b

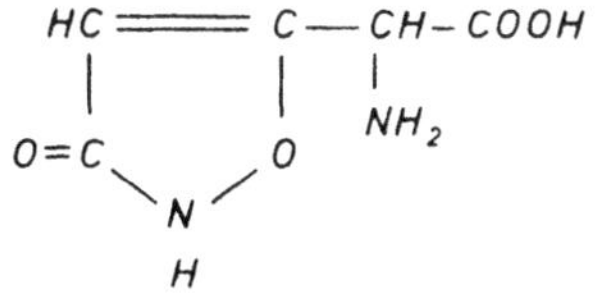

Ibotenic acid, III

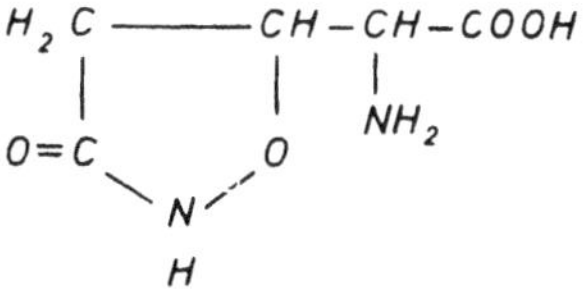

Tricholomic acid, IV

Fig. 1. Chemical Structures of Flavor-active Compounds.

the other hand, from the fact that α-methyl-*L*-glutamic acid is flavor-inactive he has estimated that it is also required for the α-hydrogen not to be substituted. In regard to the substitution of the β-position it has been found that only the threo-isomer, *e.g.*, β-*threo*-hydroxy-*L*-glutamic acid, Fig. 1 (II_a & II_b), is flavor-active. He describes that when a molecule of *L*-glutamic acid or a certain flavor-active homologue is adsorbed to a chemoreceptor in a taste bud, the adsorption may take place on a plane involving its α-hydrogen. Accordingly, the *erythro*-isomers are unable to be adsorbed like this because of the steric hindrance. Interesting to note by the way are two intensively flavor-active amino acids, ibotenic and tricholomic acids, found in Japan, which also compose of five-carbon skeletons shaping five-membered rings (III & IV in Fig. 1), although their food use is not yet admitted. The author and coworkers, probing the taste changes resulting from the chemical modification of a functional group or groups of *L*-glutamic acid, obtained the result shown in Table 1 (*Arai* et al., 1972b). The modification of either or both

Table 1. Tastes of *L*-Glutamic Acid Derivatives

Derivative	Taste
Glu-α-OMe	Flat
Glu-γ-OMe	Sweet
Glu-α-OMe-γ-OMe	Bitter
Glu-α-NH_2	Flat
Glu-γ-NH_2	Flat
Glu-α-NH_2-γ-NH_2	Bitter
Ac-Glu	Sour
Ac-Glu-α-OMe	Sour
Ac-Glu-γ-OMe	Sour
Ac-Glu-α-OMe-γ-OMe	Flat

of the α-amino and γ-carboxyl groups gave the products, *L*-glutamic acid-α-methyl ester, α-mide, and several acetyl derivatives, which no longer retained any MSG-like flavor. Though either methylation or amidation of the α-carboxyl group is, as a matter of course, independent of the abovementioned five-membered-ring formation between the α-amino and γ-carboxyl groups, the resulting product, *L*-glutamic acid-α-methyl ester or α-amide, are flat in flavor. Another interesting result is that the methylation of the γ-carboxyl group gives rise to a sweet taste; the magnitude of this sweetness is, however, only equivalent to those of the usual sweet amino acids such as glycine, *L*-alanine, *L*-serine and *L*-threonine.

IV. *L*-Glutamyl Oligopeptides

L-Glutamyl peptides that refer peptides bearing *L*-glutamic acid residues at the N-termini, can hold the five-membered ring structure. The author and coworkers prepared various *L*-glutamyl dipeptides and evaluated their tastes in expecting that some of the may posses a MSG-like flavor (*Aarai* et al., 1972a). Among twelve kinds of sample examined it was found that four peptides, Glu-Asp, Glu-Thr, Glu-Ser, and Glu-Glu had a brothy flavor resembling the weak MSG-like flavor (Table 2). Others are flat or bitter in flavor.

Chromatographic experiments were carried out with these twelve-*L*-glutamyl dipeptides to elucidate the relation between their hydrophilic-hydrophobic properties and flavor qualities. As the first approach we submitted those to the ion-exchange chromatography employing a strongly acidic cation axchanger (equipped in an Hitachi amino acid analyzer KLA-3B). The retention times are shown in Table 2 (colum A). Since a compound of stronger acidity has a shorter retention time in such ion-exchange chromatography, the four brothy-flavor dipeptides are recognized as being more acidic because they are eluted as the top group, the counterpart amino acids (Asp, Thr, Ser, and Glu) are probably responsible for the acidic properties of these *L*-glutamyl dipeptides. Secondly, we tried to separate the twelve samples on a thin-layer of silica gel G (Merck) by use of a weakly polar solvent system, *n*-butanol-acetic acid-water (4:1:2), and obtained the result shown in Table 2 (column B). According to this, it is observed that the brothy flavor dipeptides have, though not so strictly, smaller R_f-values than others. Since a polar solute travels a short distance in this kind of adsorption chromatography, it is considered that the brothy dipeptides are endowed with higher degrees of polarity. Thirdly, in order to systematise more clearly the hydrophilic-hydrophobic relation of a series of the *L*-glutamyl dipeptides, we conducted a

Table 2. Flavor Qualities and Chromatographic Properties of *L*-Glutamyl Dipeptides

Peptide	Flavor quality*)	A**) t_R	B***) R_f	C****) R_f	C****) ΔW cal/mole
Glu-Asp	Brothy	87	0.23	0.12	—199
Glu-Thr	Weakly brothy	103	0.32	0.17	43
Glu-Ser	Weakly brothy	104	0.27	0.15	—47
Glu-Glu	Brothy	118	0.34	0.16	0
Glu-Gly	Almost flat	132	0.29	0.16	*****
Glu-Ala	Flat	142	0.35	0.24	299
Glu-Pro	Flat	146	0.34	0.26	360
Glu-Val	Flat	154	0.46	0.30	480
Glu-Ile	Bitter	171	0.54	0.58	1170
Glu-Leu	Bitter	176	0.54	0.54	1073
Glu-Tyr	Weakly bitter	185	0.51	0.28	422
Glu-Phe	Bitter	192	0.55	0.54	1073

* For a 1 % solution at pH 6.0.
** Ion-exchange chromatography.
*** Thin-layer chromatography.
**** Paper partition chromatography.
***** Taken as a basis.

study of comparing their rates of movement in the paper partition chromatography using a hydrophobic solvent system, 70 % *n*-propanol. Table 2 (column C) shows the R_f-values observed and also the data concerning the relative energy of partition (ΔW) calculated based on the theory of the partition chromatography. Comparing these values with the flavor quantities we can conclude that the "hydrophilic, brothy" and "hydrophobic, bitter" relations hold for the *L*-glutamyl dipeptides investigated.

Now, enzymatic protein hydrolysates have been recognized recently as of special interest because of having an ability to give a mild brothy-flavor accompanied by a mouthfilling sensation. In most cases the factors causing such a flavor are considered to be oligopeptides produced through the protease actions. From a combined pepsin-chymotrypsin treated protein of soybean the author and co-workers isolated *L*-glutamyl oligopeptides such as Glu-Asp, Glu-Glu, Glu-Ser, and Glu-Gly-Ser as the brothy flavor principles (*Arai* et al., 1972b). This brothy tripeptides, Glu-Gly-Ser, was found to be highly acidic, polar and hydrophilic, according to the similar chromatographic probes. Comparing its chromatographic properties with those of the *L*-glutamyl dipeptides, we found that the tripeptide was ranked as being in a position to lie between Glu-Asp and Glu-Thr in acidity, between Glu-Asp and Glu-Ser in polarity, and between Glu-Asp and Glu-Ser in hydrophilicity. Of this tripeptide was made a detailed organoleptic probe as described below, especially in relation to the flavor interaction with either or both of MSG and 5'-IMP. Also, investigating the brothy flavor factors in a fish protein hydrolysate, we isolated at least two tripeptides constituted with Glu, Asp and Val, and with Glu-Ser and Ile, and a tetrapeptide constituted with Glu, Asp, Ser and Gly (*Noguchi* et al. 1972).

V. Properties of Inosine 5'-Monophosphate

Nucleotides are biological products occurring widely in foods. *Kuninaka* et al. (1960), investigating systematically the relation between the chemical structures and flavors of nucleic acid related substances, has found for the first time that such purine ribonucleotides as bear a hydroxy group at the 6-position (of the purine nucleus) and, at the same time, an ester linkage (with phosphoric acid) at the 5'-position (of the ribose moiety), show an excellent flavor-improving effect. The nucleotides that satisfy these requirements of chemical structure include inosine 5'-monophosphate (5'-IMP), guanosine 5'-monophosphate (5'-GMP) and xanthine 5'-monophosphate (5'-XMP). Interesting to note is the fact that the chemical modification at the 2-position (indicated with Y in Fig. 2) of 5'-IMP leads to a

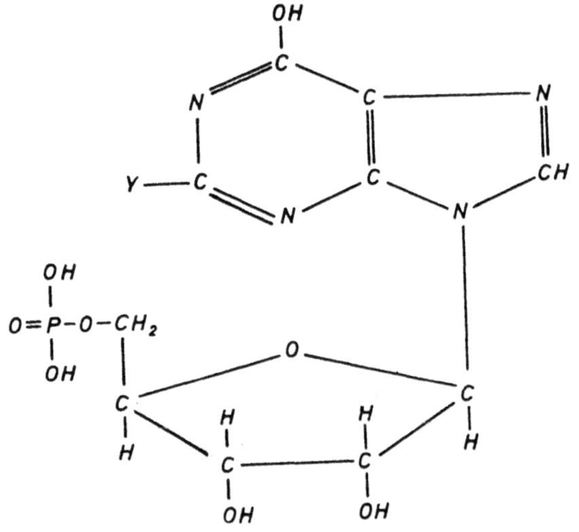

Fig. 2. General Structure of Flavor-active Nucleotides.
Y = H: 5'-IMP; Y = NH_2: 5'-GMP; & Y = OH: 5'-XMP.

more or less degree of increase in the flavor intensity. In this connection *Yamaguchi* et al. (1968) reported that the intensivity increased up in the order of CH_3, C_2H_5, CH_3NH, $(CH_3)_2N$, C_2H_5S and CH_3S taken as Y (Fig. 2), and that 2-methylthio-5'-IMP was eight times as intensive as 5'-IMP itself. The substitution of purine, ribose, or phosphate with pyrimidine, deoxyribose, or sulfate, respectively, is known to result in the disappearance of the flavor.

Both in the quality and in the intensity of the flavor-improving effect, 5'-IMP and 5'-GMP are similar to each other. However, talking of the field for displaying the flavor activity, they are quite different from each other in that the latter is found especially in fungi while the former distributed exclusively in the animal field. Therefore, 5'-IMP may well be considered to account for a large part of the palatable flavor of meats, poultries and fishes. The flavor threshold of 5'-IMP seems to be not so different from that of MSG, so far as evaluated in the case of a sole solution in pure water. In comparison with this case, this nucleotide exhibits a remarkable flavor-improving effect when mixed with MSG or other flavor compounds as mentioned below.

The usual preparation of 5'-IMP has a molecular formula of $C_{10}H_{11}O_8P$ $Na_2.7.5H_2O$. The chemical and physical properties of this preparation are as follows: MW, 527.25; N content, 10.62 %; Na content, 8.7 %; $\varepsilon \times 10^3 = 11.7$ at λ_{max}(249 mμ) at pH 2.0 and $\varepsilon \times 10^3 = 12.3$ at λ_{max}(245 mμ) at pH 11.0; easily soluble in water; and very low in hygroscopicity. In regard to the stability it has been demonstrated that 5'-IMP is, on heating decomposed in part through the oxidative dephosphorylation, hydrolysis at the ribosidic phosphomonoester linkage, and some degradative changes at the purine nucleus. The stability has been warranted of 5'-IMP in the case where its dilute solution in the range of pH 3–9 suffers from a treatment at 100° C for a few hours. Also, the crystalline preparation of 5'-IMP permits a long-term storage at room temperature. The other way, there is a possibility of the enzymatic degradation or conversion of 5'-IMP when this is added to a system containing 5'-nucleotidase, phosphotransferase, nucleosidase, inosinic acid transformylase, etc. The products formed thereby, as well as by the heat treatments aforementioned, are probably unfavorable in a viewpoint of flavor.

VI. Flavor Synergisms

Disodium 5'-inosinate has the threshold value of 0.025 %, which is almost equivalent to that of MSG. And disodium 5'-guanylate has the threshold value of 0.0125 %, not so far from above.

MSG, however, has proportionally stronger taste as the concentration of MSG increases, while disodium 5'-inosinate and disodium 5'-guanylate show little change in taste intensity when the concentration is higher.

On the other hand, the synergistic effect of taste was found when MSG was utilized together with disodium 5'-inosinate or disodium 5'-guanylate.

In Japan it has been a custom to get „Dashijiru" or extract from tangle and bonito from ancient time. The extract of tangle contains glutamic acid and bonito inosinic acid.

It is to be assumed that ancestors made their profit of synergistic taste effect of above substances unconsciously. *Ikeda* (1963) analyzed the glutamic acid and inosinic acid contents in prawn, shell ligament, flish, beef shank, chicken bone, which are used as the extract source. But they contained glutamic acid and inosinic acid in degree less than the threshold value.

Consequently these extracts should not show taste. Unexpectedly, however, strong taste was found when they were tried. The synergistic effect of taste only can explain these phenomena.

And the following tests were performed. The differentiation test was carried out between 1 % solution of NaCl added with 0.005 % ($^1/_6$ of the threshold value), 0.002 % ($^1/_{15}$ of the threshold value) MSG and the above same solution added further with 0.01 % (about $^1/_3$ of the threshold value) disodium 5'-inosinate.

Consequently, the solution with addition of disodium 5'-inosinate was clearly differentiated from the non-added solution (MSG only). From above results the synergistic effect of taste of MSG and disodium 5'-inosinate was clearly shown.

Table 3 shows a simple example in this relation: the flavor activity doubles when MSG is mixed with a 1/100 amount of 5'-IMP.Na_2, and rises by five times as a result of being mixed with a 1/10 amount of this nucleotide *(Kuninaka,* 1961). This is a flavor synergism. The synergistic interaction between MSG and 5'-IMP has been confirmed neurophysiologically by *Kawamura* et al. (1964). Table 4 shows that the whole *chorda tympani* nerve response to samles I and II are similar to each other while its response to a 50:50 mixture of the two samples gets nearly three times as much.

Table 3. Flavor Activities of MSG-IMP Mixtures

Ratio of MSG : IMP	Relative flavor activity per unit weight of mixture
1 : 0	1
1 : 2	6.5
1 : 1	7.5
2 : 1	5.5
10 : 1	5.0
20 : 1	3.4
50 : 1	2.5
100 : 1	2.0

MSG: monosodium *L*-glutamate.
IMP: inosine 5'-monophosphate. Its loss on drying was 26.5 %.

Table 4. Influence of Flavor Compounds on the Integrated Response of the Whole *Chorda Tympani* Nerve of Cat

Sample		Response coefficient
Water		7
0.05M MSG	A	17
0.005M 5'-IMP.Na_2 . . .	B	17
50:50 mixture of A and B		45

With regard to the effect on the food flavor in practice, it has been known that 5'-nucleotides enhance the meaty, brothy and mouthfilling flavours as well as the MSG flavor, and supress a "hydrolyzed protein" flavor and some "burnt cabbage" flavor. Buttery and sweet flavors seem to be unaffected.

Again, the author would like to mention the glutamyl tripeptide, Glu-Gly-Ser, a factor responsible for the brothy flavor of an protease-modified protein of soybean. Table 5 (*Arai* et al., 1972b) shows the experimental design and result of the sensory evaluation of this tripeptide. The comments described in the upper half of Table 5 and the brothy flavor contribution, ϱ, obtained as a result of the analysis of variance in the lower half of this table, may suggest a possibility that Glu-Gly-Ser improves food flavor through making them milder and more harmonious.

Probable, oligopeptides are promising not only as flavor-improvers but also in a therapeutic point of view. The studies along this lines are included in a part of a proceeding five-year project (the Japanese Ministry of Agriculture and Forestry) entitles "Development and Utilization of New Protein Food Materials".

Table 5. $L_8(2^7)$ Allotment of Orthogonal Design to Score the Palatability (Brothy Taste) by Method of a Zero-to-five Rating Scale and the Analysis of Variance to Estimate the Taste Contribution of *L*-Glutamylglycyl-*L*-serine

Combination*)		Scores**)					Mean	Comment
i	NOOO	0	0	0	0	0	0.0	
ii	NMOO	2	2	2	2	2	2.0	
iii	NOIO	2	1	2	1	2	1.6	
iv	NOOG	1	1	1	2	2	1.4	Salt taste lessened
v	NMIO	5	3	4	4	3	3.8	
vi	NMOG	4	2	4	3	4	3.4	Milder than ii
vii	NOIG	3	2	4	2	4	3.0	Milder than iii
viii	NMIG	5	4	5	5	5	4.8	Just broth-like

Factor*)	s.s.	d.f.	m.s.	F_0	$F^4{}_{27}(0.01)$	$\varrho(\%)$***)
M	40.0	4	10.0	15.38	4.11	35.8
I	25.6	4	6.4	9.84	4.11	22.7
G	16.9	4	4.2	6.46	4.11	14.8
Error	17.5	27	0.65			
Total	110.0	39				

*) N, 1 ml of 2 % NaCl; M, 1 ml of 0.2 % monosodium glutamate; I, 1 ml of 0.01 % 5'-inosine monophosphate (disodium salt); G, 1 ml of 1 % Glu-Gly-Ser (pH 6.0); and O, 1 ml distilled water.

**) Scores given by five panel-members. 5, very good; 4, good; 3, medium, 2, poor; 1, very poor; and 0, only salty (control).

***) Percent contribution 100 x (s.s — 0.65)/100.0.

VII. Chinese Restaurant Syndrome

Outlines

Several years ago *Schaumburg* and *Byck* (1968) reported that at high levels of ingestion, MSG was capable of producing a triad of symptoms that would be simulant of the cause of the Chinese Restaurant Syndrome (CRS). Subsequently, *Schaumburg* et al. (1969) found this to be CRS – When ingested in appropriate doses, MSG caused headaches, burning sensation, facial pressure, and chest pain which were typical symptoms of CRS. They found in addition that these were pharmacological effects obeying a dose-response relationship although there was a considerable variation in oral threshold dose among individuals. *Morselli* and *Garattini* (1970), however, believed that MSG administrated orally in relatively high doses did not provoke any symptom of CRS, from the study of the phenomenon by a double-blind technique. *Rosenblum* et al. (1971) used samples involving MSG in control solutions of chicken stock with or without salt and reported that in a series of the single and double blind tests for human volunteers there was no significant difference between MSG and sodium chloride in respect to the incidence of the symptoms. Confirming the findings by *Morselli* and *Garattini* (1970) and by *Rosenblum* et al. (1971), *Kenny* and *Tidball* (1972) reported that the symptoms experienced by their subjects matched those previously reported, but the combination of symptoms of the kind described by *Schaumburg* et al. (1969) was rare in the dosage range used. According to the study by *Kenny* and *Tidball* (1972) there is a clear dose-response relationship in the symptoms of stiffness and tightness, with somewhat less obvious cased of symptom such as pressure, warmth, and tingling sensation; all of these symptoms exhibit a clear threshold for their appearance at the 2- to 3-g level. On the basis of their observations, quantities less than 2 g/serving would have no more chance of producing symptoms that seasoned juice containing no added MSG. *Blood* et al. (1969) showed that CRS appeared to result from the addition of as much as 5 g per portion of soup, and speculated that this syndrome might belong to an allergic type of reaction.

Pharmacological effect examination in men

An epidemiological survey has been completed in Japan, questioning 912 participants for their physical experiences after taking "Instant Rahmen", which is an item of huge production in this country, and is consumed very popularly in the style of 'noodle in MSG-rich soup'.

Their reactions are that there have been statistically no significant correlations between the participants' experiences and the so-called CRS-like symptoms, in regard to their forms and also the ratio of occurrence. This means that any symptoms reported as CRS could not be detected among the Japanese in their daily use of MSG. (*Ichimura* et al. 1970a).

Clinical experiments on the CRS were studied on a double-blind basis, using capsules containing 2.2, 4.4, and 8.7 g of MSG respectively and placebo of capsules containing lactose, on the total of 61 male volunteers, for administration in non-empty stomach (30 minutes after meal) and empty stomach (15 hours after meal) conditions. In the non-empty stomach condition, no CRS-like symptoms (burning sensation, pressure feeling, chest pain) were observed both in the MSG group and placebo group. In the empty stomach condition, where up to 4.4 g MSG was administered, the results were similar to those in the non-empty stomach condition. Though 6 % of the group receiving 8.7 g MSG experienced burning sensation and/or pressure feeling, none of the group experienced all three symptoms (Fig. 4).

To find out whether CRS can be checked objectively by clinical tests, 14 volunteers were given 8.7 g MSG, and examination was made regarding their changes in blood-pressure, pulse, and electrocardiogram before and after the administration. No change was observed in these subjects (*Ichimura* et al., 1970b).

In conclusion, it has been cleared that CRS can be observed only when a large dose of MSG is administered in the empty stomach of an extraordinarily sensitive subject. Moreover, these symptoms are only transient, and no objective symptom can be diagnosticated in any clinical tests.

Occurrence of CRS in Tokyo

Since March, 1971, some cases complaining such symptoms as numbness in the face and an oppressive sensation on the forehead, etc. after taking *Sukombu* (sea tangle in vinegar) or Chinese dishes, have been reported to health offices in Tokyo.

The Tokyo Metropolitan Research Laboratory of Public Health examined these foods which seemed to be the causes of the symptoms and found that excessively large amounts of monosodium glutamate (MSG) were used in them.

Further investigation on the *Sukombu* products in the market and some dishes in Chenese restaurants revealed the tendency of using too much MSG in the foods.

The extreme case was found where MSG accounted for half of the weight of the sea tangle product (Table 6).

(1) The highest MSG content: 45.3 % (1.4 g of MSG per one piece of *Sukombu)*
(2) The lowest MSG content: 1.1 % (0.02 g per one piece)
(One piece of *Sukombu* weights about 2–3 g.)

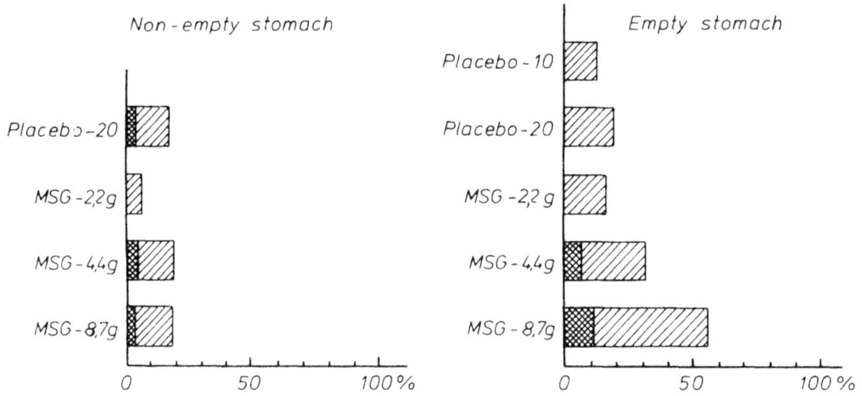

Fig. 3. Double blind studies on MSG ingestion.

Fig. 4. Double blind studies on MSG ingestion.

Table 6. MSG Content in Sukombu (Sea Tangle in Vinegar) and Number of Incident

MSG content[*)]	Sample number	Ratio (%)	Number of incident	Ratio (%)
Below 10 %	20	46.5	0	0
10 — 20 %	3	7.0	1	33.3
20 — 30 %	6	14.0	2	33.3
30 — 40 %	11	25.5	2	18.2
40 — 50 %	3	7.0	2	66.7

*) Upper extreme: 45.3 % (MSG amount/product: 1.4 g).
Lower extreme: 1.1 % (MSG amount/product: 0.02 g).

In Table 7, results are shown from surveying the cases where warranted amounts of MSG have been added to various Chinese style dishes.

Table 7. MSG Contents in Chinese Style Dishes and Number of Incident

MSG content in dish	Number of incident: Soup of Chinese noodle (Tanmen)	Soup of Chinese noodle (Wantan)	Soup served with fried rice	Soup of Chinese noodle (Ramen)	Chinese style fried rice	Total
Below 0.1 %	1	2	2	2**)	1	8
0.1 – 0.5 %	6	3	6	—	6	21
0.5 – 1.0 %	1	—	—	—	1	2
1.0 – 1.5 %	—	—	—	—	—	—
Above 1.5 %	—	1*)	—	—	—	1
Total	8	6	8	2	8	32

*) Upper extreme: 1.64 % (MSG amount/300 ml soup: 4.92 g).
**) Lower extreme: 0.07 % (MSG amount/300 ml soup: 0.21 g).

The highest MSG content: 16.4 % (4.92 g per 300 ml of Wantan soup)

The lowest MSG content: 0.07 % (0.21 g per 300 ml of Liumian soup)

Under these circumstances, the following counterplans became necessary:

(1) *Guidance for industrial users*
Upon deliberation with the Ministry of Health & Welfare, the recommendation to control use levels of MSG less than 3 % will be made to SUKOMBU processors, and health offices in Tokyo will guide processors of other foods and owners of restaurants on the appropriate uses of MSG.

(2) *Publicity to consumers*
Since no adverse effects are considered to arise so far as MSG is used in normal use levels as a food additive, consumers should be notified to refrain from using too excessive MSG.

(3) On April 25, the Ministry of Health & Welfare called the attention of the people concerned in written form. However, under the sanitary administration guidance for controlling the MSG content in the product to less than 3 %, we have had no problem since.

Zusammenfassung

Wie berichtet beruht, die geschmacksverbessernde Wirkung von MSG (Monosodiumglutamat) auf seiner möglichen Konfiguration: eine Fünfer-Ring-Struktur, die eine elektrostatische Interaktion zwischen den α-Amino- und den γ-Karboxylgruppen einschließt. Eine ähnliche Wirkung wird auch bei Aminosäuren mit Fünfer-Ring-Struktur beobachtet, wie die in Japan entdeckten Iboten- und Tricholomsäuren. Wir haben festgestellt, daß die Maskierung einer dieser funktionellen Gruppen des MSG ein Verschwinden des Geschmacks mit sich zieht oder ihn bedeutend verändert. Bei der Untersuchung von L-Glutamyl-Peptiden, in denen die Glu-α-Karboxylgruppe an der Peptidbindung beteiligt ist, haben wir verschiedene Oligopeptide (einschließlich Glu-Asp, Glu-Ser und Glu-Gly-Ser), die einen MSG-ähnlichen, aber nicht so intensiven, Geschmack haben, gefunden. Diese Peptide kommen häufig bei der Hydrolyse von Nahrungseiweißstoffen mit Proteasen vor und erscheinen als die für den bouillonähnlichen Geschmack verantwortlichen Faktoren des Hydrolysats. Ähnliche Beispiele sind Di-, Tri- und Tetra-Glu, die wir in einem Hydrolysat von Poly-α-L-Glu als Bouillongeschmacksfaktoren identifizierten.

Unter allen den bekannten Nukleotiden ist 5'-IMP sowie 5'-GMP augenscheinlich das Wirksamste zur Geschmacksverbesserung. Beide, die Ribosid- wie die 5'-Phosphomonoesterbindung, sind unentbehrlich für diese Wirkung. Sensorische Teste und neurophysiologische Untersuchungen am Chorda tympani Nerven von Katzen haben den Geschmackssynergismus zwischen MSG und 5'-IMP bestätigt. Bei dem oben erwähnten Glu-Gly-Ser haben wir gefunden, daß dieses Tripeptid gut mit MSG und 5'-IMP im Geschmack harmoniert und daß wahrscheinlich hier eine ternäre Wirkung in der Geschmacksverbesserung vorliegt.

Probleme über die MSG-Zucker- und IMP-Zucker-Reaktionen, die zu einigen verschiedenen Arten von Geschmackswirkungen führen, sowie über die sogenannte „chinesische Restaurant Krankheit", die durch zu große Mengen von MSG verursacht wird, werden diskutiert.

Résumé

Comme on l'a signalé, l'effet de l'amélioration de la flaveur de MSG s'apparente à sa configuration possible, c'est-à-dire une structure annulaire formée de cinq membres englobant l'interaction électrostatique entre les groupes aminés et carboxyl γ. Un effet similaire est également observé chez les acides aminés en forme d'anneau et composés de cinq membres tels que les acides iboteténique et tricholomiques trouvés au Japon. Nous avons admis que la saveur disparaît ou change remarquablement en masquant l'un ou l'autre de ces groupes fonctionnels de MSG. Considérant les peptides glutamyl-L dans lesquelles seul le groupe de Glu-α-carboxyl participe aux liaisons des peptides, nous avons trouvé plusieurs oligopeptides (incluant Glu-Asp, Glu-Ser et Glu-Gly-Ser) ayant une flaveur analogue à MSG, malgré qu'elle ne soit pas si intensive. Ces peptides très souvent surviennent lors de l'hydrolyse des protéines alimentaires avec des protéases et semblent agir en tant que facteur responsable de la flaveur de bouillon des hydrolysates. Des exemples similaires sont les di-, tri- et tetra-Glu que nous identifions dans un hydrolysate poly-α-L-Glu comme étant des facteurs de flaveur de bouillon.

De tous les nucléotides connus, 5'-IMP ainsi que 5'-GMP est apparemment le plus efficace dans l'amélioration de la flaveur. Des liaisons ribosidique et 5'-phosphomonoester sont toutes les deux essentielles à cette action. Les tests sensoriels et les études neurophysiologicales sur le nerf Chorda Tympani du chat ont ellucidé le synergisme de flaveur entre MSG et 5'-IMP. Concernant Glu-Gly-Ser mentionné ci-dessus nous avons trouvé que cette tripeptide s'harmonisait très bien quant à la flaveur avec MSG et 5'-IMP et qu'il existait vraisemblablement un effet ternaire de l'amélioration de la flaveur.

Les problèmes relatifs aux réactions du sucre-MSG et du sucre-IMP conduisant à quelques différentes types d'effets de flaveur, ainsi que ceux se rapportant aux „Maladies des Restaurants Chinois" résultant d'une suralimentation de MSG sont discutés.

Summary

(1) Industrial methods of production, fermentative or synthetic, of sodium monoglutamate (MSG) and inosine 5'-monophosphate (5'-IMP) were reviewed briefly.

(2) Properties of L-glutamic acid and related compounds were described, especially concerning their stereochemical structures in relation to the flavor improving effect.

(3) In this connection a flavor-improving effect found in some L-glutamyl oligopeptides isolated or synthesized were described in addition.

(4) Properties of flavor-active ribonucleotides were described, with emphasis on those of 5'-IMP.

(5) Data were quoted to substantiate the flavor-synergistic interaction between MSG and 5'-IMP, and in this relation our recent studies were shown of the effect of a *L*-glutamyl, tripeptide, *L*-glutamyl-glycyl-*L*-Serine.

(6) Reports on the so-called "Chinese Restaurant Syndrome" (CRS) caused apparently by MSG were reviewed, and some studies carried out in Japan recently to make clear the main factors and MSG doses responsible for the occurrence of CRS, were described, in expectation of countermeasures to be taken in practice.

Literatur

Arai, S., M. Yamashita, and *M. Fujimaki,* Agr. Biol. Chem. (Japan) *36,* 1253 (1972a). – *Arai, S., M. Yamashita, M. Noguchi, and M. Fujimaki,* ibid., in press (1972b). – *Blood, R. F., B. L. Oser, and P. L. White,* Science **165,** 1029 (1969). – *Ikeda, S.,* Japan Food Science **2,** No. 5, 27 (1963). – *Ichimura, M., M. Tanaka, K. Tomita, J. Kirimura,* and *T. Ishizaki,* (1970a). Unpublished. – *Ichimura, M., M. Tanaka, K. Tomita, J. Kirimura,* and *T. Ishizaki,* (1970b). Unpublished. – *Kaneko, T.,* Abstracts of Papers, the 4th Meeting of the Symposium on Taste and Smell, Kumamoto, Japan, Nov. 1970, 19. – *Kawamura, Y., A. Adachi, M. Ohara,* and *S. Ikeda,* Aminosan Kakusan (Amino Acid and Nucleic Acid) **10,** 168 (1964). – *Kenny, R. A.,* and *C. S. Tidball,* Am. J. Clinic Nutr. **25,** 140 (1972). – *Kuninaka, A.,* Nippon Nogeikagaku Kaishi **34,** 489 (1960). – *Kuninaka, A., M. Kibi, H. Yoshino, and K. Sakaguchi,* Agr. Biol. Chem. (Japan) **25, 693** (1961). – *Kuninaka, A.,* Proceedings of the International Symposium on Conversion and Manufacture of Foodstuffs by Microorganisms, 6th Internat. Symposium IUFoST hosted by Japan Section, I.F.T., Kyoto, Japan, Dec. 1971, 229–234 (1971). – *Morselli, P. L.,* and *S. Garattini,* Nature **227,** 611 (1970). – *Ninomiya, T.,* Kagaku Chomiryo (Chemical Seasonings), ed. by *S. Motosaki, Korin Shoin,* Tokyo, Japan, 72–73 (1969). – *Noguchi, M., S. Arai, M. Yamashita, H. Kato,* and *M. Fujimaki,* Abstracts of papers, the Annual Meeting of the Agricultural Chemical Society of Japan, Sendai, Japan, April 1972, 40. – *Rosenblum, I., J. D. Bradley,* and *F. Coulston,* Toxicol. &Appl. Pharmacol. **18,** 367 (1971). – *Schaumburg, H. H.* and *R. Byck,* New Engl. J. Med. **279,** 105 (1968). – *Schaumburg, H. H., R. Byck,* and *J. H. Mashman,* Science **163,** 826 (1969). – *Tsunoda, T.* and *S. Okumura,* Proceedings of the International Symposium on Conversion and Manufacture of Foodstuffs by Microorganisms (6th International Symposium of IUFoST hosted by Japan Section, I.F.T.), Kyoto, Japan, Dec. 1971, 229–234 (1971). – *Yamaguchi, S., T. Yoshikawa, S. Ikeda, and T. Ninomiya,* Agr. Biol. Chem. (Japan), **32,** 797 (1968).

Adress of author:
Dr. *Masao Fujimaki*
Department of Agricultural Chemistry, University of Tokyo, Japan

12.
Participation des amino acides à la reduction des dénutritions azotées

Par *M. Maurice Vigneron* (Paris)

Avec 8 tableaux

Par leurs caractères et leurs fonctions, les amino acides participent à la réduction des malnutritions azotées. Ils s'insèrent dans la loi d'un seuil minimum de vie. Par leurs ensembles, ils déterminent l'efficacité protéique.

Certains d'entre eux peuvent seuls assurer la croissance, le développement, la résistance aux agressions de l'enfant, l'«entretien» de l'adulte et du troisième âge, ainsi que la gestation et la lactation (*Jacquot* et *Vigneron,* 16).

Les lois de leur action ont été établies par l'observation méthodique des *Boussingault* (4), *Voit, Rubner, Atwater, Fisher, Abderhalden, Wilcock* et *Hopkins, Osborne* et *Mendel, Lewis, Mitchell* et *Block* (21), *Rose* (26), *Albanèse* (I). Elles ont trouvé leur expression la plus évoluée avec *Irwin* et *Hegsted* (1971 – 15), qui déjà, préparent les voies à des liaisons avec cette recherche de Biologie Moléculaire qui «pose plus de problèmes qu'elle n'en résout, au fur et à mesure de ses progrès».

Quelles que soient les tentations de relier les fonctions des amino acides aux étapes de la synthèse protéique, et notamment aux régulations enzymatiques (feed

Tableau 1. *Valeurs des références et de leurs écarts*
(Chiffres non absolus, dépendant des conditions expérimentales)

	Besoins entretien adultes Rose [26] gr/Jour	Besoins croissance enfants Albanese [1] mgr/Kgr	Référence type F.A.O. [8] gr/100 g protéine	Composition de l'œuf Mitchell Block [21] % sur base	Composition de l'œuf F.A.O. [8] gr/100 g protéine
L = D = DL Méthionine	2,20	85	2,20	4,1	3,10
L Lysine	1,60	170	4,20	7,2	6,40
L Thréonine	1,0	87	2,80	4,9	5,10
L Tryptophane	0,50	30	1,40	1,5	1,60
L Phénylalanine	2,20	169	2,80	6,3	5,80
L Leucine	2,20	425	4,80	9,2	8,80
L Isoleucine	1,40	90	4,20	8,0	6,60
L Valine	1,60	161	4,20	7,3	7,30
Observation:	· Energie: 55 Cal/K · Valeurs «sécurité» doubles des minima				
	Comparaison des rapports: Tryptophane = I				
DL Méthionine	4,40	2,80	1,56	2,7	2,0
L Lysine	3,20	5,60	3,00	4,8	4,0
L Thréonine	2,00	2,90	2,00	3,3	3,2
L Tryptophane	1,00	1,00	1,00	1,0	1,0
L Phénylalanine	4,40	5,60	2,00	4,2	3,6
L Leucine	4,40	14,00	3,40	6,1	5,5
L Isoleucine	2,80	3,00	3,00	5,3	3,3
L Valine	3,20	5,40	3,00	4,8	3,0

Nota. — Ces tables servent de guides pour initier des expériences qui sont seules démonstratives.
Ces chiffres n'ont pas de valeur mathématique absolue.

back), sous la dépendance des taux d'amino acides libres, l'exposé demeurera dans la ligne classique. Il se tiendra à la constatation d'effets comparés, et à l'analyse des facteurs directement responsables.

Il rappellera les lois classiques très générales:

- Elles experiment les conditions minima de l'apport azoté, au-dessous desquelles les besoins ne sont plus satisfaits.
- Elles les chiffrent par des équilibres entre les apports qui, seuls, peuvent entretenir et développer la vie: amino acides, énergie, facteurs contingents vitaminiques et minéraux.
- Elles établissent une discrimination entre amino acides non essentiels, et d'autres strictement indispensables, dont la qualité et les proportions relatives sont étroitement spécifiques des besoins et des espèces.

Le Tableau 1 rappelle, dans des conditions d'âge et de régime déterminées, les besoins d'entretien d'adultes (*Rose*, 26), d'enfants (*Albanèse*, 1), les normes de la F.A.O. (8), ainsi que la composition des protéines naturelles couvrant au mieux les besoins du très jeune age: l'œuf et le lait. Tous ces chiffres peuvent être comparés dans leurs rapports par rapport au tryptophane choisi arbitrairement comme unité. Seuls les ordres de grandeur sont comparables: car, le Dr. *Fisher* l'a signalé avec raison, rien en cette matière n'est absolu. Mais, entre les déterminations des nutritionnistes et les exigences du jeune âge, se dégage une similitude des ordres de grandeur qui a valeur de confirmation par finalité.

Efficacité protéique

La notion d'efficacité protéique se déduit des principes précédents. Elle s'établit par la mesure expérimentale de la croissance et de la rétention. Elle se retrouve par le calcul.

La croissance est définie par des coéfficients dont le plus utilisé, en élevage notamment, est le coefficient d'efficacité protéique (P.E.R.), égal au quotient de l'augmentation de poids par le poids de protéines consommées.

Les conditions de rétention et d'utilisation de l'azote, mesurées par la méthode des bilans (*Boussingault*, 4) sont exprimées par les coefficients de la valeur biologique (V.B. ou B.V.), ou de l'utilisation protéique nette (U.P.N.), produit de la valeur biologique par la digestibilité.

Les calculs expriment les différences les plus grandes (déficiences) existant entre les pourcentages des constituants des diverses protéines et des termes de référence, dont le plus utilisé est l'œuf. Le «chemical score» exprime les teneurs existantes.

Ces trois méthodes concordent dans un même classement hiérarchique de valeurs nutritionnelles, dont quelques unes sont rappelées par le Tableau 2.

En premier lieu, apparaissent comme les plus efficaces les protéines d'origine animale. Ce sont aussi les moins abondantes sur le plan mondial, et les plus chères.

C'est seulement en second lieu qu'apparaissent les protéines végétales de P.E.R., de V.B., d'U.P.N. moins favorables. Mais ce sont les plus abondantes (*Jenneskens*, 17) les moins chères: ce sont trop souvent des céréales de mauvaise qualité protéique qui constituent «les nourritures de pauvre». Elles apportent des calories utilisables si elles sont rendues digestes. Mais elles présentent des déficiences primaires, en lysine pour les céréales, en méthionine pour les légumineuses, dont les taux sont relevés et calculés par les Tables de la F.A.O. (9).

Tableau 2. *Quelques caractéristiques nutritionnelles*
Ordres de grandeurs relatifs

	Protéines gr/100 g	Valeur biologique	Digestibilité	UPN	P.E.R. = C.E.P.	Chemical score
Produits d'origine animale:						
Œuf de poule (référence)	12,4	94	97	90—97	4,0	100
Poisson	19	88	85	70—80	3,5	70-Trypt.
Lait de vache	3,5	84,5	97	77—83	3,1	60-Meth.
Caséine brute	13	80	96	74—70	2,86	58-Meth.
Bœuf et veau	17,7	74	99,3	66—75	2,30	69-Val.
Céréales:						
Germe de blé	22,9	74	88	65—67	2,53	66-Trypt.
Blé	12,2	65	91	40—55	1,53	44-Lys.
Sorgho	10	73	76	55	1,78	31-Lys.
Millet	9,5	—	—		1,7	53-Lys.
Maïs	9,5	59	90	51—54	1,1	41-Lys.
Riz	7	64	98	57—62	2,1	59-Lys.
Légumineuses:						
Soja grain	38	73	90	61—65	2,3	47-Meth.
Soja tourteau	46	—	—	—	—	56-Meth.
Arachide	26	55	86	42—55	1,6	43-Meth.
Haricot	22	58	73	35—45	1,5	34-Meth.
Pois chiche	20	68	86	53—60	1,7	40-Meth.
Lentille	24	44	85	30—37	0,9	31-Meth.
Noix de coco	6,6	69	80	68—55	2,1	55-Lys.
Graines de coton	20,2	67	80	52—55	2,2	51-Meth.
Graines de sésame	18	62	81	53—55	1,7	42-Lys.
Graines tournesol	12,6	69	82	58—66	2,1	56-Lys.

D'après: Amino acid Content of Foods and biological data on proteins F.A.O. - Roma - 1970 [9].

Déficience en protéines animales, cause essentielle de malnutrition

C'est dans le manque de protéines animales que réside la cause essentielle de la malnutrition protéique. C'est plus exactement dans les possiblités d'achat que se révèle le freinage exercé par le sous-développement sur une exigence pourtant vitale. Toutes les enquêtes l'ont confirmé (F.A.O., *Périssé*, 24).

Certaines familles ne disposent que d'un revenu annuel de 50 dollars. C'est alors que l'élan vital est stoppé, que se marquent des régressions du développement physique et mental, irréversibles. Les enfants ne peuvent plus résister aux maladies et aux épidémies. Ils sont atteints par les formes les plus graves de la malnutrition, les kwashiorkor, qui sont en recrudescence. Des taux de mortalité infantile de l'ordre de 50 % sont observés au cours des cinq premières années au Sénégal' (*Satgé*, 29; *Raoult*, 25). L'Institut de Recherche des Nations Unies pour le développement social a établi, en Juillet 1970, que la mortalité infantile

Tableau 3. *Supplémentation de céréales par protéines naturelles*
Efficacité mesurée par indice de de croissance P.E.R.)
(Gain de croissance/poids de protéines consommées) (Chiffres non absolus)

		P.E.R.	
Blé:			
Base		1,53	
{Blé (protéine)	60 %		
Farine d'arachide (protéine)	40 %	1,94	
{Blé (protéine)	60 %		
Farine de soja prot.	40 %	2,57	Daniel, Rao, Swaminathan
{Blé (protéine)	60 %		
Farine de soja prot.	40 %	3,01	
DL méthionine	0,34 %		
Maïs base		1,05	
{Maïs protéines	50 %		
Haricots noirs cuits	50 %	2,10	
{Ce mélange			Bressani et coll.
+ 0,04 DL méeth.			
+ 0,07 % L lysine		2,42	
Maïs opaque 2		2,31	Mertz
Riz base		1,5 à 2	
Riz blanchi		1,72	
Ce riz + 1 % farine de perche (78 % prot.)		2,63	Kik
Ce riz + 3 % farine perche (78 % prot.)		2,85	
{Riz protéine	2/3		
Arachide protéine	1/3	1,44	Rao
{Riz protéine	2/3		
Farine soja prot.	1/3	2,77	
{Riz protéine	51 %		
Torula protéine	49 %	3,29	Bressani et al.
{Ce même riz + caséine (76 p + 24 p.)		3,35	

D'après: Amino acids Content of Foods - F.A.O. - Roma - 1970 [9].

est 27 fois plus élevée au Guatemala qu'aux Etats Unis. L'indice de développement socio-économique y est réduit de plus de 80 % (11).

Riposte des Organisations Internationales

La riposte des Organisations Internationales fut, depuis bien des années, d'organiser en toute priorité un relèvement maximum du développement par une extension de toutes les productions, agricoles et industrielles. Une élévation des revenus devait entrainer celle de l'efficacité de la ration.

Tableau 4. *Supplêmentation de céréales par amino-acides*
Efficacité mesurée par indice de croissance P.E.R.
(Gain de croissance/protéine consommée)

	P.E.R.	
Farine de blé (blanche)	0,65	Howe et coll.
Cette farine + 0,2 % L lysine	1,56	
Farine + 0,4 % L lysine + 0,3 % Thr. DL	2,67	
Sorgho — (Milo)	0,69	Howe et coll. (Caséine: 2,50)
Sorgho + 0,1 % L lysine pure	1,41	
Sorgho + 0,2 % L lysine pure	1,77	
Sorgho + 0,4 % L lysine pure	2,28	
Maïs	1,41	Howe et coll. (Caséine: 2,50)
Maïs + 0,4 % L lysine + 0,07 % DL Trypt.	2,55	
Millet perlé	1,83	Jansen et coll. (Caséine: 3,55)
Millet + 0,25 % L lysine pure	2,93	
Millet + 0,50 % L lysine pure	3,28	
Riz	1,50	Howe et coll. (Caséine: 2,50)
Riz + 0,2 % L lysine + 0,2 % DL thréonine	2,61	
Riz blanchi (milled)	1,65	Kik
Riz bl. + 0,2 % L lysine + 0,2 % DL thréonine	2,78	
Ce mélange + 0,1 microgr. B_{12}	2,97	
Farine de sésame (après extraction) SF 4	0,99	Howe
SF 4 + 0,35 % L lysine pure	1,99	

D'après: Amino acid Content of Foods and Biological data on protein F.A.O., Roma, 1970 [9].

Ce raisonnement était nécessaire: il a rendu de très grands services.

Mais il n'était pas suffisant: car les progrès réalisés sur un plan aussi général ont été presque entièrement absorbés par l'ampleur de la progression démographique. Un exemple le démontrera: dans les «Projections agricoles pour la période 1970–1980» (10), la F.A.O. prévoit que l'individu moyen ne disposera au Sénégal, que d'un supplément de ressources de l'ordre de 0,6 %. A la même date, la dotation individuelle en protéines d'origine animale ne dépassera pas le taux de onze grammes par jour, qui est très insuffisant.

Il est donc obligatoire, strictement, de faire appel à d'autres solutions sur le plan technique, et à d'autres organisations assurant auprès des populations locales des mesures de sauvegarde spécifiques, traitant l'ensemble des problèmes (*Hegsted*, 14 bis)

Tableau 5. *Supplémentation de légumineuses par amino-acides*
Efficacité mesurée par indice de croissance P.E.R.
(Gain de croissance/protéine consommée)

	P.E.R.	
Lentilles:		
Lentilles	0,91	Nath & Nath
Ces lentilles + 0,6 % Dl Méthionine	2,51	
Haricots:		
Haricots étuvés à 121°, 5 min.	1,90	Kakade & Evans
Ces haricots + DL Méthionine 0,6 %	3,06	
Ces haricots + DL Méthionie niv. FAO	3,13	
Arachides:		
Arachides	1,65	Narayana Rao, Swaminathan et coll.
Ces arachides + 1 % DL Méthionine	2,07	
Ce mélange + DL Thréonine 1 %	2,59	
Soja:		
Sy F 32 (en cours de cuisson)	1,90	Howe et coll.
Sy F 32 + 0,1 % DL Méthionine	2,49	
Sy F 32 + 0,2 % DL Méthionine	2,81	
{Soja farine 64 %; Sésame farine 36 %}	2,70	Daniel, Venkat Rao, Swaminathan et coll.
{Soja farine 64 %; Sésame farine 35 %; DL Méthionine 1,7 g/16 N}	3,30	
{Soja farine 58 %; Poudre lait écrémé 42 %; DL Méthionine 2,2 g/16 gN}	3,78	

D'après: F.A.O. [9].

Riposte technique par la valorisation des protéines végétales

Il faut opérer vite, sur la masse des productions agricoles végétales actuelles, sans attendre la mise en œuvre pratique des nouvelles sources de protéines ou l'acclimatation des nouveaux mutants (Maïs Opaque 2).

Vitesse, efficacité et économie peuvent être obtenues par la correction des plus grandes déficiences, surtout en lysine et en méthionine.

Trois procédés sont immédiatement applicables:

– L'un associe par simple mélange des protéines qui compensent leurs déficiences mutuelles: ainsi, céréale et soja.
– Un second couvre les plus graves déficiences par les quantités d'amino acides strictement nécessaires, produits par synthèse (*Ottenheym*, 22) ou par biosynthèse, à partir de bactéries cultivées sur des milieux contenant des ions ammonium, et des squelettes carbonés de mélasses, d'amidons, de carbures d'hydrogène, de paraffines, d'acide acétique, de méthanol, d'éthanol, d'éthylène glycol (*Kinoshita*, 18). L'utilisation de ce potentiel est sans limites. Il économise les protéines naturelles, dont il ne modifie en rien l'appétence (*Vigneron*, 30, 31; *Matet*, 19 bis).

– Un troisième groupe de procédés combine les deux premiers.

● La première méthode est schématisée par les exemples du tableau 3:

● La seconde l'est par les tableau 4 et 5.

Les élévations des P.E.R. traduisent les relèvements d'efficacité notamment dans les cas du blé et du sorgho additionnés de lysine, ou des lentilles et des haricots supplémentés en méthionine.

La portée de la méthionine est exceptionnelle. Elle a déjà été signalée par *Miller* et *Donoso* (20). Il est vraisemblable que cet amino acide possédant des valences résiduelles sur l'atome de soufre, engagé dans les processus de transméthylation avec libération du groupement – SH a des propriétés qui dépassent de beaucoup celle de la complémentation d'une carence.

Economies procurées par la supplémentation

Une supplementation est très économique si elle demeure très relative, et ne porte que sur la déficience primaire, dans la mesure seule où elle rejoint la déficience secondaire. Ce point est essentiel pour la préparation des aliments de sevrage.

Tableau 6. *Evolution des formules industrielles d'aliments pour poussins croissance*

	1959	1962	1965
Compositions:			
Maïs	36	38	40
Orge (ou avoine)	10	–	–
Blé	20	20	20
Tourteau d'arachide	6	6	–
Tourteau de soja cuit 44 % protéine	10	22	–
Tourteau de soja cuit 50 % prot.	–	–	30
Farine de poisson	4	4	2
Farine de viande 50 %	4	2	–
Poudre de lait écrémé	2	–	–
Poudre de lactosérum	–	1	–
Levure de distillerie	2	–	–
Solubles de maïs	1	1	0
Graisse	–	3	5
Farine de luzerne déshydratée	2	–	–
DL Méthionine	–	0,05	0,10
Composé minéral vitaminé + antibiotiques	3	3	3
	100	100	100
Caractéristiques:			
Energie métabolisable/Kgr	2825	2970	3130
Protéines brutes %	21,7	22,5	22,3
Méthionine + Cystine %	0,70	0,77	0,83
Prix des mille calories	0,196	0,188	0,185

D'après: *Brette* [5]

Au surplus, les calculs présentés généralement évaluent la dépense brute, sans indiquer la contre partie. C'est ainsi que le rapport 477 du Comité FAO/OMS (11) chiffre à 5 % le prix de la supplémentation de la farine de blé par deux pour mille de lysine. Et *Rosenfield* (27) prévoit des taux de 15 % et de 13 % pour les supplémentations du maïs par trois pour mille de lysine et un pour mille de tryptophane et du riz par deux pour mille de lysine et un pour mille de Thréonine. Les taux de base retenus par *Rosenfield* sont de 1 dollar par livre de lysine, 7,5 dollars pour la L thréonine, 5,9 dollars pour le DL tryptophane.

En regard de ces frais immédiats doit être chiffrée la plus value nutritionnelle qui se traduit par une économie et un gain d'efficacité incontestables: dans le cas du blé, *Hegsted* (13) a calculé que le taux de protéine utilisable passe de 3,2 à 5,3 %, et que son prix baisse de 2,5 à 1,5 dollars par livre.

Supplémentation en élevage avicole

C'est ce fait fondamental qui a été reconnu expérimentalement en élevage avicole, où l'introduction de la supplémentation a procuré une triple économie, par la réduction des protéines animales, par l'augmentation de la valeur nutritionnelle, traduite par une réduction de 30 à 35 % de l'indice de consommation, et aussi, dans une perspective plus lointaine par une réduction dans la consommation de protéines qui, sur le plan national sont souvent importées, et sur le plan mondial ne sont pas inépuisables.

Le Tableau 6 résume l'évolution de quelques formules d'élevage industriel, au cours des années s'étendant de 1959 à 1965.

Il apparait une réduction du taux de protéines animales dans la proportion de 10 à 2, tandis que s'affirme la supplémentation par amino acides, et que l'énergie augmente. L'indice de consommation baisse de plus de 30 %.

Conditions de la supplémentation des rations humaines

Infiniment plus complexes se révèlent des conditions de la supplémentation des rations humaines. Il ne s'agit plus du tout de calculer par ordinateurs les conditions de couverture d'un besoin unique d'une population entièrement homogène.

Il faut dès lors couvrir les besoins très divers de populations très hétérogènes par les caractéristiques individuelles, par l'âge, par l'état de santé, par les habitudes, par l'éducation, et surtout par le revenu, les moins dotés étant les plus déficients.

Etudes directes

Tout était à repenser. Il n'était pas question d'extrapoler les résultats obtenus sur l'animal, bien que les principes généraux restaient adaptables.

Les tests de croissance se révélaient beaucoup plus difficiles à déterminer: une croissance quotidienne de 5 grammes est infiniment plus facile à mesurer sur un rat de 50 grammes que sur un enfant pesant 15 kilogrammes. Ils ont été cependant établis par *Albanèse, Fukui, Krut, King, Doraiswamy, Pereirat* (23) sur des enfants et des jeunes gens, dans des conditions strictement définies. Les résultats ont été dans l'ensemble positifs, pour autant que les tests pouvaient être démonstratifs.

C'est la méthode des bilans qui a donné les conclusions les plus significatives, tant aux U.S.A. (*Rice, Flodin, Beigler* [3], *Barness, Graham*) qu,au Guatemala (*Scrimshaw, Bressani, Béhar*) qu'en Inde (*Swaminathan, Venkat Rao, Daniel* [23]), et au Japon (*Harada*, 12).

Le Tableau 7 cite quelques uns des résultats obtenus.

Les études récapitulatives d'*Altschul* (2) et de *Durrenmatt* (7) résument les résultats de cet ordre, obtenus sur des lots variant de quelques unités à des groupes de l'ordre de 200 individus.

Tableau 7. *Supplémentation de diverses céréales testée par la mesure du coefficient de rétention azotée* (Chiffres non absolus, devant être interprétés en fonction de données statistiques)

	Rétention azotée (%/o de l'ingéré)	
Maïs traité par la chaux. Enfant âgé de 2 ans 10 mois. — Poids 8 kg 06. Ingestion calorique: 100 Kg/jour. Ingestion protéique: 3 gr/Kgr/jour		
Ration de base	— 12,7	Bressani, Scrimshaw et coll.
R.B. + DL typtophane 90 mg/gr azote	6	
R.B. + L Lysine chte 270 mg/gr N	13,4	
Ration lactée optima isoazotée	15	
Riz administré à des jeunes filles de 8—9 ans. Poids: 17 à 23 kgs. Apport énergétique: 1580 calories. Niveau azoté: base: 1,3 à 1,4 prot./Kgr.		
Ration de base	9,5	Parthasaraty et al. (Centr. Food Res. Inst. Mysore)
R.B. + L Lysine 1 g 13/jour	12,6	
R.B. + DL méthionine 0 g 31/jour	12	
R.B. + Lys. + Méth. + Thréonine 0,45/j.	23	
Ration lactée optima isoazotée	27,8	
Erreurs moyennes standard: ± 0,8 à 0,7		
Blé administré à un enfant de 3 ans 8 mois. Poids: 12 kg 800. Ingestion calorique/Kgr/jour: 90. — Ingestion protéique g/K/j: *2 et 3 K/jour.*		
Niveau azoté 2 gr/Kg/jour:		Bressani, Behar Scrimshaw et coll.
Ration de base (R.B.)	5,2	
R.B. + L Lysine 162 mg/g N	14	
R.B. + L Lysine 282 mg/g N	17,9	
Ration lactée optima isoazotée	non précisée	
Niveau azoté 3 gr/Kg/jour:		
Ration de base (R.B.)	8,7	
R.B. + L Lysine 162 mg/g N	10,5	
R.B. + L Lysine 282 mg/g N	11,6	
Ration lactée optima isoazotée	9,4	

Mais il était nécessaire d'opérer sur de grands nombres, de mesurer l'efficacité, et de déduire des résultats significatifs. Plusieurs methodes ont été suivies.

Supplémentation d'une matière première prioritaire

L'une d'elles consiste à supplémenter une seule matière première de consommation prioritaire, et à la diffuser au sein de toutes les couches d'une population importante, de l'ordre de 75.000 têtes.

Les régimes ne sont pas calculés.

Seuls les effets globaux sont recensés, particulièrement les réductions des taux de kwashiorkor et de la mortalité infantile.

Une expérience de ce type est actuellement en cours en Tunisie. Elle porte sur la supplémentation du blé par la lysine, additionnée ou non par la thiamine, la riboflavine, la niacine, la vitamine A, le fer. Elle est soutenue par le Foreign Economic Development Service de l'U.S. Department of Agriculture coopérant avec l'U.S. Agency for International Development (*Rosenfield*, 28).

Tableau 8. *Mélanges nutritionnels supplémentés par compensation ou par amino-acides purs*

	Composition (Outre vitamines & Eléments minéraux)	% proteines	Marque	Production	Prix (cents p. livre)	Observations à partir de 1970
INDE	Arachide + Lait écrémé	22 %	Bal Ahar	50 à 100 tonnes/jour	8 cents	Bien accepté depuis 6 mois
Supplémentation du *blé* par:	Arachide	13,5	Fortified Atta		Aide gouvernementale de 40 %	
	L Lysine		Modern Bread	10.000 tonnes/an	Bien accepté depuis deux ans	
AMERIQUE LATINE	Levure Torula + Soja + Phosphate		Incaparina *Guatemala*	4 tonnes/jour	20	Bien accepté depuis 3 ans
Supplémentation du *maïs* par:	Soja + Phte + Co_3Ca	20	Golden Elbow *Brésil*		15	Bien accepté
	Semoule + Blé + Soja + Riz	17,8	Vitalia *Colombie*	6000 tonnes/an	10	Bien accepté
AFRIQUE DU SUD Supplémentation du *maïs* par:	Soja + arachide + Lait écrémé + germe de blé	22	Pro Nutro (céréale et soupe)	250 tonnes/ semaine	2,5	Diffusé depuis 6 ans
VENEZUELA	Lait écrémé + Méthionine		P.L. Caracas	Depuis 14 ans, distribution officielle sous contrôle médical		
Aliments de sevrage:						
ALGERIE F.A.O. F.I.S.E. O.M.S.	Blé + Pois chiche + Lentilles + Lait écrémé + Méthionine (*Buffa:* 6)	20,9	Superamine extens. R.A.U. Turquie	tonnes/an 140 (1968) 400 (1969) 8000 (1974)	23	
CHILI	Blé cuit + Tournesol + Farine poisson + Lait écrémé	27	Leche Alim.	80 tonnes/jour	13,6	Produit depuis 1 an et demi

D'après: Chem & Eng. News — 10 août 1970.

Des prolongements prévoient, dans les mêmes conditions, les supplémentations du maïs au Guatemala, et du riz en Thaïlande, d'une part par la lysine seule, et d'autre part par un mélange de lysine et de thréonine, éventuellement renforcé par les vitamines A, B_1, B_2, et par le fer (28).

Depuis plusieurs années, de très nombreuses réalisations de ce type ont surgi sous la pression des besoins en Inde, au Guatemala, au Brésil, en Colombie, au Venezuela, au Chili, en Afrique du Sud, ainsi que l'indique le Tableau 8.

De telles méthodes sont certainement bénéfiques. Mais elles ne sont pas nutritionnellement définies.

Traitements méthodiques –

Il importait d'agir parallèlement sur des groupes définis, et sur des besoins essentiels, comme le recommande notamment le Protein Advisory Group (23).

Deux équipes indépendantes ont retenu l'urgence de prévenir les ravages de la malnutrition protéique à l'époque du sevrage: car l'enfant se trouve alors brusquement privé des protéines du lait maternel. Il ne dispose que des restes de bouillies de céréales ou de féculents, laissés par les parents ou les autres membres de la famille.

a) – Au Sénégal, dans la région de Khombole, située dans la brousse, à une centaine de kilomètres à l'Est de Dakar, l'équipe du Dr. *Satgé* (29) a considéré l'ensemble du problème dans ses incidences couplées médicales, hygiéniques, agricoles, nutritionnelles. Elle a soigné, organisé des mesures préventives, notamment en ce qui concerne les épidémies, les diarrhées, les circonstances de l'accouchement. Elle a éduqué très patiemment. Elle a conseillé le développement des cultures locales ainsi que celui de l'élevage, surtout avicole. Et, au bout de cinq années de vie commune, elle a eu la joie de constater que 55 % des enfants traités étaient devenus physiologiquement normaux, contre 31 % seulement au début de l'action.

b) – En Afrique du Nord, l'équipe du Prof. *Buffa* (6) a mis au point un aliment de sevrage industriel; dans des conditions exemplaires, sur l'échelle des besoins de 200.000 enfants. Il utilise les ressources locales: en Algérie le blé, les lentilles, le pois chiche. Il en rend l'assimilation et la digestibilité pratiquement totales, par des traitements d'hydrolyse chimique ou enzymatique. Il élève l'efficacité protéique, par une supplémentation en méthionine et en lysine, dans les proportions strictement nécessaires déterminées par un calculateur analogique, sur la base des normes de la F.A.O. et de l'accroissement de la valeur biologique. Il obtient ainsi un aliment d'une excellente efficacité, qui titre 20 à 22 % d'azote: d'où son nom de Superamine. Son prix de revient est de l'ordre du cinquième des aliments comparables. Il est d'ailleurs distribué gratuitement en Algérie aux couches les plus démunies.

Les résultats obtenus ont été très favorables: des enfants autrefois dénutris ont repris des taux de croissance dépassant la normale. Ils ont résisté à des épidémies de rougeole qui ont frappé ceux qui n'avaient pas été traités.

La méthode de *Buffa* (6) est d'autant plus intéressante qu'elle est générale. Déjà, des extensions sont en cours en Tunisie, en Turquie, au Maroc, qui utilisent les matières premières locales. La Suède et la Suisse subventionnent deux de ces programmes bien définis dans leurs besoins et dans leur portée.

Conclusions

Il faut le souligner en concluant: des voies efficaces sont ouvertes qui valorisent des protéines végétales, et permettent de faire survivre des enfants dans des conditions normales de développement (*Vigneron*, 29, 31).

Le but est atteint, là où se conjuguent des structures, des moyens, et surtout une foi exempte de tout scepticisme, dans des régions définies et limitées.

Les Organisations Internationales devront de plus en plus agir sur le plan local, en sus du plan général.

C'est un des buts que, sous l'impulsion de la F.A.O., après l'Unicef, sont établis des Programmes de Nutrition Appliquée (*Latham*, 19), marquant fortement l'indispensable collaboration sur le plan local des Ministères de la Santé, de l'Agriculture, de l'Education Nationale, du Développement.

Dans cet ensemble de réalisations très complexes, un rôle fondamental sera de plus en plus rempli par les amino acides essentiels, constamment disponibles dans des conditions économiques de plus en plus favorables.

En conjonction avec les apports énergétiques, vitaminiques, minéraux, ils se confirmeront dans leur plus noble portée, celle des facteurs de survie.

Zusammenfassung

Es wird dringend notwendig, auf allen Gebieten die Mangelernährung zu bekämpfen, die sich weiterhin in den Entwicklungsländern unter der Bevölkerung mit starkem Geburtenzuwachs ausbreitet.

Eine genügende Zufuhr von Stickstoff, Energie und Schutzelementen muß die metabolitische Verschleißung kompensieren, die den Metabolismus sicherstellen, die hormonalen Vorgänge, den Vitaminhaushalt und die hydro-elektrolytischen Gleichgewichte aufrechterhalten und erneuern. Sicherlich ist es die Stickstoffzufuhr, die den ausschlaggebendsten, den differenziertesten und auch meist den mangelndsten Faktor darstellt. Er kann charakterisiert werden durch unentbehrliche Kriterien, die Lebensweise, durch ein Gleichgewicht und durch minimale Mengen von unentbehrlichen Aminosäuren, zusammen mit der Energiezubringung, dem nicht unentbehrlichen Stickstoff und den anderen Faktoren der Ration. Er ist es, der Wachstumsbedürfnisse, den Unterhalt, die Widerstandskraft gegenüber von Agressionen bedingt, der die unentbehrlichen Korrektionen fördert, die es erlauben gegen die Kindersterblichkeit zu kämpfen, gegen die körperliche und geistige Unterentwicklung vorzugehen, die ein ganzes Leben beeinflussen.

Es kann nicht kräftig genug hervorgehoben werden, daß diese Mangelerscheinungen, festgestellt durch ernährungswissenschaftliche Untersuchungen der Lokalrationen, durch Zusatz der mangelnden Faktoren vermindert werden können, d. h. durch die essentiellen Aminosäuren – meist Methionin und Lysin – die in großen Mengen und mit wirtschaftlich sehr sparsamen Methoden durch industrielle Synthesen und Biosynthesen hergestellt werden. Diese „Zusatz"-Operationen können verallgemeinert werden.

Der Vortrag zeigt einige Anwendungen dieser Prinzipien auf. Im Rahmen der Allgemeinmaßnahmen stellt er eine Verminderung der Kindersterblichkeit fest, bietet eine bessere Resistenz gegenüber Aggressionen, dank der Zubereitung von Kindernährmitteln, speziell der Kindheit angepaßt, im Laufe der ersten 5 Lebensjahre, die bekanntlich die kritischsten darstellen.

Somit wird die Auswirkung von Prinzipien unterstrichen, die mit viel Erfolg in der Rationalisierung der Viehfütterung angewandt wurden und in der erhöhten und mehr wirtschaftlichen Produktion von tierischen Eiweißen.

Résumé

Sur tous les plans, il est urgent de combattre les malnutritions qui continuent à se développer dans les pays en voie de développement, parmi les populations en forte évolution démographique.

Un apport suffisant d'azote, d'énergie, d'éléments de protection doit compenser l'usure métabolique, assurer les synthèses, maintenir et renouveler les mécanismes hormonaux, vitaminiques, les équilibres hydro-électrolytiques. C'est certainement l'apport azoté qui constitue le facteur le plus exigeant, le plus différencié et trop souvent aussi le plus déficient. Il se définit par des critères indispensables, conditions de la vie, par un équilibre et par des quantités minima d'amino acides essentiels, en rapport avec l'énergie, l'azote non essentiel et les facteurs contingents de la ration. C'est lui qui détermine les conditions de couverture des besoins de croissance, d'entretien, de résistance aux agressions et qui appelle les corrections indispensables permettant de lutter contre la mortalité infantile et le sousdéveloppement physique et mental, qui marquent une vie entière. Il ne saurait être trop souligné que ces carences, déterminées par des études nutritionnelles des rations locales, sont réduites par l'addition des facteurs déficients, c'est-à-dire par ces amino acides essentiels — le plus souvent la méthionine et la lysine — qui sont produits sans limites et dans des conditions très économiques par les synthèses et bio-synthèses industrielles. Ces opérations de «supplementation» peuvent être généralisées.

L'exposé démontrera quelques applications de ces principes. Dans le cadre de mesures de relèvement générales, il marquera la régression de la mortalité infantile, comme une meilleure résistance aux agressions, dues à la préparation d'aliments de sevrage adaptés spécifiquement aux besoins d'enfants, au cours des cinq premières années de leur vie, les plus critiques.

Ainsi sera soulignée la portée de principes qui ont été appliquées avec tant de succès dans la rationalisation des rations d'élevage, et dans la production accrue et plus économique de protéines animales.

Summary

From all points of view the control of malnutrition, which is still on the increase in developing countries amongst populations with rapid demographic evolution, is urgent.

An adequate supply of nitrogen, energy and protection elements must compensate metabolic wear and tear, ensure syntheses, maintain and renew hormone and vitamin mechanisms and hydro-electrolytic balances. The nitrogen supply unquestionably constitutes the most deficient factor. It is defined by essential criteria, conditions of life, balance and animal quantities of essential amino acids in relation to energy, non-essential nitrogen and factors contingent to intake. Nitrogen determines the conditions of covering the requirements of growth, maintenance and resistance to aggression; it commands the necessary corrections permitting control of the infantile mortality and physical and mental under-development which mark for life. It cannot be too strongly emphasized that these deficiencies determined by nutritional studies of local intake are reduced by addition of the deficient factors, i.e. essential amino acids — usually methionine and lysine — which are produced unlimitedly and very economically by industrial synthesis and biosynthesis. The application of these "supplementation" operations can be extended.

The paper will demonstrate some applications of these principles.

Within the framework of general relief measures, it will show the decrease of infantile mortality as a better resistance to aggressions due to preparation of weaning food specifically adapted to the requirements of children during the first five years of life, which are the most critical years.

Thus, the full implications of principles, which have been very successfully applied in the rationalization of childrearing intake and in the increased and more economic production of animal proteins, will be emphasized.

Literatur

1. *Albanèse, A. A.*, Proteins and Amino Acid Requirements of Children, In: Protein and Amino Acid Nutrition (New York 1965). — 2. *Altschul, A. M.*, Amino Acid Fortification of Foods, In: Amino Acid Fortification of Protein Foods, pp. 521—527. *Scrimshaw & Altschul* Ed. (Cambridge, Mass., 1971). — 3. *Beigler, M. A.*, Present Applications of Amino Acid Fortification in the United States, In: Amino Acid Fortification of Protein Foods, 490—494, *Scrimshaw & Altschul* Ed. (Cambridge, Mass., 1971). — 4. *Boussingault, J. B.* Ann. Chim. Phys. **1839**. — 5. *Brette, A.*, Les amino acides de synthèse en alimentation animale, In: Cahier N° 6, A.E.C. (Paris 1966), 221—235. — 6. *Buffa, A.*, Technologie alimentaire et développement. Industr. alim. agr. **88**, 1525—1536 et 1681—1690 (1971). — 7. *Durrenmatt, K.*, Interpretive Summary: Feasibility and Commercial Aspects of Amino Acid Fortification, In: Amino Acid Fortification of Protein Foods, 528—537, *Scrimshaw & Altschul* Ed. (Cambridge, Mass., 1971). — 8. *F.A.O. & O.M.S.*, Les besoins en protéines. Rapport d'un groupe d'experts (Rome 1965). — 9. *F.A.O.*, Teneurs des aliments en acides aminés, et données biologiques sur les protéines (Rome 1970). — 10. *F.A.O.*, Projections relatives aux produits agricoles, 1970—1980 (Rome 1971). — 11. *F.A.O. & O.M.S.*, (Comité mixte d'experts de la Nutrition). Rapport technique N° 477 de l'O.M.S. (Genève 1971). — 12. *Harada, Y.*, Recent Advances in Lysine Fortification of Staple and Processed Foods, In: Amino Acid Fortification of Protein Foods, 487—489, *Scrimshaw & Altschul* Ed. (Cambridge, Mass., 1971). — 13. *Hegsted, D. M.*, Amino Acid Fortification and the Protein Problem. Am. J. Clin. Nutr. **21**, 688—692 (1968). — 14. *Hegsted, D. M.*, Nutritionnal Research on the Value of Amino Acid Fortification Experimental Studies in Animals, In: Amino Acid Fortification of Protein Foods, 157—178, *Scrimshaw & Altschul* Ed. (Cambridge, Mass., 1971). — 14b. *Hegsted, D. M.*, Deprivation Syndrome or Protein — Calorie Malnutrition. Nutr. Rev. **30**, 51—54 (1972). — 15. *Irwin, M. I & D. M. Hegsted*, A Conspectus of Research on Amino Acid Requirements of Man. J. Nutr. **101**, 385—430 & 539—566 (1971). — 16. *Jacquot, R. & M. Vigneron*, Les besoins azotés quantitatifs et qualitatifs — Cahier n° 2 „Amino acides — Peptides — Protéines" A.E.C. Edit. 1958. — 17. *Jenneskens, P. J.*, Feasibility and Progress of Amino Acid Fortification, In: Amino Acid Fortification of Protein Foods, 514—518, *Scrimshaw & Altschul* Ed. (Cambridge, Mass., 1971). — 18. *Kinoshita, S.*, Status and Prospects of Amino Acid Production by Fermentation, In: Amino Acid Fortification of Protein Foods, 437—448, *Scrimshaw & Altschul* Ed. (Cambridge, Mass., 1971). — 19. *Latham, M. C.*, Planification et Evaluation des programmes de Nutrition appliquée — Etudes de nutrition de la F.A.O. N° 26 (Rome 1972). — 19b. *Matet, J.*, Supplémentation des aliments diététiques et de régime en amino acides. — Conférence devant l'Union Intersyndicale des Industries Françaises de la Biscuiterie et des Produits de Régime. — Paris 1970. — 20. *Miller, D. S. & G. Donoso*, Relationship between the sulphur/nitrogen ratio and the protein value of diets. J. Sci. Food Agr. **14**, 345 (1963). — 21. *Mitchell, H. H. & R. J. Block*, Some relationships between the amino acids contents of proteins and their nutritive values for the rat. J. Biol. Chem. **163**, 599—620 (1946). — 22. *Ottenheym, J. H.*, Status and Prospects for Amino Acid Production by Chemical Synthesis, In: Amino Acid Fortification of Proteins Foods, 449—466, *Scrimshaw & Altschul* Ed. (Cambridge, Mass., 1971). — 23. Protein Advisory Group, FAO/WHO/UNICEF — P.A.G. Statement N° 9 — Amino Acid Fortification. United Nations. 24 August 1970. — 24. *Périssé*, L'approche nutritionnelle dans la planification alimentaire. Développement et civilisations **10**, 20 (1968). — 25. *Raoult, A.*, Une solution au problème du sevrage: la Superamine algérienne. Carnets de l'Enfance — Unicef 1970, N° 11, 139—168. — 26. *Rose, W. C.*, The Amino Acid Requirements of Adult Man. Nutr. Abstract. Rev. **27**, 631—647 (1957). — 27. *Rosenfield, D.*, Current Amino Acid Fortification Programs. In: Amino Acid Fortification of Protein Foods, 501—510, *Scrimshaw & Altschul* Ed. (Cambridge, Mass, 1971). — 28. *Rosenfield, D., S. Gershoff, L. Scherts*, East Pakistan — Possibilities for Cereal Fortification — Foreign Economic Development Service U.S. Department of Agriculture & U.S. Agency for International Development — March 1970. — 29. *Satgé, P., V. Dan, A. Debroise, N. Raybaud, A. Koite*, Une expérience de santé publique appliquée à l'enfance en

milieu rural (Khombole, Sénégal). Technique et résultats. Carnets de l'Enfance Unicef **1970,** N° 12, 31–44. – 30. *Vigneron, M.*, Principes et portée de la valorisation azotée, base de la lutte contre la malnutrition. Prod. Probl. Pharm. **26,** 225–236 (1971). – 31. *Vigneron, M.* Urgence et conditions de relèvements nutritionnels régionaux. Communication à l'Académie Nationale de Médicine. 14 Mars 1972 (Sous presse).

Adresse de l'auteur:
Maurice Vigneron,
Membre de l'Académie de Médicine, 34 Quai de Béthune, F-75004 – Paris

13.

Beitrag von Aminosäuren und Peptiden zum Geschmack von Lebensmitteln

Von *K.-H. Ney* (Hamburg)

Mit 5 Abbildungen und 5 Tabellen

Aminosäuren und Peptide tragen wesentlich zum Geschmack von Lebensmitteln bei. Es soll hier über 3 Teilaspekte dieses Gebietes berichtet werden, die wir in den letzten Jahren bearbeitet haben:

1) über die aromaintensivierende Wirkung von l-Glutamat und ähnlichen Verbindungen
2) über eine spezielle Aminosäure – S-Methylmethionin – als Precursor des Spargelaromas und
3) über die Vorausberechnung der Bitterkeit von Peptiden aus deren Aminosäurezusammensetzung.

K. Ikeda isolierte 1909 aus der als Speisewürze benutzten Meeresalge Laminaria Japonika die l-Glutaminsäure, erkannte in ihr das aromaintensivierende Prinzip und führte diese Substanz in die Lebensmitteltechnologie ein. Unter der Marke Aji-no-moto – „der Geist des Gewürzes" – wurde das Natriumsalz der Glutaminsäure (*m*ono*s*odium *g*lutamate = MSG) von japanischen Firmen hergestellt; Ajinomoto wurde schließlich zum Firmennamen des bedeutendsten japanischen MSG-Herstellers. Ursprünglich erfolgte die Herstellung aus Proteinhydrolysaten, dann ging man zu mikrobiellen Verfahren über, und heute beherrschen synthetische Methoden das Feld.

Typisch für MSG ist, daß es den Geschmack intensiviert, ohne selbst einen ausgeprägten Geschmack zu besitzen. Kochsalz, „the poor men's flavour enhancer", wirkt in ähnlicher Weise.

Nachdem man weitere aromaintensivierende Substanzen gefunden hatte, versuchte man, herauszufinden, welche Strukturelemente eine Verbindung besitzen muß, um aromaintensivierend wirken zu können.

A. Kuninaka (1) schlug das folgende Strukturelement vor:

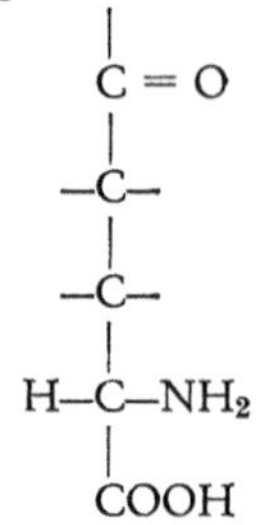

Er betont aber, daß dieses Strukturelement nicht zwingend ist, da dann auch l-Glutamin aromaintensivierend wirken müßte, was jedoch nicht der Fall ist.

Gestützt auf eine Reihe von Beispielen aus Publikationen und Patenten, die nachfolgend diskutiert werden sollen, soll hier die Hypothese vertreten werden, daß zur Erzielung einer aromaintensivierenden, glutamatähnlichen Wirkung eine Verbindung 2 negative Ladungen tragen muß, die 3 bis 9, bevorzugt 4 bis 6 C-Atome voneinander entfernt sind. Anstelle eines C-Atoms kann auch ein S-Atom treten. Eine evtl. vorhandene α-Aminogruppe in l-Konfiguration wirkt zusätzlich aromaintensivierend

$$^{\ominus}COO-\left[-\overset{|}{\underset{|}{C}}-\right]_n-COO^{\ominus}$$

$$n = 1–7$$

Folgende Befunde sprechen für unsere Hypothese:

1) Nach *J. Solms* (2) ist nur die dissoziierte Form der l-Glutaminsäure geschmacksaktiv
2) l-Cystein-S-Sulfonsäure $\left(^{\ominus}SO_3\text{-}S\text{-}CH_2\text{-}\underset{NH_2}{\underset{|}{CH}}\text{-}COO^{\ominus}\right)$ wirkt ähnlich wie MSG (3, 4).
3) l-Homocysteinsäure $\left(^{\ominus}SO_3\text{-}CH_2\text{-}CH_2\text{-}\underset{NH_2}{\underset{|}{CH}}\text{-}COO^{\ominus}\right)$ wirkt ähnlich wie MSG (5–7).
4) l-Asparaginsäure wirkt ähnlich wie MSG (8).
5) l-α-Aminoadipinsäure wirkt ähnlich wie MSG (7).
6) Adipinsäure maskiert den bitteren Beigeschmack von Süßstoffen (9–11).
7) Bernsteinsäure wird in ihrer Wirkung mit MSG verglichen (7, 12, 13).
8) Die geschmacksintensivierenden Eigenschaften der sog. Fruchtsäuren – Apfelsäure, Weinsäure und Citronensäure – sind bekannt (14–17).

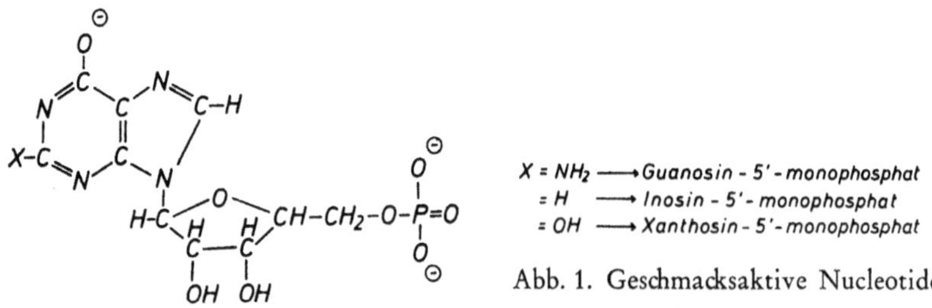

Abb. 1. Geschmacksaktive Nucleotide

9) Eine Ausdehnung unserer Hypothese auf die geschmacksaktiven Nucleotide Inosin-5'-monophosphat, Guanosin-5'-monophosphat und Xanthosin-5'-monophosphat (Abb. 1) erscheint durchaus möglich, da diese Verbindungen ebenfalls an zwei verschiedenen Stellen des Moleküls negative Ladungen tragen: Außer

der sauren Phosphatgruppe besitzen sie noch einen phenolischen Wasserstoff (18).

10) Für Tricholomasäure (12, 19) Abb. 2) sind hydrolytische Reaktionen denkbar, die zu den geforderten negativen Ladungen führen.

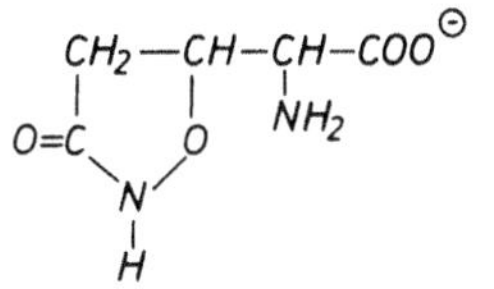

Abb. 2. Tricholomasäure

11) Glutathion (γ-Glutamylcysteinylglycin) soll zum Fleischgeschmack beitragen und ihn intensivieren (20).

12) Die Diammoniumsalze der Dicarbonsäure von Malon- bis Sebazinsäure werden als Kochsalzersatz verwendet (21).

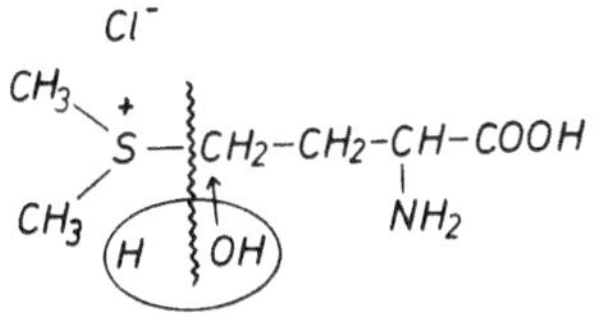

Abb. 3. Hydrolyse von S-Methylmethionin

Wir kommen aufgrund dieser Ergebnisse zu dem Schluß, daß eine Verbindung zur Erzielung einer aromaintensivierenden Wirkung 2 negative Ladungen tragen

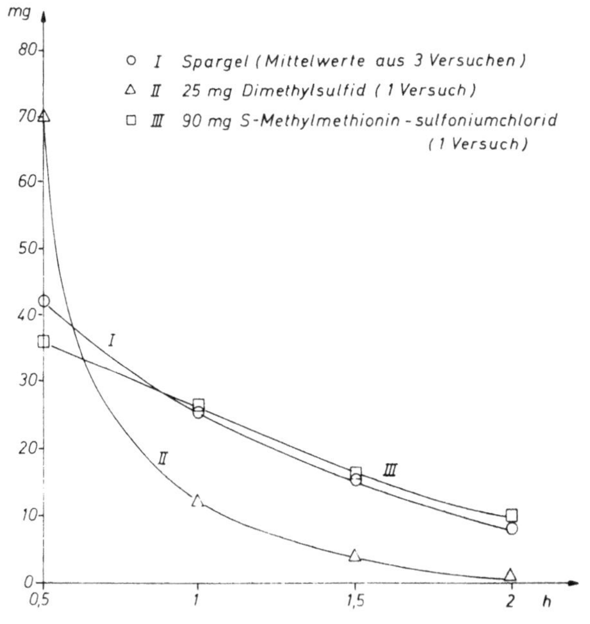

Abb. 4. Zeitlicher Verlauf der Bildung von S,S-Dimethyl-p-tolylsulfonyl)-sulfidimin

muß, die 3 bis 9, bevorzugt 4 bis 6 C-Atome voneinander entfernt sind. Eine evtl. vorhandene α-Aminogruppe in l-Konfiguration wirkt zusätzlich intensivierend (22). Wir nehmen an, daß die Zunge Rezeptoren enthält, die mit 2 negativen Ladungen in der geforderten Distanz reagieren, wobei Intensivierung des Geschmacks bzw. Abschwächung unangenehmer Geschmacksempfindungen auftritt. Die Art der Übertragung von Rezeptor zum Nerv ist offen; als möglich seien allosterische Modifikationen, hydrophobe Wechselwirkungen oder Potentialänderungen an Membranen genannt.

Im folgenden soll demonstriert werden, wie eine Aminosäure Vorläufer eines Aromastoffes sein kann.

Es ist bekannt, daß Spargel relativ große Mengen einer speziellen Aminosäure, des S-Methylmethionins, enthält. Wie wir fanden (23, 24), stellt das beim Kochen daraus entstehende Dimethylsulfid die wesentliche Komponente des Spargelaromas dar (Abb. 3). Abb. 4 zeigt den zeitlichen Verlauf der Bildung von S,S-Dimethyl-p-tolylsulfonyl)-sulfidimin; Abb. 5 gibt schematisch die Untersuchung des Spargelaromas wieder.

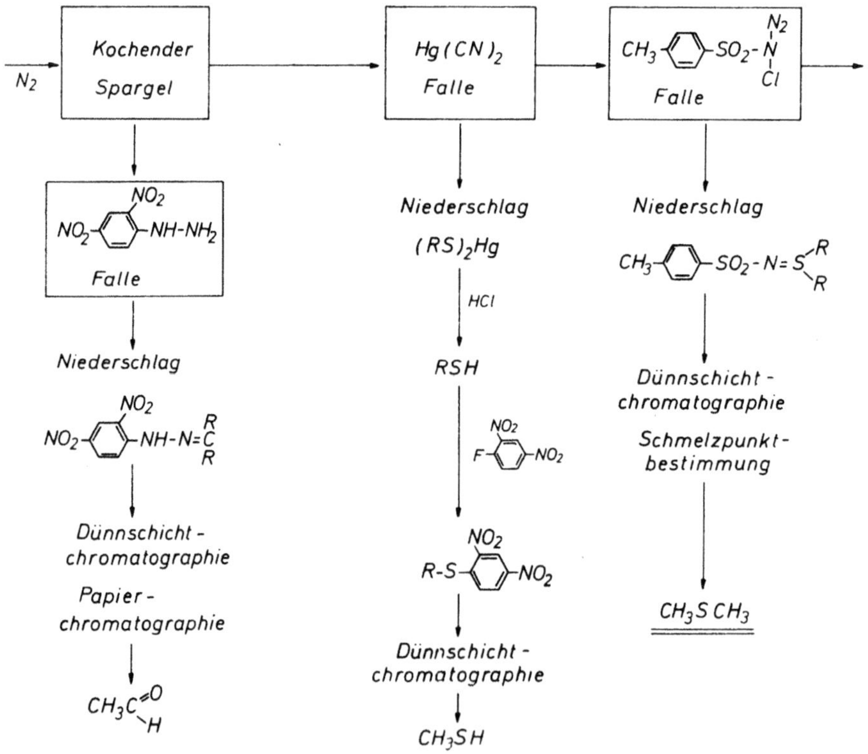

Abb. 5. Untersuchung des Spargelaromas

Ich möchte mich nun der Vorausberechnung der Bitterkeit von Peptiden aus deren Aminosäurezusammensetzung zuwenden. Bittere Peptide werden in der

Literatur in enzymatischen Hydrolysaten von z. B. Casein oder Sojaprotein beschrieben.

Eine Methode, die es gestattet, die Bitterkeit eines Peptids aufgrund seiner Zusammensetzung vorauszusagen, existierte bisher nicht. Die Angaben über Bitterkeit bei definierten Peptiden sind spärlich. *Kirimura* und Mitarb. (25) geben an, daß solche Dipeptide bitter schmecken, die entweder größere Alkylgruppen ($>C_3$) oder eine Kombination von großen mit kleinen Alkylgruppen enthalten oder die aus neutralen und aromatischen Aminosäuren oder aus neutralen und basischen Aminosäuren bestehen.

Aufgrund eigener Arbeiten (26, 27) kamen wir zu der Schlußfolgerung, daß die einzelnen Aminosäurereste mit gewissen Inkrementen zum Bittergeschmack beitragen und daß ihre Hydrophobität den Geschmack des Peptids mitbestimmt.

Nach *Tanford* (28) ist die hydrophobe Wechselwirkung (29) eines Proteins eine additive Größe; sie setzt sich aus Beiträgen der einzelnen nicht polaren Aminosäureseitenketten zusammen. Die hydrophoben Wechselwirkungen liefern den Hauptbeitrag zur freien Energie der Entfaltung ($\triangle$ F) eines Proteinmoleküls, d. h. hier für den Erhalt der Helix-Form. Für den Übergang von der helicalen zur gestreckten Molekülform, d. h. der Denaturierung, gilt:

$$\triangle F \cong \Sigma \triangle f,$$

wobei $\triangle$ f der Beitrag der einzelnen Aminosäureseitenkette ist. Die $\triangle$ f-Werte (Tab. 1) wurden von *Tanford* aus Löslichkeitsdaten (25° C) ermittelt.

Tab. 1. $\triangle$f-Werte der verschiedenen Aminosäureseitenketten

Seitenkette von	$\triangle$ f der Seitenkette in cal/mol
Gly	0
Ala	730
Val	1690
Leu	2420
Ile	2970
Phe	2650
Pro	2600
Met	1300
Tyr	2870
Thr	440
Ser	40
Asp	540
Glu	550
Arg	730
Lys	1500
Try	3000

Wir berechneten für ein Peptid $\Sigma \triangle$ f und dividierten durch die Anzahl der Aminosäurereste, aus denen das Peptid aufgebaut ist. Wir kamen so zu einer Größe Q für die mittlere Hydrophobität des Peptids. Es zeigte sich, daß diese Größe bei Peptiden aus den natürlichen l-Aminosäuren in einer gewissen Relation zur Bitterkeit steht.

Wir untersuchten zunächst einige „isomere" Dipeptide. Tab. 2 gibt die Resultate.

Tab. 2. Werte und Geschmack von „isomeren" Dipeptiden

Peptid	bitter	nicht bitter	Q
Leu-Met	x		1860
Met-Leu	x		1860
Met-Ala		x	1015
Ala-Met		x	1015
Glu-Ala		x	640
Ala-Glu		x	640
Gly-Ala		x	365
Ala-Gly		x	365
Gly-Pro		x	1300
Pro-Gly		x	1300

Es fällt auf, daß der Q-Wert bei den bitteren Dipeptiden viel höher liegt. Die Position der Aminosäuren hat bei den Dipeptiden keinen Einfluß auf den Geschmack.

Tab. 3. Q-Werte und Geschmack von weiteren Dipeptiden

Peptid	bitter	nicht bitter	Q
Glu-Leu		x	1210
Glu-Val		x	1120
Glu-Lys		x	1025
Gly-Gly		x	0
Gly-Asp		x	270
Ala-Asp		x	635
Ser-Asp		x	290
Ser-Glu		x	295
Val-Asp		x	1115
Val-Glu		x	1120
Ala-Ala		x	730
Asp-Asp		x	540
Glu-Asp		x	545
Glu-Gly		x	550
Gly-Ser		x	20
Gly-Thr		x	220
Val-Gly		x	845
Lys-Glu		x	1025
Leu-Tyr	x		2645
Leu-Leu	x		2420
Arg-Pro	x		1665
Asp-Phe	x		1595
Asp-Tyr	x		1705
Val-Leu	x		2055
Gly-Ile	x		1481
Gly-Phe	x		1325
Gly-Try	x		1900
Ala-Phe	x		1690
Val-Val	x		1690
Glu-Phe	x		1600
Gly-Tyr	x		1710
Ala-Leu	x		1575

Aus Tab. 3, die Q-Werte und Geschmack weiterer Dipeptide (30, 31) enthält, entnimmt man, daß bei $Q < 1300$ keine Bitterkeit auftritt, bei $Q > 1400$ liegen bittere Peptide vor. Im Bereich Q = 1300 bis 1400 läßt sich keine eindeutige Zuordnung treffen.

Interessant war, beim Aufbau eines Peptids den Geschmack zu verfolgen (26, 27):

Peptid	bitter	nicht bitter	Q
Glu-Lys		x	1025
Met-Glu-Lys		x	1116
Ala-Met-Glu-Lys		x	1020
Ile-Ala-Met-Glu-Lys	x		1410
Asp-Ile-Ala-Met-Glu-Lys		x	1265
Glu-Asp-Ile-Ala-Met-Glu-Lys		x	1163

Man sieht, daß beim Schritt zum Pentapeptid das Peptid durch das stark hydrophobe Isoleucin bitter wird. Beim Hexa- und Heptapeptid wird dieser Effekt durch die Asparagin- und Glutaminsäure wieder kompensiert.

Wie man Tab. 4 entnimmt, läßt sich unsere Regel bis zu den Octadecapeptiden anwenden.

Tab. 4. Q-Werte und Geschmack von Tri- bis Octadecapeptiden

Peptid	bitter	nicht bitter	Q
Ser-Pro-Pro-Pro-Gly	x		2028
Ala-Ser-Phe		x	1140
Val-Ser-Glu-Glu-Glu-Asp-Ile-Ala-Met-Glu-Lys		x	997
Lys-Asp-$(Glu)_4$-Val-Glu-Ser-Gly-Pro-Asp-Ala-Pro-Leu-Pro-Ala-Glu		x	1071
Val-Val-Val	x		1690
Pro-Gly-Gly-Glu		x	745
Val-Val-Glu		x	1310
Gly-Pro-Phe-Pro-Val-Ile	x		2085
Phe-Phe-Val-Ala-Pro-Phe-Pro-Glu-Val-Phe-Glu-Lys	x		1658
Phe-Ala-Leu-Pro-Glu-Tyr-Leu-Lys	x		2082

Von *Kauffmann* und *Kosel* (32) waren aus Spinat eine Reihe nicht bitterer Oligopeptide isoliert worden, deren Aminosäurezusammensetzung bestimmt wurde. Wir berechneten die Q-Werte dieser Peptide:

Peptid	Q
Glu-Gly	225
Glu-(Gly,Ser)	163
Gly-(Glu,Ser)	163
Ala-(Glu,Gly,Ser)	330
Glu-(Gly,Gly,Ala)	320
Asp-(Glu,Gly,Ser,Ser)	196
Ser-(Gly,Gly,Thr)	257
Ala-(Glu,Glu,Gly,Ser)	374

Auch diese Befunde stehen in Übereinstimmung mit der Regel, daß Peptide mit Q < 1300 nicht bitter sind.

Glu-Lys-Copolypeptide, die nach Angaben japanischer Autoren als Aromaverstärker wirken (33), wiesen keinen Bittergeschmack auf. Das stimmt mit dem errechneten Q-Wert von 1025 überein.

Auch auf den Geschmack einzelner l-Aminosäuren (34—36) läßt sich unsere Regel übertragen (Tab. 5). Lediglich für Lysin und Prolin liegen die Q-Werte für nicht bittere Aminosäuren zu hoch. Allerdings ist in dem leicht süßlichen Geschmack von Lysin und Prolin eine gewisse Bitternote unverkennbar.

Tab. 5. Q-Werte und Geschmack einzelner l-Aminosäuren

l-Aminosäure	bitter	nicht bitter	Q
Gly			0
Ala		x	730
Val	x		1690
Leu	x		2420
Ile	x		2970
Phe	x		2650
Pro		x	2700
Met		x	1300
Tyr	x		2870
Thr		x	440
Ser		x	40
Asp		x	540
Glu		x	550
Arg		x	730
Lys		x	1500

Fujimaki und Mitarb. (36, 37) hatten aus peptischen Sojaprotein-Hydrolysaten eine Reihe bitterer Peptide isoliert:

Peptid	Q
Leu-Phe	2535
Leu-Lys	1960
Phe-Ile-Leu-Leu-Glu-Gly-Val	1814
Arg-Leu-Leu	1863
Arg-Leu	1515

Die errechneten Q-Werte bestätigen wieder unsere Regel.

Auch der Befund, daß bittere Peptide nach Hydrolyse weniger bittere Aminosäuregemische ergeben, läßt sich zwanglos so erklären, daß die aus einer Amidgruppierung entstehenden Carboxyl- und Aminogruppen weniger hydrophob sind als die ursprüngliche Amidgruppe.

Von *Fujimaki* und Mitarb. (38) wurde kürzlich über die Isolierung eines bitteren Tetracosapeptids aus peptischen Sojaprotein-Hydrolysaten berichtet. Durch weitere enzymatische Hydrolyse wurde bis zu dem Tripeptid Tyr-Phe-Leu abgebaut. Es wurde gefunden, daß die Bitterkeit des Tetracosapeptids mit der stark hydrophoben terminalen Sequenz zusammenhängt.

Phe(Arg,Asp_2,Glu_2,Gly,Ile,Leu,Lys_2,Pro,Ser,Thr)
-Tyr-(Ala,Arg,Asp,Gly,Val)-Glu-Tyr-Phe-Leu Q = 1342
Tyr-Phe-Leu Q = 2647

Wir errechneten für das Tetracosapeptid einen Q-Wert von 1342, für das Tripeptid einen Wert von 2647.

Der umgekehrte Schluß, daß nur die C-terminale Gruppierung Tyr-Phe-Leu bittere Peptide ergibt, ist offensichtlich nicht zulässig, da zahlreiche Peptide beschrieben sind, die bitter sind und nicht diese Sequenz aufweisen (36, 39—41). Ähnliches gilt für frühere Vermutungen (36, 37, 42), daß C-terminales Leucin für Bitterkeit verantwortlich sei. Leucin liefert mit $\triangle$ Q = 2420 zwar einen erheblichen Anteil zum Q-Wert eines Peptids und trägt damit allgemein beachtlich zur Bitterkeit bei; es sind jedoch zahlreiche bittere Peptide beschrieben, die kein Leucin enthalten.

Der Q-Wert von 1835 des aus Kulturen von Streptococcus cremoris (43) isolierten bitteren Peptids Arg_2-Gly_2-Glu_2-Ile_2-Leu_2-Phe-Pro_5-Val_4 ist wiederum eine Bestätigung unserer Regel.

Die folgenden bitteren Peptide aus tryptischen Caseinhydrolysaten (41) sollten aufgrund unserer Regel auch bitter sein:

Gly-Pro-Phe-Pro-Val-Ile	(Q = 2085)
Phe-Phe-Val-Ala-Pro-Phe-Pro-Glu-Val-Phe-Gly-Lys	(Q = 1830)
Phe-Ala-Leu-Pro-Glu-Tyr-Leu-Lys	(Q = 1968)

Interessanterweise enthält nur eines von ihnen Leucin, allerdings auch nicht terminal, und die Gruppierung Tyr-Phe-Leu kommt in keinem der drei bitteren Peptide vor.

Hettings und *Parmelee* (44) untersuchten bittere und nicht bittere Gouda-Käse, fraktionierten über Sephadex und erhielten korrespondierende Fraktionen, die im Falle der bitteren Käse nach der Hydrolyse die ausgesprochen hydrophoben Aminosäuren Leucin, Isoleucin und Valin aufwiesen, deren $\triangle$ Q-Anteile stark zur Erhöhung des Q-Wertes beitragen; zu dessen Berechnung genügen indes die Angaben dieser Publikation nicht.

Kürzlich fanden russische Autoren (45), daß Streptokokken-Stämme, die in Milch unter Labzusatz große Mengen bitterer Peptide bildeten, keine Glutaminsäure freisetzen, daß hingegen solche Stämme, die kaum bittere Peptide lieferten, einen Anstieg der freien Glutaminsäure bewirken. Die Zugabe der stark Glutaminsäure bildenden Stämme zur Milch mit den bittere Peptide bildenden Stämmen stimulierte die Zerstörung der bitteren Substanzen. Die Deutung, daß ein großes Angebot der äußerst hydrophilen Glutaminsäure zu deren Einbau in Peptide und damit zur Senkung von deren Q-Werten führte, liegt auf der Hand.

H. D. Belitz und *D. Sparrer* (46) isolierten aus einem chymotryptischen Caseinhydrolysat ein bitteres Peptid (Phe-Tyr-Pro-Glu-Leu-Phe), das mit Q = 1848 auch der Regel entspricht.

Auch bei den 3 nachfolgend zitierten bitteren Peptiden aus der Labempfindlichen Sequenz des α_s-Casein, die von *K. P. Polzhofer* (47) synthetisiert worden waren, bewährte sich die Q-Regel:

Lys-His-Pro-Pros-His-Leu-Ser-Phe	(Q = 1976)
Ser-Leu-Phe-Met-Ala	(Q = 1428)
Lys-His-Pro-Pro-His-Leu-Ser-Phe-Met-Ala-Ile-Pro-Pro-Lys-Lys	(Q = 1934)

Wir wollten nun versuchen, diese Methode (40) auch auf Proteine zu übertragen, um so eine Vorhersage zu ermöglichen, ob im Verlauf einer enzymatischen oder säurekatalysierten Hydrolyse aus einem bestimmten Protein bittere Peptide entstehen können. Da selbst in sehr hydrophoben Proteinen Teilbereiche vorkommen, in denen sich hydrophile Aminosäuren anhäufen, war uns klar, daß man nur die Möglichkeit eines auftretenden bitteren Geschmacks vorhersagen kann, nicht sein unbedingtes Auftreten.

Reine Proteine werden allgemein als geschmacksfrei betrachtet, obwohl kürzlich über die Isolierung eines süßen Proteins berichtet wurde. Sekundäre, tertiäre und quartäre Strukturen sowie oft zu geringe Löslichkeiten verhindern hier wohl eine Geschmacksaktivierung.

Um eine Vorstellung von der Größenordnung der Molekulargewichte von noch schmeckbaren Substanzen zu geben, sei erwähnt (38), daß bei der Dialyse in der Hülse Polypeptide mit einem Molekulargewicht von etwa 2500 zurückblieben, die noch bitter schmeckten.

Aus der Aminosäure-Zusammensetzung verschiedener Proteine (48) errechneten wir die Q-Werte. Wir mußten hier jedoch vom prozentualen Anteil der Aminosäuren ausgehen; durch Division durch 100 erhielten wir jedoch die entsprechenden Q-Werte.

Da die Q-Werte für Casein (Q = 1605), Zein (Q = 1480) und Sojaprotein (Q = 1540) über 1400 lagen, sollten aus diesen bittere Peptide entstehen können, während dies bei Collagen (Q = 1280) oder Muskelfleisch des Rindes (Q = 1300) nur mit geringer Wahrscheinlichkeit zu erwarten war.

Wir haben diese Voraussage anhand einer Literaturrecherche geprüft.

Nach *J. Czulak* (49) und *J. Stadhouders* (50) wird der bittere Geschmack in Käse mit mangelnder proteolytischer Aktivität und dadurch verzögertem Abbau primär entstehender bitterer Peptide erklärt. Bitterer Geschmack war auch bei Versuchen aufgetreten, bei denen die Reifung von Cheddar mittels Papain beschleunigt werden sollte. *V. R. Harwalker* und *E. W. Seitz* (51) fanden, daß Stämme von Streptococcus cremoris, auf Magermilch wachsend, bittere Komponenten produzieren, auf einem synthetischen Medium ohne Casein hingegen nicht. In weiteren Arbeiten (41, 52—53) wird berichtet, daß bittere Peptide in tryptischen Caseinhydrolysaten auftreten, andere Autoren (56—58) erhielten bittere Peptide aus Casein mit einer neutralen Protease aus Bacillus subtilis.

Weiter oben wurde schon über bittere Peptide berichtet, die bei der enzymatischen Proteolyse von Sojaprotein entstehen (38). Bittere Peptide wurden ferner durch Behandlung von Sojaprotein mit Chymotrypsin (59, 60) und durch peptische Spaltung von Sojaprotein (38, 59) erhalten.

Über den enzymatischen Abbau von Zein bzw. das Auftreten bitterer oder nicht bitterer Peptide konnte kaum Literatur gefunden werden. Das gleiche trifft für Muskelfleisch und Collagen vom Rind zu. Auch bei der Verwendung von Papain als Tenderizer, die in den USA bei billigem Fleisch üblich ist, traten keine bitteren Geschmacksstoffe auf (61).

Bei eigenen Untersuchungen mit nicht-enzymatischen Partialhydrolysaten von Casein und Zein waren wir bereits auf bitter schmeckende Peptide gestoßen. Die Bildung bitterer Peptide aus Casein durch nicht-enzymatische Hydrolyse wird von *F. Tokita* (62) beschrieben; über bittere Peptide, die sich aus Collagen oder Muskelfleisch durch Säurehydrolyse bilden, finden sich hingegen keine Literaturangaben.

Aus den bisher vorliegenden Untersuchungen zeigt sich also, daß Proteine mit einem hohen Anteil an hydrophoben Aminosäuren, wie z. B. Casein, Zein, Sojaprotein, deren Q-Wert über 1400 liegt, nach enzymatischer Hydrolyse oder auch nach Säurehydrolyse eher zur Bildung von bitteren Peptiden neigen als Proteine mit einem geringen Anteil an hydrophoben Aminosäuren, wie Collagen und Muskeleiweiß, deren Q-Wert bei 1300 liegt. Voraussagen über das wahrscheinliche Verhalten bei der enzymatischen Hydrolyse von Proteinen können daher zweckmäßigerweise über deren Q-Wert getroffen werden (61). Da aber auch in sehr hydrophoben Proteinen Teilbereiche möglich sind, in denen sich die „hydrophilen" Aminosäuren anhäufen, kann generell nur die Möglichkeit des Auftretens von bitterem Geschmack vorhergesagt werden.

Den Herren Dr. *Pruss*, Dr. *Polzhofer*, Dr. *Freytag* und Dr. *Garg* danke ich für ihre Mitarbeit, für wertvolle Hinweise und für klärende Diskussionen.

Zusammenfassung

a) Substanzen mit Glutamat-ähnlicher Wirkung

Zur Erzielung einer aromaintensivierenden Wirkung soll eine Verbindung 2 negative Ladungen tragen, die 3 bis 9, bevorzugt 4 bis 6 C-Atome voneinander entfernt sind. Eine evtl. vorhandene α-Aminogruppe in l-Konfiguration wirkt zusätzlich intensivierend.

b) S-Methylmethionin als Precursor des Dimethylsulfids im Spargelaroma

Als Beispiel für eine Aminosäure als Precursor eines Aromastoffes wird S-Methylmethionin genannt. Diese Verbindung ist der Precursor des Dimethylsulfids, die wesentliche Komponente des Spargelaromas.

c) Vorausberechnung der Bitterkeit von Peptiden aus ihren Aminosäurezusammensetzungen.

Es wird eine neue Methode beschrieben, die es gestattet, anhand der Aminosäurezusammensetzung eines Peptids vorauszusagen, ob dieses bitter ist. Dazu wird aus thermodynamischen Daten der einzelnen Aminosäuren ein Wert Q errechnet. Peptide mit $Q < 1300$ sind nicht bitter, Peptide mit $Q > 1400$ haben einen bitteren Geschmack. Alle bisher beschriebenen isolierten oder synthetisierten Peptide mit definiertem Geschmack entsprechen unserer Regel.

Mit dieser Methode läßt sich auch vorhersagen, ob bei der Hydrolyse eines Proteins mit dem Auftreten bitterer Peptide zu rechnen ist. So sollten aus Casein, Sojaprotein und Zein bevorzugt bittere Peptide entstehen können, aus Collagen und Muskelfleisch vom Rind nicht. Dies deckt sich mit den in der Literatur vorliegenden und eigenen Ergebnissen.

Résumé

a) Substances possédant des actions similaires à celles du glutamate

Dans le but d'améliorer l'effet de flaveur, le composé doit posséder deux charges négatives lesquelles sont séparées par les positions des atomes 4—6 C. La présence d'un groupe aminé alpha dont la configuration est L provoque un effet additionnel supérieur.

b) S-methylméthionine en tant que précurseur de sulfide diméthyl dans la saveur des asperges

S-méthylméthionine est cité comme exemple de précurseur d'une flaveur. Ce composé est un précurseur de sulfide diméthyl lequel s'avère être le principal composant de la flaveur des asperges.

c) Détermination de l'amertume des peptides basée sur la composition des acides aminés.

Une nouvelle méthode, basée sur la composition des acides aminés par laquelle l'amertume d'un peptide peut être déterminée, a été trouvée. Grâce aux données de la thermodynamique des acides aminés particuliers une valeur Q, a été évaluée. On a constaté que les peptides dont la valeur Q est inférieur à 1300 ne possèdent pas un goût amer, alors que pour une valeur Q supérieure à 1400, ces peptides en avaient un. Tous les peptides possédant des flaveurs bien définies, ayant fait l'objet de publication, isolés ou synthétisés, suivent ce principe.

Il est également possible de prévoir avec cette méthode, si l'on doit s'attendre à trouver des peptides amers durant l'hydrolyse d'une protéine particulière. En conséquence, on doit s'attendre à des peptides amers provenant de la caséine, de la protéine du soya et du zein, ceci n'étant pas le cas pour le collagen et les tissus musculaires bovins. Ces découvertes conformes aux résultats décrits dans le texte, le sont également avec nos propres observations.

Summary

a) Substances with glutamate like action

In order to achieve a flavour enhancing effect, the compound must possess two negative charges which are separated by 3—9 C atom positions preferably by 4—6 C atoms. Presence of an alpha amino group in L-configuration imparts an additional enhancing effect.

b) S-Methylmethionine as precursor of dimethyl sulfide in asparagus flavour

S-methyl methionine is mentioned as an example of a precursor of a flavour. This compound is a precursor of dimethyl sulfide which is the main flavour component of asparagus.

c) Prediction of bitterness of peptides based on their amino acid composition

A new method based on the amino acid composition has been derived by which the bitterness of a peptide can be predicted. From the thermodynamic data of the individual amino acid a value called by us as Q was calculated. It was found that the peptides having Q less than 1300 did not possess a bitter taste whereas the value of Q which is more than 1400 were bitter in taste. All peptides with defined flavour which so far have been published, whether isolated or synthesised follows this principle.

It is also possible to predict with this method whether bitter peptides would be expected during hydrolysis of a particular protein. Accordingly the bitter peptides are to be expected from casein, soybean protein and zein, this being not the case for collagen and bovine muscular tissue. These findings conform to the results described in literature as well as our own observations.

Literatur

1 *Kuninaka, A.*, Symposium on Foods, The Chemistry and Physiology of Flavours. 515 ff. (Westport/Conn.: Avi, 1967). — 2. *Solms, J.*, Aroma- und Geschmacksstoffe in Lebensmitteln. 199 ff. (Zürich: Forster 1967). — 3. *Sakakibara, E. A., F. N. Hagihara,* A.P. 3.214.276, 26. 10. 1965. — 4. D.A.S. 1.492.729 vom 25. 9. 1969. — 5. *Ajinomoto,* Belg.P. 918.640 vom 13. 2. 1963. — 6. *Kaheko, T., B. Toi, S. Ikeda,* A.P. 3.259.505, 5. 7. 1966. — 7. *Toi, B., S. Maeda, S. Ikeda, H. Furukawa,* A.P. 3.109.741, 5. 11. 1963. — 8. *Matsuda, I. C., A. M. Shiba,* D.A.S. 1.517.060 vom 14. 5. 1969. — 9. A.P. 2.971.848, General Foods, 14. 2. 1961. — 10. Can.P. 663.877, General Foods, 12. 5. 1958. — 11. Brit. P. 855.892, General Foods, 14. 2. 1961. — 12. *Kirk-Othmer,* 2. Aufl., Bd. 2, S. 198 (New York-London-Sidney 1963). — 13. *Leuthardt, F.*, Lehrbuch der physiologischen Chemie, 15. Aufl., S. 662 (Berlin 1963). — 14. *Rudy, H.*, „Fruchtsäuren" (Heidelberg 1967). — 15. A.P. 3.285.751, Cumberland Packing Co., 15. 11. 1966. — 16. *Koch, K. H.*, D.P.I. 294173, 30. 4. 1969. — 17. *Hoshino, K.*, D.A.S. 1.442.323, 12. 12. 1968. — 18. *Woskow, M. H.*, Food Technol. **23,** 1364 (1969). — 19. *Solms, J.*, Chimia (Aarau) **21,** 196 (1967). — 20. *Bouthilet, R. J.*, Food Res. **16,** 201 (1951). — 21. Handbuch der Lebensmittelchemie, Bd. 1, S. 772 (Berlin-Heidelberg-New York 1965). — 22. *Ney, K. H.*, Z. Unters. Lebensm. Forsch. **146,** 141 (1971). — 23. *Freytag, W., K. H. Ney,* ibid. **137,** 293 (1963). — 24. *Ney, K. H., W. Freytag,* ibid. **149,** 154 (1972). — 25. *Kirimura, J., A. Shimizu, A. Kimizuka, T. Ninomiya, N. Katsuya,* J. Agr. Food Chem. **17,** 689 (1969). — 26. *Polzhofer, K. P., K. H. Ney,* Tetrahedron **24,** 6619 (1968). — 27. *Polzhofer, K. P., K. H. Ney,* Tetrahedron **26,** 3221 (1970). — 28. *Tanford, C.*, J. Am. Chem. Soc. **84,** 4240 (1962). — 29. *Némethy, G.*, Angew. Chem. **79,** 260 (1967). — 30. *Mazur, R. H. J. M. Schlatter, A. H. Goldkamp,* J. Am. Chem. Soc. **91,** 2684 (1969). — 31. *Matoba, T., C. Nagayasu, R. Hayashi, R. Hata,* Agr. Biol. Chem. (Tokyo) **33,** 1662 (1969). — 32. *Kauffmann, T., Ch. Kosel,* Biochem. Z. **331,** 377 (1959). — 33. E.P. 1064417 (Erf. Kyowa Hakko Kogyo Co. Ltd.) vom 19. 11. 1904. — 34. *Solms, J.*, J. Agr. Food Chem. **17,** 686 (1969). — 35. Encyclopedia of Chemical Technology, *Kirk-Othmer,* 2. Aufl., Bd. 2, S. 169 (New York 1963). — 36. *Fujimaki, M., M. Yamashita, Y. Okazawa, S. Arai,* Agr. Biol. Chem. Tokyo **32,** 794 (1968). — 37. *Fujimaki, M., M. Yamashita, Y. Okazawa, S. Arai,* J. Food Sci. **35,** 215 (1970). — 38. *Arai, S., M. Yamashita, H. Kato, M. Fujimaki,* Agr. Biol. Chem. **34,** 729 (1970). — 39. *Kirimura, J., A. Shimizu, A. Kimizuka, T. Ninomiya, N. Katsuya,* J. Agr.

Fd. Chem. **17**, 689 (1969). — 40. *Ney, K. H.*, Z. Lebensm. Unters. Forsch. **147**, 64 (1971). — 41. *Matoba, T., R. Hayashi, T. Hata*, Agr. Biol. Chem. **34**, 1235 (1970). — 42. *Yamashita, M., S. Arai, M. Fujimaki*, Agr. Biol. Chem. **33**, 321 (1965). — 43. *Gordon, D. F., M. C. Speck*, Appl. Microbiol. **13**, 537 (1965). — 44. *Hettings, D. H., C. E. Parmelee*, J. Dairy Sci. **48**, 784 (1965). — 45. *Zvyagintsev, V. I., A.V. Gudkov, I. P. Buzov, Z. P. Medvedeva*, Prikl. Biokhim. Mikrobiol. **7**, 51 (1971) zit. nach CA 74, No. 98425 (1971). — 46. *Belitz, H. D., D. Sparrer*, Lebensmittel Wiss. Technol. **4**, Heft 4, 131 (1971). — 47. *Polzhofer, K. P.*, Hoppe-Seyler's Z. physiol. Chem. **352**, Heft 1, 4 (1971). — 48. *Leuthardt, F.*, Lehrbuch der physiol. Chemie, 15. Aufl., 110 (Berlin 1963). — 49. *Czulak, J.*, Australian J. Dairy Technol. **14**, 177 (1959). — 50. *Stadhouders, J.*, 16. Int. Milchw. Kongr. Sect. IV, **1**, 353 (1962). — 51. *Harwalker, V. R., E. W. Seitz*, J. Dairy Sci. **54**, 12 (1971). — 52. *Carr, J. W., T. C. Loughheed, B. E. Baker*, J. Sci. Food Agr. **7**, 629 (1956). — 53. *Matoba, T., C. Nagayasu, R. Hayashi, T. Hata*, Agr. Biol. Chem. (Tokyo) **33**, 1662 (1969). — 54. — *Hayashi, R., T. Hata*, Agr. Biol. Chem. (Tokyo) **34**, 1235 (1970). — 55. *Dyachenko, P. F., E. A. Zhdanova*, Molochn. Prom. **22**, 32 (1961). — 56. *Ichikawa, K., T. Yamamoto, A. Nishio, J. Fukumoto*, Nippon Nogeikagaku Kaishi **34**, 448 (1960). — 57. — — *Fukumoto, J.*, Nippon Nogeikagaku Kaishi **33**, 1044 (1959). — 58. Hakko Kyokaishi **17**, 453 (1959). — 59. *Yamashita, M., S. Arai, J. Matsuyama, H. Kato, M. Fujimaki*, Agr. Biol. Chem. (Tokyo) **34**, 1492 (1970). — 60. *Petritschek, A., F. Lynen, H. D. Belitz*, Lebensmittel Wiss. Technol. **5**, 77 (1972). — 61. *Ney, K. H.*, Z. Lebensm. Unters. Forsch. **149**, 321 (1972). — 62. *Tokita, F.*, Z. Lebensm. Unters. Forschg. **137**, 370 (1962). — 63. *Petritschek, A., F. Lynen, H. D. Belitz*, Lebensmittel Wiss. Technol. **5**, 47 (1972).

Anschrift des Verfassers:

Dr. *K.-H. Ney*

Unilever Forschungsgesellschaft, 2 Hamburg 50, Behringstraße 154

14.

Aus dem Institut für Chemie und Technologie
der Bundesforschungsanstalt für Lebensmittelfrischhaltung Karlsruhe

Über die Süßkraft von Fructose und Glucose unter verschiedenen Bedingungen

Von *A. Fricker* und *J. Gutschmidt* (Karlsruhe)

Mit 8 Abbildungen und 2 Tabellen

Von den vier Grundgeschmacksrichtungen süß, sauer, salzig, bitter wird wohl die Richtung „süß" vom Menschen als die angenehmste empfunden. Deswegen sind die Zucker Nahrungsmittel bzw. Nahrungsmittelzusätze, die in außerordentlich großem Umfange verwendet werden. Nicht immer stand oder steht der Stoff, der als der eigentliche Zucker zu bezeichnen ist, nämlich die Saccharose, in ausreichendem Umfang zur Verfügung; auch gibt es Fälle, wo aus gesundheitlichen Gründen die Verwendung von Saccharose nicht oder nur in beschränktem Umfange zulässig ist. Aus diesen Gründen wurden andere Zucker wie Glucose oder Fructose in die Ernährung eingeführt, und sonstige Süßungsmittel, die sogenannten Süßstoffe, entwickelt. Solche Stoffe schmecken aber, verglichen mit Rohrzucker, mehr oder weniger stark süß, d. h. sie haben verschiedene Süßkraft. Diese Süßkraft ist aber nicht in dem Sinne objektiv zu messen, wie z. B. die Helligkeit einer Lampe; man kann also keine definierte Einheit im physikalischen oder chemischen Sinne dafür angeben. Die Messung muß über das Meßinstrument Mensch erfolgen und man muß sich mit auf dieses Meßinstrument bezogenen Definitionen begnügen. Üblich sind folgende Definitionen:

1. Der *Süßungsgrad*, der die Menge Saccharose in Gramm angibt, die in einem bestimmten Volumen Wasser gelöst werden muß, damit die Lösung ebenso süß schmeckt, wie die Lösung von einem Gramm des zu prüfenden Süßungsmittels in dem gleichen Volumen Wasser, d. h. der Süßungsgrad der Saccharose wird gleich 1 gesetzt.
2. Häufig wird an Stelle des Süßungsgrades die *relative Süßkraft* in Prozenten angegeben, bezogen auf Saccharose = 100 %.

Man kann in der Literatur zahlreiche Tabellen über die relative Süßkraft verschiedener Zucker, Zuckeraustauschstoffe und auch sonstiger süß schmeckender Substanzen finden. Tab. 1 gibt eine solche Zusammenstellung aus einer Arbeit von *Graefe* (1) wieder, die zeigt, daß die Glucose nur etwa die halbe Süßkraft von Saccharose hat, während Fructose eine etwas größere Süßkraft aufweist. Die Zahlen für die anderen Stoffe sollen nur als Vergleichsinformation dienen.

Tab. 1. Süßungsgrad und relative Süßkraft verschiedener Naturstoffe und Süßmittel (ein- bis dreiprozentige Lösungen)

Bezeichnung	Süßungsgrad (S. G.)	% rel. Süßkraft (S. K.)
Saccharose	1,00	100
Dextrose	0,55	55
Glucosesirup (78 % Tr.)	0,26	26
Laevulose	1,05	105
Lactose	0,27	27
Glycerin	0,48	48
D-Sorbit	0,48	48
D-Mannit	0,45	45
Dulcit	0,41	41
Xylit	etwa 1,00	etwa 100
Saccharin-Natrium	etwa 500	etwa 50 000
Dulcin	etwa 250	etwa 25 000
Calciumcyclamat	etwa 30	etwa 3 000
Glykokoll	0,64	64
Sarkosin (N-Methyl-glycin)	0,73	73
D,L-Alanin	0,92	92

Man hat aber schon relativ früh festgestellt, daß solche Zahlen doch mit einer gewissen Vorsicht zu betrachten sind, weil die relative Süßkraft von mehreren Faktoren abhängt, wobei insbesondere vier Faktoren zu nennen sind, die sich zusätzlich noch gegenseitig beeinflussen können:

1. Konzentrationsabhängigkeit
2. Temperaturabhängigkeit
3. Synergistische und antagonistische Wirkungen der verschiedenen Zucker aufeinander im Hinblick auf die Süßkraft der geprüften Mischungen.
4. Vorliegen und Mengenverhältnisse der verschiedenen stereoisomeren Formen einzelner süß schmeckender Substanzen.

Zum letzten Punkt nur einige kurze Angaben. Die α-Form der D-Glucose ist süßer als das β-Anomere, weswegen eine frisch hergestellte wäßrige Dextroselösung süßer als eine gleichkonzentrierte Lösung, die längere Zeit gestanden hat, schmeckt, da sich während des Stehens ein Gleichgewicht zwischen diesen beiden Formen einstellt. Auch die α-Anomeren der Galactose und Mannose sind süßer als die β-Anomeren, während die Verhältnisse bei Fructose und Lactose umgekehrt sind.

Als Beispiel für die Konzentrationsabhängigkeit soll eine Tabelle aus der bereits genannten Arbeit von *Graefe* dienen, die zeigt, daß 50 %ige Lösungen von Dextrose gleich süß schmecken, wie gleichkonzentrierte Saccharoselösungen, während

Tab. 2. Abhängigkeit des Süßungsgrades der Dextrose von der Konzentration (bezogen auf Saccharose = 1,00)

Konzentration (%) bezogen auf Tr.	Süßungsgrad
1	0,46
2	0,50
5	0,58
10	0,66
15	0,73
20	0,78
25	0,82
30	0,86
35	0,90
40	0,94
45	0,97
50	1,00

bei der 1 %igen Lösung nur die halbe Süßkraft zu beobachten ist. Ähnliches findet man auch beim Vergleich der Süßkraft von Süßstoffen mit Saccharose, wie wir (2) vor einiger Zeit am Beispiel des Cyclamats zeigen konnten.

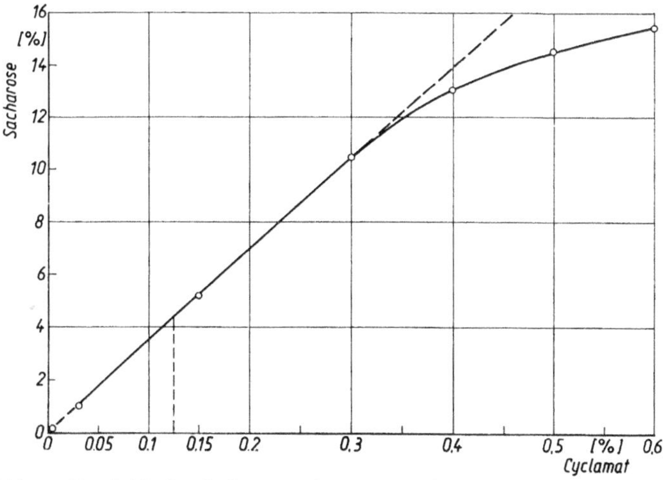

Abb. 1. Vergleich des Süßungsgrades von Saccharose und Na-Cyclamat.

Man sieht daraus, daß zwar innerhalb eines bestimmten Bereiches ein gradliniger Verlauf der Vergleichskurve festzustellen ist; von einer bestimmten Konzentration an biegt diese Kurve aber ab, d. h. bei diesen Konzentrationen ändert sich die Süßkraft im Vergleich zu Saccharose.

Aber nicht nur von der Konzentration ist die relative Süßkraft abhängig, sondern auch von der jeweils verwendeten Bezugssubstanz, wie *Stone* und *Oliver* 1969 (3) zeigen konnten. Abb. 2, die aus dieser Arbeit entnommen ist, gibt dafür einige typische Beispiele.

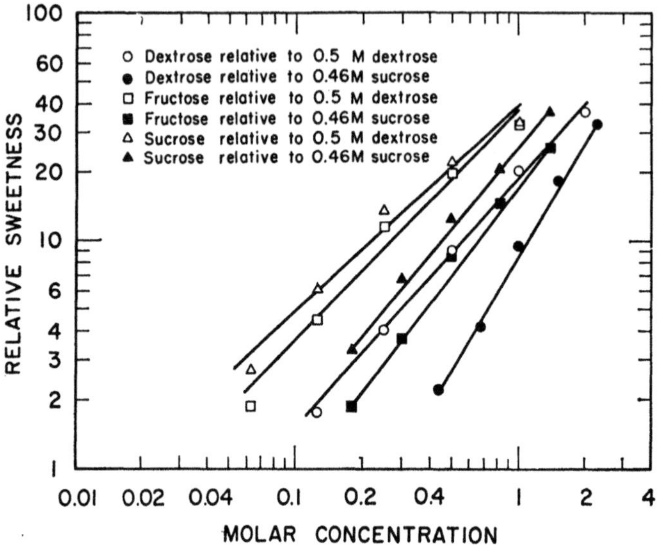

Abb. 2. Scales of relative sweetness for individual sugars.

Hier ist gegenübergestellt die relative Süßkraft verschiedener Konzentrationen an Zuckern, jeweils bezogen auf eine bestimmte Konzentration an Bezugssubstanz. Die Darstellungsweise ist etwas ungewöhnlich, denn man ging jeweils davon aus, die Süßkraft der angegebenen Referenzsubstanz in der angegebenen Konzentration mit der Intensität 10 zu belegen, und die Süßkraft der zu vergleichenden Konzentrationen an anderen oder an demselben Zucker damit zu vergleichen. Auf Einzelheiten möchte ich nicht eingehen. Die Abbildung zeigt aber einerseits, daß die jeweiligen Kurven nicht absolut parallel verlaufen, d. h. die Konzentrationsabhängigkeit ist verschieden, und daß zum anderen auch auf diese Weise die bereits erwähnte Tatsache wiederum zu belegen ist, daß Saccharose süßer ist als Dextrose, und Fructose etwas süßer als Saccharose.

Lassen Sie mich bitte auch noch einen weiteren Gesichtspunkt vorwegnehmen, den ich hier nicht ausführlich behandeln kann, und zwar die gegenseitige Beeinflussung verschiedener süß schmeckender Stoffe. Diese Fragen sind außerordentlich kompliziert und auch noch nicht ausreichend untersucht. Ich möchte als Beispiel nur eine neuere japanische Arbeit (4) zitieren, in der entsprechende Untersuchungen mit Fructose, Glucose, Xylose, Sorbit, Mannit, Natriumcyclamat, Saccharin-Natrium, Glycin, Alanin und Tryptophan, im Vergleich mit Saccharose beschrieben sind. Es konnten sowohl additive als auch synergistische Effekte gefunden werden. Die Art der Mischung war von Bedeutung. Meist waren die Effekte additiver Natur, synergistische Effekte waren zwischen Saccharose und Fructose sowie Xylit zu finden, und auch, in etwas geringerem Umfange, zwischen Saccharose und

Natriumcyclamat sowie Saccharin-Natrium. Antagonistische Wirkungen waren praktisch nicht zu beobachten.

Der Einfluß der Temperatur auf die Süßkraft verschiedener Zucker ist ebenfalls schon mehrfach untersucht worden. Als Beispiel dafür möchte ich die eingehenden Untersuchungen von *Tsuzuki* und *Yamazaki* (5) erwähnen, welche die Süßkraft von Glucose, Sorbose, Maltose und Fructose im Vergleich zu derjenigen von Saccharose zum Gegenstand hatten; ergänzend dazu wurde auch die Konzentrationsabhängigkeit der Süßkraft von Fructose ermittelt. Das Ergebnis dieser letzten Untersuchung gibt Abb. 3 wieder, welche zeigt, daß mit zunehmender Konzentration die Süßkraft gegenüber Saccharose absinkt.

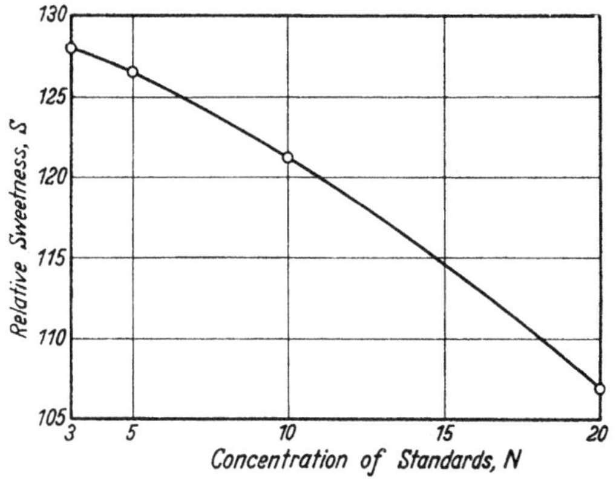

Abb. 3. Relation between Sweetness and Concentration of Fructose.

Die Temperaturabhängigkeit der Süßkraft der verschiedenen Zucker gibt Abb. 4 wieder, wobei die Werte für Fructose und Glucose gegenüber 5 %igen Saccharoselösungen, die Werte für Galactose und Maltose gegenüber 2 %igen Saccharoselösungen, die Werte für Sorbose gegenüber 3 %igen Saccharoselösungen gelten; die Anwendung der verschiedenen Konzentrationen ist durch die relativ sehr unterschiedliche Süßkraft der Zucker bedingt. Man kann daraus entnehmen, daß die Süßkraft der Fructose bei niedrigen Temperaturen, und zwar jeweils in wäßrigen Lösungen, doch erheblich höher ist als die der Saccharose, während bei Temperaturen um 40° die Süßkraft gleich wird und bei 60° auf 80 % absinkt. Diese starke Temperaturabhängigkeit war aber nur bei Fructose zu finden, während bei den anderen Zuckerarten zwar ebenfalls ein Absinken der Süßkraft mit zunehmender Temperatur zu beobachten war, dessen Ausmaß aber geringfügig erscheint.

Die Fructose nimmt also eine gewisse Ausnahmestellung hinsichtlich der Temperaturabhängigkeit ihrer Süßkraft ein. Auch im Stoffwechsel des Menschen hat die Fructose eine gewisse Ausnahmestellung, denn sie wird unabhängig vom Insulin abgebaut. Diese Tatsache führte dazu, daß Fructose schon lange als Süßungsmittel für Diabetiker zur Debatte stand, wobei ihre Bedeutung aus den verschiedensten Gründen starken Schwankungen unterworfen war. So steht z. B. in Ullmanns Enzyklopädie 1957: „Während die ältere Indikation als Diabetikerzucker in den Hintergrund gerückt ist, wird die Fructose heute zur parenteralen Zufuhr von Kohlenhydraten verwendet". In einem Übersichtsartikel (6) aus der „Chemischen Rundschau" 1971 wird dagegen geschrieben: „Fructose ist das ideale Süßungsmittel für Zuckerkranke"; ein neues, in Finnland zur technischen Reife gebrachtes

Verfahren soll auch die Herstellung preisgünstiger Fructose gestatten. Diese Tatsachen bewogen uns einerseits, die Temperaturabhängigkeit der Süßkraft von Fructose in wäßrigen Lösungen neu zu überprüfen, und andererseits auch ihre Süßkraft in verschiedenen Getränken zu erproben, und zwar ebenfalls in Abhängigkeit von der Temperatur. Als Prüfungsmethode wurde jeweils der Reihen-Vergleichstest

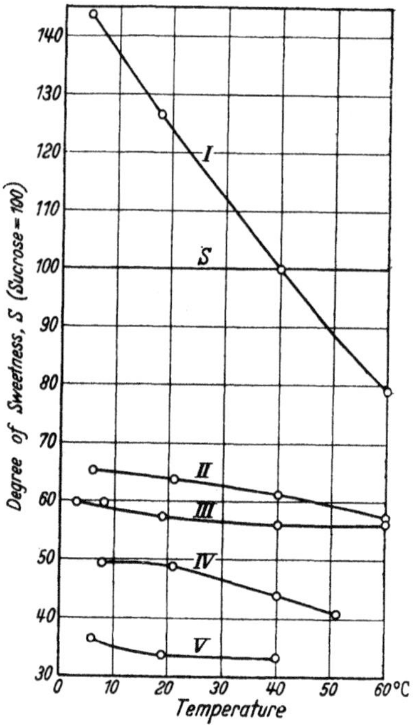

Abb. 4. Sweetness of Sugars at various Temperatures. I d-Fructose, S Sucrose, II l-Sorbose, III d-Glucose, IV d-Galactose, V Maltose.

angewendet, bei dem eine 3 bzw. 5 %ige Saccharoselösung jeweils vier entsprechend konzentrierten Fructoselösungen gegenübergestellt wurde. Die Frage lautete: „Vor Ihnen stehen 5 Gläser, Nr. 1 ist die Bezugsprobe. Bitte beurteilen Sie, welche der 4 Proben der Bezugsprobe an Geschmacksintensität entspricht". Als Testpanel wurden 15 erfahrene Sensoriker eingesetzt, die auf ihre Eignung zur Testung von Zuckerlösungen überprüft worden waren.

In gleicher Weise wurde eine Reihe mit Tee als Substrat angesetzt, wofür 7 g Tee/l Wasser verwendet worden waren, dem ebenfalls 5 % Saccharose als Vergleichslösung zugesetzt worden waren. Als weiteres Substrat diente Zitronensaft (Marke Sunkist, 170 ml auf 1 l mit Leitungswasser aufgefüllt); infolge des stark sauren Charakters dieses Getränks mußten 15 % Saccharose für die Vergleichslösung zugesetzt werden, da sich mit einer Konzentration von 5 % kein ausreichender Süßungseffekt erreichen ließ. Bei einem in ähnlicher Weise angesetzten Versuch mit Grapefruitsaft zeigte sich, daß hier eine Konzentration von 5 % durchaus schon effektiv war; bei diesem Getränk wurde allerdings auf eine Testung bei höheren Temperaturen verzichtet, da Grapefruitsaft als Heißgetränk unüblich ist.

Abb. 5 gibt die Ergebnisse der Prüfungen von wäßrigen Lösungen wieder. Zum Vergleich sind auch die von den erwähnten Japanern gefundenen Werte eingetragen, und man sieht, daß eine praktisch vollkommene Übereinstimmung zwischen diesen und unseren Ergebnissen besteht, was die Süßkraft von 5 %iger Saccharose im Vergleich zu entsprechenden Fructosekonzentrationen betrifft. Der bereits er-

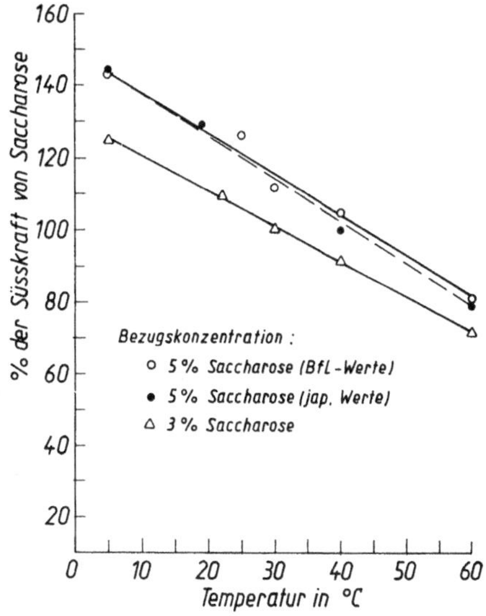

Abb. 5. Vergleich der Süßkraft von Fructose und Saccharose in Leitungswasser.

wähnte Abfall der Süßkraft mit der Temperatur von über 140 % bei + 5° auf rund 80 % bei + 60° konnte reproduziert werden. Deutlich war die Konzentrationsabhängigkeit der Süßkraft bei der Testung gegenüber 3 %igen Saccharose-

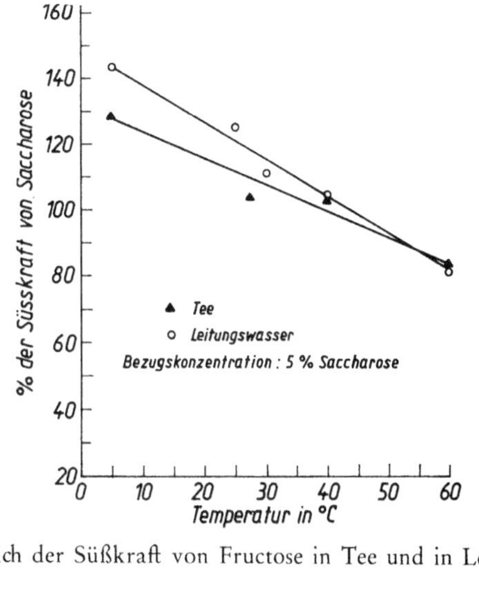

Abb. 6. Vergleich der Süßkraft von Fructose in Tee und in Leitungswasser.

lösungen zu beobachten, da hier der Wert für Fructose bei 5° 125 % betrug, und bei 60° nur 71 %. Ein sehr ähnlicher Verlauf konnte bei den Versuchen mit Tee gefunden werden, nur war der Abfall der Kurve etwas flacher, wie die Abb. 6 zeigt. In Tee als Substrat war bei 5° eine merklich geringere Süßkraft gegenüber wäßrigen Lösungen zu finden, wie die eingezeichnete Vergleichsgerade zeigt.

Völlig anders lagen die Verhältnisse, wenn die stark sauren Produkte Grapefruitsaft und Zitronensaft untersucht wurden. In Abb. 7 ist dargestellt, daß bei diesen Produkten im Bereich zwischen 5 und 30° eine weitgehend gleiche Süßkraft

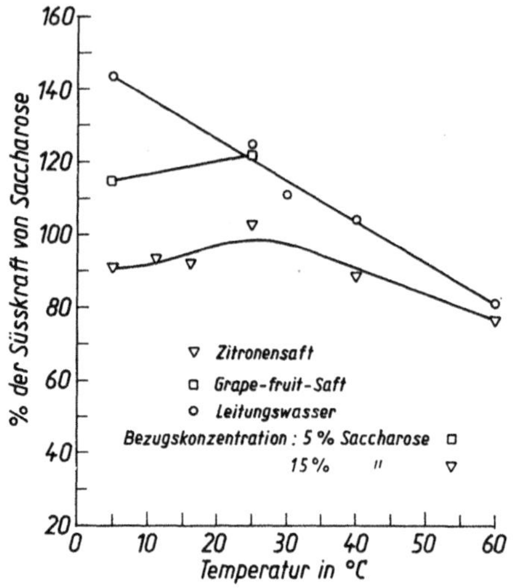

Abb. 7. Vergleich der Süßkraft von Fructose in Zitronensaft, Grapefruit-Saft und Leitungswasser.

zu beobachten war, wobei eher noch eine Tendenz zu einer Erhöhung der Süßkraft bei 30° festzustellen ist. Die Absolutwerte lagen insbesondere bei Zitronensaft erheblich niedriger, was aber z. T. damit erklärt werden kann, daß ja, wie eingangs gezeigt wurde, mit erhöhter Konzentration der Saccharose sich deren Süßkraft mehr derjenigen der Fructose nähert, und wir hatten ja bei diesen Versuchen mit 15 % Zuckerzusatz arbeiten müssen. Aber auch beim Grapefruitsaft, bei dem nur eine Konzentration von 5 % verwendet wurde, ist ein Abfall der relativen Süßkraft gegenüber Saccharose zu beobachten, und ebenso die gleichbleibende Süßkraft bei der Temperaturerhöhung auf 25° bzw. die leicht steigende Tendenz. In diesen beiden Medien verhielt sich also die Temperaturabhängigkeit der Süßkraft völlig anders als in wäßrigen Medien bzw. in Tee. Ich darf anmerken, daß bei diesen sauren Produkten die Urteile der Prüfer etwas stärker schwankten als bei den anderen untersuchten Lösungen, weswegen wir gerade die Versuche mit Zitronensaft mehrfach wiederholten. Das Ergebnis blieb aber jedesmal gleich.

Bei den Überlegungen, worauf dieser Effekt zurückzuführen sei, war natürlich daran zu denken, daß die Ansätze mit Wasser bzw. Tee einen pH-Wert von etwa 6,5 aufwiesen, während in den Zitronensäften ein pH-Wert von 2,5 vorlag. Es konnte also einerseits eine Wechselwirkung physiologischer Art zwischen dem Geschmackseindruck „süß“ und dem Geschmackseindruck „sauer“ vorliegen, es konnte aber andererseits auch die Möglichkeit bestehen, daß insbesondere bei den hohen Temperaturen eine Hydrolyse des zu Vergleichszwecken eingesetzten Rohrzuckers eintritt, was dessen Süßkraft beeinflussen kann. Über die Süßkraft von Invertzuckerlösungen verschiedenen Invertierungsgrades liegen aber keine Angaben vor; wenn also eine solche Invertierung während der Versuchsdauer, die immerhin jeweils etwa 2 Stunden betrug, eingetreten wäre, so könnte dies zu einem anderen Süßungseindruck in der jeweiligen Vergleichslösung führen. Deshalb wurden die entsprechenden Ansätze von Zitronensaft bei 5°, 27° und 60° nach $2^1/_2$ Stunden durch Zusatz von Diresorcin und Saligenin stabilisiert, mit einer Mischung von Triäthylamin und Methanol auf pH 6 bis 7 titriert, und die Zuckerzusammensetzung gaschromatographisch analysiert. Zur Kontrolle wurden auch die Ansätze mit Tee bei 5° und 60° und der Ansatz in Leitungswasser bei 60° ebenfalls in der

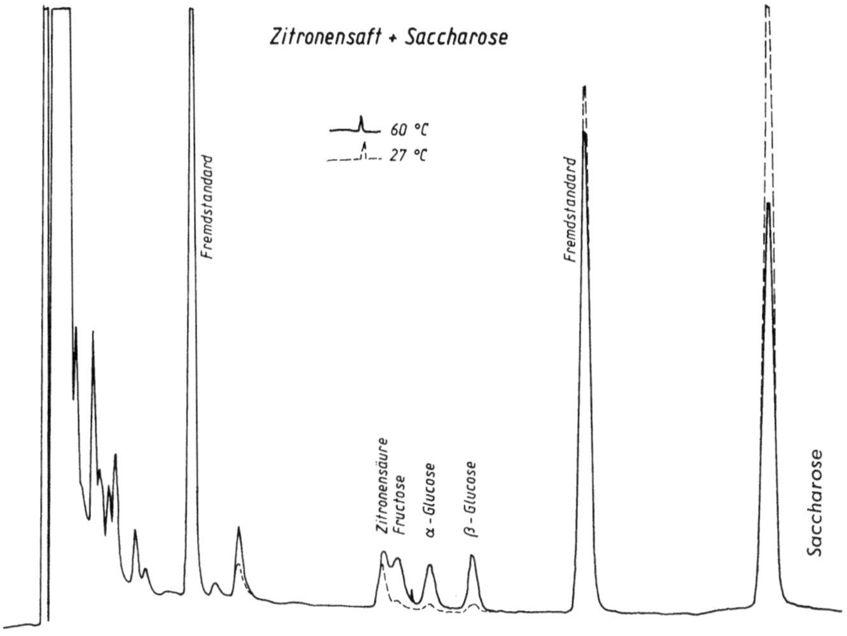

Abb. 8. Gaschromatogramme der Zucker aus Zitronensaft.

selben Weise gaschromatographisch untersucht. Dabei zeigte sich, daß bei den Ansätzen mit Tee und Wasser bei keiner Temperatur eine Hydrolyse der Saccharose stattfand, ebenso konnte in Zitronensaft bei 5° und bei 27° keine Hydrolyse festgestellt werden. Anders lagen die Verhältnisse bei 60°: hier war bei den Zitronensäften eine deutliche Hydrolyse festzustellen, und zwar wurden 22 % der eingesetzten Saccharose gespalten und es traten Fructose sowie α- und β-Glucose auf. Abb. 8 demonstriert diese Verhältnisse. Diese Untersuchungen wurden freundlicherweise von Herrn Dr. *Rumpf* vom Institut für Strahlentechnologie unserer Anstalt durchgeführt, und zwar mit einer von ihm entwickelten gaschromatographischen Methode, die er an anderer Stelle publiziert hat (7). Man sieht aus diesem Bild sehr deutlich, wie eine Abnahme des Saccharosegehaltes und eine Zunahme von Fructose, α- und β-Glucose in den bei 60° gehaltenen Zitronensaftproben eingetreten ist.

Da aber gerade bei 60° die Werte für die relative Süßkraft der Fructose gegenüber Saccharose in Zitronensaft und in wäßrigen Lösungen praktisch identisch waren, während bei 27°, wo die großen Abweichungen gegenüber wäßrigen Lösungen zu beobachten waren, keine Zuckerhydrolyse eingetreten ist, bringt dieser Befund keine eindeutige Klärung der in diesen sauren Produkten abweichenden Süßkraft. Man ist also wohl gezwungen, anzunehmen, daß die Abweichungen im niedrigen Temperaturbereich auf physiologische Gegebenheiten zurückzuführen sind, und zwar wahrscheinlich im Sinne einer gegenseitigen Beeinflussung der Geschmacksempfindung für die Geschmacksrichtungen „süß“ und „sauer“.

Da sich in wäßrigen Lösungen von Fructose bekanntlich ein Gleichgewicht zwischen α- und β-Form sowie zwischen Pyranose- und Furanoseform einstellt — bei 20° C sollen etwa 20 % Furanose vorliegen — und dieses Gleichgewicht mit Sicherheit temperatur- und wahrscheinlich auch pH-abhängig ist, so könnte auch diese Variation in der Zusammensetzung von Lösungen von Fructose im Hinblick auf diese Isomeren eine gewisse Rolle für die jeweilige Süßkraft spielen, da die Süßkraft der einzelnen Formen unterschiedlich ist. Wir möchten aber vermuten, daß der Hauptgrund für die Abweichungen im physiologischen Bereich liegen dürfte.

Ich darf zusammenfassen: Die Untersuchungen, über die ich berichtet habe, haben wiederum gezeigt, daß die Zusammenhänge hinsichtlich Süßkraft verschiedener Zucker, hier speziell erläutert am Beispiel von Glucose und insbesondere Fructose, ziemlich komplizierter Natur sind. Sie hängen von mehreren Parametern ab, wovon ich Konzentrationsabhängigkeit, Temperaturabhängigkeit, Substratabhängigkeit etwas näher zu erläutern versuchte. Sie haben aber auch gezeigt, daß bei richtiger Anwendung sensorischer Untersuchungsmethoden reproduzierbare Werte zu erhalten sind, denn, wie Sie sich erinnern werden, haben japanische Untersucher und wir hinsichtlich der Süßkraft in wäßriger Lösung praktisch identische Ergebnisse gefunden. Für die praktische Anwendung, z. B. in der Fruchtsaftindustrie, ergibt sich aber aus diesen Versuchen, daß es nicht genügt, Werte, die an wäßrigen Lösungen gefunden wurden, einfach auf die entsprechenden Säfte zu übertragen, da die Süßkraft auch substratabhängig ist.

Zusammenfassung

Stellt man die Süßkraft gleichkonzentrierter Lösungen von Saccharose, Fructose und Glucose bei Temperaturen zwischen +5 und +60° gegenüber, so zeigt sich, daß Fructose bei 5° C erheblich süßer schmeckt als Saccharose, während sie bei 60° weniger süß schmeckt; hinsichtlich der Glucose werden keine so gravierenden Süßkraftunterschiede gefunden. Dabei besteht auch eine gewisse Konzentrationsabhängigkeit. Da Fructose manchmal auch als Zuckeraustauschstoff für Diabetiker verwendet wird, wurde untersucht, ob ähnliche Abweichungen in der Süßkraft auch bei Verwendung zur Süßung von Tee, Zitronensaft und Grapefruitsaft auftreten. Es zeigte sich, daß bei Verwendung in Tee ein prinzipiell gleicher Verlauf der Kurven für die Abhängigkeit der Süßkraft von der Temperatur mit geringen zahlenmäßigen Unterschieden gegenüber wäßrigen Lösungen zu beobachten war. Bei den sauren Getränken blieben die Werte zwischen 5 und 25° praktisch konstant; der Wert für 60° C schwankte. Bei dieser Temperatur war bei pH 2,5 bzw. 3 eine hydrolytische Spaltung der zum Vergleich benutzten Saccharoselösung zu beobachten (Gaschromatographische Bestimmungen). Die sensorischen Prüfungen wurden von einem ausgewählten Testpanel durchgeführt; als Methode wurde der Reihenvergleichstest angewendet.

Résumé

Comparant la douceur des solutions avec la même concentration de saccharose, fructose et glucose entre 5 et 60° C, il résulte qu'en cas de 5° C le fructose a un goût plus sucré que le saccharose mais en cas de 60° C il a un goût moins sucré. Avec le glucose on ne reçoit pas des différences tant prononcées. Naturellement les résultats dépendent de la concentration. Parfois les diabétiques prennent le fructose pour remplacer le sucré. Ainsi on a étudié si la douceur diffère semblablement prennant de thé, de jus de citron et de jus de grape-fruit au lieu de l'eau. Il résulte qu'en cas de thé les courbes pour l'influence de la température sur la douceur sont comparables à celles des solutions aqueuses avec faibles différences numériques. En cas des jus les valeurs restent constantes de 5 à 25° C et les valeurs pour 60° C varient considérablement. Les déterminations par gaz-chromatographie montraient que c'est à cause de la décomposition hydrolytique de la solution de saccharose prise comparativement. Les examens sensoriels furent effectués par des dégustateurs choisis emploiant la méthode de la comparaison séries.

Summary

If the sweetening power of equally concentrated saccharose, fructose and glucose solution is compared in temperature range of 5° to 60° C fructose tastes significantly sweeter than saccharose at the temperatur of 5° C whereas at the temperature of 60° C it is vice versa. Glucose shows no significant temperature dependence in the sweetening power compared with saccharose. An influence of the concentration on the relative sweetening power of fructose and glucose at the two mentioned temperatures was to observe however the differences were not too pronounced.

Since fructose is used as replacement for saccharose by diabetics it was of interest to see if similar differences are to be found in cases where fructose is used as sweetening in beverages like tea, lemon and grape fruit juice.

It was found that in the case of tea no significant differences do appear compared to the tests with the aqueous solution. In the case of sour beverages the values obtained between 5° and 25° C were practically constant, whereas the values obtained at 60° C deviated from each other. Possibly the reason for this phenomena could be the observed hydrolytic decomposition of the saccharose in the reference solution, a fact which was proved by gaschromatography analysis of the solution. The sensory evaluations were carried out by a selected panel; as test-method the multiple-comparison test was used.

Literatur

1. *Graefe, G.*, Ernährungswirtschaft **14**, 340 (1967). — 2. *Fricker, A.*, und *J. Gutschmidt*, Wiss. Veröff. DGE Band **20**, S. 60–64 (Darmstadt 1971). — 3. *Stone, H.* and *S. M. Oliver*, J. Food Sci. **34**, 215 (1969). — 4. *Yamaguchi, S.*, *T. Yoshikawa, S. Ikeda*, and *T. Ninomiya*, Agr. Biol. Chem. **34**, 181 (1970). Ref. Food Sci. Technol. Abstr. **2**, 9A 283 (1970). — 5. *Tzuzuki, Y.* and *J. Yamazaki*, Biochem. Z. **323**, 525 (1953). — 6. *Vanninen, E.*, Chem. Rdsch. **24**, 561 (1971). — 7. *Rumpf, G.*, J. Chromatog. **43**, 247 (1969).

Anschrift der Verfasser:

Prof. Dr. *A, Fricker* und Dipl.-Ing. *J. Gutschmidt*
Institut für Chemie und Technologie
Bundesforschungsanstalt für Lebensmittelfrischhaltung, D-75 Karlsruhe, Engesserstr. 20

15.

From the Unilever Research, Vlaardingen (The Netherlands)

Sweet-tasting and sweetness-inducing proteins from fruits of African plants

By *H. van der Wel, J. N. Brouwer,* and *H. de Iongh* (Vlaardingen)

With 4 figures and 1 table

When screening tropical vegetation from Africa for unusual taste properties, *Inglett* and *May* (1,2) rediscovered three outstanding plants. *Thaumatococcus Daniellii,* first described by *Daniell* in 1855 (3), and *Dioscoreophyllum Cumminsii,* described in 1895 (4), both bear intensely sweet-tasting fruits. *Synsepalum Dulcificum,* a shrub described as early as 1852 by *Daniell* (5), produces berries that have such remarkable sweetness-inducing properties that they are better known as 'miracle fruit'. The sweet fruits most probably have attracted the attention of natives as well as of animals since time immemorial and they are used by the natives in some regions to sweeten their palm wine.

In view of the prevailing demand nowaday for natural low caloric sweetening agents it is no wonder that these fruits have become the subject of research.

The fruit of *Thaumatococcus Daniellii* comprises three triangular fleshy pericarps, each of which contains a large black seed. The seeds are surrounded by a thick transparent mucilage with a soft jelly-like aril at its base. This yellow aril contains the water-soluble sweet principle.

Initially the fruits of *Dioscoreophyllum Cumminsii* were called "serendipity berries" because of their unexpected sweet taste. The red berries are approximately 1 cm long and grow in grape-like clusters on the stem of the plant which is a climber resembling a vine. The tough outer skin of the berries encloses the white mucilaginous pulp and the seed. The water-soluble sweet principle is found in the pulp (6). It is indigenous in several Central African countries.

Miraculin the sweetness-inducing substance, is contained in the pulp of the berries of *Synsepalum Dulcificum.* It should be realized that Miraculin does not have a sweet taste of its own. The berries have the remarkable property of modifying the taste of sour foods and dilute mineral and organic acids into a sweet taste after the pulp has been chewed. This taste modifying effect may last for 1 to 2 hours.

The various proteins of the plants described were isolated and characterized as follows.

Thaumatococcus Daniellii. The fruits of *Thaumatococcus Daniellii,* which were obtained from Nigeria, were cut open and the yellow arils removed and subjected to extraction. Solubilization was achieved by homogenizing the arils in water, after which the filtered solution was subjected to ultrafiltration and freeze dried. Subsequently the extract containing the higher molecular material was brought onto a Sephadex G 50 column and eluted with water. The results of the gel filtration are shown in Fig. 1.

The sweet tasting eluate was combined to give the fractions A, B and C. These are again concentrated by ultrafiltration and then freeze dried. The purity of A, B and C was checked by polyacrylamide gel electrophoresis, except when the fractions were to be tasted, in which case starch-gel electrophoresis was used. As shown in Fig. 1b, fraction A is electrophoretically an almost pure preparation of the sweet principle. We have called this material Thaumatin(7). Fraction B contains two major components and fraction C one. The polypeptide content of these fractions, as determined by the biuret method (8), is 100 % and the protein character was also indicated by their UV absorption spectrum. The various components are well resolved by electrophoresis, indicating that they possess

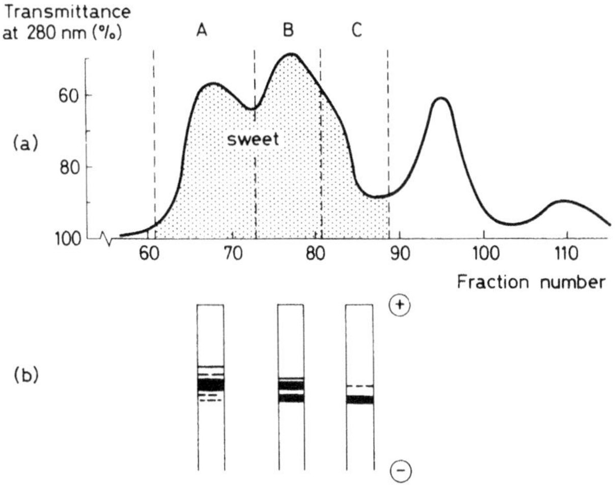

Fig. 1. a. Gel filtration on Sephadex G 50 of the freeze-dried extract from Thaumatococcus Daniellii. Eluant: distilled water. — b. Polyacrylamide gel electrophoresis of the fractions A, B and C.

different electrical charges and should therefore be amenable to separation by ion-exchange chromatography. Fractions A, B and C were chromatographed on a column of sulfo ethyl Sephadex cation exchanger, using a sodium chloride gradient in a phosphate buffer at pH 7. The results for fraction A are shown in Fig. 2.

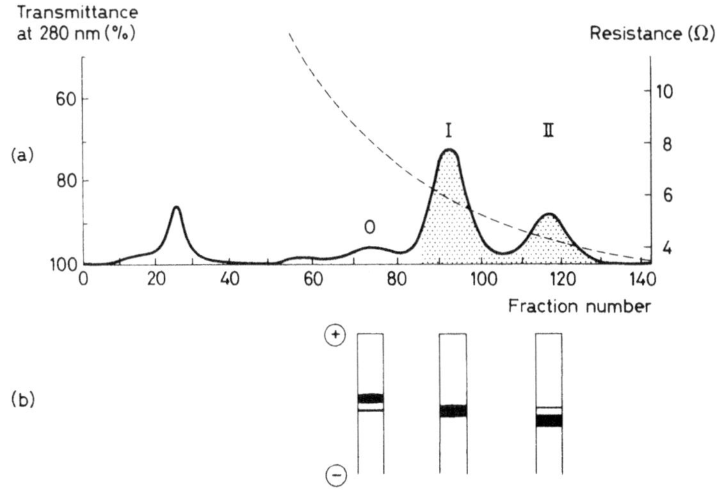

Fig. 2. a. Gradient chromatography of fraction A (see Fig. 1a) on SE Sephadex C 25
——— Transmittance - - - - Resistance ⁚⁚⁚⁚ Sweet
b. Polyacrylamide gel electrophoresis of the fractions O, I and II.

Two major sweet-tasting peaks were obtained, together with a few minor tasteless ones. We have called these sweet components *Thaumatin I and II* (9). They were also obtained from fractions B and C. Whereas in fraction A Thaumatin I is the main component, in fraction B both Thaumatins are present in about equal amounts while in fraction C, Thaumatin II is the main component.

The amino acid composition of Thaumatin I and II proved to be rather similar. A yield of 100 % amino acids again pointed to the protein character. No free — SH groups were detected in the intact molecule by the method of *Ellman* (10). However, after boiling an alkaline Thaumatin solution for a few minutes, a positive *Ellman* reaction was found, from which the presence of at least four disulfide bridges could be deduced. Histidin was absent from both proteins.

By starch-gel electrophoresis at different pH values, the isoelectric point was estimated at around 12; unfortunately iso-electric focusing with ampholine carrier ampholytes is impossible at this high pH. Another indication for this very high iso-electric point is the complete precipitation of Thaumatin when the pH is raised to 12.

The molecular weights of the Thaumatins as determined from ultracentrifugal data and gel filtration were found to be 21,000 for I and 20,000 for II.

The sweetness of these compounds is lost on heating to above 75° C, on splitting the disulfide bridges, for example with cysteine, and at a pH below 2.0 and above 10 (at room temperature).

Thaumatin is the first natural sweet substance characterized as being a protein and is the first protein having any taste at all. Its sweetness intensity in comparison with a 7 % sucrose solution as evaluated by a panel, was found to be 1600 times that of sucrose on a weight basis, which is 10^5 on a molar basis. The threshold value lies near 10^{-4} % or 4.8×10^{-8} molar.

The Thaumatins have a licorice aftertaste, much less than that of glycyrrhizin, and a slight cooling effect.

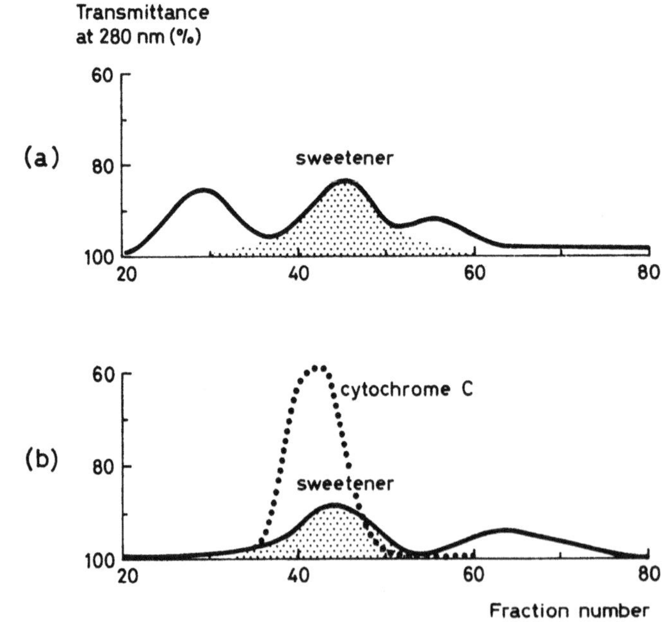

Fig. 3. a. Gel filtration on Sephadex G 100 of a crude extract from Dioscoreophyllum Cumminsii berries. — b. Gel filtration on Sephadex G 50 of the sweet tasting fractions obtained from the G 100 column.

Dioscoreophyllum Cumminsii. The second natural sweetener characterized as a protein was the sweet principle from *Dioscoreophyllum Cumminsii.* This was achieved simultaneously by *Morris* and *Cagan* (11) in Philadelphia and *Van der Wel* (12) in our laboratory. *Morris* and *Cagan* from the Monell Chemical Senses Center called the sweet substance *Monellin. Inglett* and *May* (6) were the first to investigate the nature of this sweet substance but they concluded it to be a carbohydrate.

In our investigations, berries were obtained from Nigeria and stored at —20° C. A crude extract was obtained by simply stirring the fruit pulp with water and filtering off the solids. The sweet tasting substance was precipitated by addition of 4 volumes of ethanol and after collection and redissolving in water subjected to ultrafiltration.

Fractionation of the concentrate on a column of Sephadex G 100, equilibrated with 0.1 M NaCl, gave the result shown in Fig. 3.

Three peaks were obtained, the middle one having a sweet taste. The sweet fractions were combined and subsequently de-salted and concentrated by ultrafiltration. This sweet concentrate was further purified on a column of Sephadex G 50 equilibrated with 0.1 M NaCl. Two peaks were obtained, the material contained in one of these tasted sweet. (Fig. 3b). Comparison of the elution volume of the sweet fraction with that of cytochrome C (mol.wt. 13,000), gave an estimated molecular weight of 10,000. The fractions having a sweet taste were again combined and concentrated as before. Analyses of the sweet fractions from the G 100 and the G 50 Sephadex columns by starch- and polyacrylamide gel electrophoresis gave the results shown in Fig. 4.

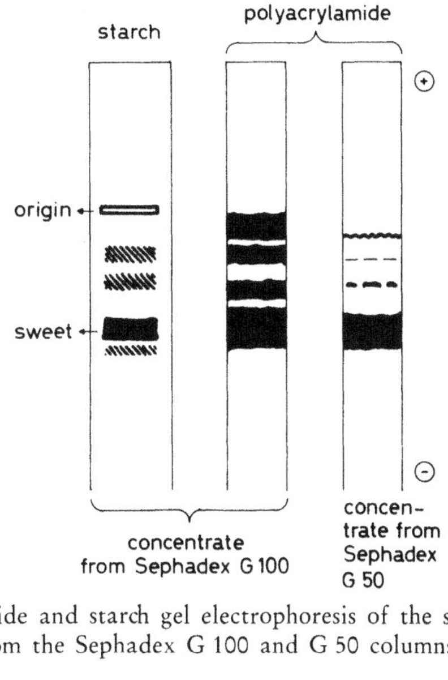

Fig. 4. Polyacrylamide and starch gel electrophoresis of the sweet-tasting fractions obtained from the Sephadex G 100 and G 50 columns. (See Fig. 3).

The sweet fraction from the G 100 column contains several non-sweet bands in addition to the sweet one, but after chromatography on G 50 it is electrophoretically an almost pure preparation.

Its iso-electric point as determined by gel iso-electric focusing is about 8.7. The protein character of this sweet substance was apparent from the same criteria as used for the Thaumatins. Further indication of the protein character is given by its being stained with Amido Black and the disappearance of the sweet taste after incubation with trypsin. No carbohydrate could be detected in the purified material. Regarding its amino-acid composition it is noteworthy that, as was the case with the Thaumatins, histidine is absent.

The purified protein has a pure sweet taste, no aftertaste and its sweetness intensity is about 2000 times that of sucrose on a weight basis. It loses its sweetness at temperatures above 60° C and at a pH below 2.0 (at room temperature).

We can conclude from the loss of sweetness on heating and on splitting the disulfide bridges that the tertiary structure plays an important role in giving the three proteins their sweet taste. Unfortunately the sensitivity to high temperatures and low pH limits the general use of these proteins in foods and drinks.

Synsepalum Dulcificum. The isolation, characterization and properties of *Miraculin,* the sweetness-inducing component of the fruits of *Synsepalum Dulcificum* is described extensively in the literature (13—16).

As appears from the first trials of *Inglett* and coworkers (4), solubilization of the active principle was quite a problem. In our laboratory the first successful solubilization was achieved by imitating the extraction conditions in the mouth, in other words, extraction proved to be possible with whole human saliva. We later discovered that better results could be obtained with other extraction aids such as the strongly basic compounds salmine and spermine.

Kurihara and *Beidler* (15—16) overcame the problems of solubilization by using a carbonate buffer at pH 10.5. The extract obtained by us with salmine or spermine was further purified by ultrafiltration and gel filtration. Again the purity of the fractions was checked by electrophoresis. The active principle was found to be a glycoprotein with a carbohydrate content of around 10 % and a molecular weight of 42,000, which is in agreement with the results of *Kurihara* and *Beidler* (15, 16).

Miraculin has no sweet taste of its own. After one has had the fruit pulp or the purified material on the tongue, all sour-tasting substances taste sweet for one to two hours, depending on the amount taken. Miraculin loses its activity at higher temperature and at a pH below 2.0.

The long-lasting nature of the effect puts limitations to the practical application of Miraculin in foods and drinks. Moreover, there is a cumulative effect when, for instance, one eats yoghurt containing miraculin, dependent on the concentration, it tastes sour at first, but the more one eats, the sweeter it becomes.

The sweetness intensity, relative to sucrose, of the principal natural and artificial sweetener is given in Table 1.

Table 1. Sweetness intensity relative to sucrose (on weight basis)

Sucrose (7 %)	1
Sodium cyclamate	30
D-tryptophane	50
Glycyrrhizin	50
L-Asp-L-Phe-OMe	200
Naringin dihydrochalcone	300
Stevioside	300
Saccharin	500
Neohesperidin dihydrochalcone	2000
Perillartine	2000
"Hydrofluorene dicarboxylic acid"	2000
Thaumatins	1600
Monellin	2000

Although the sweet proteins have a sweetness intensity comparable to that of neohesperidin dihydrochalcone, perillartine and "Hydrofluorene dicarboxylic acid" (the sweetener recently prepared in Japan from pine resin), on a molar basis, Thaumatin and Monellin are by far the sweetest compounds known.

Zusammenfassung

Das Vorkommen und das Aussehen von *Thaumatococcus Daniellii Benth* und *Dioscoreophyllum Cumminsii*, zwei tropischen Pflanzen die stark süßschmeckende Früchte tragen, sowie von *Synsepalum Dulcificum*, einem Strauch, dessen Beeren Süße induzierende Eigenschaften besitzen, werden kurz besprochen.

Zwei süßschmeckende Substanzen mit einem lakritzenähnlichen Nachgeschmack, Thaumatin I und II wurden aus den Früchten von *Thaumatococcus Daniellii Benth* isoliert unter Zuhilfenahme von wäßriger Extraktion, Ultrafiltration, Gelfiltration und Ionenaustausch-Chromatographie. Der proteine Charakter dieser Verbindungen ergab sich aus ihren UV-Spektren, dem hohen Anteil an Polypeptiden, der hohen Ausbeute an Aminosäuren nach der Hydrolyse, sowie aus anderen Kriterien. Stärkegel-Elektrophorese bei unterschiedlichem pH zeigte, daß es sich um stark basische Proteine mit einem Isoelektrischen Punkt von etwa 12 handelt. Ihre Aminosäurezusammensetzung und das Molekulargewicht (ungefähr 20 000) sind fast identisch, so daß die Strukturunterschiede wahrscheinlich sehr gering sind. Sie verlieren ihren süßen Geschmack bei Erhitzung über 75°, bei einem niedrigen pH-Wert (<2.5) und nach Zerstörung der Disulfidebrücken. Die Intensität der Süße ist etwa 1 600 mal stärker als die von Sucrose auf Gewichtsbasis, d. h. 10^5 stärker als Sucrose auf molarer Basis.

Der süße Grundbestandteil aus Serendipity Beeren (Monellin) war das folgende süße Protein das isoliert wurde. Die Isolierung aus *Dioscoreophyllum Cumminsii* erfolgte durch wäßrige Extraktion, Aethanol-Fällung, Ultrafiltration und Gelfiltration. Der iso-elektrische Punkt (Gel isoelektrisches Focussing) ist 8,7 bei einem Molekulargewicht von etwa 10000. Wie bei Thaumatin handelt es sich hier um ein kohlehydratfreies Protein. Monellin hat einen reinen Süßgeschmack, der etwa 1500 mal stärker (Gewichtsbasis) als der von Sucrose ist. Er verliert seinen süßen Geschmack bei erhöhter Temperatur und bei niedrigem pH.

Im Gegensatz zu Thaumatin und Monellin hat Miraculin an sich keinen süßen Geschmack, es weist jedoch die besondere Eigenschaft auf, daß es einen sauren Geschmack in einen süßen umwandelt. Extraktion des geschmacksändernden Grundbestandteils aus den Beeren von *Synsepalum Dulcificum* erforderte besondere Bedingungen bezüglich der Solubilisierung. Der Süße induzierende Grundbestandteil ist ein basisches Glycoprotein (I.E.P. 9) mit einem Molekulargewicht von ungefähr 42 000. Wie die süßen Proteine ist auch diese Substanz hitze-empfindlich und verträgt kein niedriges pH.

Sowohl Thaumatin und Monellin erwiesen sich als geeignet für die Süßung von Getränken. Dagegen wird der nachhaltige Süße induzierende Effekt von Miraculin wahrscheinlich dessen Anwendung beschränken.

Résumé

Une brève discussion est donnée de l'occurrence et de l'apparence de *Thaumatococcus Daniellii Benth* et de *Dioscoreophyllum Cumminsii* qui sont des plantes tropicales dont les fruits sont très sucrés ainsi que de l'arbuste *Synsepalum Dulcificum*, les baies duquel peuvent provoquer une saveur douce.

Deux substances ayant un goût doux et un arrière-goût de réglisse appelées Thaumatin I et II, ont été isolées des fruits de Thaumatococcus Daniellii à l'aide d'extraction aqueuse, d'ultrafiltration, de gel filtration et de chromatographie à échangeurs d'ions. Le caractère protéique de ces composés a été démontré à l'aide de leurs spectres UV, par la presence d'une grande proportion de polypeptides, la grande quantité d'amino-acides obtenue par hydrolyse et par d'autres critères. Une electrophorèse à gel d'amidon à des pH différents a montré qu'ils sont des protéines fort basiques ayant un point isoélectriques de 12 environ. Leur composition en amino-acides et leur poids moléculaire (20 000 environ) sont pratiquement identiques, de sorte que leur différence structurale sera probablement très petite. Le goût doux est éliminé par chauffage à une température au-dessus de 75°, un pH au-dessous de 2,5 et par rupture des ponts-disulfides. L'intensité du principe sucré est d'environ 1 600 fois plus forte que celle du sucrose au point de vue pondéral et 10^5 fois plus forte en termes molaires.

Après, on a isolé le principe sucré des baies sérendipitiques (Monelline) du *Dioscoreophyllum Cumminsii* par extraction aqueuse, précipitation à l'aide de l'éthanol, ultrafiltration et gel filtration. Le point isoélectrique est de 8.7 (gel isoelectric focussing). Le poids moleculaire est de 10 000 environ. Comme le Thaumatin, il s'agit ici aussi d'une protéine ne contenant pas de carbohydrate. Le Monellin a un goût sucré et pur qui est d'environ 1500 fois plus fort que celui du sucrose sur base pondéral.

Contrairement à la Thaumatine et à la Monelline, la Miraculine n'a pas de goût sucré à lui, mais possède la propriété de pouvoir changer un goût acide en un goût sucré. L'extraction du principe modifiant le goût des baies du *Synsepalum Dulsificum* nécessitait des conditions spéciales pour sa solubilisation. Le principe donnant naissance à la formation du caractère sucré est une glycoprotéine de nature basique (P.I.E. = 9) dont le poids moléculaire est de 42 000 environ. Comme les protéines de caractère sucré, cette protéine est instable à la chaleur et n'est pas résistante à un pH bas.

La Thaumatine et la Monelline peuvent être employées avec succès pour sucrer les boissons. Toutefois, l'effet prolongé du principe causant le caractère sucré présent dans la Miraculine pourrait limiter ses applications.

Summary

The occurrence and appearence of *Thaumatococcus Daniellii Benth* and *Dioscoreophyllum Cumminsii,* two tropical plants bearing intensely sweet-tasting fruits and of *Synsepalum Dulcificum,* a shrub producing berries with sweetness-inducing properties, are briefly discussed.

Two sweet-tasting substances with a licorice after-taste, Thaumatin I and II, were isolated from the fruits of *Thaumatococcus Danielli Benth* by aqueous extraction, ultrafiltration, gel filtration and ionexchange chromatography. The protein character of these compounds was apparent from their ultra violet spectra, the high proportion of polypeptide, the high yield of amino acids on hydrolysis and other criteria. Starch gel electrophoresis at different pHs showed that they are strongly basic proteins with an isoelectric point of about 12. Their amino acid composition and molecular weight (about 20,000) are almost identical, so their structural differences are probably very slight. They lose their sweet taste on heating above 75°, at a pH below 2.5, and on splitting the disulfide bridges. The sweetness intensity is about 1600 times that of sucrose on a weight basis, which means 10^5 times sucrose on a molar basis.

The sweet principle from serendipity berries (Monellin) was the next sweet protein to be isolated. Its isolation from *Dioscoreophyllum Cumminsii* was achieved by aqueous extraction, ethanol precipitation, ultrafiltration and gel filtration. The iso-electric point (gel iso-electric focussing) is 8.7. The molecular weight is about 10,000. Like Thaumatin, it is a protein, free of carbohydrate. Monellin has a pure sweet taste of about 1500 times that of sucrose on a weight basis. It loses its sweet taste a higher temperature and at a low pH.

Contrary to Thaumatin and Monellin, Miraculin has no sweet taste of its own, but has the peculiar property of changing a sour taste into a sweet taste. Extraction of the taste-modifying principle from the berries of *Synsepalum Dulcificum* required special conditions for its solubilization. The sweetness-inducing principle is a glycoprotein of basic character (I.E.P. 9) and a molecular weight of around 42,000. Like the sweet proteins, it is heatlabile and cannot stand a low pH.

Both the Thaumatin and Monellin proved to be useful for sweetening soft drinks. However, the long-lasting sweetness inducing effect of Miraculin will probably restrict its application.

References

1. *Inglett, G. E.* and *J. F. May,* Econ. Bot. **22**, 326—330 (1968). — 2. *Inglett, G. E., B. Dowling, J. J. Albrecht* and *F. A. Hoglan,* J. Agr. Food Chem. **13**, 284—287 (1965). — 3. *Daniell, W. F.,* Pharm. J. **14,** 158—160 (1855). — 4. *Hutchinson* and *J. M. Dalziel,* "Flora of West Tropical Africa" (London 1927), Vol. 1 part 1, p. 71. — 5. *Daniell, W. F.,*

Pharm. J. **11**, 445—448 (1852). — 6. *Inglett, G. E.* and *J. F. May*, J. Food Sci. **34**, 408—411 (1969). — 7. *Van der Wel, H.*, Olfaction and Taste IV, Editor D. Schneider, Stuttgart 1972, pp. 226—233. — 8. *Leggett & Baily, J.*, "Techniques in Protein chemistry", p. 294, Elsevier Amsterdam (1962). — 9. *Van der Wel, H.* and *K. Loeve*, Eur. J. Biochem. **31**, 221—225 (1972). — 10. *Ellman, G.*, Arch Biochem. Biophys. **82**, 70 (1959). — 11. *Morris, J. A.* and *R. H. Cagan*, Biochim. Biophys. Acta **261**, 114—122 (1972). — 12. *Van der Wel, H.*, FEBS letters **21**, 88—90 (1972). — 13. *Brouwer, J. N.*, *H. van der Wel*, *A. Francke* and *G. J. Henning*, Nature **220**, 373—374 (1968). — 14. *Henning, G. J.*, *J. N. Brouwer*, *H. van der Wel* and *A. Francke*, Olfaction and Taste III, Editor C. Pfaffmann, p. 445 New York (1969). — 15. *Kurihara, K.*, *Y. Kurihara*, *L. M. Beidler*, ibid, p. 450. — 16. *Kurihara, K.* and *L. M. Beidler*, Nature **222**, 1176—1179 (1969).

Address of authors:

Unilever Research, Olivier van Noortlaan 120, Vlaardingen/Netherland

16.

From Kungl. Veterinärhögskolen, Physiologiska Institut, Stockholm

The effect of miraculin on the taste buds

By *Yngve Zotterman* (Stockholm)

With 5 figures

In West Africa, Nigeria and Gambia a small shrub growths, the matured fruits of which look like red olives $^1/_3$—$^2/_3$ inches long. The natives used to chew these berries before they drink their acid palm wine because then the acid wine tasted as if sugar had been added (Fig. 1).

This shrub and the peculiar effect of its berries on the taste was first described in 1852 by an English physician *W. F. Daniel*. Since then the scrub has been given several botanical names, *Bumelia dulcifica*, *Sideroxylon dulcificum*, *Bacteriella dulcifica*. When it finally was shown that it belonged to the family *Richardella* it was consequently called *Richardella dulcifica*. For taxononcical reasons, however, it has in recent years been called *Synsepalum dulcificum* (Family *Sapotaceae*).

The shrub was imported to USA in 1919 by *Fairchild* who found that the berries added a strong sweet taste to beer. He did not pay any other attention to this remarkable action. Around 1965 it was described that after chewing these berries lemon juice tasted as if a considerable amount of sugar had been added. This led to the isolation of the principle substance responsible for this taste modification. The substance was isolated in *Beidler*'s laboratory in Tallahassee and in Holland by Unilever. The active principle was extracted in a buffer solution of pH 10,5. The activity vanished after boiling and treatment with strong etanol or aceton which indicated that it was a protein. After further purification the active principal turned out to be a glucoprotein with a molecular weight of 44 000 containing 18 different aminoacids. The carbohydrate component (5,4 %) consisted of arabinose and xylose.

This taste modifying glucoprotein has like most proteins no taste of its own. If you mix it with lemon juice the mixture at first tastes very sour as usually even if you added the glucoprotein a long time previously. But if you keep the mixture for some time in your mouth the taste gradually becomes sweeter as if you gradually added sugar to the lemon juice. The effect of miraculin is thus a slow process. You need to keep the miraculin solved in 0,01 M Na_2CO_3 solution about 3 minutes in order to obtain a maximal effect. *Beidler* has shown that the effect of miraculin on the taste of 0,02 M citric acid corresponds to the addition of 0,4 M cane sugar to the acid solution.

The Miraculin is now produced in forms of tabloids for scientifical research in *Beidler*'s laboratory. They are dissolved in a carbonate solution (pH 10) and the solution is brushed over the tongue. After about 3 minutes the most sour lemon juice now tastes as if a lot of sugar had been added to the juice. The acid taste is still there as in a lemonade drink. The effect of Miraculin lasts for a couple of hours if you have used large amounts of the substance.

Fig. 1. Miracle fruit grown in a greenhouse at the Floride State University. Berries are about the size of small grapes.

How can this taste modification now be explained? Some researchers like *Henning* in Holland were inclined to suggest that Miraculin lowered the sensitivity of the acid perceiving taste cells of the tongue, thus giving a dominant rôle to the sweet perceiving elements. *Beidler* as well as I have however found that if you brush extracts of *Gymnema silvestre* — an Indian berb — on the tongue the effect of Miraculin disappears entirely as *Gymnema* extracts completely washes out the sweet taste of any substance leaving other taste qualities unimpaired. As soon as the effect of *Gymnema* disappears (after a few minutes) the effect of Miraculin returns, giving the acid solution a sweet taste component again.

Beidler found that the taste modifying effect of Miraculin was limited to the human taste buds as it did not work on the rat and the dog which contrary to the cat have sweet perceiving taste cells. It was thus necessary to perform experiments on human taste nerves in order to find out its mode of action. *Beidler* had worked out a theory (see Fig. 2) that Miraculin in a few seconds gets fixed to the outer membrane of the taste cells. It does not give rise to any taste until acids are added. Then the carbohydrate group of the glucoprotein fits in to the sweet sites of the taste cells sending off impulses in taste fibres who signal sweet to the brain.

In experiments on dogs and monkeys I had shown in the 1950ies that even if all taste nerve fibres are not specific to one of the four classes of tastes there are a certain number of taste nerve fibres who are quite specific i.e. they signal only

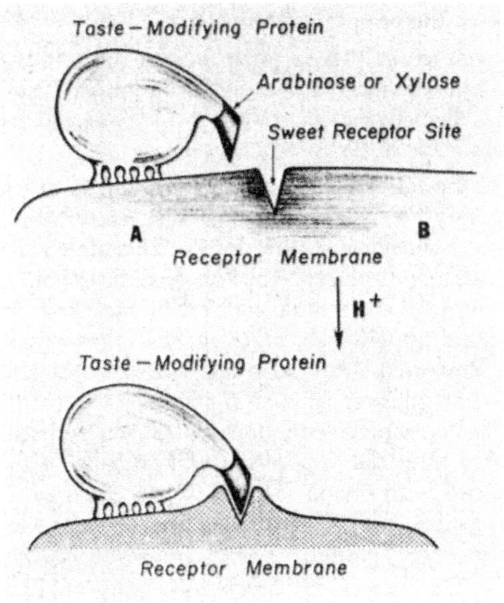

Fig. 2. A scheme of the sweet-inducing mechanism of the taste-modifying protein.

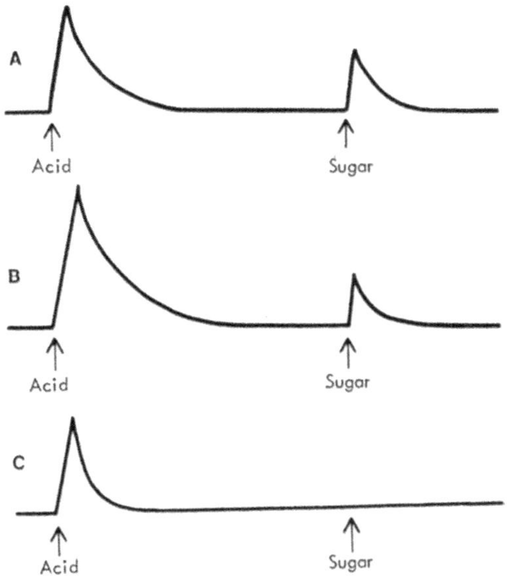

Fig. 3. The summated response of the chorda tympani proper nerve of man to 0.02 M citric acid and 0.5 M sucrose has been reproduced. A. shows the initial response, B. illustrates the response after treatment of the tongue with Miraculin and C. the response after both Miraculin and Gymnema.

to one of the four classes of taste. We know from there experiments that the effect of adding sugar to acid solutions, which is done in asll soft drinks, does not lessen the effect of the acid on the taste cells of the tongue. The smoothing effect of sugars to acid solutions thus depends on an interaction of the sweet and acid impulses when they reach the brain.

Now we cannot drive the analyses so far in human subjects as to recording the impulses in single taste nerve fibres as we can do in animals but the ear surgeon Prof. *H. Diamant* has helped me to record the summated response from the taste fibres during middle ear surgery.

By a freak of nature the taste fibres from the anterior $^2/_3$ of the tongue depart from the common sensory nerve (nervus lingualis) and form a special nerve strand which through its own bone channel enters the middle ear where it can be reached when the ear drum is displaced. Thus we have been able to put electrodes on this taste nerve as it passes the middle ear and by means of an amplifier been able to record the electrical response which accompanies the nerve impulses (Fig. 3). This figure shows the summated electrical response to an 0,02 citric acid solution and to an 0,5 M cane sugar solution before and after the application first of Miraculin and then of Gymnema extract to the tongue. As you will see the response to acid is strongly increased after the application of Miraculin to the tongue. When the tongue then is brushed with Gymnema extract the response to sugar vanishes completely and the response to acid returns to the level previously before the application of Miraculin.

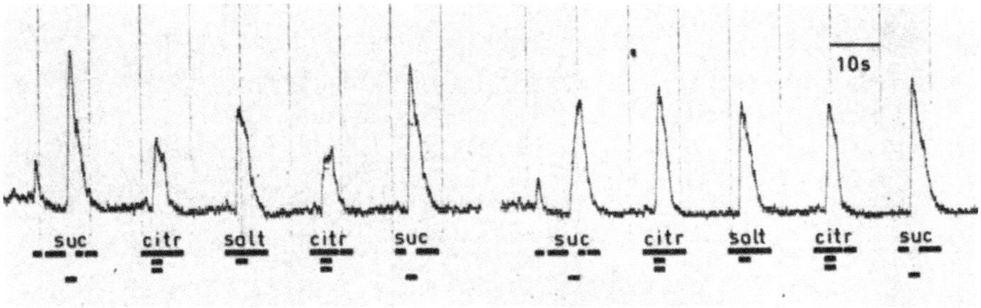

Fig. 4. The summated response of the chorda tympani nerve of monkey, Cercopithecus, to 0.5 M sucrose, 0.03 M citric acid and 0.3 M salt before the treatment of the tongue with Miraculin is shown in the left-hand record and that after in the right-hand record.

We have recently studied the effect of Miraculin on three monkeys with identical results as concerns the effect of Miraculin. It increases the summated response to acids. *Gymnema* extracts do not wipe out the effect of sugars on the taste buds of these monkeys (Fig. 4 and 5).

The results of our electrophysiological experiments on human and monkey's taste buds thus speak strongly in favour of *Beidler*'s hypothesis that the pleasant effect of Miraculin on the taste of acid solutions is produced by its carbohydrate group which in acid solution stimulates a number of sweet signalling taste fibres thus adding a sweetening effect to the taste of the acid.

As the molecular weight of Miraculin is as high as 44 000 it is highly improbable that it penetrates the taste cell membrane. As *Beidler* suggests it has two modes of binding to the membranes. It is now quite evident that so called allosteric proteins fix themselves to other localities than those where the substraits and the metabolites are caught for katalysis. Miraculin in acid milieu has two sites of binding — one where it is strongly fixed, the other on the site of the primary process which is eliciting the sweet taste. This latter process is most likely produced by the arabinose and xylose group in the molecule of Miraculin.

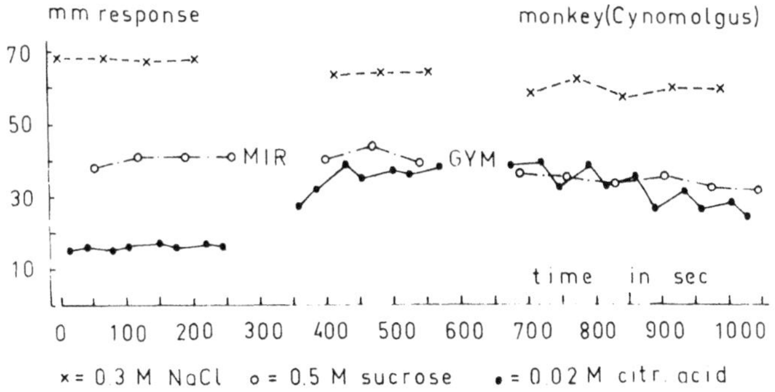

Fig. 5. The diagram shows the peak summated response to NaCl, sucrose and citric acid before and after treatment of the tongue with Miraculin and Gymnema in a monkey, Cynomolgus.

Miraculin has thus no taste of its own at the alkaline reaction of our saliva. Acids act on the glucoprotein bound to the cell membrane of the taste cells in such a way that its carbohydrate group fits in to the sweet sites and excites the sweet signalling nerve. fibres. On the same time the acid stimulates the acid perceiving taste cells sending "acid" impulses to the brain centers of taste. There the sweet and acid impulses interact giving us a taste which otherwise is produced by adding sugar to the acid solution as you experience when you drink a sugared limonade.

Quite apart from its pure theoretical interest Miraculin may solve quite a few practical problems. All soft drinks, limonades, orangeades, Indian tonic water as well as Coca-Cola contain acids. The acid taste is softened by adding ca. 10 % of sugar. The soft drink producers have since quite some time wrestled with the problems of producing drinks of lower caloric value. It has been difficult to exchange the sugars for ordinary sweeteners for different reasons. Maybe that Miraculin can help and give an acceptable solution not only to this problem but also be of help to patients suffering from diabetes mellitus.

You must however notice that Miraculin cannot be added to acid drinks as it will soon be destroyed in acid solutions. Further the effect lasts for some hours. You may find means to abolish its lasting effect by let us say rinsing the mouth with weak *Gymnema* extracts. Here is a free field for technical experimenting.

Great plantations of the Miraculin shrub exist already and tabloids of Miraculin may soon be available commercially. There is no fear that Miraculin will reduce the consumption of sugars to any essential degree but it may add some pleasure to people who for various reasons have to avoid or reduce their intake of carbohydrates as it adds a pleasant sweetening taste to acid drinks. Miraculin is not a sweetener as saccharine, it is a taste modifier and we can expect to find more of this kind in the near future.

Zusammenfassung

Das Glycoprotein Miraculin, gewonnen aus den Beeren der *Synsepalum dulcificum,* ist ein potentieller Geschmacksveränderer, der, auf die Zunge aufgetragen, eine süße Note bei sauren Lösungen bewirkt. *Beidler* vermutete 1968, daß die Pentosegruppe dieses Glycoproteins die süßen Zonen der Geschmackspapillen stimuliert, wenn Säuren mit der Zunge in Berührung kommen.

Durch Registrieren der elektrischen Reaktionen im menschlichen Chorda Tympani Nerven des Mittelohrs, haben *Diamant* und ich gefunden, daß die Reaktion gegenüber sauren Lösungen erheblich ansteigt, wenn vorher Miraculin auf die Zunge aufgetragen wurde. Nach vorheriger Behandlung der Zunge mit Gymnemasäure verschwand die Reaktion gegenüber Zucker vollständig und die Reaktion gegenüber Säure kehrte zu ihrem vorherigen Grad zurück, d. h. vor dem Auftragen von Miraculin. Die Reaktion gegenüber Kochsalz wurde durch Miraculin oder Gymnemasäure nicht verändert.

Vor kurzer Zeit haben *Hellekant* und ich in Untersuchungen an 3 Affen festgestellt, daß Miraculin die Reaktion gegenüber Säure sehr stark erhöht: in einem Falle bis zu 100 %. Gymnemasäure blieb ohne Wirkung was die elektrische sensorische Reaktion bei diesen Affen betrifft.

Die Ergebnisse unserer Untersuchungen an menschlichen Geschmacksnerven und bei Affen sind somit im Einklang mit *Beidlers* Hypothese, daß Miraculin die süßen Zonen in den Geschmackszellen bei diesen Arten stimuliert, wenn Säuren auf die Zunge aufgetragen wurden.

Die Anwendung dieses Geschmacksveränderers könnte im Falle diabetischer Patienten technologisch ausgenutzt werden. Weiterhin dürfte es möglich sein seine Wirkung noch zu verstärken, indem die Pentosen durch wirksamere Kohlenhydrate ersetzt werden.

Résumé

La gluco-protéine Miraculine que l'on isole à partir des baies de *Synsepalum dulcificum* est un puissant altérateur du goût, lequel appliqué sur la langue ajoute un goût douceâtre aux solutions acides. En 1968, *Beidler* suggéra que le groupe pentose de cette gluco-protéine devait stimuler les parties sucrées des cellules gustatives lorsqu'on applique des acides sur la langue.

En enregistrant la somme des réponses électriques du nerf chorda tympani de l'oreille humaine, nous avons trouvé, *Diamant* et moi-même, que la réponse aux solutions acides augmentait après l'application de la miraculine sur la langue. Après avoir traité la langue avec de l'acide Gymnemic la réponse au sucre disparut entièrement et la réponse à l'acide revient à son niveau initial avant l'application de la Miraculine. La réaction au NaCl ne fut pas changée par la Miraculine ou l'acide Gymnemic.

Récemment, *Hellekant* et moi-même, sur la base d'expérience faite avec trois singes, avons trouvé que la Miraculine augmentait la réaction à l'acide d'une manière très substantielle; dans un certain cas par 100 %. L'acide Gymnemic n'eut aucune action sur les réponses gustatives électriques de ces singes.

Les résultats de nos expériences sur les nerfs du goût de l'homme et du singe sont donc en faveur de la suggestion de *Beidler,* à savoir que la Miraculine stimule les parties sucrées des cellules gustatives dans ces espèces lorsqu'on applique des acides sur la langue.

L'utilisation de cet altérateur du goût, par exemple pour les malades diabétiques, est une question de technologie. De plus il doit être possible d'appliquer son action en substituant les pentoses aux carbohydrates plus efficaces.

Summary

The gluco-protein Miraculin, isolated from the berries of *Synsepalum dulcificum* is a potent taste modifier which, applied on the tongue, adds a sweetish taste to acid solutions. *Beidler* suggested in 1968 that the pentose group of this glucoprotein should stimulate the sweet sites of the gustatory cells when acids are applied on the tongue.

Recording the summated electrical response from the human chorda tympani nerve in the middle ear, *Diamant* an I found that the response to acid solutions increased after the application of Miraculin on the tongue. After we had treated the tongue with Gymnemid acid, the response to sugar disappeared entirely and the response to acid returned to its provious level before the application of Miraculin. The response to nall was not changed by Miraculin or *Gymnemic acid.*

Recently, *Hellekant* and I found in experiments on three monkeys that Miraculin increased the response to acid very substantially; in one case by 100 per cent. *Gymnemic acid* had no effect whatsoever on the electrical gustatory response to sugars of these monkeys.

The results of our experiments on human taste nerves and on monkeys are thus in favour of *Beidlers* suggestion that Miraculin stimulates sweet sites in the gustatory cells in these species when acids are applied to the tongue.

The use of this state modifier in for example diabetic patients is a matter of technology. Further it might be possible to enforce its action by substituting the pentoses with more effective carbohydrates.

References

Diamant, H., G. Hellekant and *Y. Zotterman,* Olfaction and Taste IV. 1972. p. 241—244. — *Inglett, G. E., B. Dowling, J. J. Albrecht* and *F. A. Hoglan,* J. Agr. Food Chem. **13**, 284—287 (1965). — *Kurihara, K., Y. Kurihara* and *L. M. Beidler,* Olfaction and Taste III. Rockefeller Univ. Press, 1969, p. 450—469. — *Beidler, L. M.,* Personal communication. 1971.

Adress of author:

Kungl. Veterinarhögskolen, Fysiologiska Institut, 104 05 Stockholm 50 (Suède)

17.

Aus dem Institut für Lebensmitteltechnologie, Technische Universität Berlin

Flavanonglycoside in Citrusfrüchten

Von *H. J. Bielig* (Berlin)

Mit 3 Abbildungen und 1 Tabelle

Die Erforschung pflanzlicher Inhaltsstoffe, die Isolierung bestimmter Stoffgruppen und Einzelkomponenten, um sie als Zusatzstoffe (Food Additives) in der Lebensmittelherstellung einzusetzen, hat in den letzten 10 Jahren einen besonderen Auftrieb erhalten. Erst kürzlich wurde in den USA aus einem bestimmten Gewürz eine Komponente isoliert, die sowohl antioxidative als auch fungicide Eigenschaften besitzt. Der Gewürzinhaltsstoff ist geschmacklos und besitzt eine gute Wasserlöslichkeit (1). Auch über antioxidativ wirkende Komponenten, die in der Schale der Citrusfrüchte, besonders bei Orangen, enthalten sind, wurde berichtet (2).

Es gibt wohl kaum einen Industriezweig in der Lebensmittelindustrie, in dem eine so intensive und wirtschaftlich interessante Verwertung zu „byproducts“ stattfindet, wie in der Citrusindustrie. Neben dem Hauptziel, der Citrussaftgewinnung, ist besonders die Herstellung ätherischer Öle aus den Schalenrückständen von kommerziell interessanter Bedeutung. Die sizilianische Citrusindustrie besitzt ein Weltmonopol in der Herstellung hochwertiger Citronenöle. Florida, Israel und Spanien sind die größten Lieferanten für Orangenschalenöle. Hauptabnehmer hierfür ist die Getränke- und kosmetische Industrie. An zweiter Stelle in der Verarbeitung von Nebenprodukten ist die Gewinnung von Citruspektinen zu nennen.

Die industrielle Saftgewinnung besteht darin, daß man wie im Haushalt das Endokarp mechanisch desintegriert. Anschließend erfolgt ein Trennen von Kernen und größeren Fruchtfleischteilchen. Die Orangensaft-Trubteilchen variieren in der Größe von 0,05 bis zu einigen hundert Mikron und lassen sich in Gruppen unterteilen:

1. Chromoplastide
2. Zellwand- und Membranfragmente
3. Öltröpfchen
4. Hesperidin Nädelchen.

Das Hesperidin ist ein Hauptbestandteil der aus Citrusfrüchten isolierten flavonoiden Glycoside, die man früher auch als Vitamin P oder Citrin bezeichnete. Diese Bezeichnungen sind ungebräuchlich geworden, obgleich das Hesperidin wegen seiner gefäßfunktionsfördernden Wirkung eine gewisse therapeutische Bedeutung erlangt hat. Die einstmalige Hoffnung, ein phosphoriliertes Hesperidin als antifertilitätswirksame Verbindung zu nutzen, hat sich nicht erfüllen können. Im Prinzip ist es nicht gelungen, Hesperidin in eine für die pharmazeutische Industrie interessante Verbindung umzusetzen.

Mit diesen kurzen Hinweisen auf Versuche, Hesperidin industriell nutzbar zu machen, soll gezeigt werden, in welchem Ausmaß man sich seit mehreren Jahrzehn-

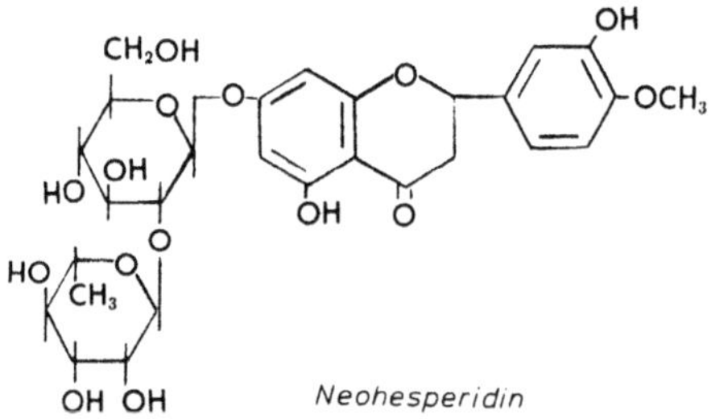

Neohesperidin

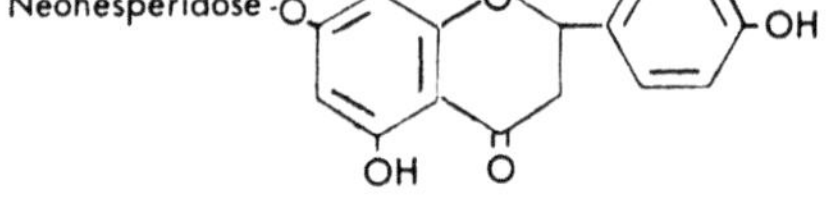

Naringin

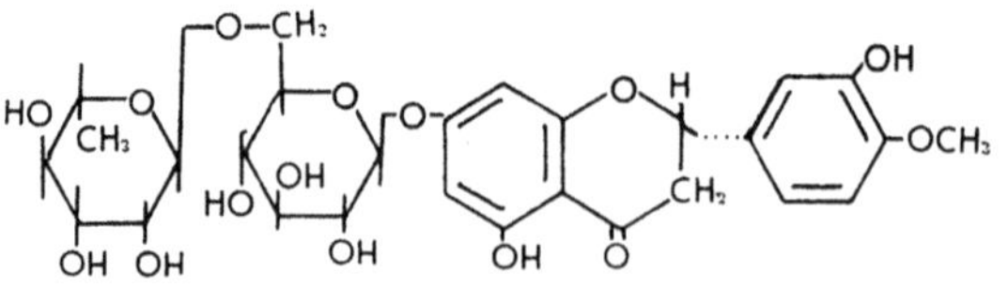

Hesperidin

Abb. 1. Das Süßkraftverhältnis von Neohesperidindihydrochalkon zu Saccharin und anderen Dihydrochalkonen

ten mit der Nutzbarmachung von Citrusflavonoiden beschäftigt. Hesperidin gehört zur großen Gruppe der Flavonoide, die in der Schale von Citrusfrüchten lokalisiert sind. Die Flavonoide können unter Umständen einen sehr qualitätsmindernden Effekt auf die Saftqualität besitzen. Der Saft von Grapefruit wird wegen ihres angenehmen feinen bitteren Geschmacks geschätzt, der auf das Flavonoid Naringin zurückzuführen ist. Ein Gehalt von 0,07 mg Naringin/100 ml macht den Saft unangenehm bitter. Entscheidend für den Gehalt des Bitterstoffes Naringin ist die Menge an festen Membranbestandteilen und Schalenanteilen im Grapefruitsaft (3).

Sowohl Hesperidin als auch Naringin gehören zur Gruppe der Flavanon-7-rhamnoglucoside. Der Zuckerrest kann hierbei entweder als 2-O-α-L-Rhamnosyl-pyranosyl-β-D-glucopyranose (Naringin, Neohesperidin) oder als 6-O-α-L-Rhamnopyranosyl-β-D-glucopyranose (Hesperidin) gebunden sein. *Horowitz* teilt daher die Citrus-Varietäten in die Gruppe der Rutinoside (Orangen, Zitronen, Mandarinen) und die der Neohesperidoside (Grapefruit, Pampelmuse und Sevilla Orangen) ein (4).

Die unterschiedliche Verknüpfung der Rhamnose und Glucose bedingt eine auffallende Beziehung zwischen Geschmack und Struktur. So haben z. B. die Flavonoide der Grapefruit und der Sevilla Orangen (Citrus aurantium) einen intensiv bitteren Geschmack, Hesperidin ist im Gegensatz zu Neohesperidin, wesentliches Flavonoid in Sevilla Orangen, vollkommen geschmacklos.

Durch enzymatische Behandlung des Grapefruitsaftes durch eine spezifische Glucosidase, die aus Aspergillus niger Kulturen isoliert wird, wird unter Abspaltung

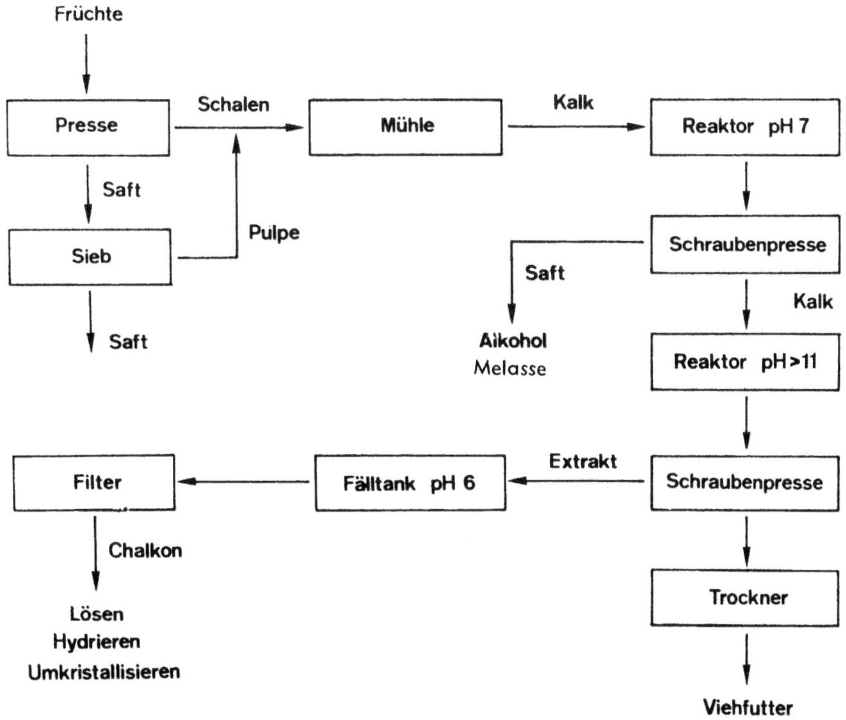

Abb. 2. Fabrikationsschema der Abfallverwertung mit Flavanon-Gewinnung nach *Pilnik.*

von Rhamnose das Naringin zum Prunin, dem Naringenin-7-β-D-glucosid umgewandelt. Damit wird eine Entbitterung des Saftes erreicht (5).

Die mengenmäßig interessantesten Flavanonglycoside sind Hesperidin in Orangen (Citrus sinensis), Naringin in Grapefruits und das Neohesperidin in den bitteren Sevilla Orangen (Citrus aurantium). Das letztgenannte Flavanonglycosid ist das bitterste der Flavanonglycoside in Citrusfrüchten.

Durch Behandlung der Citrusschalen mit Kalilauge erfolgt eine Löslichmachung der Flavanone und damit eine Entfernung aus der Schale. Abb. 2 zeigt einen möglichen Weg zur Gewinnung von Flavanoiden aus Orangenrückständen. Die Rückstände bei der Herstellung von Orangensaft bestehen aus Schalen und Fruchtfleisch. Diese Abfallprodukte enthalten 75—80 % des gesamten in der Orange enthaltenen Hesperidins. Hesperidin ist löslich bei einem pH von 11. Seine Wasserlöslichkeit ist sehr gering. Die Schalenrückstände werden zunächst gemahlen und mit Calciumhydroxid auf einen pH-Wert von 7 gebracht. Hierbei gehen nur Spuren von Hesperidin in Lösung. Es folgt zunächst die Trennung vergärbarer Kohlenhydrate zur Gewinnung der Citrusmelasse zur Weiterverwendung bei der Alkohol- bzw. Essigerzeugung. Die abgepreßte Masse wird nun mit Kalilauge auf einen pH-Wert von 11 gebracht. Hierbei werden die Flavonoide in eine lösliche gelbbraune Chalkonform überführt. Abpressen und Filtration der Lösung sind die nächsten Schritte. Durch Zugabe von Salzsäure wird anschließend zur Ausfällung der Chalkone ein pH-Wert von 6 eingestellt. Die auskristallisierten Chalkone werden nun durch Filtration vom Extrakt getrennt, wieder in Lösung gebracht und mit Hilfe von Palladium-Katalysatoren zur Verhinderung der Ringschließung hydriert. Dieser Vorgang spielt sich bei Normaldruck ab. Das Resultat des technisch einfachen Prozesses sind die sogenannten Dihydrochalkone, die eine intensive Süßkraft besitzen (Abb. 3).

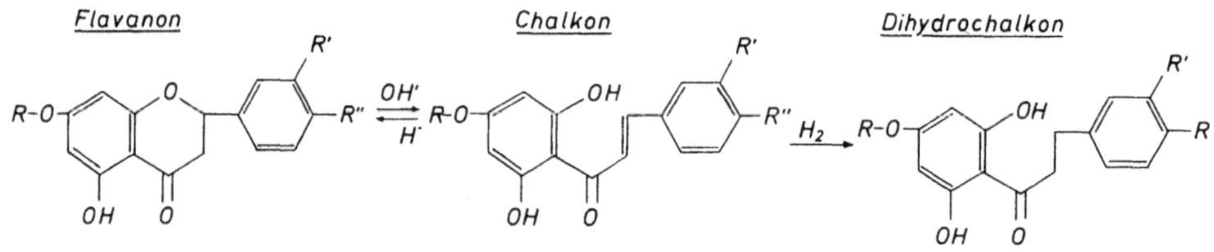

Abb. 3. Umwandlung von Flavanon in Dihydrochalkone.

Die Süßstoffe Naringindihydrochalkon und Neohesperidindihydrochalkon lassen sich technisch ohne Schwierigkeiten herstellen. Für Naringindihydrochalkone wurden in Laboratorien Ausbeuten von 94 % und für das Neohesperidindihydrochalkon 82 % erzielt (6). Leider ist der Verfahrensweg für das wirtschaftlich bedeutsamste Flavanonglycosid, das Hesperidin, komplizierter. Die 1,6-Bindung der Rhamnose an Glucose ist dafür verantwortlich, daß das Dihydrochalkon nicht süß ist. Durch enzymatische Abspaltung der Rhamnose, erhält man ein süß schmeckendes Dihydrochalkon, das Hesperitin-dihydrochalkon-glucosid (7). Eine industrielle Erzeugung von Hesperidin-Rhamnosidase existiert z. Zt. noch nicht. In der nachfolgenden Tabelle wird ein Vergleich der Süßkraft der Dihydrochalkone mit Saccharin dargestellt.

Tab. 1. Das Süßkraftverhältnis von Neohesperidindihydrochalkon zu Saccharin und anderen Dehydrochalkonen

	Molare Konzentration	Äquivalente Einwaagen
Neohesperidin-dihydrochalkon	1×10^{-5}	1
Hesperitin-dihydrochalkon-glucoside (HDG)	2×10^{-4}	15
Naringin-dihydrochalkon	2×10^{-4}	19
Saccharin	2×10^{-4}	7

Hierbei zeigt sich, daß das Neohesperidindihydrochalkon die größte Süßkraft besitzt. Neohesperidindihydrochalkon ist 1000mal süßer als Sucrose, bezogen auf die Einwaage. Das Ausgangsmaterial, das Neohesperidin, ist leider nur in geringen Mengen erhältlich. Der Anbau von bitteren Sevilla Orangen wird nur in einem sehr begrenzten Maße betrieben. In Laborversuchen konnte allerdings ermittelt werden, daß man aus dem Flavanonglycosid Naringin über das Phloracetophenon-neohesperidosid zum Neohesperidindihydrochalkon kommen kann.

Neohesperidindihydrochalkone besitzen in Wasser bei 25° C eine Löslichkeit von 1,224 g/l. In heißem Wasser von 80° C erhöht sich die Löslichkeit um das fast 7fache. Neohesperidindihydrochalkonlösungen, die mit Hilfe von Citronensäure auf pH-Werte von 6,2; 4,5; 3,5 und 2,5 eingestellt wurden, zeigten eine abnehmende Süßkraft mit fallendem pH-Wert. Es ist bekannt, daß die Süßkraft synthetischer Süßstoffe intensiver erscheint, wenn sie in Fruchterzeugnissen eingesetzt wird. Erste Untersuchungen haben gezeigt, daß Neohesperidindihydrochalkon beim Einsatz in Fruchterzeugnissen eine größere Süßkraft besitzt als vergleichbare andere Süßstoffe. Allerdings konnte ein synergistischer Effekt zu Sucrose nicht festgestellt werden (8).

Auffallend ist der intensiv süße Nachgeschmack beim Einsatz von Dihydrochalkonen. Durch Einstellen eines bestimmten Saccharin-Sucrose-Neohesperidin-dihydrochalkon-Verhältnisses fällt dieser Nachteil weg.

Dihydrochalkone besitzen eine erstaunliche Hitzestabilität unter verschiedenen pH-Werten. Getestet wurden vor allem Neohesperidindihydrochalkonlösungen auf die Anwesenheit von Rhamnose und Glucose. Toxikologische Untersuchungen haben gezeigt, daß diese Süßstoffe unbedenklich sind.

Abschließend läßt sich feststellen, daß durch die Herstellung von Dihydrochalkonen aus Citrusfrüchten bzw. deren Rückständen neuartige Süßstoffe gewonnen werden, die die herkömmlichen synthetischen Erzeugnisse ablösen können. Bedauerlicherweise wurden im letzten Jahr in den USA nur unbedeutende Mengen hergestellt; technische und sicher wirtschaftliche Überlegungen dürften hierbei eine Rolle gespielt haben.

Das Ziel unserer lebensmitteltechnologischen und chemischen Forschung sollte es sein, sich intensiver mit der Isolierung und technischen Herstellung derartiger pflanzlicher Komponenten zu beschäftigen, um die Qualität unserer Lebensmittel besser und gesünder zu machen.

Zusammenfassung

Citrusfrüchte enthalten Bitterstoffe, die als Flavanonglycoside bekannt sind. Typisches Beispiel hierfür ist die Bitterstoffkomponente der Grapefruit, das Naringin, bei Sevilla Orangen (Citrus aurantium) handelt es sich um das Neohesperidin. Wenn bestimmte Flavanonglycoside in Dihydrochalkone verwandelt werden, verschwindet die z. T. starke

Bittere. Sie wird durch einen süßen Geschmack ersetzt, der um ein Mehrfaches größer ist als der des Rohr- oder Rübenzuckers. Im Vergleich zum Zucker sind diese Dihydrochalkone relativ langsam wirkend im ersten Geschmackseindruck, allerdings dann lange anhaltend. Bei diesen Süßstoffen nimmt die Süße mit fallendem pH-Wert ab. Werden solche Erzeugnisse in Citrusfruchtsaftgetränken durch Sucrose ersetzt, so erfolgt ein synergistischer Effekt des Geschmackseindruckes der Citrusfruchtsaftsäurekomponenten. Dagegen konnte ein synergistischer Effekt bei Sucrose nicht festgestellt werden. Die Süßstoffe, die aus Naringin und Neohesperidin hergestellt werden, bezeichnet man als Naringindihydrochalkon und Neohesperidin-dihydrochalkon. Ein dritter Süßstoff, das Hesperitindihydrochalkonglucosid (HDG) wird aus Hesperidin, einem nicht bitteren Flavanonglycosid hergestellt. Hesperidin kommt in größeren Mengen in Orangen (Citrus sinensis) vor. Die Herstellung von HDG ist allerdings wesentlich komplizierter, da hier zunächst die Entfernung von Rhamnose erforderlich ist.

Résumé

Les agrumes contiennent des substances amères que l'on connaît sous le nom de flavanoneglycosides. Un exemple typique est représenté par le composante amère du pamplemousse, le naringine; dans le cas des oranges de Séville (Citrus aurantium), il s'agit de la néohespéridine. Lorsque certains flavanoneglycosides se transforment en dihydrochalcones, une partie de l'amertume disparaît. Elle est remplacée par une saveur sucrée qui est nettement plus prononcée que celle du sucre de canne ou de betterave. Comparé aux sucres, le goût sucré de ces dihydrochalcones n'apparaît que progressivement, dans un premier temps, mais, ensuite, il persiste longtemps. Le pouvoir sucrant de ces substances diminue avec des valeurs de pH plus acides. Si l'on remplace des substances, dans les boissons à base d'agrumes, par du saccharose, il apparaît un effet synergique dans l'appréciation du goût du composé acide des jus d'agrumes. Avec le saccharose seul, aucun effet synergique n'a pu être observé. Les substances sucrantes, produites à partir de naringine et de néohespéridine, sont désignées sous le nom de naringinedihydrochalcones. Une troisième substance sucrante, l'hespéridinedihydrochalconeglycoside (HDG), est préparée à partir de l'hespéridine, un flavanoneglycoside non amer. L'hespéridine se trouve en quantités appréciables dans les oranges (Citrus sinensis). La préparation du HDG est, toutefois, nettement plus compliquée, puisqu'il s'agit, dans un premier temps, d'en éliminer le rhamnose.

Summary

Citrus fruits contain bitter substances which are known under the name of flavanoneglycosides. A typical example is represented by the bitter constituent, naringine, of the grapefruit; in the case of Seville oranges (Citrus aurantium), neohesperidine is concerned. When some flavanoneglycosides are converted into dihydrochalcones, par of the bitterness disappears. It is replaced by a sugary flavour which is far more marked than that of cane sugar or sugar beet. Compared with sugars, the sweet taste of dihydrochalcones appears gradually at first but persists for a long time. The sweetening capacity of these substances decreases with higher acid pH values. If these substances are replaced by saccharose in drinks with citrus fruit bases, a synergic effect becomes evident in the appreciation of the taste of the acid compound of the citrus fruit juices. With saccharose alone, no synergic action has been observed. The sweetening substances, produced from naringine and neohesperidine are known under the name of naringinedihydrochalcones. A third sweetening substance, hesperidinedihydrochalconeglycoside (HDG) is prepared from hesperidine, a non-bitter flavanoneglycoside. Hesperidine is found in considerable quantities in oranges (Citrus sinensis). The preparation of HDG is, however, far more complicated, since rhamnose must first be eliminated.

Literatur

1. *Eiserle, R. J.*, Food Prod. Develop. **5**, (6) 70—71 (1971). — 2. *Ting, S. V.*, und *W. F. Newhall*, J. Food Sci. **30**, 57—64 (1965). — 3. *Huet, R.*, Fruits (Paris) **16**, 327—332 (1961). — 4. *Horowitz, R. M.*, Biochemistry of Phenolic Compounds (London and New

York 1964). — 5. *Smith, C. V.*, und *D. W. Thomas*, U.S. Patent 2.950.974, 1960, für Röhm und Haas Co., USA. — 6. *Horowitz, R. M.*, und *B. Gentili*, U.S. Patent 3.087.821, 1963, für USDA und Agricultural Research Service, United States Department of Agriculture, CA 74-18 Juni 1968. — 7. *Horowitz, R. M.*, und *B. Gentili*, U.S. Patent 3.375.242, 1968, für USDA. — 8. *Inglett, G. E.*, *L. Krbechek*, *B. Dowling* und *R. Wagner*, J. Food Sci. **34**, 101—103 (1969).

Anschrift des Verfassers:
Professor Dr.-Ing. *H. J. Bielig*,
Institut für Lebensmitteltechnologie — Frucht- und Gemüsetechnologie,
Technische Universität, D 1 Berlin 33, Königin-Luise-Straße 22

18.

Travail de l'Université de Louvain — Ecole de Santé Publique — Section de Nutrition et d'Hygiène Alimentaire (Dir. Pr. J. Lederer)

Action toxique, cytogénétique et tératogène du cyclamate et de ses dérivés métaboliques

Par *J. Lederer*, *A. M. Pottier-Arnould*, *J. P. Collin* et *E. Gondry* (Louvain)

Avec 10 figures et 4 tableaux

I. Le Cyclamate

Découvert par *Audrieth* et *Sveda* (1944) le pouvoir édulcorant du cyclamate fut largement utilisé quelques années plus tard après que *Fitzhugh* et coll. (1950 et 1951) eurent affirmé qu'ajouté à la concentration de 5 % à la nourriture des animaux il ne provoquait aucun effet toxique et que *Schoenberger* et coll. (1953) aient montré que l'homme en supportait sans inconvénient 5 g par jour.

L'influence du cyclamate sur diverses fonctions a été explorée:

1) La fonction rénale trouvée intacte par *Richards* et coll. (1951) et par *Zollner* et *Schelle* (1969) peut être altérée par le cyclamate de calcium qui a servi à édulcorer les limonades; *Nees* et *Derse* (1967) ont observé chez le rat des calculs rénaux et *Bayusz* (1969) a vu chez le hamster de la néphrocalcinose.

2) Au niveau du tube digestif on peut voir des diarrhés que *Hwang* (1956) et *Calendra* et *Berndt* (1965) attribuent à un effet osmotique. *Bernier* et coll. (1968) pensent qu'elles sont dues à des lésions histochimiques car ils ont vu une chute du taux des phosphatases au niveau de la muqueuse intestinale. *Göttinger* et coll. (1968) et *Hagmüller* et coll. (1969) ont décrit des lésions des cellules hépatiques; ceci n'a toutefois pas été confirmé.

3) Au niveau du myocarde le cyclamate de calcium peut, d'après *Bayusz* (1969) provoquer des lésions avec sclérose des coronaires chez le hamster.

4) La glycémie n'est pas modifiée pour *Richards* et coll. (1951) et pour *Berryman* et coll. (1965). Notons toutefois que *Hagmüller* (1969) pense que le cyclamate est légèrement hypoglycémiant et *Lockwood* et *Dixon* (1969) qu'il potentialise l'action hypoglycémiante du chlorpropamide et qu'il inhibe celle de la tolbutamide.

Travail subsidié par la fondation Henrijean à Spa

Au total de tous ces travaux classiques de toxicologie, il n'y a pas grand chose à retenir contre le cyclamate.

Ce sont les études modernes qui ont relancé toute la question de l'opportunité de son usage en alimentation et surtout l'annonce de son effet cancérigène. C'est ce qui nous a amené à faire des recherches notamment sur son effet cytogène et son effet tératogène. Celles-ci ne se sont pas limitées au cyclamate lui-même, nous les avons étendues à ses métabolites.

Justification des doses utilisées

Diverses critiques ont été adressées aux doses utilisées par le expérimentateurs modernes. C'est celles-ci que nous voulons rencontrer d'emblée. On ne peut comparer l'étude de la toxicité d'un médicament avec celle d'un additif aux aliments qui risque d'être consommé à très petite dose chaque jour durant une partie importante de la vie.

Nous nous sommes rangés à l'avis de la commission F.A.O./O.M.S. (1962) qui sur la base des travaux de *Frazer* (1951), de *Lehman* et coll. (1959) et de *Truhaut* (1962) estime qu'un produit ne peut être admis comme additif aux aliments que si on prouve son innocuité en l'administrant à 100 fois la dose par kg que l'homme est amené à consommer et cela durant au moins la moitié de la durée de vie normale chez 3 espèces animales au moins dont 2 doivent être des rongeurs. Pour respecter des conditions, nous avons étudié des rats et des souris à la nourriture desquels nous ajoutions 5 % de cyclamate de sodium. C'est du reste les doses qui ont été uitilisées par d'autres expérimentateurs.

Effet cancérigène du cyclamate

Ce fut une surprise pour beaucoup lorsque le 18 octobre 1969 Monsieur *Robert Finch* secrétaire à la Santé aux U.S.A. retira le cyclamate de la liste des substances officiellement reconnues comme inoffensives pour l'usage alimentaire.

Il basait cette décision sur une expérience que *Price* et coll. (1970) ne publièrent que plusieurs mois plus tard. Administrant à des rats du cyclamate et de la saccharine avec en plus en fin d'expérience de la cyclohexylamine, ils virent apparaître 8 cancers de la vessie sur 250 animaux; sept de ces animaux étaient tranformateurs en cyclohexylamine.

Une âpre controverse suivît les publications de cette expérience; *Inhorn* et *Meisner* (1970) reprochèrent à *Price* et coll. (1970) d'avoir administré des doses trop élevées de cyclamate (2,5 g/kg), d'avoir conclu au pouvoir cancérigène du cyclamate alors qu'ils avaient administré un mélange cyclamate-saccharine, d'avoir utilisé une seule espèce animale et d'avoir conclu du rat à l'homme. *Inhorn* et *Meisner* (1969) affirment qu'en outre on n'a pas vu d'augmentation du nombre de cancer de la vessie aux Etats-Unis depuis que l'on consomme du cyclamate; *Eisenberg* et coll. (1969) affirment la même chose pour le Connecticut.

Ces critiques sont non fondées et cela pour plusieurs raisons:

1) *Rudali* et coll. (1969) administrent à 4 souches de souris, 3 souches pures et 1 hybride, du cyclamate de soude dans l'eau de boisson à 10 fois la dose que l'homme est amené à consommer. Chez une des souches on vit apparaître des tumeurs hépatiques, des tumeurs pulmonaires multiples et chez un animal un adénocarcinome mammaire.

Bryan et *Ertürck* (1970) provoquèrent dans 2 expériences successives 78 % et 61 % de cancer de la vessie chez des rats à qui ils implantèrent dans la vessie des cristaux de cholestérol imprégnés de cyclamate.

2) *Epstein* et coll. (1969) et *Rudali* et coll. (1969) reprochent aux expériences de *Fitzhugh* et coll. (1950) et (1951) et de *Richards* et coll. (1951) d'avoir été mal

menées et notamment de n'avoir pas été poursuivies assez longtemps. Ils s'insurgent contre ceux qui affirment que le cyclamate n'a pas d'effet nocif chez l'homme et rappellent que *Case* et coll. (1954) ont montré qu'il s'écoule chez l'homme un temps de latence de 18 ans entre l'exposition professionnelle aux amines aromatiques carcinogènes et le début de cancer de la vessie.

3) Or *Burbank* et *Fraument* (1970) montrent que c'est en 1952 qu'on introduisit l'usage du cyclamate aux U.S.A., que c'est en 1962 que l'on introduisit les boissons mini-calories ce qui fit passer la consommation de cyclamate de 2,7 millions de livres en 1962 à 19,7 millions de livres en 1969 et qu'à partir de 1963 on vit une augmentation progressive du nombre de cancers de la vessie dans le Connecticut et cela surtout chez l'homme.

Il faut cependant citer ici la recherche fort importante de *Roe* et coll. (1970) qui n'ont pas provoqué de cancers du tube digestif ou de la vessie après avoir administré durant 18 mois 5 % de cyclamate dans la nourriture de souris; ils n'ont même pas pu modifier la fréquence des tumeurs ou des cancers de voies digestives chez les animaux qui avaient reçu 7 jours avant le début du régime 50 μg de benzo (a) pyréne dans 0,2 ml de polyéthylèneglycol 400 en instillation intra gastrique.

L'effet cytogénétique du cyclamate

Sax et *Sax* (1968) ont montré que le cyclamate possédait un effet mutagène sur les cellules de radicelles d'oignon; *Majumdar* et *Lane* (1970) ont montré que le cyclamate de sodium inhibe le développement et la différenciation de certaines plantes.

Le cyclamate provoque des anomalies chromosomiales chez l'animal aussi. Le cyclamate de sodium ou de calcium ajouté au milieu de culture de leucocytes humains par *Stone* et coll. (1969) ou par *Stoltz* et coll. (1970) provoque des lésions chromosomiales.

Chez le rat, l'administration de cyclamate a permis à *Legator* et coll. (1970) d'observer in vivo des cassures de chromosomes chez le rat au niveau de la moelle osseuse et des spermatogonies. *Majumdar* et *Soloman* (1971) ont observé des anomalies chromosomiales provoquées par 5 injections intrapéritonéales au niveau de la moelle osseuse d'un petit rongeur de Mongolie le meriones unguiculatus.

Avec *Collin* (1971) nous avons voulu, non seulement contrôler ces faits mais rechercher si on ne pouvait voir des anomalies chromosomiales chez les descendants de mères ayant reçu du cyclamate au cours de la gestation.

Voici le résultat de ces recherches:

a) *in vitro*

Des leucocytes humains sont mis en culture dans du plasma humain auquel on ajoute des concentrations croissantes de cyclamate de sodium.

Un certain nombre d'anomalies furent observées:

1) des cassures et des granulations au niveau des grands chromosomes
2) une taille anormalement grande du chromosome 4
3) des cassures du chromosome 7
4) des difformités au niveau de plusieurs chromosomes
5) de nombreuses régions achromatiques dans différents chromosomes.

Il y avait un parallélisme entre la quantité d'anomalies observées et la concentration du milieu en cyclamate.

Tableau 1. Influence de la concentration en cyclamate sur le nombre d'anomalies chromosomiales

Quantité de cyclamate ajouté au milieu	Cassures par 20 cellules	Régions achromatiques par 20 cellules
1 mg	–	2
5 mg	1	4
10 mg	4	6
100 mg	4	11
200 mg	très rares mitoses	
500 mg	pas de croissance	

Il faut noter que sur 100 cellules témoins, il y avait 2 cassures et 9 régions achromatiques.

b) *in vivo sur rats adultes:*

Nous avons étudié le caryotype des leucocytes de la moelle osseuse de 4 rats femelles au moyen d'une méthode de culture originale mise au point par *Collin* (1971). Ces rats recevaient 5 % de cyclamate de sodium dans leur nourriture depuis 2 à 6 mois.

Nous avons relevé:

1) l'absence de satellites sur le chromosome 3 chez 3 rates
2) un morcellement du chromosome 1
3) chez un rat, un double centromètre du chromosome 1
4) chez un rat, un morcellement du chromosome 3
5) chez un rat, une fragmentation des grands chromosomes.

c) *in vivo chez l'embryon:*

L'embryon a été prélevé au 13° jour de la gestation chez 5 rates recevant 5 % de cyclamate dans leur nourriture.

L'embryon a été broyé dans du sérum physiologique et le broyat ainsi recueilli mis en culture.

On observe quelques cassures au niveau des grands chromosomes.

Nous avons donc confirmé l'effet cytogénétique du cyclamate de soude ajouté au milieu de culture de leucocytes humains et le parallélisme qui existe entre le nombre d'anomalies observées et la concentration en cyclamate du milieu. Ceci avait déjà été vu par *Stone* et coll. (1969).

Nous avons en outre montré in vivo la présence d'anomalies chromosomiales sur les leucocytes de la moelle osseuse de rats recevant 5 % de cyclamate de soude dans leur nourriture depuis 2 à 6 mois; nous avons aussi montré la présence d'anomalies chromosomiales dans les cellules recueillies après le broyat d'embryons dont la mère a reçu 5 % de cyclamate de soude dans la nourriture au cours de la gestation.

Influence du cyclamate de soude sur la croissance de la souris

Pour étudier l'influence du cyclamate de soude sur la croissance de la souris, nous avons administré celui-ci à la concentration de 5 % dans ses aliments cela dès avant la conception et cela durant 5 générations consécutives. L'expérience a été realisée sur la souris de lignée pure, la souris M N R I.

Pour voir si les modifications de la croissance doivent être attribuées à un effet toxique ou aux modifications chromosomiques, nous avons interrompu l'administration du cyclamate chez les animaux de la 5° génération et avons étudié la croissance des deux premières générations issues de celle-ci.

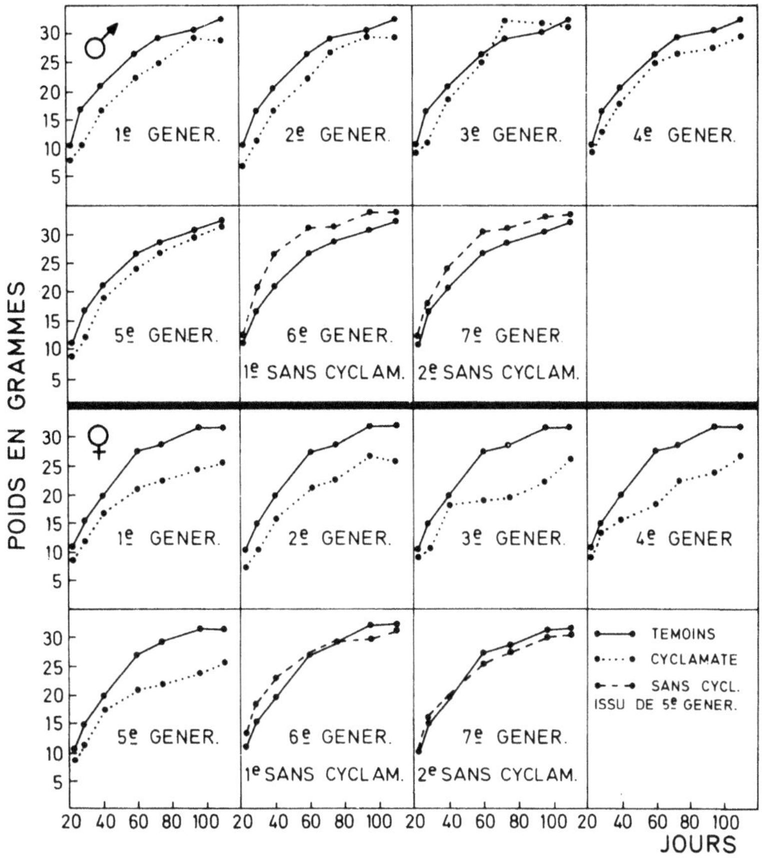

Fig. 1. Action du cyclamate sur la croissance des souris MNRI.

Les constatations que nous avons faites peuvent se voir sur les graphiques 1, Les voici:

1) chez les mâles, les 5 générations recevant du cyclamate ont une croissance déprimée surtout jusqu'au 74e jour.
2) chez les femelles qui reçoivent du cyclamate la dépression de la croissance est beaucoup plus nette que chez les mâles.
3) la 1ere génération élevée sans cyclamate mais issue de la 5° génération au cyclamate a une croissance supérieure à la normale chez les femelles jusqu'au 40e jour mais chez les mâles, même après le 3° mois.
4) la 2° génération élevée sans cyclamate mais issue de la 5° génération au cyclamate a chez les femelles une croissance strictement normale et chez les mâles encore légèrement supérieure à la normale.

L'inhibition de la croissance de la souris aux aliments auxquels on a ajouté du cyclamate à haute dose a déjà été observée par *Nees* et *Derse* (1967), par *Ferrando* et *Huchet* (1968), *Dalderup* et *Visser* (1969) et *Boudenne* et *Gounelle* (1969).

Sabri et coll. (1969) ont montré qu'un régime pauvre en protéines renforçait l'effet inhibant du cyclamate sur la croissance. Ceci est confirmé par *Prosky* et *O'Dell* (1972).

Nous avons voulu déterminer à quel moment de la gestation ou de la croissance le cyclamate était le plus néfaste pour les souris en croissance.

Pour déterminer cela nous avons comparé la croissance de différentes séries de souris de race T.B.

série T — ni leurs mères ni elles-mêmes ne reçoivent jamais de cyclamate

série A — la mère reçoit 5 % de cyclamate dans ses aliments avant la gestation, durant celle-ci et durant la lactation; lors du sevrage, au 21° jour, les jeunes reçoivent 5 % de cyclamate dans leurs aliments.

série B — la mère reçoit 5 % de cyclamate dans ses aliments avant la gestation et durant celle-ci; dès la mise bas, le cyclamate est supprimé et les jeunes ne reçoivent jamais de cyclamate.

série C — la mère ne reçoit du cyclamate qu'après la mise bas, durant toute la période de lactation; après le sevrage au 21° jour, les jeunes reçoivent des aliments additionnés de 5 % de cyclamate.

série D — la mère n'a jamais reçu de cyclamate mais les jeunes reçoivent 5 % de cyclamate dans leurs aliments dès le sevrage au 21° jour.

Il apparaît que lorsque le cyclamate est administré uniquement durant la gestation et supprimé dès la mise à bas, la croissance des jeunes est plus grande que chez les témoins; ceci est surtout net chez les mâles. Si on administre le cyclamate seulement après la mise bas, donc durant la lactation et la croissance, la courbe de poids est inférieure à celle des témoins. Si le cyclamate n'est pas administré à la mère mais est ajouté à la nourriture des jeunes dès le sevrage au 21° jour, il n'y a guère d'inhibition de la croissance.

Le cyclamate paraît donc surtout nocif pour la croissance lorsqu'il est administré à la mère au cours de la période de lactation. C'est ce que montre le graphique 2.

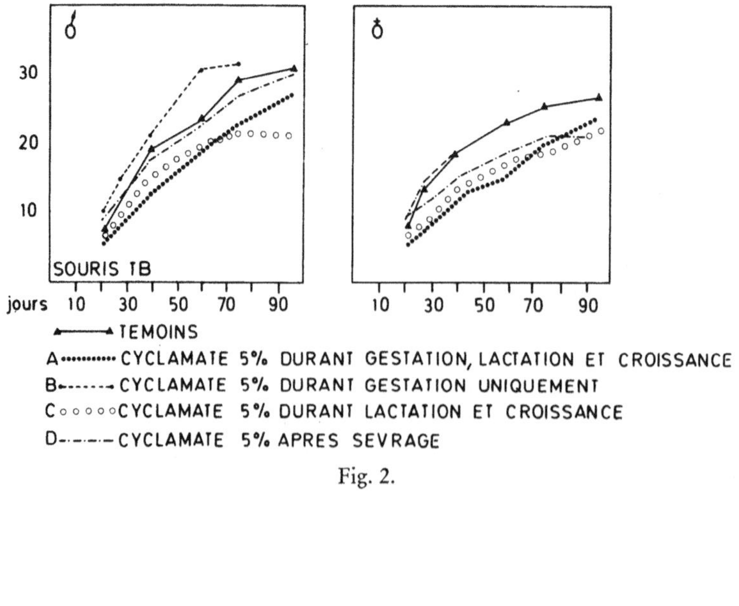

Fig. 2.

Ceci n'est pas étonnant, en effet, *Ward* et *Zeman* (1971) utilisant du cyclamate marqué par un ^{14}C en injection intraveineuse chez la rate allaitant montrent que celui-ci est excrété de manière active par la glande mammaire.

Influence du cyclamate de soude sur la gestation de la rate

Pour étudier l'influence du cyclamate sur la gestation nous avons comparé le pourcentage de résorptions chez les témoins et chez celles ayant reçu diverses doses de cyclamate en injection sous cutanée ou intrapéritonéale du 9° jour au 18° jour de la gestation. Pour cela on pratiquait une laparatomie au 9° jour de la gestation pour compter le nombre d'embryons présents dans les cornes utérines; on sacrifiait les animaux au 20° jour de la gestation, ce qui permettait de compter les embryons restant et de calculer le pourcentage de résorptions. On a comparé aussi le poids des embryons et des placentas des différentes séries.

Tableau 2. Gestation chez les rates recevant diverses doses de cyclamate par voie sous cutanée ou intra péritonéale du 9° au 18° jour de gestation

Série		Nbre de mères	Nbre d'embryons 9° jours	20° jours	% de résorp-tions	Poids mg 20° jour embryons	placenta
Témoins		17	134	113	15,8	3.098	553
Sous cutané	100 mg	20	155	120	22,6	2.766	415
Sous cutané	500 mg	18	134	92	31,4	2.474	495
Péritonéal	100 mg	20	150	120	20,0	3.249	501
Péritonéal	500 mg	22	180	102	43,3	2.666	503

Le cyclamate de soude administré par voie sous cutanée ou intrapéritonéale augmente le nombre de résorptions foetales et cette action est plus importante avec une dose de 500 mg qu'avec une dose de 100 mg. A la dose de 500 mg, il y a une diminution du développement embryonnaire; la répercussion sur le développement du placenta est moindre.

L'effet tératogène

Tanaka (1964) a affirmé que le cyclamate est beaucoup plus toxique pour le foetus que pour le rat adulte; *Nees* et *Derse* (1965) et *Ferrando* et *Huchet* (1968) ont vu que le cyclamate de sodium a une influence néfaste sur le développement du foetus du rat. Ils ne rapportent pas avoir vu d'anomalie du foetus, mais il ne semble pas qu'ils les aient recherchées.

Nous ne pouvons retenir comme valables les expériences faites au cours de la gestation par *Frits* et *Hess* (1968) chez la rate, par *Lorke* (1969) chez la souris, par *Klotsche* (1969) chez la lapine et qui concluaient à l'absence d'effet tératogène du cyclamate. Elles n'ont pas été menées selon les directives de la commission conjointe F.A.O./O.M.S.

Il n'est pas étonnant que le cyclamate ait des effets nocifs sur le foetus. *Pitkin* et coll. (1969) expérimentant sur la macaque avec du cyclamate marqué par un ^{14}C observent que chez les femelles en état de gestation, celui-ci traverse rapidement la barrière placentaire et se retrouve dans les humeurs du foetus; celui-ci reste dans le liquide extra-cellulaire et ne pénètre que peu dans les cellules.

Pitkin et coll. (1970–1971) reprennent l'expérience sur des femmes qui vont se faire avorter ou qui vont subir une hystérectomie au début d'une grossesse. Après injection intraveineuse de cyclamate marqué on retrouve dans le sang du foetus une concentration de cyclamate égale au quart de celle du sang de la mère. Il est largement distribué dans tous les tissus avec une concentration plus importante dans le foie, la rate et les reins. L'autoradiographie montre que le cyclamate ne pénètre pas dans les cellules.

On a parfois objecté que l'on n'avait pas vu d'anomalies congénitales provoquées par le cyclamate. Il est permis d'opposer à cela le fait que le diabète est une maladie réputée tératogène or une proportion importante de femmes diabétiques prennent du cyclamate. Il est difficile de préciser la part que le cyclamate peut avoir dans la génèse de ces anomalies.

D'autre part, *Stone, Matalka* et *Palaski* (1971) ont fait une enquête dans l'état du Massachusetts sur le pourcentage de mères qui ont consommé du cyclamate au cours de la grossesse en les répartissant en femmes ayant mis au monde un enfant normal et femmes ayant mis au monde un enfant anormal. Voici le résultat de cette enquête:

	enfants normaux	enfants anormaux
1959—1961	11,5 %	17,7 %
1962—1964	14,5 %	22,6 %
1965—1969	21,5 %	35,8 %

Sur 50 enfants retardés ils trouvent 35 cas de mongolisme où la mère avait pris du cyclamate au cours de la gestation; ils trouvent par ailleurs 4,4 % d'altérations physiques chez les enfants dont la mère n'a pas pris d'édulcorants et 9,3 % lorsque la mère a pris des édulcorants.

Tous ces faits nous ont incité à reprendre les recherches sur l'action tératogène du cyclamate.

Dans ce but, nous avons accouplé des rats qui dès le début de l'expérience recevaient dans leur nourriture 5 % de cyclamate de soude. Comme nos animaux consommaient environ 20 g d'aliments par jour, cela correspondait à 1 g pour 1 rat de ± 250 g, soit 4 g par kg de poids du corps.

Si nous interpolons pour l'homme, cela correspond à 280 g par jour pour un homme de 70 kg, soit si nous nous basons sur les exigences de la commission mixte F.A.O./O.M.S. 100 fois une dose de 2,80 g par jour. Ceci correspond à une quantité facilement consommée par celui qui se sert de cyclamate comme édulcorant.

Au 18° jour de la gestation, les embryons sont prévelés et on examine leur crâne en prélevant une tranche horizontale passant au niveau des yeux. Ceci nous a permis de voir diverses anomalies oculaires.

Nous avons tenu à faire la comparaison avec des animaux témoins. Notre expérience a porté sur 207 rats témoins qui nous ont donné 2 083 embryons et sur 82 rats qui ont reçu 5 % de cyclamate dans leur nourriture dès avant la gestation et au cours de celle-ci et et qui nous ont donné 483 embryons.

Voici le relevé des anomalies observées:

au niveau du cristallin

anomalie du 1° degré: vacuolisation assez importante, gonflement marqué et remaniement des fibres

chez les témoins: 101 fois sur 2 083
chez les traités: 145 fois sur 483.

anomalies du 2° degré: désorientation totale des fibres avec plage de lyse ou tendance à la nécrose centrale

chez les témoins: 7 fois sur 2 083

chez les traités: 59 fois sur 483 embryons.

anomalie du 3° degré: disparition des fibres avec forte nécrose et cataracte embryonnaire

chez les témoins: 0 fois sur 2 083

chez les traités: 22 fois sur 483.

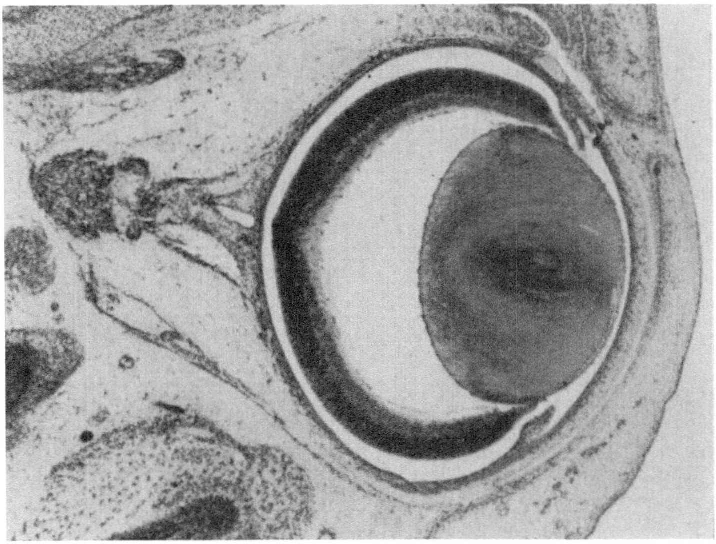

Fig. 3. Condensation du centre du cristallin avec lyse. Amorce de cataracte.

au niveau de la rétine

anomalie du 1° degré: début de plicature en un endroit:

chez les témoins: 0 fois sur 2 083

chez les traités: 18 fois sur 483.

au niveau du nerf optique

anomalie du 1° degré: émergence anormale des fibres au niveau de l'iris:

chez les témoins: 0 fois sur 2 083

chez les traités: 48 fois sur 483.

anomalie du 2° degré: absence ou forte malformation du nerf optique:

chez les témoins: 0 fois sur 2 083

chez les traités: 31 fois sur 483.

Cette classification des anomalies est celle recommandée par *van Faassen* (1957), *Stempach* (1962) et *Gommers* (1967).

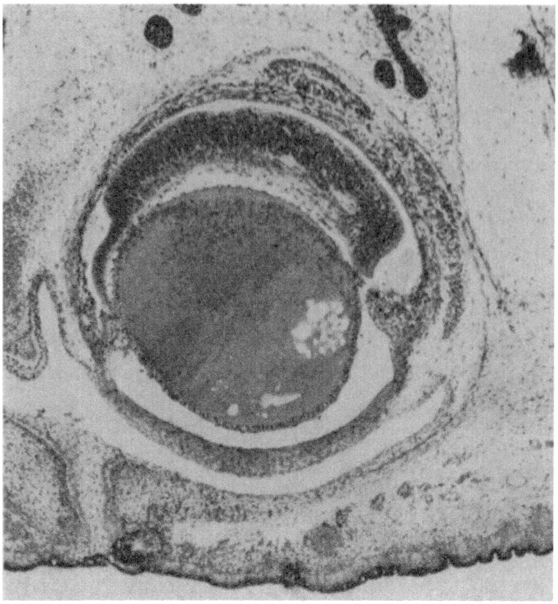

Fig. 4. Emergence du nerf optique au bord de l'iris. Vacuolisation du cristallin.

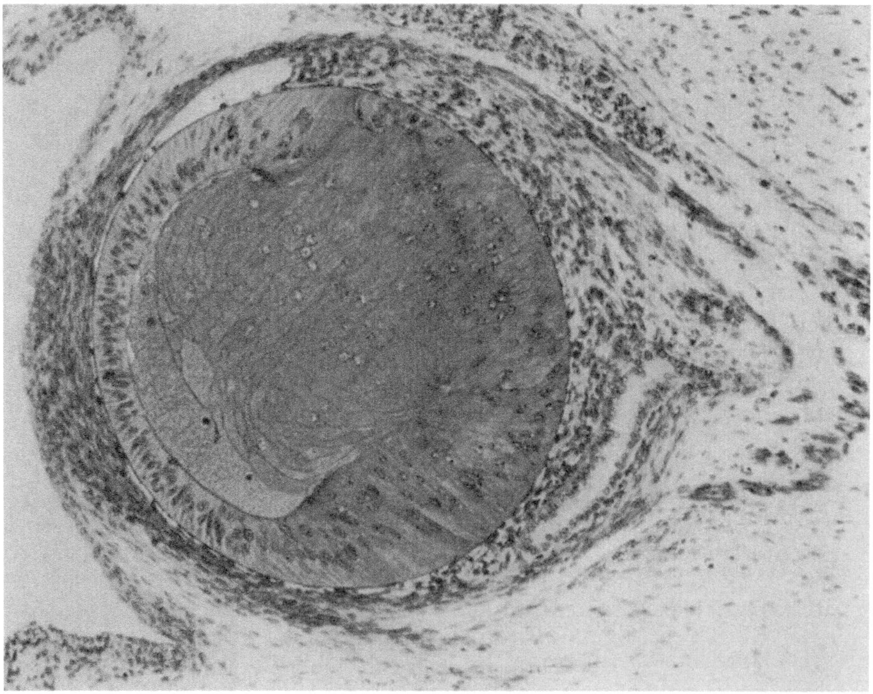

Fig. 5. Microphtalmie.

Métabolisme du cyclamate

Contrairement aux affirmations de *Schoenberger* et coll. (1953), de *Miller* et coll. (1966), de *Sanders* et *Wiegand* (1967), le cyclamate de soude peut être transformé dans l'organisme animal ou humain.

Kojima et *Ichibagase* (1966) trouvent de la cyclohexylamine dans les urines des chiens qui ont consommé du cyclamate de soude. Ces mêmes auteurs (1968) montrent plus tard sur le rat et le lapin que la quantité de cyclamate excrétée par les urines croît avec la durée de l'administration. Ceci est confirmé par *Boudenne* et *Gounelle* (1969).

Il apparaît cependant que tous les animaux ne convertissent pas le cyclamate en cyclohexylamine; dans l'expérience de *Oser* et coll. (1968) 6 rats sur 60 le font, dans celle de *Price* et coll. (1970) de nombreux rats le font mais le degré de conversion est très variable d'un animal à l'autre et le taux maximum de conversion est de 12,6 %.

Pour *Wallace* et coll. (1970) la conversion en cyclohexylamine se fait chez 83 % des rat; le pourcentage varie de moins de 0,1 % à 38 %; l'élimination de la cyclohexylamine se fait quasi exclusivement par les urines.

Drasar et coll. (1971) mettent en évidence des modifications de la flore intestinale chez le rat lorsqu'on lui administre du cyclamate; le nombre de clostridia augmente de $10-10^3$ par g à 10^5-10^9 par g; d'autre part ils ont isolé à partir des selles humaines cinq souches d'entérocoques; à partir des selles de rat deux colonies de clostridia et à partir des selles de lapin une souche d'entérobactéries et deux souches de clostridia capables de transformer du cyclamate en cyclohexylamine. Ils montrent aussi que dans les selles des hommes convertissant le cyclamate, toutes les souches d'entérocoques sont capables de transformer le cyclamate en cyclohexylamine.

La chose s'observe aussi chez l'homme par *Kojima* et *Ichibagase* (1966), *Leahy* et coll. (1967), *Sanders* et *Wiegand* (1967), *Wills* et coll. (1968). *Glogner, Kamm* et *Matthies* (1970) observent que cette conversion se fait plus fréquemment chez l'homme (15,7 %) que chez la femme (2,7 %).

On appelle dorénavant convertisseur en cyclohexylamine les hommes ou les animaux qui convertissent au moins 1 ‰ du cyclamate. *Oser, Carson* et *Vogin* (1967) montrent que ceux qui ont cette particularité la gardent et ceux qui ne l'ont pas ne l'acquièrent pas.

Kojima et *Ichibagase* (1966) avaient pensé que la conversion se fait au niveau du foie car en faisant incuber du cyclamate dans un homogénat de foie ils avaient recueilli de la cyclohexylamine. Toutefois *Renwick* et *Williams* (1969) montrent que les quantités recueillies sont dérisoires et d'autre part ceci n'explique pas le fait que la cyclohexylamine n'apparaît qu'après quelques jours d'administration du cyclamate et non d'emblée.

Dalderup et coll. (1970) montrent que c'est la flore intestinale qui est responsable de cette transformation, en effet pour rendre convertisseur en cyclohexylamine un rat non convertisseur, il suffit de le placer 24 heures dans une cage avec un animal convertisseur; ceci est dû à la coprophagie. Ce sont des germes anaérobies non encore identifiés qui seraient responsables de la conversion.

Utilisant la chromatographie gazeuse, *Kojima* et *Ichibagase* (1968) montrent que le cyclamate de soude administré au rat et au lapin donne lieu à l'élimination non seulement de cyclohexylamine mais aussi de cyclohexanol et de cyclohexanone.

On peut observer ces produits dans le surnageant lorsqu'on a fait incuber du cyclamate de sodium dans un homogénat de foie, mais les quantités en sont si faibles que ce n'est là que très partiellement l'origine des quantités trouvées dans les urines, il est très vraisemblable qu'ici aussi c'est la flore intestinale qui est responsable. *Kojima* et *Ichibagase* (1969) confirment la chose chez l'homme.

Elliot et coll. (1968) montrent que c'est la cyclohexylamine qui se transforme en cyclohexanol et en cyclohexanone.

Le métabolisme du cyclamate s'établit donc ainsi:

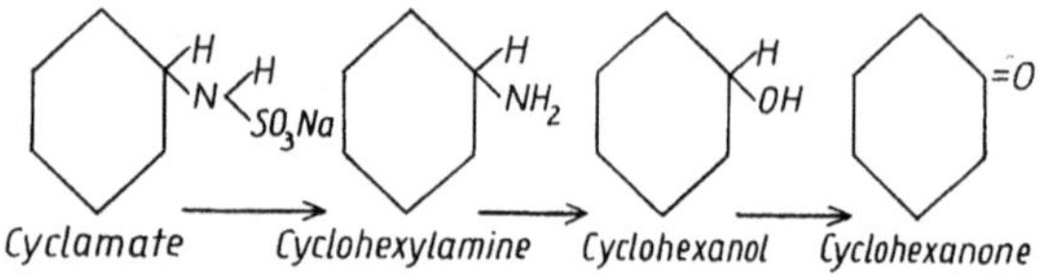

Il convenait d'examiner la toxicité respective de chacun de ces métabolites.

II. La cyclohexylamine

Toxicité générale

Divers auteurs ont étudié la toxicité générale de la cyclohexylamine:

La DL 50 est:

1) Chez la *souris* de 1,15 mg/g en injection sous-cutanée selon *Pliss* (1958) et de 619 mg/kg en injection intrapéritonéale pour *Miyata* (1969).
2) Chez le *rat* par voie orale de 300 mg/kg pour *Frazer* (1968), par voie intraveineuse de 200 mg/kg pour *Miyata* (1969), par voie intrapéritonéale de 350 mg/kg pour *Miyata* (1969), par voie intramusculaire de 1150 mg/kg pour *Pliss* (1958).
3) Chez le *lapin* de 100 mg/kg par voie orale pour *Pliss* (1958).
4) Chez le *cobaye* de 100 mg/kg par voie orale pour *Pliss* (1958).
5) Chez le *chien* de 350 mg/kg par voie intrapéritonéale pour *Miyata* (1969) et de 200 mg/kg par voie intraveineuse pour *Miyata* (1969).

A cause de son alcalinité, la cyclohexylamine est extrêmement irritante si elle est administrée pure; c'est la raison pour laquelle avant de l'injecter on la neutralise au moyen d'acide chlorhydrique.

C'est ainsi que *Pliss* (1958) et *Lomonova* (1961) ont provoqué de la dermatite pouvant aller jusqu'à la dermatose en appliqant celle-ci sur la peau.

L'inhalation de vapeurs de cyclohexylamine peut d'après *Watrous* et *Schulz* (1950) provoquer la mort de l'animal d'expérience; ceci est confirmé par *Pliss* (1958) et *Lomonova* (1961). Il y a, lors de l'inhalation, une excitabilité accrue du système nerveux central; chez les animaux qui en réchappent, cette excitabilité persiste plusieurs jours.

Cette excitabilité explique la mort en spasme observée par *Carswell* et *Morill* (1937) à l'occasion d'intoxications aiguës.

Rosenblum et *Rosenblum* (1968) décrivent un effet sympathomimétique de la cyclohexylamine, en effet chez le chat elle provoque:
– une augmentation de la tension artérielle
– une augmentation de la force contractile du myocarde
– de la tachycardie.

A forte dose ces effets sont inversés.

Classen et *Spaczynski* (1969) confirment cette action sympathomimétique sur des fragments isolés d'aorte. Cette action peut être inhibée par *Classen* (1969) au moyen de guanéthidine et de cyclazinine et par *Yamamura, Lee* et *Dixon* (1968) au moyen de phenoxybenzamine. Pour ces derniers auteurs, l'action de la cyclohexylamine est indirecte car l'épuisement des réserves en catécholamine au moyen de réserpine annule son effet hypertensif.

Pour *Pliss* (1958) comme pour *Price* et coll. (1970) l'administration quotidienne de cyclohexylamine à petites doses ne provoque pas de lésions des principaux organes, n'altère pas leur courbe de poids, leur consommation de nourriture, leur mortalité et leurs différents paramètres sanguins.

Effet cancérigène

L'action cancérigène de la cyclohexylamine a été recherchée par *Pliss* (1958) et par *Shabad* (1963). L'administration de ce produit par voie sous-cutanée ou en ingestion chez le rat ou la souris 6 jours par semaine durant de longs mois n'a pas provoqué de cancer mais une dégénérescence granuleuse du foie et des reins.

Les conclusions des auteurs russes ont été remises en question par *Price* et coll. (1970) qui ont noté que sur 8 rats qui avaient fait un cancer de la vessie après administration prolongée de cyclamate, 7 étaient des convertisseurs de cyclamate en cyclohexylamine. D'autre part, ils ont donné à 60 rats chaque jour 15 mg de cyclohexylamine par kg par la bouche. Après 2 ans un des 8 mâles survivants avait un cancer de la vessie alors que cela ne se produisait jamais spontanément chez les animaux contrôles.

Effet cytogénétique

Legator (1968) a mis en évidence pour la première fois par des expériences in vitro l'effet cytogénétique de la cyclohexylamine; ajoutant de la cyclohexylamine au milieu de culture des cellules de rongeurs il provoque des anomalies chromosomiales.

Legator et coll. (1969) injectent l'année suivante chaque jour durant 15 jours dans le péritoine de rats mâles 1 mg, 10 mg, 20 mg, 40 mg ou 50 mg/kg de cyclohexylamine portée au pH 7,5 au moyen d'H Cl.

La culture des cellules de la moelle osseuse et la culture des spermatogonies montrent l'existence d'anomalies chromosomiales d'autant plus nombreuses que la dose de cyclohexylamine était importante.

Chez l'homme aussi la cyclohexylamine a un pouvoir cytogénétique; *Stoltz* et coll. (1970) voient des anomalies chromosomiales en ajoutant ce produit au milieu de culture de leucocytes humains; le nombre d'anomalies observées est proportionnel à la concentration du produit et non à sa durée d'action. Ceci est confirmé par *Green* et coll. (1970).

Effet sur la croissance de la souris

Pour étudier l'effet de la cyclohexylamine sur la croissance de la souris, nous avons administré la cyclohexylamine ajoutée à des concentrations diverses aux aliments des souris T.B. dès avant la conception et durant toute la période de croissance. Les animaux ont été pesés régulièrement de manière à établir la courbe de croissance à partir du sevrage, séparément pour les mâles et pour les femelles.

Nous avons étudié la courbe de croissance chez des animaux recevant respectivement 0,1 %, ou 0,5 % ou 1 % de cyclohexylamine. Pour les animaux recevant 0,1 % de cyclohexylamine dans leurs aliments, l'expérience a été poursuivie durant

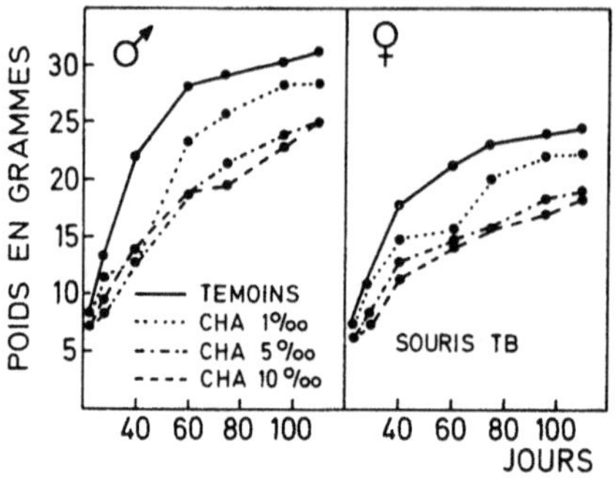

Fig. 6. Influence de la cyclohexylamine sur la croissance de la souris TB.

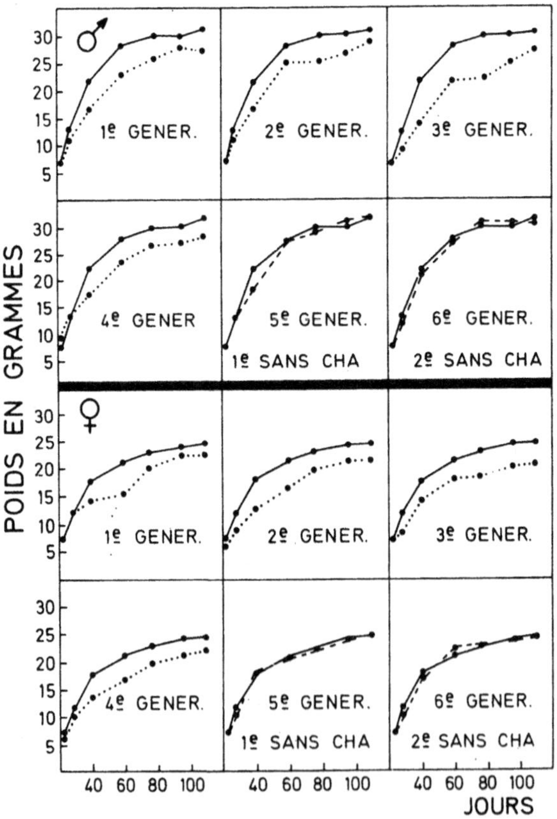

Fig. 7. Action de la cyclohexylamine sur la croissance des souris TB.

4 générations consécutives recevant le produit de manière ininterompue. Nous avons ensuite étudié la courbe de croissance des 2 premières générations ne recevant pas de cyclohexylamine mais issues de la 4° génération recevant de la cyclohexylamine.

Il est apparu:

1) que la cyclohexylamine déprime la croissance de la souris et cela d'une manière plus nette chez la femelle que chez le mâle
2) que l'importance de la dépression de la croissance est fonction de la quantité de cyclohexylamine ajoutée aux aliments.
3) que l'importance de la dépression de la croissance se maintient à peu près identique dans les 4 générations consécutives recevant de la cyclohexylamine.
4) que la croissance de la 1ere génération de souris issue de la 4° génération consécutive élevée à la cyclohexylamine est légèrement supérieure à celle des animaux témoins.
5) que la croissance de la 2° génération de souris issue de la 4° génération consécutive élevée à la cyclohexylamine est redevenue strictement normale.

Influence de la cyclohexylamine sur la gestation chez la rate

Pour étudier l'influence de la cyclohexylamine sur la gestation de la rate nous avons comparé le pourcentage de résorptions chez les témoins et chez celles recevant du 9° au 18° jour de la gestation 0,1 ml de la solution suivante en injection intrapéritonéale:

cyclohexylamine	1 ml
eau distillée	8 ml
H Cl 6 N	0,7 ml

Au 9° jour de la gestation on pratique une laparatomie pour compter le nombre d'embryons présents dans les cornes utérines; on sacrifie les animaux au 18° jour de la gestation pour compter les embryons encore présents et calculer le pourcentage de résorptions.

Tableau 3. Gestation chez les rats recevant de la cyclohexylamine en injection intrapéritonéale du 9° au 18° jour

Série	Nombre de mères	Nombre d'embryons 9° jour	Nombre d'embryons 18° jour	% résorp-tions	Poids mg 18° jour Embryons	Poids mg 18° jour Placenta
Témoins	8	75	62	17,3	1242	408
Traités	12	127	80	37,0	1067	352

La cyclohexylamine a un effet très néfaste sur la gestation puisqu'elle favorise la résorption des embryons et entrave le développement de l'embryon et du placenta; il y a lieu toutefois de remarquer que le rapport embryon/placenta n'est guère modifié puisqu'il est de 3,04 chez les témoins et de 3,03 chez les traités.

Effet diabétogène

Nous l'avons vu, *Rosenblum* et *Rosenblum* (1968) ont montré que la cyclohexylamine a des propriétés sympathomimétiques. *Yamamura* et *Dixon* (1968) et *Miyata* et coll. (1969) estiment que celle-ci est due à une libération de catécholamines.

Ceci nous a incité à rechercher si la cyclohexylamine n'avait par une action diabétogène. Dans ce but, nous avons administré 1 ‰ de cyclohexylamine dans la nourriture de rats de 3 mois durant 1 mois. Nous avons ensuite pratiqué une courbe d'hyperglycémie provoquée par l'injection intraveineuse de 1 g de glucose par kg dans une veine caudale.

La glycémie a été dosée par la méthode de *Nelson* (1944) et le taux d'insulinémie par la méthode de *Coore* et *Randle* (1964). Les résultats son notés dans le tableau ci-dessous; ils montrent que chez les animaux traités par la cyclohexylamine, la chute de la glycémie est plus lente que chez les témoins du même âge, mais que malgré cela la courbe d'insulinémie est pratiquement identique. Ceci est un argument en faveur de l'intervention de l'adrénaline, car si elle n'était pas en cause, l'insulinémie devrait être plus élevée puisqu'on sait par les travaux de *Kosaka* (1964), de *Porte* (1966), de *Kriss* et coll. (1966), de *Campbell* et *Rastoji* (1966) et de *Malaisse* et coll. (1967) que l'hyperglycémie due à l'adrénaline est la seule qui ne s'accompagne pas d'une hyperinsulinémie.

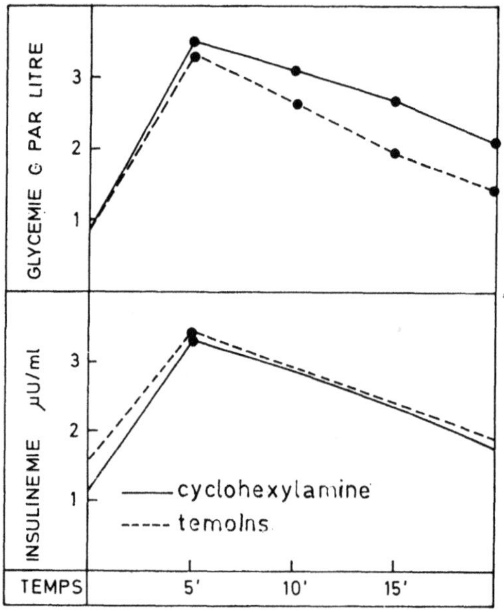

Fig. 8. Epreuve d'hyperglycémie et riposte insulinienne chez la rate témoin et le rat recevant 1 ‰ de cyclohexylamine dans ces aliments.

Tableau 4. Variation de la glycémie et de l'insulinémie après surcharge glucosée

Rats		0'	5'	10'	15'	20'
Témoins	glycémie	0,86 ± 0,08	3,32 ± 0,28	2,64 ± 0,28	1,95 ± 0,33	1,45 ± 0,30
	nombre	34	34	34	34	33
	insulinémie	1,59	3,43			1,84
	nombre	34	34			34
Traités	glycémie	0,85 ± 0,08	3,51 ± 0,28	3,12 ± 0,33	2,71 ± 0,33	2,13 ± 0,40
	nombre	10	11	11	11	11
	insulinémie	1,18	3,31			1,72
	nombre	10	11			9

III. Le cyclohexanol

Le cyclohexanol est un métabolite de la cyclohexylamine; la chose a été démontrée par *Sonders* et coll. (1968) et par *Kojima* et *Ichibagase* (1968). Deux points ont fait l'objet de nos recherches: l'action cytogénétique et l'effet sur la croissance.

1° *L'action cytogénétique*

L'effet cytogénétique du cyclohexanol a été étudié in vitro par l'addition de ce produit à une culture de leucocytes humains dans du plasma.

Trois concentrations ont été testées; on a ajouté au milieu:
- dans la 1ère série, 0,5 ml de cyclohexanol à 10^{-2} M
- dans la 2me série, 0,5 ml de cyclohexanol à 10^{-3} M
- dans la 3me série, 0,5 ml de cyclohexanol à 10^{-4} M

Pour chacune de ces 3 concentrations, 12 cultures ont été étudiées; dans chacune on a trouvé des lésions des grands chromosomes, consistant en cassures et régions achromatiques, sans qu'il n'y ait de grandes différences pour les différentes concentrations.

2° *L'action sur la croissance*

Des souris de la race TB ont reçu 1 % de cyclohexanol dans leur aliments; la courbe de croissance a été étudiée séparément pour les mâles et les femelles. Le cyclohexanol a été administré durant la gestation, la lactation et la croissance; il y a une certaine inhibition de la croissance aussi bien chez les mâles que chez les femelles et celle-ci persiste même au 110° jour de la vie.

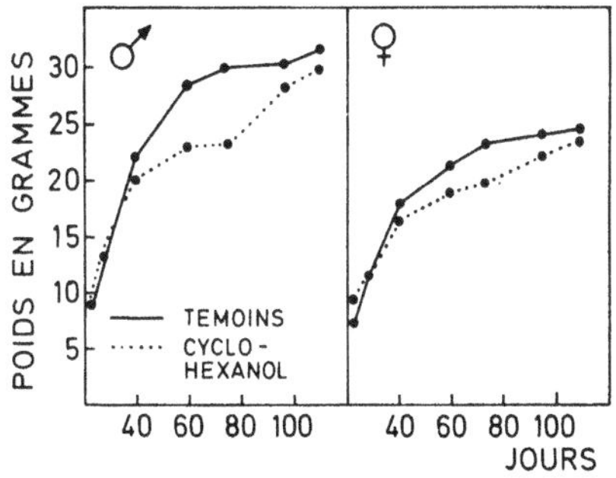

Fig. 9. Influence du cyclohexanol sur la croissance de la souris TB.

IV. La cyclohexanone

Sonders et coll. (1968) chez le rat et le chien, *Elliott* et coll. (1968) chez le lapin montrent que si l'on administre par la bouche de la cyclohexylamine marquée, 2 à 2,5 % de celle-ci est excrétée sous forme de cyclohexanone. *Kojima* et *Ichibagase* (1968) en ont retrouvé dans les urines du rat et du lapin, non seulement après leur avoir administré de la cyclohexylamine, mais également après leur avoir administré du cyclamate.

Nos recherches ont porté sur 2 points: l'effet cytogénétique de la cyclohexanone et son action sur la croissance.

1° *L'action cytogénétique*

Collin (1971) dans notre laboratoire a ajouté ce produit au liquide d'incubation de leucocytes en culture dans du plasma humain. Trois concentrations ont été testées:

– dans la 1ère série, 0,5 ml de cyclohexanone à 10^{-2} M
– dans la 2me série, 0,5 ml de cyclohexanone à 10^{-3} M
– dans la 3me série, 0,5 ml de cyclohexanone à 10^{-4} M

Douze cultures ont été étudiées pour chaque concentration

– dans la 1ère série, on a observé des régions achromatiques
– dans la 2me série, on a observé des régions achromatiques et des cassures
– dans la 3me série, on a observé des régions achromatiques et 1 délétion.

In vitro, la cyclohexanone a donc une action cytogénétique sur le leucocyte humain.

2° *L'action sur la croissance*

La cyclohexanone a été ajoutée aux aliments de souris TB à la concentration de 1 ‰ durant la gestation, la lactation et la croissance. On a comparé séparément la croissance des mâles et des femelles.

La croissance des souris mâles et des souris femelles est entravée de manière importante jusqu'au 74° jour de la vie; dans la suite le poids des animaux se relève et tend à se rapprocher de celui des animaux témoins sans y parvenir cependant.

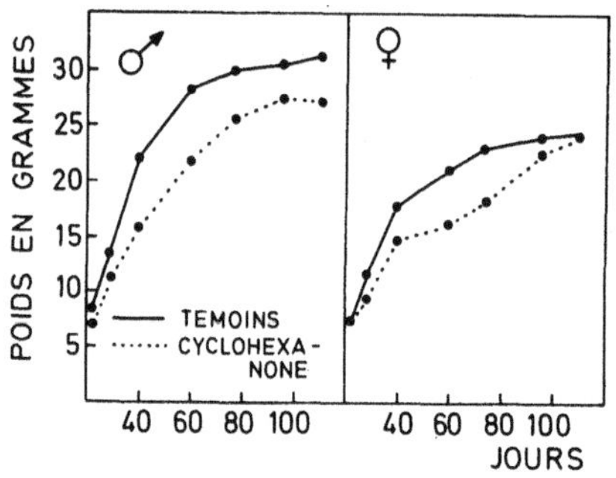

Fig. 10. Influence de la cyclohexanone sur la croissance de la souris TB.

Conclusion

Le cyclamate doit être banni comme produit d'usage alimentaire parce que comme ses métabolites, la cyclohexylamine, le cyclohexanol et la cyclohexanone, il a un pouvoir cytogénétique in vitro sur le leucocyte; en outre pour le cyclamate ce pouvoir cytogénétique a été mis en évidence in vivo chez les rats nourris pendant plusieurs mois avec ce produit et chez l'embryon prélevé chez une mère recevant du cyclamate.

Le cyclamate administré à la rate gestante provoque des anomalies oculaires chez l'embryon; il favorise les résorptions foetales.

Administré aux souris durant plusieurs générations aux doses requises par la commission F.A.O./O.M.S. pour l'étude d'un additif aux aliments, le cyclamate et ses métabolites entravent la croissance des jeunes souris.

C'est surtout l'administration à la mère au cours de la lactation qui paraît nocive pour la croissance des jeunes souris.

Zusammenfassung

Das Natriumzyklamat, das unter den Bedingungen des FAO/OMS-Ausschusses für die Untersuchung eines Lebensmittelzusatzstoffes verabreicht wurde, ruft bei männlichen Mäusen ein Wachstumsrückbleiben und bei weiblichen Mäusen Entwicklungsschäden hervor. Wenn Natriumzyklamat ohne Unterbrechung während 5 aufeinanderfolgenden Generationen verabreicht wird, bleibt die Wachstumsverminderung identisch. Wenn die Zyklamatzugabe unterbrochen wird so weisen die aus dieser 5. Generation hervorgehenden Generationen normales Wachstum auf. Bei der Ratte in Schwangerschaft treten schwere Sehschäden des Embryos auf. Eine cytogenetische Wirkung tritt nicht nur in vitro während der Zugabe zur Inkubationsflüssigkeit der menschlichen Leukocyten auf, sondern auch in vivo im Knochenmark erwachsener Ratten und beim Embryo am 13. Tage der Schwangerschaft.

Im Mäusefutter in Konzentrierung von 0,1 %; 0,5 % oder 1 % zugegebenes Cyclohexylamin bewirkt eine bedeutende Erhöhung der Sterblichkeit der jungen Tiere vor der Milchentwöhnung und eine Wachstumshemmung, die bei den weiblichen Tieren sehr viel stärker ist als bei den männlichen. Wird Cyclohexylamin ohne Unterbrechung während vier aufeinanderfolgender Generationen verabreicht so bleibt die Wachstumsabnahme die gleiche. Wenn man die Cyclohexylaminzugabe unterbricht, so haben die Generationen, die aus dieser 4. Generation hervorgehen, normales Wachstum. Das Cyclohexylamin hat eine schwache diabetogene Wirkung.

Cyclohexanol und Cyclohexanon in 1 % Konzentrierung ihrem Futter zugegeben ruft eine Erhöhung der vorgeburtlichen Sterblichkeit von Mäusen hervor, schädigt jedoch nur wenig das Wachstum. Cyclohexanol und Cyclohexanon, die der Inkubationsflüssigkeit der menschlichen Leukocyten zugegeben werden, besitzen in vitro eine cytogenetische Wirkung.

Résumé

Le cyclamate de sodium administré dans les conditions requises par la commission F.A.O./O.M.S. pour l'étude d'un additif aux aliments provoque un retard de croissance des souris mâles et une inhibition du développement des souris femelles. Lorsque le cyclamate de soude est administré sans interruption durant cinq générations consécutives la dépression de la croissance se maintient identique. Si on cesse l'administration de cyclamate, les générations issues de cette 5ème génération ont une croissance normale. Chez la rate gestante il provoque des anomalies oculaires graves de l'embryon. Il a un effet cytogénétique qui se manifeste non seulement in vitro lors de l'addition au liquide d'incubation de leucocytes humains mais aussi in vivo au niveau de la moelle osseuse de rats adultes et chez l'embryon prélevé au 13ème jour de la gestation.

La cyclohexylamine à la concentration de 0,1 %; de 0,5 % ou de 1 % dans la nourriture des souris provoque une élévation importante de la mortalité chez les jeunes avant le sevrage et une inhibition de la croissance beaucoup plus marquée chez les femelles que chez les mâles. Lorsque la cyclohexylamine est administrée sans interruption durant quatre générations consécutives, la dépression de la croissance se maintient identique. Si on interrompt l'administration de la cyclohexylamine les générations issues de cette 4ème génération ont une croissance normale. La cyclohexylamine est douée d'un pouvoir diabétogène faible.

Le cyclohexanol et la cyclohexanone ajoutés à la concentration de 1 % dans leur nourriture entraînent une augmentation de la mortalité néo-natale des souris mais n'entravent que peu leur croissance. In vitro le cyclohexanol et la cyclohexanone ajoutés au liquide d'incubation de leucocytes humains possèdent un effet cytogénétique.

Summary

Sodium cyclamate, administered under the conditions required by the F.A.O./O.M.S. Commission, for the study of additives to food, causes growth retardation in male mice and inhibition of development in female mice. When cyclamate of soda is administered unceasingly during five consecutive generations the fall in growth remains identical. If the administration of cyclamate is suspended the generations born of this 5th generation have normal growth. In the pregnant rat it causes serious ocular anomalies of the embryo. It has a cytogenetic effect which appears in vitro at the time of adding to the liquid of incubation of human leucocytes and also in vivo at bone marrow level in adult rats and in the embryo removed on the 13th day of gestation.

Cyclohexylamine in concentrations of 0.1 %, 0.5 % or 1 % in the food of mice causes a considerable rise in mortality in the young befor weaning and a growth inhibition which is much more marked in the females than males. When cyclohexylamine is administered unceasingly for five generations in succession a fall in growth remains identical. If cyclohexylamine administration is interrupted the generations born of the 4th generation have normal growth. Cyclohexylamine is endowed with a slight diabetogenic capacity.

Cyclohexanol and cyclohexanon added in a 1 % solution to their food caused an increase in the mortality of new-born mice but only slightly impedes their growth. In vitro, cyclohexanol and cyclohexanon added to the incubation liquid of human leucocytes produces a cytogenetic effect.

Literatur

Allen, M. J., E. Boyland, C. E. Dukes, E. S. Horning et *J. G. Watson,* Cancer of the urinary bladder induced in mice with metabolites of aromatic amines and tryptophan. Brit. J. Cancer **11,** 212—218 (1957). — *Audrieth, L. F.* et *M. Sveda,* Preparation and properties of some substitued sulfamic acids. J. Organ. Chem. **9,** 89 (1944). — *Bajusz, E.,* Myocardial lesions: A reassessment of the toxicology of calcium cyclamate. Nature **203,** 406—407 (1969). — *Bernier, J. J., J. C. Bognel* et *C. Bognel,* Effets sur la muqueuse intestinale du rat par l'administration prolongée de cyclamate de calcium. Bull. Acad. Nation Méd. **158,** 7—17 (1968). — *Berryman, G. M., M. M. Blockus* et *P. G. Sanders,* Observations on fasting blood glucose, blood pressure pulse rate in ambulatory subjects ingesting a single dose of two grams cyclamate. Records Abbott Laboratories **1965,** n° 326, 505. — *Boudenne, C.* et *H. Gounelle,* Le point de vue français sur l'introduction du cyclamate dans l'alimentation. Nutritio et Dieta **11,** 30—38 (1969). — *Bryan, G. T.* et *E. Erturk,* Production of mouse Urinary Bladder Carcinomas by sodium cyclamate. Science **167,** 996—998 (1970). — *Bryan, G. I., E. Erturk* et *O. Yoshida,* Production of urinary bladder carcinomas in mice by sodium saccharin. Science **168,** 1238—1240 (1970). — *Burbank, F.* et *J. F. Fraument,* Synthetic sweetener consumption and bladder cancer trends in the United States. Nature **227,** 296—297 (1970). — *Campbell, J.* et *K. S. Rastogi,* Effects of glucagon and epinephrine on serum insulin and insulin secretion in dogs Endocrinology **79,** 830—835 (1966). — *Case, T. C.,* Procedure fort lesions of proximal stomach and of lower esophagus. Am. J. Surgery **88,** 328—330 (1954). — *Classen, H. G.,* Der Einfluß von Guanethidin und Cyclazenin auf die sympathomimetischen Wirkungen von Cyclohexylamin. Arzneimittelforschung **19,** 929—932 (1969). — *Classen, H. G.* et *K. Spaczynski,* Die Wirkung von Cyclohexylamin auf isolierte Aorten — Streifen von Meerschweinen. Arzneimittelforschung **19,** 20 (1969). — *Collin, J. P.,* Effet cytogénétique du cyclamate et de ses dérvés. Le Diabète **19,** 215—232 (1971). — *Coore, H. G.* et *P. J. Randle,* Regulation of insulin secretion with pieces of rabbit pancreas incubated in vitro. Biochem. J. **93,** 66 (1964). — *Dalderup, L. M.,* Sodium cyclamate, Sacharin and Food Efficiency. Nature **223,** 1368—1369 (1969). — *Dalderup, L. M., G. H. M. Keller* et *F. Shouten,* Cyclamates and cyclohexylamine. Lancet **1970/1,** 845. — *Dalderup, L. M.* et *W. Visser,* De groei van jonge ratten op cyclamaathoudend voed in vergelijking tot niet cyclamaathoudende voedsels en enkels waarnemingen bij volwassen dieren. Voeding **30,** 104—108 (1969). — *Dalderup, L. M.* et *W. Visser,* Effect of sodium cyclamate on the growth of rats compared with other variations in the diet. Nature **221,** 91—92 (1969). — *Drasar, B. S., A. G. Renwick* et *R. T. Williams,* The conversion of cyclamate into cyclohexylamine by gut bacteria. Biochem. J. **123,** 26—27 (1971). — *Eisenberg, H.* et *H. Haise,* End-results in cancer of the prostate and the urinary bladder, 1940 to 1959. Proc. Nat. Cancer Conf. **5,** 331—340 (1964). — *Elliott, T. H., N. Y. Lee-Yoong* et *R. C. C. Tao,* The metabolism of cyclohexylamine in rabbits. Biochem. J. **109**, 11—12 (1968). — *Epstein, S. S., A. Hollaender, J. Lederberg, M. Legator, H. Richardson* et *A. H. Wolff*, Wisdom of cyclamates ban. Science **166**, 1575 (1969). — F.A.O./O.M.S. Joint Comittee — Evaluation of the carcinogenic hazards of food additives. Techn. Rep. série n° 220, 1961. — *Ferrando, R.* et *B. Huchet*, Etude de l'activité éventuelle du cyclamate de soude sur le rat au cours de trois générations. Bull. Acad. Nation. Méd. **158**, 36—41 (1968). — *Fitzhugh, O. F.* and *A. A. Nelson*, Comparison of chronic toxicities of synthetic sweetening agents. Feder. Proc. **9**, 272 (1950). — *Fitzhugh, O. G., A. A. Nelson* and *J. P. Frawley*, Comparison of the chronic toxicities of synthetic sweetening agents. J. Amer. Pharm. Ass. Sc. Ed. **40**, 583 (1951). — *Frazer, A. C.*, Synthetic medicals and the food industry. J. of Sc. of Food and Agriculture **2**, 1—7 (1951). — *Frazer, A. C.*, Health aspects of artificial sweeteners. Roy. Soc. Health J. **59**, 131—136 (1969). — *Fritz, H.* et *R. Hess*, Prenatal development in the rat following administration of cyclamate, saccharin and sucrose. Experientia **24**, 1140—1141 (1968). — *Glogner, P.*, The metabolism of tolbutamide and cyclamate. Humangenetik **9**, 230—232 (1970). — *Gommers, A.*, Recherches sur le rôle de la thyroïde maternelle dans le développement prénatal du rat — 1 vol. 295 p. (Bruxelles-Paris 1967). — *Gondry, E.*, Action Diabétogène de la cyclohexylamine. Annales d'Endocrinologie **32**, 711—715 (1971). — *Gottinger, E., K. Hagmuller, H. Hellauer* et *H. Vinazzer*, Über die Wirksamkeit des Süßstoffes Zyklamat auf Leberparenchym, korrespondierende Fermente und Gerinnungsfaktoren des Blutes. Wien. Klin. Wschr. **80**, 328—331 (1968). — *Green, S., K. A. Plamer* et *M. S. Legator*, In vitro cytogenetic investigation of calcium cyclamate, cyclohexylamine and triflupromazine. Food cosmet. Toxicol. **8**, 617—624 (1970). — *Green, S., K. A. Plamer* et *M. S. Legator*, Effects of cyclohexylamine on the fertility of male rats. Food Cosmet. Toxicol. **10**, 29—34 (1972). — *Hagmuller, K., H. Hellauer, R. Winkler* et *J. Zangger*, Neue histologische Befunde und weitere experimentelle Daten zur Frage der Zyklamatverträglichkeit des Meerschweinchens. Wien. Klin. Wschr. **81**, 927—938 (1969). — *Hwang, K.*, Mecanism of the laxative effect of sodium sulfate, sodium cyclamate and calcium cyclamate. Arch. Intem. Pharmacodyn et Therap. **163**, 302 (1966). — *Inhorn, S. L.* et *L. F. Meisner*, Cyclamate Ban. Science **166**, 685—686 (1969). — *Inhorn, S. L.* et *L. F. Meisner*, Irresponsability of cyclamates ban. Science **167**, 1436 (1970). — *Klotsche, C.*, Zur Frage der Teratogenen und embryologischen Wirkung von Cyclamat, Sacharin und Sacharose. Arzneimittelforschung **19**, 925 (1969). — *Kojima, S.* et *H. Ichibagase*, Studies on synthetic sweetening agents — VIII Cyclohecylamine, a metabolite of sodium cyclamate. Chem. Pharm. Bull. Tokyo **14**, 971 (1966). — *Kojima, S.* et *H. Ichibagase*, Studies on synthetic sweetening agents XII. The binding of sodium cyclamate with bovine serum albumin. Chem. Pharm. Bull. (Tokyo) **16**, 1619—1620 (1968). — *Kojima, S.* et *H. Ichibagase*, Studies on Synthetic sweetening agents — XIII — metabolism of sodium cyclamate (2) — Detection of metabolites of sodium cyclamate in the rabbit and rat by gas — liquid chromatography. Chem. Pharm. Bull. (Tokyo) **16**, 1851—1854 (1969). — *Kojima, S.* et *H. Ichibagase*, Studies on synthetic sweetening agents — XIV — Metabolism of sodium cyclamate in human. Chem. Pharm. Bull. **17**, 2620—2625 (1969). — *Kosaka, K., T. Ide, T. Kuzuya, E. Miki, N. Kuzuya* et *S. Okinaka*, Insulin — like activity in pancreatic vein blood after glucose — loading and epinephrine hyperglycemie. Endocrinology **75**, 14 (1964). — *Kaiss, A. C., R. E. Miller, F. E. Wherry* et *J. W. Mason*, Inhibition of insulin secretion by infused epinephrine in rhesus monkey. Endocrinol. **78**, 87—97 (1966). — *Leahy, S. J., M. Wakefield* et *T. Taylor*, Urinary excretion of cyclohexylamine following oral administration to man. Food, Cosmet., Toxicol. **5**, 447 (1967). — *Legator, M. S., K. A. Palmer, S. Green* et *K. W. Petersen*, Cytogenetic studies in Rats of Cyclohexylamine, a metabolite of cyclamate. Science **165**, 1139—1140 (1969). — *Lehman, A. J., W. J. Patterson, B. Davidow, E. C. Hagaw, G. Woobard, E. P. Laug, J. P. Frawley, G. C. Fitzhugh, A. R. Bourke, J. H. Draize, A. A. Nelson* et *B. J. Vos*, Procedure of the appraisal of the toxicity of chemicals in foods, drugs and cosmetics. Food, Drugs, and Cosmetics — Law J. **10**, 679—748 (1955). — *Lockwood, R. R.* et *R. L. Dickson*, The effect of cyclamate on the hyperglycemic response of tolbutamide and chlorpopamide in rats. Food, Cosmet., Toxicol. **7**, 565—570 (1969). — *Lomonova, G. V.*, Toxicity of cyclohexylamine and dicyclohexylamine. Fed. Proc. Fed. Am. Soc. Exper. Biol. **24**, 96 (1965). —

Lorke, D., Untersuchungen von Cyclamat und Sacharin auf embryotoxische und teratogene Wirkung an der Maus. — Arzneimittelforschung **19**, 920—922 (1969). — *Lorke, D.*, Zur Toxizität von Cyclamat für Mäuseembryonen. Arzneimittelforschung **19**, 923—925 (1969). — *Majumdar, S. K.* et *D. J. Lane*, Effect of sodium cyclamate on the growth and differentiation of Haworthia callus. Am. J. Botany **57**, 735 (1970). — *Majumdar, S. K.* et *D. J. Lane*, Effect of sodium cyclamate on Haworthia callus cultured in vitro: Development, differentiation and the chromosomes. J. Heredity **61**, 193—195 (1970). — *Majumdar, S. K.* et *M. Solomon*, Cytogenetic studies of calcium cyclamate in meriones unguiculatus (gerbil) in vivo. Can. J. Genet. Cytol. **13**, 189—194 (1971). — *Malaisse, W.*, *F. Malaisse-Lagae, P.H. Wright* et *J. Ashmore*, Effects of adrenergic and cholinergic agents upon insulin secretion in vitro. Endocrinol. **975**, 978 (1967). — *Miller, J. P., L. E. M. Grawford, R. C. Sanders* et *E. V. Cardinal*, Distribution and excretion of sodium cyclamate C_{14} in animals. Biochem. Biophys. Res. Commun. **25**, 153 (1966). — *Miyata, K., Y. Kase, Y. Kamikawa, K. Kataoka, K. Kikuchi* et *T. Touchi*, Pharmacological characteristics of cyclohecylamine one of the metabolites of cyclamates. Life Sc. **8**, 843—853 (1969). — *Nees, P. O.* et *P. M. Derse*, Feeding and reproduction of rats fed calcium cyclamate. Nature **208**, 81—82 (1965). — *Nees, P. O.* et *P. H. Derse*, Effect of feeding calcium cyclamate to rats. Nature **213**, 1191—1195 (1967). — *Nelson, N.*, A photometric adaptation of the Somogyi method for the determination of glucose. J. Biol. Chem. **153**, 375—380 (1944). — *Oser, B. L., S. Carson, S. E. Vogin* et *R. C. Sanders*, Conversion of cyclamate to cyclohexylamine in rats. Nature **220**, 178—179 (1968). — *Pitkin, R. M.*, Some comparative aspects of feto placental physiology in human and rhesus monkey, with special reference to cyclamate — *Hodari, A. A.*, editor, Physiological Biochemistry of the fetus (Springfield 1971). — *Pitkin, R. M., W.A. Reynolds* et *L. J. Filer*, Cyclamate and Cyclohexylamine: Transfer across the hemochorial Placenta. Proc. Soc. Exper. Biol. Med. **132**, 993—995 (1959). — *Pitkin, R. M., W.A. Reynolds* et *L. J. Filer*, Placental transmission and fetal distribution of cyclamate in early human pregnancy. Am. J. Obstet. Gynecol. **108**, 1043 (1970). — *Pliss, G. B.*, The carcinogenic activity of dicyclohexylamine and its nitrite salt. Probl. Oncol. **4**, 22 (1958). — *Porte, D. Jr.*, et *R. H. Williams*, Inhibition of insulin release by norepinephrine in man. Science **182**, 1248—1250 (1966). — *Price, J. M., C. G. Biava, B. L. Oser, E. E. Vogin, J. Steinfeld* et *H. L. Ley*, Bladder Tumors in rats fed cyclohexylamine or High Doses of a mixture of cyclamate and Saccharin. Science **167**, 1311—1312 (1970). — *Prosky, L.* et *R. G. O'Dell*, Effects of cyclamate and food restriction on various metabolites in the rat. Brit. J. Nutr. **27**, 353—363 (1972). — *Renwick, A. G.* et *R. T. Williams*, Gut bacteria, and the metabolism of cyclamate in the rat. Biochem. J. **114**, 78 (1969). — *Richards, R. K., J. D. Taylor, J. L. O'Brien* et *E. O. Duescher*, Studies on cyclamate sodium (sucaryl sodium) a new noncaloric sweetening agent. J. Amer. Pharm. Ass. **40**, 1 (1951). — *Roe, J. C., L. S. Levy* et *R. L. Carter*, Feeding studies on sodium cyclamate, saccharin and sucrose for carcinogenic and tumour promoting activity. Food Cosmet. Toxicol. **8**, 135—145 (1970). — *Rosenblum, I.* et *G. Rosenblum*, Cardiovascular response to cyclohexylamine. Toxicol. Appl. Pharmacol. **12**, 260—264 (1968). — *Rudali, G., E. Coezy* et *I. Muranyi-Kovacs*, Recherches sur l'action cancérigène du cyclamate de soude chez les souris. C.R. Acad. Sc. Paris **269**, 1910—1913 (1969). — *Sabri, M. I., S. K. Sharma* et *C. A. K. Mutri*, Growth inhibitory action of saccharin and cyclamate on rats receiving a poor rice diet. Brit. J. Nutr. **23**, 505—509 (1969). — *Sax, K.* et *H. J. Sax*, Possible Mutagenic hazards of some food additives, Beverages and insecticides. Jap. J. Genet. **48**, 89 (1968). — *Schoenberger, J. A., D. M. Rix, J. D. Taylor* et *R. M. Kark*, Metabolic effects, toxicity and excretion of calcium-n-cyclohexylsulfumate (sucaryl) in man. Amer. J. Med. Sci. **225**, 551 (1953). — *Sonders, A. C., C. B. Ester* et *R. C. Wiegand*, Metabolism of cyclohexylamine. Feder. Proc. **27**, 238 (1968). — *Sonders, R. C.* et *R. G. Wiegand*, Blood levels and excretion of sodium cyclamate in man. Records Abbott Laborat. **1967**, n° 326, 713. — *Stein, A. A., M. M. Serrone* et *F. Coulstone*, Ultrastructural and biochemical studies of sodium cyclamate. Toxicol. Appl. Pharmac. **10**, 381 (1967). — *Stoltz, D. M., K. S. Jleva, R. Bendall* et *S. W. Gunner*, Cytogenetic studies with cyclamate and related compounds. Science **167**, 1501—1502 (1970). — *Stone, D., E. Matalka* et *J. Riordan*, Hyperactivity in rats bred and raised on relatively low amounts of cyclamates. Nature **224**, 1326—1328 (1969). — *Tanaka, R.*, Artificial Sweetening agents and Mouse embryos. Japan J. Publ. Health **11**, 1—7 (1964). — *Truhaut, R.*, Additifs aux aliments, le risque de nocivité pouvant résulter de leur emploi inconsidéré. Les méthodes de prévention. Bull. Soc. Sc. Hyg. Aliment. **50**, 77—185 (1962). — *Van Faassen, F.*, Hypothyroïdie en aangeboren misvormingen. *Oosterbaan* et *Lecointre* (Amsterdam 1957), 163. — *Wallace, W. C., E. J. Lethco* et *E. A. Brouwer*, The metabolism of cyclamates in rats. J. Pharmacol. Exper. Therap. **175**, 325—330 (1970). — *Ward, V. L.* et *F. J. Zeman*, Distribution of ^{14}C cyclamate in the lactating rat. J. Nutr. **101**, 1635—1646 (1971). — *Watrous, R. M.* et *H. N. Schuls*, Cyclohexylamine, p. chlornitrobenzene, 2-amine-pyridine: toxic effects in industrial use. Indust. Med. **19**, 317—320 (1950). — *Zöllner, N.* et *K. Schnelle*, Klinische Untersuchungen zur Frage der Toxizität langzeitiger Gaben von Cyclamat bei Patienten mit Leber- und Nierenkrankheiten. Arzneimittelforschung **17**, 1568—1573 (1967). — *Zöllner, N.* et *K. Schnelle*, Fortgesetzte klinische Untersuchungen zur Frage der Toxizität langfristiger Gaben von Cyclamat bei Patienten mit Leber- und Nierenkrankheiten. Arzneimittelforschung **19**, 913—920 (1969).

Adresse des auteurs:
Prof. Dr. *J. Lederer*
Université de Louvain, Ecole de Santé Publique, Section de Nutrition et d'Hygiène Alimentaire, Louvain/Belgique

19.

Aus der Physiologischen Abteilung des Paracelsus-Instituts
Bad Hall (Österreich)

Zyklamate, physiologische und toxikologische Aspekte einer Verwendung

Von *H. Hellauer, E. Göttinger* und *K. Hagmüller* (Bad Hall)

Mit 5 Abbildungen und 5 Tabellen

Laboratoriumsteste (Tab. 1) scheinen zu besagen, daß der erwachsene Mensch Tagesdosen Zyklamat unterhalb von 5 g gänzlich schadlos verträgt. Sorgfältig analysiert aber liefert das experimentelle Material der zitierten Autoren und dessen statistische Verarbeitung reichlich Hinweise auf mögliche schädigende Wirksamkeiten solcher für harmlos gehaltenen Mengen Zyklamat. Betroffen sind, vorbehaltlich einer Bestätigung des Eindrucks aus den Daten der angeführten Literatur, die primär interessierenden Organe: Leber und Nieren. Generell akzeptiert ist, daß hohe Zyklamatdosen laxierend wirken, was sich nach *Hwang* (1966) osmotisch deuten läßt. Wie die Literatur weiterhin zeigt, kann routinemäßiger Gebrauch des Zyklamats Photosensibilität der Haut verursachen. Für einen toxikologischen Angriff des endogen aus Zyklamat metabolisierten Zyklohexylamins sprechen aber folgende Symptome: Stenokardische Beschwerden und sklerotische Myokardiopathie, Unruhe der Probanden und Schlaflosigkeit oder, wie *Hofmann* (1969) für einen mit 9 Patienten durchgeführten Selbstversuch findet, sich entwickelnde Nervosität und Reizbarkeit bzw. nach *Stone* et al. (1969) eine erhöhte Laufaktivität der Ratte, verbunden mit Änderung und Verschnellerung des Lernprozesses.

In einer Studie der eigenen Arbeitsgruppe (*Hagmüller* et al., 1969) zeigen erwachsene Meerschweinchen, denen 0,5 oder 2,0 %iges Na^+-Zyklamat mit dem Trinkwasser appliziert wurde, charakteristische histomorphologische Veränderun-

Tab. 1. Literaturangaben über Zyklamatverträglichkeit des Menschen und erwachsener Tiere

Objekt	Exposition	Effekt	Autoren
Maus, Ratte, Hund, Jungmaus	Na^+-Zyklamat-Einzeldosen oral (Sonde), ip., iv.,	Zyklamat LD-50: oral 17,5 g/kg Tier ip. 4,6...7,1 g/kg iv. 3,5...4,8 g/kg	Taylor, J. D. Richards, R. K. Wiegand, R. G. Weinberg, M. S. (1968)
28(+14) Ratten 10 Hunde	Na^+-Zyklamat 0,5 % im Futter d. Ratte 38d 426 mg/d/kg Ratte 0,2...4 g/d/kg Hund, oral (Sonde), 30d	Zyklamat reduziert Nahrungsaufnahme u. Gewichtszunahme der Ratte ohne Nahrungseffizienz zu vermindern, Leber u. Nieren teils Entzündungen u. Ödeme; nicht in Kontrollen. Nausea des Hundes, keine Gewichtsänderung, Normalbefund in Harn, Blut, Sternalmark und histologisch in Leber, Nieren, Magen und Darm	
10+10(+20) Ratten (F_0), F_1, F_2	Na^+-Zyklamat 1 % od. 2 % im Futter bis 11 m Jungtiere bis 3 % im Futter bzw. 0,5/kg Ratte/d	Erweichung der Exkremente bei 3 % > 2 % Zyklamat. Makroskop. u. mikroskop. norm. Leber u. Nieren, normales Körpergewicht, Hb., Rest-N, 2 Std.-Harn-Phenolsulphonphthalein	
Ratte	Ca^{2+}-Zyklamat 5 % im Trockenfutter bis 120d	In enteralen Mukosazellen: Zyklamat reduziert Aktivitäten im Krebszyklus, stimuliert u. reduziert Phosphatase- u. ATP-ase-Aktivität	Bernier, J.-J. Bognel, J.-Cl. Bognel, J. (1968)
10 Probanden	Na^+-Zyklamat 5 g/d 5d	keine gastrointest. Beschwerden, Stuhlerweichung, Harnvolumen leicht erhöht	Zitate nach Berryman, G. H. Hazel, G. R. Taylor, J. D. Sanders, P. G. Weinberg, M. S. (1968)
10 Probanden 7 Probandinnen	Na^+-Zyklamat 2 g	Blutglukose, Blutdruck, Herzfrequenz normal	
15 Probanden 20 Probandinnen	Na^+-Zyklamat statt Zucker in Gefangenenkost, 6 bzw. 10 Wochen	Gewichtsverlust entspr. Kalorieneinschränkung	
30 Probanden	Na^+-Zyklamat 1,8...6,4 g/d bis 48 Wochen	Diarrhoe 1—2d, 1x 6 Monate lang, keine wesentl. Änderungen üblicher klin. u. Lab.-Befunde	

Fortsetzung von (Tab. 1)

Objekt	Exposition	Effekt	Autoren
184 Kinder bzw. Jugendliche	Ca^{2+}-Zyklamat 1,0...1,5 g/13,6 kg Kgw., 3...6 Monate	Stuhlerweichung, sonst normale klin. und Lab.-Befunde	
32 Probanden	Ca^{2+}-Zyklamat 1,5...7 g/d 7d	Stuhlerweichungen keine Veränderungen	
20 Magen-Darm-Patienten	Na^{+}-Zyklamat 5 g/d 10 Wochen	weniger Obstipation	
42 Diabetiker	Zyklamat 1,0...4,0 g/d 6 Monate	nur gelegentlich individuelle Änderungen d. Lab.-Befunde	
15 Nieren-Patienten	Ca^{2+}-Zyklamat 5,3 g/d 6 Monate	relativ konstant bleibende Befunde	
Ratte 10 Gruppen	Ca^{2+}-Zyklamat 0,05...2 g/kg, oral 8 Wochen täglich	Körpergewicht unverändert u. ebenso Gewicht, Protein, Lipid, RNA, DNA u. Atmung d. Leber (jedoch Änderungen bei abgestillten Jungen)	Prosky, L. O'Dell, R. G. Zorn, N. (1969, 1972)
120 Hamster weibl. 1+(5) Gruppen	Ca^{2+}-Zyklamat oral (Sonde), 0,2 g/ml 1. u. 2.d 2x2 ml; 3. bis 8.d 3x2 ml	nach Ca-Zyklamat: 100 % Myocardläsionen, 65 % Koronarsklerose, 45 % Skelettmuskel-Läsionen, 70 % Nephrokalzinose u. 75 % Letalität. Nach $CaCl_2$, Ca-Azetat, Ca-Aspartat, Ca-Askorbinat u. ohne Behandlung: 0 % Organentzündungen und 5...10 % Letalität	Bajusz, E. (1969)
Nieren- und Leberkranke 41 Patienten u. 15 Patientinnen	Na^{+}-Zyklamat 2...5 g/d 11...19 Monate	klin. Befund fast nie verschlechtert, allgemein Tendenz zur Abnahme des Quick-Werts und Cholesterins, fallweise Sodbrennen, leichte Stuhlerweichung, Unruhe, Schlaflosigkeit und pectang. Beschwerden, sonst Funktionsproben normal	Zöllner, N. Schnelle, K. (1969)
28 Nieren- und Leberpatienten	Na^{+}-Zyklamat 2...5 g/d maximal 39 m.	keine Verschlechterungen d. einschlägigen Funktionsproben, aber Abfall des Cholesterinwerts, der Zahl d. Thrombocyten u. der Thromboplastin-Zeit	Zöllner, N. Pieper, M. (1971)

Fortsetzung von (Tab. 1)

Objekt	Exposition	Effekt	Autoren
Hamster eines cardio-myopath. empfindl. Stammes	Ca^{2+}-Zyklamat oral 0,5...3 g/kg 2x täglich Na^{+}-Zyklamat oral 1...2 g/kg 2x täglich	für Ca^{2+}-Zyklamat Diarrhoe, Ekg-Veränderungen u. bei hoher Dosis Tod nach 3 Tagen; aber für Na^{+}-Zyklamat keine Toxizität, auch nicht für äquimolares $CaCl_2$, Ca^{2+}-Laktat u. $Ca.^{2+}$-Acetat	Weiss, L. R. Orzel, R. A. Krop, S. (1971)
Hamster 1(+3) Gruppen	Ca^{2+}-Zyklamat 0,2 g/ml; 2x2 ml/d 1. u. 2.d; 3x2 ml/d 4. bis 8.d	nach Na^{+}-Zyklamat Myocardnekrose, Myocard-Verkalkung u. vaskuläre Verkalkung; keine Veränderungen nach $CaCl_2$, Ca-Acetat und ohne Behandlung	Nadkarni, B. B. Heggtveit, H. A. (1971)

gen der Leber (Tab. 2), der Nieren und des Pankreas. Das Referenzkollektiv umfaßt 32 Tiere, das 0,5 ‰-Zyklamat-Kollektiv 35 Tiere und das 2,0 ‰-Zyklamat-Kollektiv 21 Tiere (Tab. 3). Wie der gegenseitige Vergleich der Befunde erkennen läßt, verstärkt oder aber produziert das 2,0 ‰ige Zyklamat folgende Erscheinungen, die dem Bild medikamentöser hepatoxischer Wirksamkeit entsprechen (Abb. 1, c und d bzw. Tab. 2).

1. Degenerative Veränderungen in Form zahlreicher Lochkerne in den Leberepithelien und in Form eines ziemlich diffus entwickelten feinschaumigen Zytoplasmas.
2. Nekrobiotische und nekrotische Prozesse mit Einzelzell- und Komplex-Nekrosen als Ausdruck eines echten Parenchymschadens. Diese Prozesse sind vorwie-

Tab. 2. Prozentwerte histomorphologischer Leberveränderungen bezogen auf die Gesamtzahl der geprüften Meerschweinchen des einzelnen Kollektivs. Im Trinkwasser der Tiere entweder 0,3 % NaCl (Referenzkollektiv) oder 0,5 bzw. 2,0 % Zyklamat (2 Analysekollektive)

Anzahl der geprüften Meerschweinchen	32	35	21
Kollektiv	NaCl 0.3	Zykl. 0.5	Zyklamat 2.0
ohne histopathologischen Befund	81.2	28.6	9.5
trübe Schwellung	6.3	51.4	76.2
uncharakteristische Schwellung der *Kupfer*'schen Zellen	12.5	31.4	90.4
uncharakteristische mesenchymale Reaktion	0.0	37.1	76.2
sog. Retikulumzellknötchen	0.0	0.0	47.6
Fein- bzw. grobtropfige Zellverfettung	15.6	22.9	28.6
azidophile Zellnekrobiose	0.0	0.0	52.4
Einzelzellnekrosen	0.0	0.0	76.2
Komplexnekrosen	0.0	0.0	76.2
sog. Hyalinkörperchen	6.3	8.6	61.9
sog. Lochkerne in Leberzellen	3.1	40.0	90.4
feinschaumige Zytoplasmaveränderungen	9.4	68.6	71.4

gend zentroazinär nachweisbar. Dies gilt auch für den zugehörigen Befund der sogenannten Hyalinkörperchen. Bemerkenswert ist die sehr geringe leukozytäre Exsudation. Und zwar überwiegt die als reaktiv zu betrachtende mesenchymale Proliferation, häufig mit Entwicklung von Retikelzellknötchen.

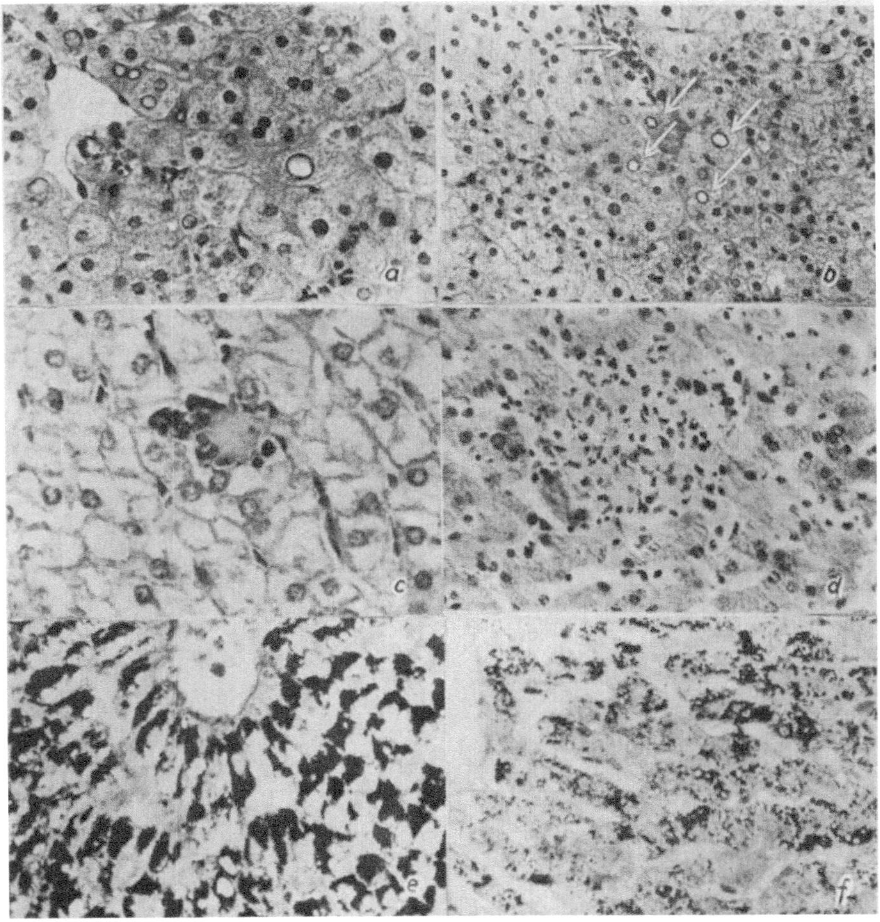

Abb. 1. Meerschweinchenleber (a u. b) nach 0,5 % bzw. (c—e) nach 2,0 % Zyklamat im Trinkwasser der Tiere; Formolfixation und HE-Färbung (a—d) oder Äthanolfixation und Tri-PAS-Reaktion (e u. f); a: feinschaumige Zytoplasmadegeneration und unregelmäßige Schwellung der *Kupfer*'schen Sternzellen; b: mehrere sogenannte Lochkerne (↙) und Proliferation der retikuko-histiozytären Elemente als Ausdruck mesenchymaler Reaktion (→); c: sogenanntes Hyalinkörperchen, umgeben von reaktiv proliferierten Histiozyten; d: Komplexnekrose mit beginnender Granulation; e: massive Vermehrung des Leberglykogens, sogenannte Glykogenmast; f: normaler Glykogengehalt (Tier mit 0,3 % NaCl im Trinkwasser).

Abgesehen von einer geringen Fettphanerose, vor allem im Bereich der Komplexnekrosen, fand sich keine toxische Verfettung der Leberepithelien. Desgleichen war bei keinem Tier eine intra- oder extrazelluläre Cholostase nachzuweisen.

Bekanntlich spricht eine Dosisabhängigkeit induzierter Reaktionen für die kausale Wirksamkeit des Induktors. Dieses Kriterium war insofern gegeben (Tab. 2), als die genannten Veränderungen sich im 0,5%-Zyklamat-Kollektiv und weiterhin im Referenzkollektiv zunehmend seltener wiederfinden und, falls vorhanden, so auch zunehmend sich schwächer ausprägen. Demnach zeigt, unterschieden vom Referenz-

Tab. 3. Meerschweinchenversuch: 539 Tage. Art der Gewinnung der 2 Analysekollektive und des Referenzkollektivs für histologische Befundung und repräsentative Erfassung von Körpergewichts-Daten und Lebenserwartung der Tiere

Trinkwasserzusätze für 3 Gruppen Meerschweinchen		0,3 % NaCl (Referenz) n	0,5 % Na⁺-Zyklamat n	2,0 % Na⁺-Zyklamat n	
am 1.d		7	7	7	
2. bis 304.d Ersatz wegen	Spontantod	4	4	20*	
	Tötung	0	4	4	
ab 305.d Trinkwasser mit		0,3 % NaCl	0,5 % NaZ	0,3 % NaCl	
am 305.d (Spontantod)	Ersatz	0	0	1	
	Rest	7	7		6
305. bis 539.d Ersatz wegen Spontantod		8	27	6	6
am 539.d Tötung		7	7	7	
Summe Spontantod		12* + 6 ←	31*	6	26
Summe Tötung		7 + 7 ←	11	7	4
Summe Spontantod + Tötung		19 + 13			
Summe Spontantod + Tötung		32	42	30	
vor Histodiagnostik	Spontantod	0	3	5	
	Tötung	0	4	4	
Kollektiv Histologie		32	35	21	
Kollektiv Lebensdauer und △KGW		12*	31*	20*	
Summe		32	42	30	

* Kennzeichnung des jeweils in der Rubrik wiederholten Zahlenwerts.

kollektiv, das 0,5 %-Zyklamat-Kollektiv wiederum die genannten degenerativen Veränderungen, also (Abb. 1 a) Lochkerne in den Leberepithelien und ziemlich diffuse Feinschaumigkeit des Zytoplasmas und zeigt auch (Abb. 1 b) mesenchymale Proliferation ohne jede entzündliche Veränderung, etwa entsprechend *Popper* und *Schaffner* (1965). Die außerdem gehäuft in den Zyklamatkollektiven beobachtete sogenannte trübe Schwellung ist im Bewußtsein diagnostiziert, daß die Erkennbarkeit dieser Veränderung im fixierten Gewebe allgemein strittig ist. Rechtfertigung mag die jeweilige Augenfälligkeit des sonst fehlenden Befundes sein.

Lochkerne und feinschaumiges Zytoplasma gelten nach *Kettler* (1958) als indirekte Zeichen der sogenannten Glykogenmast. Der nach Alkoholfixation schließlich mit Tri-PAS direkt geführte Nachweis des Zellglykogens (Abb. 1 e und f) zeigt ausnahmslos die erwartete Parallelität der Befunde und bestätigt somit die Auffassung, daß Lochkerne und Feinschaumigkeit des Zytoplasmas Folge der wäßrigen

Extraktion des Glykogens durch das sonst als Fixierungsmittel angewandte Formalin sind. Die von Thioharnstoffgaben erzeugte Glykogenmast führen *May* et al. (1946) auf eine verminderte Glykogenolyse durch Hemmung des Adrenalins zurück.

In den Nierenpräparaten der Zyklamattiere zeigen sich, u. zw. zu einem hohen Prozentsatz bereits für das 0,5 %ige Zyklamat im Trinkwasser und gehäuft noch für die 4-fache Dosis:

1. Trübe Schwellung der Nierentubulusepithelien (42,9 bzw. 66,7 %, Referenzwert: 15,6 %)
2. Intratubuläre Eiweißzylinder (42,9 bzw. 71,4 % gegenüber 21,9 %)
3. Armanni-Ebstein-Zellen (77,1 bzw. 81,0 % gegenüber 0 %).

Diese 3 Befunde entsprechen einander insofern, als die aus dem Erscheinen der Armanni-Ebstein-Zellen abzulesende Funktionsstörung des Tubulusepithels zur intratubulären Eiweißablagerung neigt. Überdies könnte die Häufung dieser Nephrose im Analysekollektiv mit der gefundenen zytoplasmatischen und nukleären Anreicherung des Glykogens im Leberepithel korrelieren. Denn das Erscheinen der Armanni-Ebstein-Zellen gilt in der menschlichen Pathologie als Zeichen einer diabetischen Stoffwechsellage.

Für die Pankreaspräparate aus den beiden Zyklamatkollektiven darf nach gewissenhafter histologischer Prüfung jeweils eine echte Vermehrung der inselpotenten extrainsulären α-Zellen des Pankreas angenommen werden, was abermals auf einen gestörten Glukosehaushalt hinweisen würde. Doch läßt die bekannt große Unregelmäßigkeit im Verband der inkretorischen Pankreaszellen ein noch größeres Untersuchungsmaterial nötig erscheinen, um diese Aussage genügend zu sichern.

Ein Tolbutamidtest ergab, daß gegenüber dem Referenzkollektiv die 0,5 %-Zyklamattiere einen signifikant verstärkten Abfall des Nüchternwerts der Blutglukose zeigen. Dieser Wirksamkeit des Zyklamats im Sinne einer verstärkten Tolbutamidreaktion ($p < 0{,}05$) entspricht auch das tiefer gelegene Ausgangsniveau der Werte und der steilere Beginn der Reaktion. Die von 7 Zyklamattieren entnommenen 28 Blutproben ergeben 80,8 ± 2,1 mg% und erniedrigen sich in 30 min um 34,0 ± 0,8 mg% relativ. Die 28 Proben der 7 Referenztiere ergeben 83,1 ± 2,6 mg% und erniedrigen sich in 30 min um 26,6 ± 2,4 %. Somit ist nach allen einschlägigen Untersuchungen Zyklamat offenbar ein Agens im Glukosemetabolismus des Meerschweinchens.

Gottschewski (1972) zufolge ist eine heterolog selektive Population der Versuchstiere, wie sie für die Studie gewählt wurde, für Toxizitätsprüfungen vorzugsweise geeignet. In den Versuch kamen primär 21 erwachsene Meerschweinchen, u. zw. 7 Referenztiere, 7 Tiere mit 0,5 % Zyklamat und 7 mit 2,0 % Zyklamat im Trinkwasser. Nach jedem Spontantod eines Tieres und nach 8 vorgenommenen Tötungen wurden die Gruppen jeweils sofort aus einer bereit gehaltenen Sondergruppe ergänzt. So existierten während der ganzen Studie die drei Testgruppen mit je 7 Meerschweinchen (Tab. 3). Der von den Untersuchern unabhängige Tiereinsatz, schafft die statistischen Voraussetzungen zum gültigen Vergleich der Kollektive.

Die Trinkflüssigkeit mit 2,0 % Zyklamat wurde frei angeboten, die mit 0,5 % Zyklamat und mit 0,3 % NaCl hingegen so dosiert, daß täglich in allen Gruppen gleiche Mengen aufgenommen wurden. Die somit von einem Meerschweinchen im Tagesschnitt, beispielsweise des Monats August, getrunkenen 53,5 ml der 0,3 %igen NaCl-Lösung erhöhen sich bei freiem Angebot auf fast genau das 3fache, nämlich auf 160,7 ml. Die Trinkflüssigkeit wurde in Saugflaschen gereicht. Feste Nahrung war durchgehend vollwertige Trockenkost und wurde unbeschränkt dargeboten.

Die Zeitspanne zwischen individuellem Testbeginn der Meerschweinchen und deren Spontantod beträgt für das Referenzkollektiv, ausgedrückt als Mittelwert und deren mittlere Streuung, 226,1 ± 35,6 Tage je Tier, für das 0,5 %-Zyklamat-Kollektiv aber nur mehr 94,8 ± 15,7 Tage und für das 2 %-Zyklamat-Kollektiv 64,3 ± 8,3 Tage (Abb. 2). Die Durchschnittsgewichte fallen in dieser Zeit von 499,6 ± 27,4 auf 382,5 ± 22,6 g ab bzw. von 490,2 ± 29,7 g auf 320,3 ± 15,6 g und von 502,3 ± 30,5 g auf 310,0 ± 15,2 g. Folglich zeigen schon die 0,5 %-Zyklamattiere eine viel kürzere Lebenserwartung als die Referenztiere und einen viel stärkeren prozentualen Gewichtsverlust. Beide sind mit $p < 0{,}001$ hoch signifikant. Der Verlauf der Tiergewichte läßt in allen 3 Kollektiven die 3 Phasen

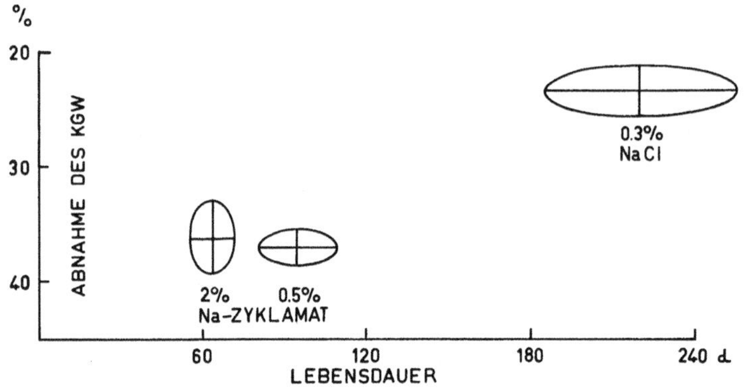

Abb. 2. Für 2 Analysekollektive und das Referenzkollektiv (20, 31 und 12 Meerschweinchen lt. Tab. 3) Lebenstage (Abszisse) und prozentuale Gewichtsveränderungen (Ordinate) zwischen individuellem Einsatz der Tiere in den Versuch und deren Spontantod. Mittelwerte und zugehörige Standardabweichungen. Stark reduzierte Lebenserwartung und stark reduziertes Körpergewicht der Tiere mit 2,0 oder auch nur 0,5 % Zyklamat im Trinkwasser.

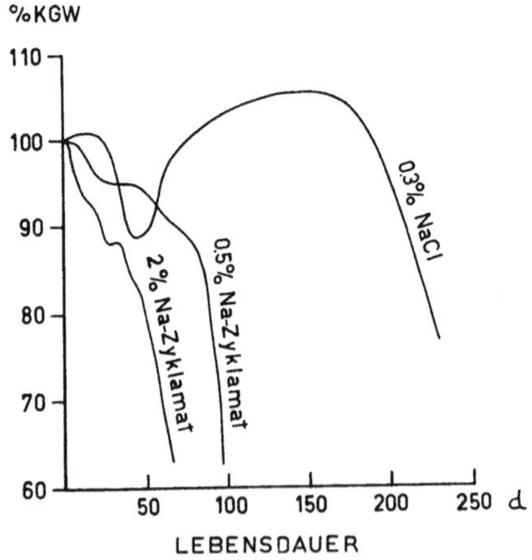

Abb. 3. Laufende prozentuale Veränderung des Körpergewichts der Meerschweinchen in den 3 Kollektiven nach Abb. 2. Mittelwerte aus der Kurvenschar über die Zeitspanne ab individuellem Einsatz der Tiere in den Versuch bis zu deren Spontantod.

erkennen: Frühzeitige starke Abnahme, angedeutete Verzögerung bzw. für die Referenztiere überschießende Zunahme und wieder durchlaufend terminale steile Senkung (Abb. 3).

Bezogen auf die Meerschweinchen des Laboratoriums außerhalb der 3 Gruppen des Versuchs läßt sich für die Referenztiere eine Verkürzung der Lebenserwartung wegen der Reduktion des Trinkwassers annehmen (0,3 %-NaCl-Tiere im August 53,5 ml Trinkwasser, wenn aber frei angeboten 160,7 ml). Jede zusätzliche, auch parenterale Wassergabe würde aber zum Rückgang der Zyklamataufnahme mit dem Trinkwasser führen und mußte deshalb entfallen. Diese Zusammenhänge, einschließlich der oben genannten statistischen Signifikanz der Befunde, ergeben für das Meerschweinchen mit rund 500 g Körpergewicht, bei im Jahresdurchschnitt 50 ml täglicher Trinkwasseraufnahme und bei frei angebotener Trockenkost, also, vorsichtig präzisiert, allein unter diesen enggefaßten Bedingungen, die schlüssige Aussage, daß Mengen ab 0,5 g Zyklamat je 1000 g Körpergewicht die Lebenserwartung verkürzen.

Die hepatotoxische Wirksamkeit des Zyklamats verbindet sich mit einer Freisetzung der Enzyme LDH und SGPT aus der Leber, wie die Erhöhungen der entsprechenden Werte im Blut zu verstehen sind. Diese Erhöhungen sind in der 2,0 %-Zyklamat-Gruppe ausgeprägt vorhanden und lassen sich in der 0,5 %-Zyklamat-Gruppe zumindest angedeutet finden. Einschlägig analysiert wurden je 5 ml Blut von 6 Meerschweinchen der Referenzgruppe und von je 4 der beiden Zyklamatgruppen. Für diese 14 Tiere lag der Einsatz in den Versuch 103 bis 120 Tage zurück. Die Mittelwerte des LDH betragen 121 bzw. 63 gegenüber 55 Millieinheiten und die Mittelwerte des SGPT 16 bzw. 12 gegenüber 10 Millieinheiten.

Um zu überprüfen, ob, der Leberschädigung entsprechend, sich auch Blutgerinnungsfaktoren vermindern, erhielten 6 erwachsene Kaninchen 4 Wochen lang und nach 3 Wochen Pause nochmals 4 Wochen lang 2,0 % Zyklamat im Trinkwasser, gleichbedeutend mit 1,2 g Tagesaufnahme je 1000 g Tier. Erwartungsgemäß fand sich jeweils am Ende der beiden 4-Wochen-Expositionen, besonders intensiv aber nach der zweiten Exposition, eine Verminderung des Quickwerts und des Gerin-

Tab. 4. Prüfung einiger Blutgerinnungsfaktoren. Blutproben von 6 Kaninchen jeweils (1) vor Versuchsbeginn, (2) nach 4 Wochen 2 % Zyklamat im Trinkwasser und (3) nach 3 Wochen Pause und neuerlich 4 Wochen 2 % Zyklamat im Trinkwasser. Mittelwerte.

	1	2	3
Thrombozyten	312.000	575.000	431.000
Heparinoidtoleranztest	156 Sek.	121 Sek.	120 Sek.
Partielle Thromboplastinzeit	47 Sek.	41 Sek.	38 Sek.
Thrombinzeit	42 Sek.	27 Sek.	36 Sek.
Quickwert	80 %	70 %	30 %
Prothrombin	82 %	95 %	75 %
Faktor V	90 %	85 %	80 %
Faktor VII	85 %	65 %	30 %
Serumprothrombin	7·5 %	7·0 %	8·5 %
Fibrinogen	282 mg%	254 mg%	251 mg%
TEG: r	13 Min.	18 Min.	27 Min.
	35 Sek.	55 Sek.	30 Sek.
k	5 Min.	10 Min.	16 Min.
	15 Sek.	20 Sek.	30 Sek.
Ma	68 mm	61 mm	60 mm
Thromboplastinbildungstest	15·7 Sek.	14·2 Sek.	19·5 Sek.
Plättchenfaktor 3	95 %	52 %	2·5 %

nungsfaktors VII im Blut der Tiere, außerdem eine Verlängerung der r- und k-Zeit des Thrombelastogramms und eine Verminderung des Plättchenfaktors 3 (Tab. 4). Parallele Untersuchungen weiterer 12 Kaninchen zwecks Sicherung des Norm- und Streubereichs der Faktoren bestätigen die Ausgangswerte.

Schließlich noch dienten andere 6 Kaninchen dem Nachweis, daß auch 0,5 %iges Zyklamat den Quickwert senken kann. Sie erhielten, u. zw. jeweils bezogen auf 1000 g Köpergewicht, zunächst einmalig 9 bis 15 mg Marcoumar® im Trinkwasser und dann ab dem 2. Tag eine individuell gleichbleibende Menge zwischen 3 und 9 mg des Antikoagulans in der vorgegebenen Tagesmenge Trinkwasser und ab der 5. bis Ende der 7. Woche zusätzlich 0,5 % Zyklamat, gleich 0,3 g je 1000 g Körpergewicht. Die Marcoumar®-Vorbehandlung der Kaninchen steigerte die Zyklamatempfindlichkeit des Quickwertes so wirksam, daß nunmehr das dem Trinkwasser beigefügte 0,5 %ige Zyklamat den Wert zweifelsfrei erniedrigte (Abb. 4 a). Der Wiederanstieg des Quickwerts ab Ende der Zyklamatgabe bestätigte die Kausalität der Reaktion. Hinzuweisen ist noch auf die besonders ausgeprägte Wirksamkeit des 0,5 %igen Zyklamats bei Wirkungslosigkeit des Marcoumar® allein (Abb. 4 b).

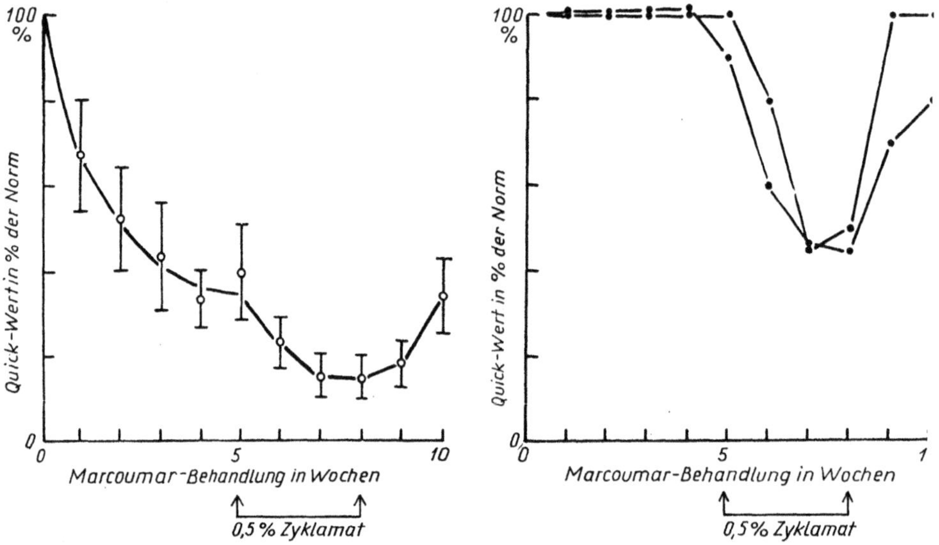

Abb. 4. Verminderter Quickwert von 6 Kaninchen während der 3 Wochen einer Zyklamatgabe als 0,5 %iger Trinkwasserzusatz. Marcoumar® als Voraussetzung der Reaktion laufend im Trinkwasser vorhanden. Mittelwerte und zugehörige Standardabweichungen (a) bzw. Einzelwerte (b).

Weitgehend darf als gültig erachtet werden, daß ein Agens nur wirken kann, wenn es haftet. Um nun die Affinität des Zyklamats zu prüfen, wurden 18 Ratten bilateral nephrektomiert und bekamen unmittelbar anschließend jeweils folgende Lösungen intravenös zugeführt: Entweder 0,8 ml von 0,9 %igem NaCl mit 19,6 μCi (1 mg) Na-^{14}C-Zyklamat nativ bzw. versetzt noch mit 30 mg Trägersubstanz oder aber 0,68 ml von 2,3 %igem NaJ mit 100 μCi^{131}J. Die Applikation des Jodids, überdies stets nur im Gefolge einer Perchloratgabe (20 mg/100 g KGW, intraperitoneal 0,3 osmolar), die ihrerseits 30 min vor Beginn der Nephrektomie gelegen war, dient einer vergleichsweisen Bewertung der Zyklamatverteilung. Denn unter Perchlorat verteilt sich das Jodid im Körper sehr weitgehend nur extrazellulär. Genau 60 min nach der Applikation des zu testenden Zyklamats oder Jodids wurden die narkotisiert gebliebenen Ratten entblutet. Den so getöteten Tieren wurden dann in rascher Folge jeweils etwa 100 mg der verschiedenen Organe und das Gesamtorgan Schilddrüse entnommen.

Die isotopentechnisch gewonnenen Werte zeigen, daß von applizierten kleinen Zyklamatgaben sich im Uterus am meisten und im Großhirn am wenigsten, bezogen auf den Gehalt im Serum, findet (Tab. 5). Hervorzuheben ist, daß für alle

Tab. 5. Zyklamat- und Jodidkonzentrationen in je 13 Organen von 18 bilateral nephrektomierten erwachsenen weiblichen Ratten bezogen auf den jeweils gefundenen Serumwert. Je Tier intravenös 1 oder 30 mg Zyklamat oder aber 15,64 mg Jodid 60 min vor Tötung. Mittelwerte und zugehörige Standardabweichungen

Dosis	1 mg Zyklamat	30 mg Zyklamat	15,64 mg Jodid
Serum	100,00	100,00	100,00
Uterus	51,40 ± 1,01	67,77 ± 5,13	73,25 ± 2,87
Leber	38,58 ± 2,24	72,60 ± 1,50	34,56 ± 1,29
Ovar	35,30 ± 3,62	55,97 ± 3,38	49,57 ± 2,38
Magen*	31,58 ± 0,95	47,30 ± 4,15	44,37 ± 1,63
Dickdarm*	31,14 ± 1,66	45,13 ± 3,70	51,91 ± 1,61
Speicheldrüse	26,22 ± 0,94	35,83 ± 0,73	41,42 ± 1,47
Duodenum*	26,44 ± 1,07	49,30 ± 4,24	44,35 ± 1,81
Ileum*	25,48 ± 0,61	36,70 ± 1,57	36,61 ± 2,96
Herz	25,44 ± 1,33	33,93 ± 0,78	35,41 ± 1,40
Schilddrüse	24,98 ± 1,28	29,17 ± 0,48	52,78 ± 1,87
Jejunum*	24,54 ± 0,51	35,33 ± 2,53	40,50 ± 1,24
Skelett-Muskel	15,70 ± 0,92	18,23 ± 1,25	21,16 ± 1,95
Großhirn	1,38 ± 0,20	2,00 ± 0,09	9,18 ± 0,46

untersuchten Organe die relative Aufnahme des Zyklamats aus der Blutflüssigkeit ansteigt, wenn die Dosis erhöht wird. Diese Potenzierung der Aufnahme findet sich in der Leber mit einem Anstieg von 38,58 % auf 72,60 % am stärksten ausgeprägt. Eine fast ebenso starke Potenzierung zeigt aber auch das Duodenum als Ort des Zuflusses der Galle.

Die Annahme einer hohen Zyklamatausscheidung mit der Galle entspricht dem schon von *Taylor* et al. (1951) beschriebenen Ergebnis aus direkter Messung am narkotisierten Hund. Nach *Kojima* und *Ichibagase* (1968) binden sich im Blut je nach enthaltener Menge Zyklamat sehr verschieden große Anteile. Bei hoher Gesamtmenge ist der gebundene Anteil sehr klein. Reziprok zeigt dann die komplementär vorhandene Menge freien Zyklamats einen Konzentrationsanstieg, der den der Gesamtmenge weit übertrifft. Diese Potenzierung des Anstiegs im Blut ist vielleicht allein schon eine genügende Erklärung der gefundenen Potenzierung der Aufnahme in die Organe, weil vermutlich nur frei vorliegendes Zyklamat zellulär aufgenommen werden kann. Eine höchstens zusätzliche Erklärung wäre die Annahme einer Eigenhemmung des intrazellulären Zyklamats auf seine Sekretion. Jedenfalls reichert sich Zyklamat intrazellulär an. *Ward* und *Zeman* (1971) beweisen dieses Verhalten sehr eindrücklich am Beispiel der Milchdrüse. Ab 90 min nach intravenöser Gabe des Zyklamats übersteigt dessen Konzentration in der Milch den Wert im Blutplasma bis 10fach.

Von allen geprüften Organen ist der Leber die höchste intrazelluläre Konzentrierung des Zyklamats zuzuschreiben. Denn der Befund hochgradiger Potenzierung in der Leber, ausgehend bereits vom zweithöchsten Basiswert, u. zw. von 38,58 % der Menge des Zyklamats im Serum, kombiniert sich mit Jodidwerten, die auf die Kleinheit des extrazellulären Raums schlüssig hinweisen. Folglich gilt bereits für die Höhe des Basiswerts, daß ein Gutteil die zellulär aufgenommene Menge beiträgt. Aus der hier funktionell nachgewiesenen erhöhten Anwesenheit intrazellulären Zyklamats wird somit dessen histomorphologische Wirksamkeit als Hepatotoxin verständlich.

Die Geschmacksqualität eines Süßungsmittels beeinflußt zweifellos dessen industrielle und dessen individuelle Dosierung. In einer Untersuchung des eigenen Laboratoriums (*Hellauer* 1966) beurteilten zunächst 20 zwischen 11 und 15 Jahre alte Mädchen eines Heims die Süße eines trinkwarmen Tees, der Na^{+}-Zyklamat oder Saccharose enthielt. Ziel war, die Süßungsgrade des Zyklamats an denen der Saccharose abzulesen. Die Erkenntnis der Literatur, daß der Mensch mit zunehmendem Alter immer weniger Geschmackspapillen verfügbar hat, ließ Kinder als best geeignete Probanden erscheinen. Für deren Antworten in Paarvergleichen wurde von 5 gewählten Konzentrationen des Zyklamats jede mit 4 bis 5 der 7 Konzentration der Saccharose kombiniert. Die Reihenfolge der 23 Vergleichskostungen wurde für jedes einzelne Kind gesondert aus statistischen Zufallsfolgen festgelegt, um Positionseffekte zu vermeiden. Zusätzlich wurde variiert, in welchem der beiden Becher Zyklamat und in welchem Saccharose verabreicht wurde. Die Probanden hatten keinen Einblick in den Vorgang des Einschenkens. Geschmacksentscheidungen, die abseits der Mehrheit der übrigen unter den individuellen 23 gelegen waren, wurden außerdem noch gesondert verwendet, um einen Irrtumsscore zu berechnen. Durchschnittlich beging jeder Proband 1,35 Irrtümer, was für

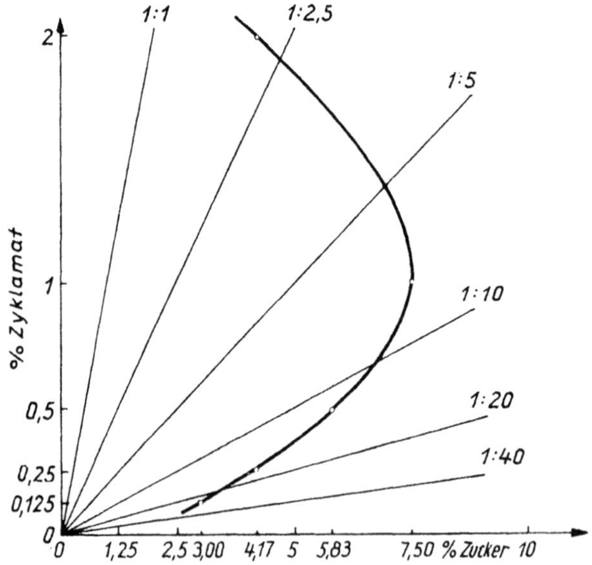

Abb. 5. Mit Konzentrierung des Zyklamats (Ordinate) Minderung seiner auf Saccharose bezogenen Süße (Kurvenzug außerhalb der Linearität und zunehmend entgegen dem Muster der Diagrammstrahlen). Ab Zyklamat 1 % (Ordinate) bzw. ab Saccharose 7,5 % (Abszisse) Süßkraftminderung sogar absolut. Medium: trinkwarmer Tee; 460 Paarvergleiche.

23 Antworten weniger als 6 % ist. Die gewonnenen Aussagen (Abb. 5) zeigen geradezu das Gegenteil einer Parallelität der Zunahme des Süßungsgrades mit der Konzentrierung einerseits des Zyklamats und andererseits der Saccharose. Eine 30- oder gar 40-fache Süßkraft ist für das Zyklamat nur in rund 0,1 %iger bzw. in noch kleinerer Konzentration abzulesen. Steigt diese an, so erhöht sich die Süße immer weniger und ab 1 % Zyklamat wird die Lösung sogar absolut weniger süß.

Um diesen Befund zu sichern, hatten in einem Zusatztest 10 Mädchen der genannten Altersklasse nur 15 mal zu beurteilen, welcher Konzentration der Saccharose das 2 % Zyklamat entspricht. Wie sich nun abermals zeigte, kann Zyklamat keine höhere Süßkraft als die einer 7,5 %igen Saccharose-Lösung erreichen. Diese sinnesphysiologische Charakteristik des Zyklamats verleitet naturgemäß zu hohen bis zu exzessiven Dosierungen des Süßstoffs. Kasuistische Angaben der Literatur bestätigen die Tendenz zu übermäßigem Gebrauch.

Probanden einer nachfolgenden Analyse des Bei- und Nachgeschmacks waren 150 Frauen. Sie wurden gebeten, sich über den Geschmackscharakter des gekosteten, offen eingeschenkten, ihnen aber unbekannt zusammengesetzten Getränks zu äußern (*Tiwald* 1970). Die 100 Frauen des Analysekollektivs, die 1 %iges Zyklamat beurteilten, sprachen 87 mal von Beigeschmack, 52 mal von Nachgeschmack, 41 mal nur von bitter und 34 mal von bitterem Nachgeschmack. Die 50 Frauen des Referenzkollektivs, die 7,5 %ige Saccharose beurteilten, sprachen niemals von bitter und von Nachgeschmack, wohl aber 12 mal von Beigeschmack. Vermerkt sei noch, daß von keiner Gruppe eine Frau den Ausdruck metallisch, salzig oder säuerlich wählte. Gemeinsam erlauben die Prüfungen auszusagen, daß die 1 %ige Zyklamatlösung von der 7,5 %igen Saccharoselösung geschmacklich qualitativ unterscheidbar ist, daß aber dennoch viele Personen die beiden Getränke nicht oder nur im Paarvergleich unterscheiden können. So ist auch von dieser Seite her die individuelle Tendenz zu erhöhter Dosierung zu begründen.

Ein Kardinalpunkt in der Frage der Zulässigkeit des Zyklamats scheint das Sicherheitsintervall zu sein zwischen der Dosis tierexperimentell nachgewiesener Toxizität und der Dosis für unbedenklichen Gebrauch. Zur Ermessensfrage, ob das Intervall sachgerecht mit 1:1000, 1:100 oder 1:10 anzusetzen wäre, sei abschließend wiederholt, daß für Meerschweinchen 0,5 g Zyklamat je 1000 g Körpergewicht gleichbedeutend mit 0,5 % Zyklamat im Trinkwasser des Kollektivs als hepatotoxisch und die Lebenszeit wesentlich verkürzend gefunden wurden, und daß unsere gleichzeitig zu interpretierenden Daten über die funktionelle Wirksamkeit des Zyklamats nicht nur das Meerschweinchen, sondern auch Kaninchen und Ratte betreffen.

Zusammenfassung

Zur Frage der Verträglichkeit des Zyklamats wird auf die Unhaltbarkeit pauschaler Interpretationen klinischen Befundmaterials hingewiesen. Verdachtsmomente einer möglichen Toxizität des Zyklamats werden tierexperimentell gestützt.

Meerschweinchen werden von täglich peroral 2,0 bis 0,5 g Zyklamat je 1000 g Körpergewicht ernstlich geschädigt. Leber und Nieren zeigen histologisch einerseits (2,0 g) schwere Parenchymnekrosen, andererseits (0,5 g) schwere Degenerationen. Das Pankreasgewebe enthält vermehrt inselpotente extrainsuläre alpha-Zellen. Im Tolbutamidtest beschleunigt sich der Abfall der Blutglukose. Die Tiere verlieren Gewicht und sterben sehr viel früher. Die 2,0 g Dosis Zyklamat erhöht überdies den SGPT- und LDH-Blutspiegel.

Kaninchen zeigen 1 Monat nach täglich peroral 1,2 g Zyklamat je 1000 g Körpergewicht eine starke Verminderung der Blutgerinnungsfaktoren: Quickwert, Faktor VII und Blättchenfaktor 3, zeigen aber gleichsinnig auch eine verlängerte r- und k-Zeit im Thrombelastogramm. Nach Marcoumar®-Vorbehandlung vermindert den Quickwert noch ein Viertel der peroralen Tagesdosis Zyklamat, also 0,3 g/1000 g. Das Zyklamat wird als echtes Hepatotoxin des Meerschweinchens und des Kaninchens betrachtet.

In 13 geprüften Organen der bilateral nephrektomierten Ratte findet sich für intravenös gegebenes Zyklamat eine je nach verabreichter Menge sehr unterschiedliche Verteilung. Zusammen mit weiteren Verteilungsstudien besagen diese Befunde, daß in der Leber die höchste intrazelluläre Anreicherung besteht.

Die im Vergleich zu Saccharose behauptete 30- bis 40fach größere Süße des Zyklamats gilt nur für dessen Konzentrationen bis 0,1 %. Bis 1 % verbleibt der stete Rückgang der Süßkraft relativ, wird dann aber für das geprüfte Teegetränk absolut. Überdies hat 1%iges Zyklamat für viele Leute eine sich von 7,5%iger Saccharose unterscheidende Geschmacksqualität.

Résumé

En ce qui concerne la question d'une tolérance du cyclamate on constate, que les résultats cliniques doivent être observés d'une façon detaillée. Dans ce cas là, les résultats indiquent une toxicité de cyclamate bien possible. Les expériences faites sur les animaux portent à penser que le cyclamate est toxique pour l'homme.

Les cobayes auxquels on a fait prendre oralement une dose de 2,0 g jusqu'à 0,5 g de cyclamate correspondant à 1000 g du poids des animaux subissent de graves dommages. D'une part, le foie et les reins ont montré une nécrose parenchyme (2,0 g) et d'autre part de sérieuses dégénerations (0,5 g). Dans le pancréas se trouve alors un plus grand nombre de cellules alpha extrainsulaires responsables de la production de l'insuline. La chute du glucose dans le sang s'accélère lors du test tolbutamide. Les animaux perdent du poids et meurent beaucoup plus tôt. En outre la dose de 2,0 g de cyclamate augmente le taux de SGPT et de LDH dans le sang.

Aprés avoir pris tous les jours pendant un mois 1,2 g de cyclamate/1000 g, les lapins montrent une forte diminution des facteurs de coagulation sanguine: taux de Quick, facteur VII et facteur 3 des tablettes sanguines. Il y a de même une extension de la durée du temps r et k du thrombélastogramme. Une ingestion préalable de Marcoumar® réduit le taux Quick à condition que l'on fasse prendre aux lapins un quart de la dose quotidienne de cyclamate, c'est à dire, 0,3 g/1000 g. On peut dire, que le cyclamate est une véritable toxine hépatique pour les cobayes et les lapins.

Dans 13 organes, provenant de rats sur lesquels on avait procédé une néphrectomie bilatérale on a pu trouver une répartition très différente du cyclamate par rapport à la quantité injectée dans les veines. Le résultat des expériences montre qu'en poussant les études sur la répartition, on remarque que c'est dans le foie que se trouve le plus grand enrichissement intra-cellulaire.

Jusqu'à présent, l'affirmation disant que le saccharose sucre 30 à 40 fois plus que le cyclamate, ne reposait que sur une concentration allant jusqu'à 0,1 %. A partir de 1 % le thé analysé montre une diminution non seulement relative mais absolue du goût du sucre. D'autant plus le parfum du cyclamate à 1 % et celui du saccharose à 7,5 % est trouvé bien différent par un grand nombre de personnes.

Summary

Concerning the safety of cyclamate for men actual large scale interpretations of clinical data are considered to be a doubtful basis of judgment. Animal experiments as presented will possibly refer to the safety or toxicity in question.

Guinea pigs develop serious signs of damage if submitted to a daily oral dose of 2,0 or 0,5 gr. cyclamate/1000 gr. body weight. Histological examinations show parenchyma necroses (2,0 gr.) and degenerations (0,5 gr.) for both liver and kidneys. In the pancreas more extrainsulinarily situated alpha cells will be found. The fall of blood glucose in the tolbutamide test is accelerated. The animals loose weight and die very much earlier. Besides, the 2,0 gr. dose causes increased blood values for SGPT and LDH.

Rabbits after a 1 month daily intake of 1,2 gr. cyclamate/1000 gr. body weight show a considerable fall of the blood coagulation factors: Quick value, factor VII and platelet factor 3. The r- and k-time of the thrombelastogram extends. After a pretreatment with Marcoumar® rabbits answer by a decrease of the Quick value even when 0,3 gr. cyclamate/1000 gr. body weight are given per os daily. Thus cyclamate is regarded to be a true hepatotoxin for guinea pigs and rabbits.

Examinating 13 organs of the bilaterally nephrectomized rat the distribution of intravenously injected cyclamate varies greatly with the applied quantity. These findings show together with concomitant ones the existence of a highest intracellular enrichment in the liver.

Compared with the taste of sucrose the well known 30 to 40fold sweetness of cyclamate turns out to be valid only for concentrations up to 0,1 %. Exceeding 0,1 % and finally 1 % the sweetness of the supplied tea decreases at first relatively and then even absolutely. Moreover the flavour of 1 % cyclamate and of 7,5 % sucrose respectively is found to be different for many people.

Literatur

Bajusz, E., Nature **223**, 406—407 (1969). — *Bernier, J.-J., J.-Cl. Bognel, C. Bognel*, Bull. Acad. Nat. Med. (Paris 1968), 7—17. — *Berryman, G. H., G. R. Hazel, J. D. Taylor, P. G. Sanders, M. S. Weinberg*, Amer. J. Clin. Nutr. **21**, 673—687 (1968). — *Göttinger, E., K. Hagmüller, H. Hellauer, H. Vinazzer*, Wiener klin. Wschr. **80**, 328—331 (1968). — *Gottschewski, G. H. M.*, Max-Planck-Inst. f. Immunbiol., Freiburg/Br. (1972), persönl. Mtlg. — *Hagmüller, K., H. Hellauer, R. Winkler, J. Zangger*, Wiener klin. Wschr. **81**, 927—938 (1969). — *Hellauer, D.*, Z. Biologie **115**, 313—316 (1966). — *Hofmann, H.*, Ernährungswiss. Inst., Univ. Gießen (1969), persönl. Mtlg. — *Hwang, K.*, Arch. internat. pharmacodyn. **163**, 302—340 (1966). — *Kettler, L.-H.*, in: *Kaufmann-Staemmler*, Pathologische Anatomie **2**, 2. Teil 995 (Berlin 1958). — *Kojima, S., H. Ichibagase*, Chem. Pharm. Bull. **16**, 1619—1622 (1968). — *May, L. G., R. W. Moseley, J. C. Forbes*, Endocrinol. **38**, 147 (1946). — *Nadkarni, B. B., H. A. Heggtveit*, Amer. J. Path. **62**, 88 (1971). — *Popper, H., F. Schaffner*, Med. Welt. **1965**, 1028—1088. — *Prosky, L., R. G. O'Dell, M. Zorn*, Fed. Proc. **28**, 303 (1969). — *Prosky, L., R. G. O'Dell*, Br. J. Nutr. **27**, 353—363 (1972). — *Stone, D., E. Matalka, J. Riordan*, Nature **224**, 1326—1328 (1969). — *Taylor, J. D., R. K. Richards, J. C. Davin*, Proc. Soc. Exper. Biol. a. Med. **78**, 530—533 (1951). — *Taylor, J. D., R. K. Richards, R. G. Wiegand, M. S. Weinberg*, Fd. Cosm. Tox. **6**, 313—327 (1968). — *Tiwald, H.*, Psychol. u. Praxis **14**, 133—143 (1970). — *Ward, V. L., F. J. Zeman*, J. Nutrition **101**, 1635—1646 (1971). — *Weiss, L. R., R. A. Orzel, S. Krop*, Pharm. **13**, 240 (1971). — *Zöllner, N., K. Schnelle*, Arzneim.-Forsch. **19**, 913—920 (1969). — *Zöllner, N., M. Pieper*, Arzneim.-Forsch. **21**, 431—432 (1971).

Anschrift des Verfassers:

Prof. Dr. med. *H. Hellauer*

Parkstraße 10, A-4540 Bad Hall, Österreich

20.
Gegenwärtiger und zukünftiger Verbrauch an künstlichen Süßstoffen in Ungarn

Von *Károly Lindner* (Budapest)

Mit 3 Tabellen

Wie auch in anderen Ländern, kommt in Ungarn Saccharin in tablettierter Form schon seit längerer Zeit auf den Markt und wird von den Zuckerkranken, seltener auch von gesunden Personen bei Fettsucht hauptsächlich zum Süßen von Getränken angewendet. Etwa vor einem Vierteljahrhundert begann die Herstellung einzelner, für Diabetiker bestimmter Schokoladewaren unter Verwendung von Saccharin, später von Sorbit. Die mit Cyclamaten gesüßten Produkte, wurden nur in den letzten Jahren hergestellt, da diese nur auf dem Inportwege erreichbar waren. Anfang September 1969 machten die für das Gesundheitswesen zuständigen ungarischen Behörden die Feststellung (Tab. 1), daß im Lande die Cyclamate

Tab. 1. Cyclamathaltige registrierte Lebensmittel in Ungarn (1969)

Art bzw. Bezeichnung	Cyclamatgehalt etwa
Diätetisches konserviertes Obst (Sauerkirschen, Pfirsiche, Quitten, Birnen)	0,6 %
Diätetische Speiseschokolade	0,2 %
Diätetische Milchschokolade	0,19 %
Diätetische Sirupe (Weichsel, Himbeer, Orange, Zitrone, Obst)	1,3 %
Tabletten „Tanagra“	0,2 g/Tabl.
Tabletten „Polisett“	0,1 g/Tabl.

nur zu einigen diätetischen Erzeugnissen (konserviertes Obst, Sirup, Schokolade usw.), nur in Mengen von 0,2—1,3 % verwendet werden können; außerdem wurde die Verwendung von Natriumcyclamat als Wirkstoff in zweierlei Süßstofftabletten erlaubt.

Der maximale geschätzte tägliche Konsum an Cyclamat dürfte keinesfalls 50 mg/kg Körpergewicht übersteigen und war somit in voller Übereinstimmung mit der Feststellung des damals noch als maßgebend betrachteten „Eleventh Report of the Joint FAO/WHO Expert Committee on Food Additives, Geneva, 21—28 August, 1967“, wonach — unter Beachtung sämtlicher, damals bekannter Tatsachen — der Genuß von maximal 50 mg/kg Körpergewicht als vorläufig akzeptierte Tagesdosis an Ca- bzw. Na-Cyclamat mit keinem ernsten Risiko verbunden zu sein schien.

Nach Angaben aus der gleichen Zeit wurden jährlich in den USA 10 000, in England 400 Tonnen Cyclamat zur Herstellung von Lebensmitteln verwendet.

In Ungarn dagegen — da noch keine Herstellung von kalorienarmen Lebensmitteln mit Cyclamaten stattfand — betrug in 1969 die von der Lebensmittelindustrie zur Sicherung der Diät der Zuckerkranken verwendete Menge bloß 5 Tonnen. Der Vergleich des Verbrauchs pro Kopf zeigt (Tab. 2), daß der auf die Gesamtbevölkerung bezogene Cyclamatverbrauch in Ungarn nur ein Hundertstel wie in den USA und kaum ein Zehntel wie in England erreichte. Beachtet man jedoch, daß die cyclamatkonsumierende Bevölkerungsschicht Ungarns aus den Zuckerkranken, d. h. etwa 2 % der Bevölkerung besteht, so ergibt sich die auf eine Person sicher entfallene Jahresmenge immerhin zu 25 g.

Tab. 2. Jährlicher Cyclamatkonsum (1969)

Land	Pro Einwohner	Pro Zuckerkranker
	g/Jahr	
USA	50	*
England	8	*
Ungarn	0,5	25

* Wegen allgemeiner Verwendung in der Nahrungsmittelindustrie nicht kalkulierbar.

In Folge der internationalen Maßnahmen (Tab. 2) wurde in Ungarn schon im Herbst 1969 ein diesbezüglicher Antrag erarbeitet, die die Herstellungsgenehmigung für diätetische Lebensmittel, insofern diese Cyclamat enthalten, mit Wirkung ab 1. Februar 1970 – mit einer Vertreibbarkeit ab 31. Dezember des gleichen Jahres einstellte. Unter den Süßstofftabletten sollten Erzeugung bzw. Vertrieb der 200-mg-Tablette zu den gleichen Terminen eingestellt werden, der Vertrieb der 100-mg-Tablette unter ärztlicher Aufsicht zulässig bleiben. Zugleich waren Herstellung bzw. Einfuhr der Cyclamat-Grundmaterialien an besondere Erlaubnisse der Gesundheitsbehörde zu knüpfen.

Dabei ließ die Gesundheitsverwaltung auch die Frage der Ersetzbarkeit der Cyclamate nicht außer Acht. Die interessierten Industriezweige wurden zur Einleitung entsprechender Versuche aufgerufen; die Verwendung von Sorbit/Saccharin, Saccharin und Xylit in diätetischen Produkten wurde unterstützt. Da inzwischen neben den Verfügungen auch allgemein bekannt wurde, daß es in den USA anstelle der früheren Konsumhöchstwerte von 3500–2500 mg/Tag nur 168 mg/Tag als zulässig erachtet wurden, ging man in Ungarn sogar davon ab, die 100-mg-Tablette weiter zu produzieren, und die Süßwarenindustrie ging sowohl bei Speiseschokolade- wie bei Milchschokoladeprodukten von der Kombination Sorbit/Cyclamat auf Sorbit/Saccharin über.

Schließlich wurden Industrie und Innenhandel durch das gesundheitliche Problem um die Cyclamate nur insoweit betroffen, als der Vertrieb der bereits fertiggestellten diätetischen Schokoladen und diätetischen Sirupe bis zum 30. April 1972, der von diätetisch konserviertem Obst bis 31. Juli 1972 gestattet wurde. Die bereits fertiggestellten 100-mg-Tabletten wurden ab 30. April 1972 mit dem Warenvermerk „Nur auf Grund ärztlicher Empfehlung zu verwenden" versehen.

Auf solche Weise blieb die ungarische Wirtschaft von der gesundheitsbehördlichen Einschränkung des Cyclamatverbrauchs ziemlich unberührt, einerseits, weil die entsprechende Produktionskapazität noch verhältnismäßig beschränkt war, andererseits, weil der Absatz der bestehenden Vorräte möglich wurde.

Dabei steht aber auch die ungarische Industrie vor dem ernsten Problem des Süßens von Erzeugnissen mit Nichtzuckerstoffen, da der Ersatz des Zuckers durch kalorienfreie, oder kalorienarme Süßstoffe für die Zukunft als ein höchstbedeutender Verbraucheranspruch erscheint.

Zur Zeit, da kalorienarme oder kalorienfreie Nahrungsmittel in Ungarn noch nicht im Handel sind, kommt die Fettsucht im Lande mit beträchtlicher Häufigkeit vor (Tab. 3).

Tab. 3. Frequenzen der Fettsucht in Ungarn

Bevölkerungsgruppe	Männlich %	Weiblich %
Kinder (von 6 bis 14 Jahren)	40	45
Hochschüler (über 18 Jahre)	5	5
Alte (über 65 Jahre)	30	35
Geistesarbeiter	35	40
Bauern	35	40
Werkarbeiter	35	35

Zwar haben die angeführten Angaben nicht den Wert einer landesweiten Statistik, immerhin zeigen sie eine Tendenz, die mit dem internationalen Fachschrifttum und mit der allgemeinen Einschätzung im Lande ziemlich übereinstimmt. So braucht es keinen besonderen Beweis, daß auch in der Relation Ungarns etwa einem Drittel der Bevölkerung, d. h. 3 Millionen Einwohnern eine Reformernährung verlangt werden sollte, die niedrigeren Kalorienverbrauch, dabei wesentlich niedrigeren Kohlenhydratverbrauch mit sich bringen würde. Ohne die Konsumgewohnheiten zu stören, läßt sich dies nur erreichen, wenn gewisse Arten von Nahrungsmitteln (Süßwaren, Konditoreiwaren, Obstkonserven, Erfrischungsgetränke) mit kaloriearmen oder kaloriefreien Süßstoffen hergestellt werden. Dabei handelt es sich bei den erwähnten 3 Millionen Einwohnern um den allmählichen Ersatz einer jährlichen Ration von 20–25 kg Zucker (das wäre zwei Drittel ihres gegenwärtigen Zuckerverbrauchs).

Die Herstellerindustriezweige der beispielsweise erwähnten Nahrungsmittel wären meiner Meinung nach auch zu gewissen Opfern bereit, um ein entsprechendes, den Anforderungen genügendes Süßstoff-Grundmaterial zu beschaffen.

An die erwähnten Süßstoffe sind folgende Bedingungen zu stellen:

1. vom Standpunkt der organoleptischen Eigenschaften soll der Süßungswert ein Mehrhundertfaches oder Mehrtausendfaches der Saccharose betragen. Der Süßgeschmack soll vollkommen rein (frei von Bitterkeit, anhaltend, jedoch frei von süßem Nachgeschmack) sein. Die ursprüngliche Süßkraft soll sowohl bei ohne Wärmebehandlung hergestellten als auch bei wärmebehandelten (gekochten, konservierten), ebenso auch bei gelagerten Lebensmitteln und Speisen quantitativ beständig und qualitativ unverändert sein, außerdem nebengeschmackfrei bleiben;
2. es sollen die fraglichen Stoffe am Stoffwechsel nicht teilnehmen, bzw. dürfen ihre Metabolite mit denen der natürlichen Lebensmittel nicht konkurrieren.
3. soweit es sich um nichtresorbierte Stoffe handelt, dürfen diese keine Kontaktgiftwirkung ausüben;
4. in toxikologischer Hinsicht müssen sie sich sowohl bei akuter als auch bei chronischer Fütterung als unschädlich erweisen, weiterhin von mutagener, teratogener oder carcinogener Wirkung frei sein;
5. ihr Beschaffungspreis soll unter Beachtung der Süßkraft den von Rüben- bzw. Rohrzucker möglichst nicht übersteigen.

Diese Anforderungen werden heute noch von keinem einzigen der bekannten, synthetischen oder natürlichen kalorienarmen oder kalorienfreien Süßstoffe erfüllt, wenn auch die betriebenen umfassenden Forschungsarbeiten und die in deren Folge erscheinenden neuesten Berichte einige Hoffnung erwecken. Zu denken ist dabei vor allem an einige, in den Schalen der Zitrusfrüchte enthaltene Flavonoide, wie Naringin, Hesperidin und Neohesperidin, als Ausgangsstoffe für synthetische Produkte, wie z. B. Naringin-dihydrochalcon und Neohesperidin-dihydrochalcon, die nichttoxisch, kalorienfrei und etwa 2500 mal süßkräftiger als Saccharose sind. Zu erwähnen ist auch das ebenfalls aus Zitrusarten stammende Perillaaldehyd-antioxim, das 2000 mal süßer als Zucker ist, aber hinsichtlich der physiologischen Wirkungen und der Toxikologie fehlt noch die Klärung. Nicht unterschätzt werden dürfen schließlich die vorwiegend auf dem Gebiet der Botanik betriebenen Forschungen mit dem Ziel, Arten in der Pflanzenwelt aufzufinden, welche in gewissen Teilen der Pflanze süßschmeckende Komponenten enthalten, und diese Komponenten möglicherweise in entsprechend reinem Zustand zu isolieren.

In Ungarn hat man sich mit Forschungen dieser Art noch kaum befaßt. Doch darf in Kenntnis des entwickelten Forschungsapparates der ungarischen organisch-chemischen und pharmazeutischen Industrie und seiner Wendigkeit beim Angriff neuer Themengebiete die Meinung vertreten werden, daß die betreffenden Industriezweige, insofern die Aussichten solcher Forschungen ökonomisch wie technisch gesehen als erfolgbringend erscheinen, sicherlich auch im Rahmen einer breitausgelegten und komplexen, international anteiligen Forschung die ihnen zufallenden Aufgaben bereitwillig auf sich nehmen.

Mit Hinblick auf die Schlüsselstellung der Produktion von synthetischen kalorienarmen bzw. kalorienfreien Süßstoffen in der Zurückdrängung der in den entwickelten Ländern immer drohender um sich greifenden Fettsucht ist vorzuschlagen, im Rahmen der C.I.I.A. eine internationale Koordinierungsstelle zu schaffen, mit der Aufgabe, die möglichst baldige Ausarbeitung eines den erwähnten Bedingungen genügenden Süßstoffes bzw. nahrungsindustriellen Zusatzstoffes sowie dessen Produktion in für breite Kreise zugänglicher Weise sicherzustellen.

Zusammenfassung

In Ungarn wurden Cyclamate bis Anfang September 1969 lediglich in einigen Lebensmitteln für diätetische Zwecke (konserviertes Obst, Obstsaft, Schokolade) nur in einer Menge von 0,2—1,3 % verwendet. Außerdem ist das Natrium-Cyclamat in zwei Sorten der Süßtabletten als Wirkstoff enthalten.

Für die Versorgung der Diät der Zuckerkranken wurden 1969 nur 5 t Cyclamate angewendet. So hat die toxikologische Beschränkung des Cyclamatverbrauchs die ungarische Industrie nicht in großem Maße betroffen, da die Produktionskapazität noch ziemlich beschränkt ist, weiterhin der Verkauf der Vorräte ermöglicht wurde.

In der Zukunft benötigt die ungarische Lebensmittelindustrie immer mehr zur Herstellung der kalorienarmen Lebensmittel unentbehrlichen und den Grundprinzipien der modernen Ernährung entsprechenden „kalorienfrei" Süßstoff der auch vom toxikologischen Standpunkt aus betrachtet tadellos ist. Es handelt sich um den Ersatz von etwa 20—25 kg Zucker pro Kopf im Jahr bei einer Bevölkerungsgruppe von 3 Millionen mehr oder weniger interessierten Personen (2/3 ihres gegenwärtigen Zuckerverbrauchs).

Die ungarische organisch-chemische und pharmazeutische Industrie würde ihren Teil bei der Einführung des biologisch entsprechenden ökonomisch erzeugbaren kalorienfreien Süßstoffes sehr gern nehmen. Die Schaffung einer internationalen koordinierenden Organisation ist zu empfehlen, die die Herstellung eines entsprechenden Süßstoffes im Rahmen der C.I.I.A. zu sichern vermag.

Résumé

Dans notre pays jusqu'au début de septembre 1969 les cyclamates n'étaient utilisés que pour quelques produits diététiques (conserves, jus, chocolat), notamment dans des quantités allant de 0,2 à 1,3 % au total. En outre, le cyclamate de sodium figurait aussi dans deux sortes de tablettes dulcifiantes comme agent.

L'utilisation de cyclamate par l'industrie alimentaire permettant d'assurer la diététique des diabétiques n'a atteint que 5 tonnes en 1969. Ainsi les restrictions des organes de la Santé concernant la consommation du cyclamate n'ont pas trop touché l'industrie hongroise, vu que les capacités de la production sont encore assez limitées, ainsi que parce que la vente, la mise sur le marché des stocks disponibles devinrent possibles.

A l'avenir l'industrie alimentaire hongroise demandera de plus en plus un édulcorant «exempt de calories» satisfaisant du point de vue de la santé et indispensables à la préparation des produits alimentaires pauvres en calories, répondant aux principes de base de la nourriture moderne. Il s'agit de la substitution graduelle de 20 à 25 kilogrammes de sucre environ (représentant les deux tiers de la consommation annuelle du sucre actuellement) par an et par personne prenant comme base une population approximative de 3 millions de personnes.

L'industrie de la chimie organique et l'industrie pharmaceutique hongroise sont prêtes à introduire les édulcorants exempts de calories, pouvant être produits d'une manière économique et conformes aux demandes biologiques. On pourrait proposer la constitution d'une organisation internationale qui, dans le cadre de la C.I.I.A. assurerait la fabrication d'édulcorants conformes aux besoins d'une manière permettant leur accès à de larges couches.

Summary

Up to the beginning of September 1969 cyclamates have been used in Hungary only in some dietetic products (canned fruit, juice, chocolate) but in an amount of not more than 0,2—1,3 per cent. Besides, two kinds of sweetener tablets contained sodium cyclamate as agent.

In 1969 the utilization of cyclamate in the sweets industry in food preparations for diabetics amounted to merely 5 t. So the hygienic restriction of cyclamate did not significantly concern the Hungarian industry being the manufacturing capacity rather limited and in addition, putting on the market of the stock in hand became possible.

In the future the Hungarian food industry is increasingly requiring also for the healthy population the "calorie free" sweetener that is essential in the production of foods of low caloric value and satisfactory from the point of view of hygiene and modern nutrition. The sugar consumption of approximately 3 million more or less obese persons, some 20—25 kg sugar/head/year ($^2/_3$ part of their present sugar consumption) should have been replaced.

The Hungarian organic chemical and pharmaceutical industry would be ready to share in manufacturing a calorie free sweetener economically produced and suitable from the point of view of biology. Such international coordinating organization can be proposed that could ensure the proper manufacturing of a suitable sweetener within the frame of the CIIA.

Anschrift des Verfassers:

Prof. Dr. *Károly Lindner,*

Hochschule für Binnenhandel und Gaststättenwesen, Lehrstuhl für Ernährungswissenschaft, Alkotmány — u. 9—11, Budapest V

22.

Saccharin: Chemie, Physiologie, Applikation bei Diabetikern

Von *Z. Slabochová und H. Platilová* (Prag)

Mit 7 Abbildungen

Saccharin wird allgemein als ein unkalorischer synthetischer Süßstoff angesehen und wird schon einige Jahrzehnte bei der Diät für Diabetiker und Fettleibige angewandt.

Chemisch ist Saccharin das Imid der Ortho-sulfobenzoe-säure; in der Praxis wird eine gut lösliche Form benutzt, das Natrium-Salz dieser Säure. Saccharin hat keine chemische Verwandtschaft mit den Zuckern, es ähnelt ihnen nur durch den süßen Geschmack. Es liegt aber eine gewisse Ähnlichkeit mit Arylsulfonylharnstoffderivaten vor, den heute sehr bekannten Repräsentanten der oralen Antidiabetika.

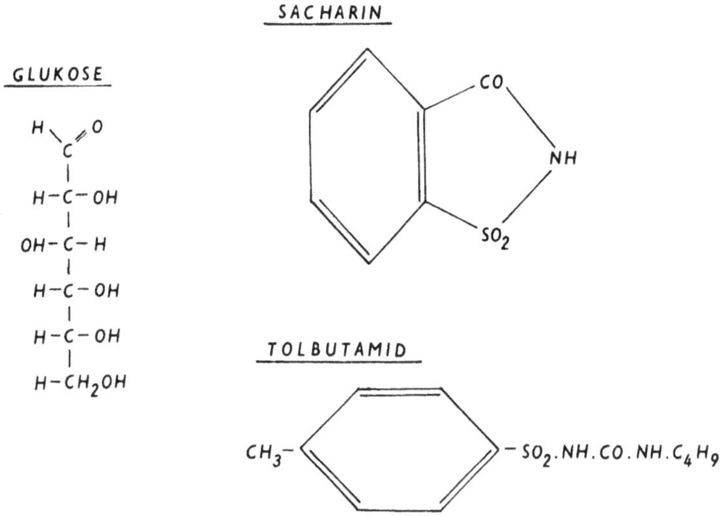

Abb. 1. Strukturformeln von Glucose, Saccharin und von Tolbutamid.

Im Tierversuch wurde festgestellt, daß das Saccharin bis zu 24 Stunden nach Verabreichung zu 90 % über den Harn ausgeschieden wird, der Rest läßt sich im Stuhl nachweisen. Das heißt, es wird praktisch nicht im Organismus metabolisiert. Nach der Resorption im Verdauungskanal erscheint es im Blut, der Lymphe, der zerebrospinalen Flüssigkeit, den Tränen und in kleinen Mengen im Sekret der Milchdrüse. Von seinen Wirkungen wurde die verminderte Wasserresorption aus dem Darm beschrieben, deren Mechanismus wahrscheinlich nicht osmotisch ist. Auch in größeren Dosen beeinflußt es weder Nahrungsbedarf (im Gegensatz zum Zucker), noch das Körpergewicht. Nach chronischer Applikation kleiner Dosen wurden bei den Versuchstieren keine Organveränderungen nachgewiesen und weder Fertilität noch Mortalität wurden beeinflußt. Deutsche Autoren beschreiben, daß man nicht einmal schädliche Spätfolgen bei Leuten gefunden hat, die das Saccharin 15 oder mehrere Jahre in üblichen Mengen zum Süßen verwendet haben.

Die Toxizität des Saccharins ist verhältnismäßig gering. Nach Erwärmen jedoch entsteht die o-Sulfaminobenzoe-säure, deren Toxizität als höher angeführt wird.

Berichte über den Einfluß von Saccharin auf den Glykämiespiegel erscheinen in der Literatur seit etwa 1927. Nach oraler Applikation fanden manche Autoren bei Versuchstieren und später auch beim Menschen eine gewisse Senkung des Blutzuckers. Dieser Befund wurde später im gleichen Sinn interpretiert, wie der von den tschechischen Autoren *Charvát* und *Syllaba* beschriebene s.g. „vorbereitende metabolische Reflex", d. i. durch die Empfindung des süßen Geschmacks im Mund wird über den Nervus vagus die Stimulation der Insulinsekretion im Pankreas hervorgerufen. Für diese Erklärung würden auch die späteren Befunde der Blutzuckersenkung nach bloßem Ausspülen des Mundes mit Saccharinlösung deuten und auch die rezente Feststellung, daß die Insulinämie bei empfindlichen Personen reflektorisch steigen oder sinken kann unter Einfluß von Suggestion.

Andere Verfasser fanden aber nach oraler Applikation keine deutlichen und eindeutigen Veränderungen der Glykämie und es wurde sogar im Gegenteil ihr Anstieg beschrieben. Es wurde auch ein hypoglykämisierender Einfluß nach peritonealer Verabreichung höherer Saccharindosen festgestellt und dies führte zu der Frage, ob Saccharin nicht im Organismus mit einem ähnlichen Mechanismus wie die ihm strukturell so nahen Arylsulfonylharnstoffderivate, die heutzutage als orale Antidiabetika angewandt werden, wirken könnte, und zwar durch Stimulation der Insulinsekretion. Es wurde dann auch die Möglichkeit verminderter Insulindegradation erwogen (aber eine Inhibition der Insulinase war nicht nachweisbar), sowie die Beeinflussung der Leberglukoneogenese usw.

Die Mehrzahl der angeführten Hypothesen ist älteren Datums, im Versuch wurden serienmäßig verschiedene Dosen angewandt und es fehlen oft Kontrollversuche. Vor allem wurde die Glykämie als einziges Kennzeichen der Beeinflussung der Glykoregulation verfolgt. Die Frage der Saccharinwirkung ist deshalb noch heute nicht abgeschlossen. Ein größeres Interesse wurde dem Saccharin, d. h. dem Einfluß auf Metabolismus und den toxischen und anderen Einflüssen in der letzten Zeit gewidmet, im Zusammenhang mit gleichen Studien über das Zyklamat.

Wir haben diese Problematik vom klinischen und diätetischen Standpunkt aufgenommen. Wir stellten uns die Frage, ob wir mit den heutigen methodischen Möglichkeiten (hauptsächlich die Bestimmung der Insulinämie durch genaue Methoden) imstande wären, den Eingriff des Saccharins in die primären metabolischen Werte bei Diabetikern und gesunden Personen nachzuweisen.

Es handelte sich dabei um Dosen, die laufend in der Diätetik des Diabetes und der Fettleibigkeit angewandt werden.

Zuerst wurde eine Gruppe von 6 gesunden Männern, Durchschnittsalter 24 Jahre, 177 cm Größe und 70 kg Gewicht, beobachtet. Weiter haben wir aus einem größeren Krankengut von Diabetikern, die weder mit Insulin noch mit oralen Antidiabetika behandelt wurden, 6 Männer ausgewählt, bei denen wir nach oraler Applikation von Glukose eine deutliche Insulin-Antwort feststellen konnten. Ihr Durchschnittsalter war 35 Jahre, Größe 173 cm, Gewicht 79 kg. Keine von beiden Gruppen benutzte laufend Saccharin oder künstliche Süßstoffe.

In 2-wöchentlichen Abständen haben wir beiden Gruppen nach 13stündigem Fasten 200 ml Tee verabreicht, entweder ungesüßt, oder mit 50 g Glucose oder endlich mit 165 mg Saccharin (Spolarin T 110). Diese Dosis entspricht etwa 12,5 g

(d. i. 2,5 Würfel) Zucker, wie unseren Erfahrungen nach die Getränke durchschnittlich gesüßt werden.

Wir beobachteten die Spiegel des Blutzuckers, des immunoreaktiven Insulins und der unveresterten Fettsäuren im Serum, und zwar in der Zeitspanne von 2 Stunden.

Auf den weiteren 3 Darstellungen sind die Befunde bei gesunden Personen angeführt.

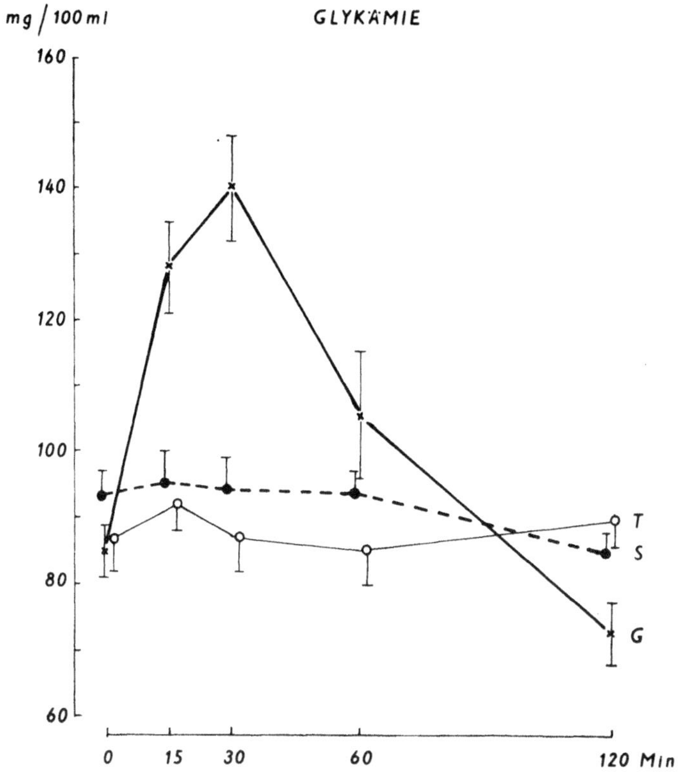

Abb. 2.

Auf dieser Darstellung sind die Blutzucker-Spiegel verzeichnet, und zwar nach Glukose (volle starke Kurve), nach Saccharin (unterbrochene Kurve) und nach ungesüßtem Tee (volle dünne Kurve) während der Zeitdauer von 2 Stunden nach dem Austrinken der Lösung. Die Kurve nach der Glukosebelastung hat einen normalen üblichen Charakter; nach Saccharin und ungesüßtem Tee wurden in keinem Zeitintervall bedeutende Unterschiede der Ausgangswerte oder der vorherigen Werte festgestellt. Die Blutzuckerwerte wurden also nicht nachweisbar durch warmen ungesüßten Tee oder Saccharin beeinflußt.

Auf der weiteren Darstellung sind die Werte der unveresterten Fettsäuren im Serum angeführt. Auch hier entspricht die Glukosekurve den üblichen Befunden, während nach Saccharin oder Tee binnen 2 Stunden keine wesentlichen Änderungen auftreten.

Diese Darstellung zeigt den Spiegel des immunoreaktiven Insulins im Serum. Die Insulin-Kurve hat den normalen Charakter nach Glukosebelastung, d. h. sie zeigt im Gipfelpunkt eine etwa dreifache Steigerung gegenüber dem Ausgangsspiegel und nach 2 Stunden kommt sie dem Nüchtern-Wert nahe. Nach Saccharin oder ungesüßtem Tee haben wir auch in diesem Nachweis keine bedeutenden Unterschiede vom Ausgangswert feststellen können. Es war nur eine gewisse unwesentliche Schwankung der Werte zu vermerken.

Die weiteren Befunde stammen von der Gruppe der Diabetiker.

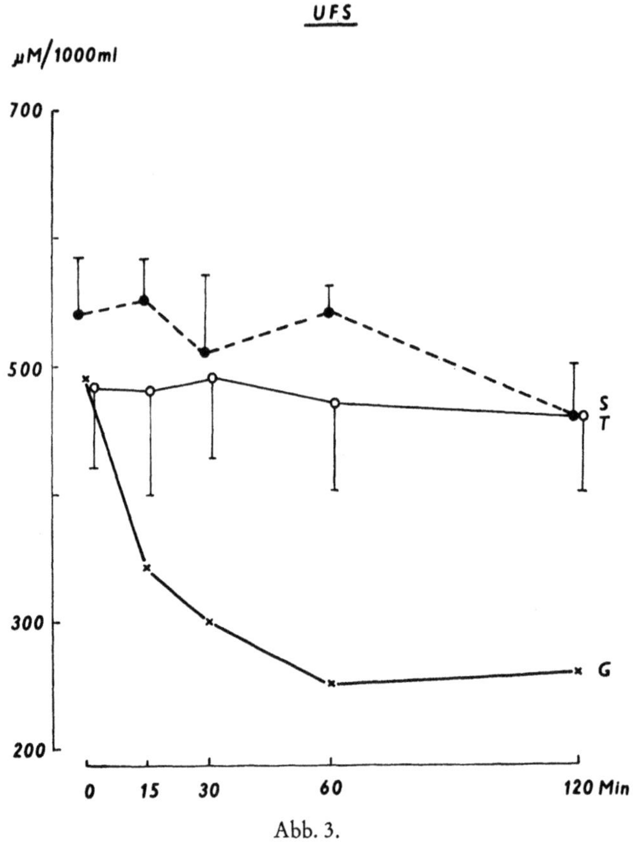

Abb. 3.

Darstellung wieder wie in den vorherigen Abbildungen nach Verabreichung von Glukose, Saccharin oder nur Tee. Die Glukosekurve hat einen typisch diabetischen Charakter. Nach Saccharin oder Tee ist auch in dieser Gruppe nur eine gewisse Schwankung der Werte zu vermerken, die statistisch unwichtig ist in Anbetracht der vorherigen Werte. Die Blutzuckerkurven wurden also nicht beeinflußt.

Die nächste Darstellung zeigt die Spiegel des immunoreaktiven Insulins im Serum derselben Diabetiker. Bei der Applikation von Saccharin und von Tee haben wir anfänglich kürzere Zeitintervalle gewählt, damit wir die etwaige rasche reflektorische Reaktion nicht übersehen.

Die Insulin-Kurve nach Glukose ist gegenüber der der gesunden Personen flacher und hat auch einen anderen Verlauf. Die individuellen Werte der Versuchspersonen waren ziemlich verschieden. Die Reaktion des insulären Apparates ist sichtbar.

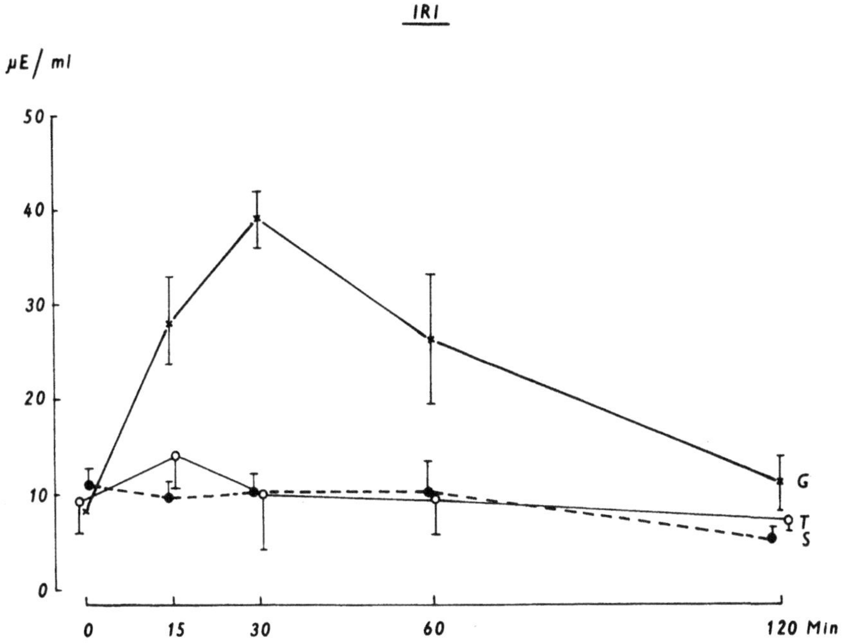
IRI
µE/ml
50
40
30
20
10
0
G
T
S
0
15
30
60
120 Min

Abb. 4.

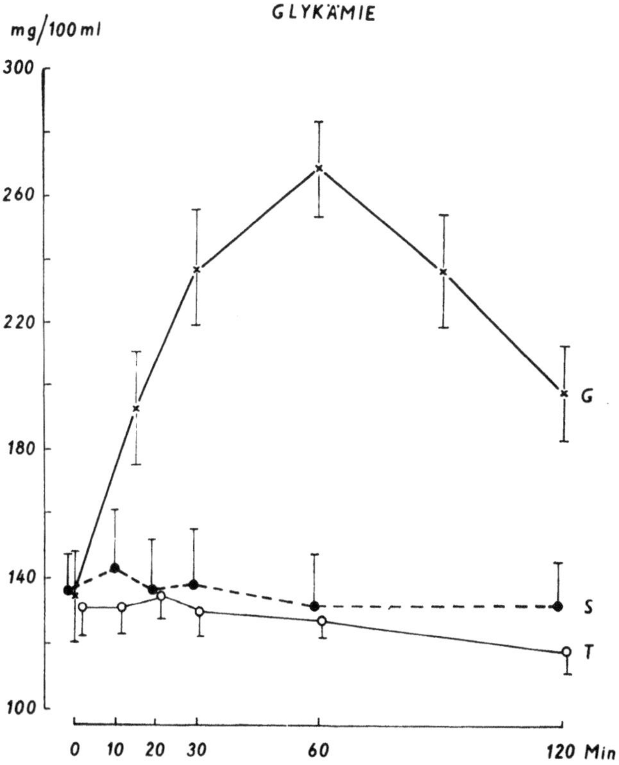
GLYKÄMIE
mg/100 ml
300
260
220
180
140
100
G
S
T
0
10
20
30
60
120 Min

Abb. 5.

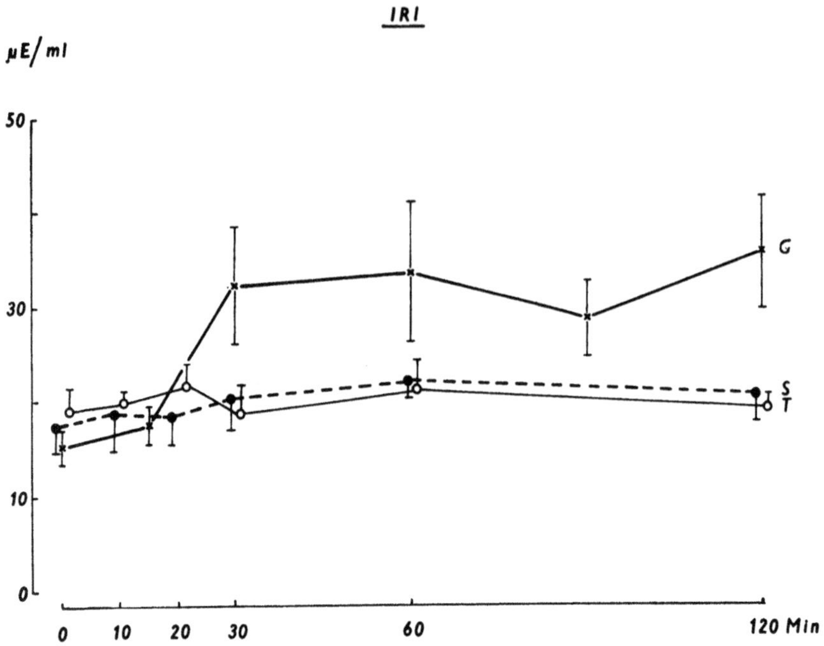
IRI
µE/ml
50
30
10
0
0
10
20
30
60
120 Min
G
S
T

Abb. 6.

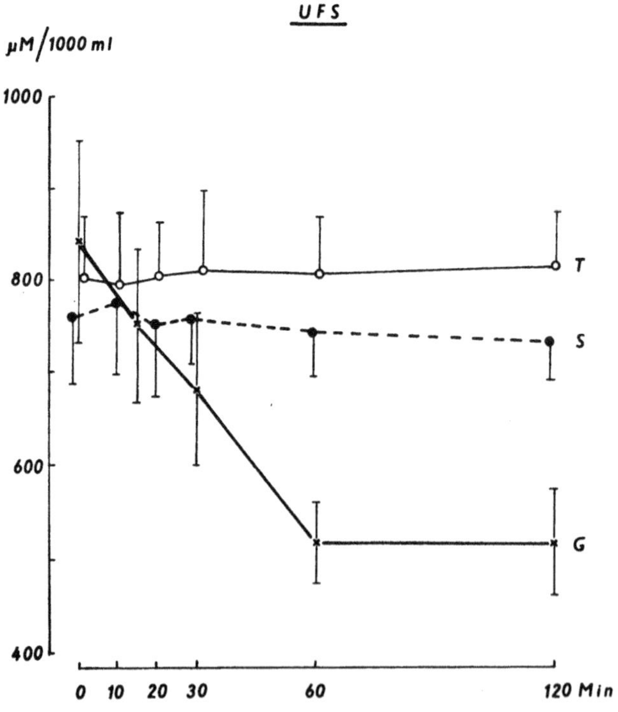
UFS
µM/1000 ml
1000
800
600
400
0
10
20
30
60
120 Min
T
S
G

Abb. 7.

Nach Saccharin und nach ungesüßtem Tee finden wir aber, ähnlich wie bei den Kontrollpersonen, sowie am Anfang als auch im späteren Stadium des Versuches nur unsignifikante Werteschwankungen, die wieder individuell verschieden waren. Wir haben also auch hier keine deutlich sichtbare Reaktion auf Saccharin feststellen können.

Die letzte Darstellung zeigt die Werte der unveresterten Fettsäuren im Serum bei unseren Diabetikern. Die Nüchtern-Werte sind gegen die normalen im Durchschnitt hoch (im Abstand von 560–1100 Mikromol). Die Reaktion nach Glukose ist immerhin vergleichbar mit der bei den gesunden Kontrollpersonen. Die anderen zwei Maßnahmen führen auch hier zu keiner Beeinflussung der Werte.

Auf Grund dieser Beobachtung kommen wir zu der Schlußfolgerung:

Wir konnten weder bei Kranken mit einer leichteren Diabetesform aber mit einem reagierenden insulären Apparat, noch bei gesunden Kontrollpersonen den Einfluß niedriger und laufend benutzter Saccharindosen im akuten Versuch auf die Spiegel des Blutzuckers, des immunoreaktiven Insulins und der unveresterten Fettsäuren im Serum feststellen. Man kann also annehmen, daß kleine Saccharindosen keinen metabolischen Effekt haben.

Zusammenfassung

Saccharin wird allgemein als kalorienloser Süßstoff ohne jeden Einfluß auf den Stoffwechsel betrachtet. Trotzdem haben einige Arbeiten einen hypoglykämischen Effekt nachgewiesen. Dies wird durch eine reflektorische Insulinausschwemmung, die durch einen Vagus-Reflex infolge des süßen Geschmacks im Mund hervorgerufen wird, erklärt. Es wird über die Chemie des Saccharins im Vergleich mit einigen strukturähnlichen Stoffen bekannter Wirkung und über das Schicksal des Saccharins im Organismus berichtet und es werden auch die Ergebnisse der Tierversuche bei Applikation verschiedener Mengen angeführt. Endlich wird auch über die Wirkung kleiner Saccharingaben bei einmaliger Verabreichung beim Menschen und zwar bei Diabetikern ohne Insulintherapie und bei gesunden Kontrollpersonen berichtet. Saccharin wurde auf nüchternen Magen in schwachem Tee verabreicht und während 3 Stunden wurde der Spiegel des Blutzuckers, der nichtesterifizierten Fettsäuren und des immunoreaktiven Insulins im venösen Blut beobachtet. Nach einem Zeitabstand wurden ähnliche Kurven nach der Verabreichung von Glukose oder ungezuckertem Tee erhalten. Ähnlich wurde auch der Einfluß von Zyklamat beobachtet. Unter den angeführten Bedingungen war es nicht möglich, die Beeinflussung der beobachteten Werte durch Saccharin zu beweisen.

Summary

Saccharin is generally considered a non-caloric synthetic sweetening agent which does not influence the metabolism. Despite this some work provided evidence of a hypoglycaemic effect. The latter is explained by reflex release of insulin induced by a vagus reflex as a result of the sweet taste in the mouth. The chemistry of saccharin will be discussed and compared with some substances with a similar structure and known effect. Attention will also be paid to the fate of saccharin in the organism. Results will be presented obtained in animal experiments where varying amounts of saccharin were administered. Finally the effects of small single doses of saccharin will be dealt within diabetic patients without insulin treatment and in healthy controls. Saccharin was administered in weak tea and for three hours the blood sugar levels, non-esterified fatty acid levels and immunoreactive insulin in venous blood were followed up. After a time interval similar curves were plotted following administration of glucose or unsweetened tea. Similary the effect of cyclamate was investigated. Under the described conditions it did not prove possible to provide evidence of the effect of saccharin on the investigated metabolic values.

Résumé

La saccharine est considérée d'une manière générale comme un édulcorant artificiel acalorique sans effets sur le métabolisme. Toutefois, certains travaux ont prouvé un effet hypoglycémiant. On l'explique par un délavage réflexe de l'insuline qui serait provoqué par un réflexe du vague à la suite du goût sucré dans la bouche. On compare la chimie de la saccharine avec certaines substances structurellement semblables dont l'effet et de sort dans l'organisme sont connus. On indique les résultats des essais sur les animaux lors de l'application de différentes doses. Enfin on informe sur les effets de petites doses de saccharine en cas d'une seule administration aux personnes, à savoir à des diabétiques en l'absence de traitement à l'insuline et à des personnes de contrôle en bonne santé. La saccharine a été administrée à jeun dans du thé faible et pendant trois heures ont été suivis les taux de glycémie, des acides gras non estérifiés et de l'insuline immunoréactive dans le sang veineux. Des courbes témoins ont été tracées après administration de glucose ou de thé non sucré. De manière analogue on a suivi également l'effet du cyclamate. Dans les conditions données, on n'a pas constaté une influence sur les valeurs observées par la saccharine.

Anschrift der Verfasser:
Dr. Z. *Slabochová* und *H. Platilová*
Institut für klinische u. experimentelle Medizin, Praha 4-Krč, Budijovická 800

22.

From the Dept. of Nutrition, Queen Elizabeth College, London

A dextrin-dextrose-saccharin mixture as an alternative sweetener to sucrose

By *K. R. Bruckdorfer* and *J. Yudkin* (London)

The use of sweet substances in our diet is a well established habit which has brought pleasure to man from the earliest times, when fruit and honey were the main providers of sweetness. Only recently has the habit been a matter of concern, since some carbohydrates which have potent sweetening properties, particularly sucrose, have been used on such an unprecedented scale that they now contribute 20 % of the total calorie intake in advanced countries such as Great Britain.

Increased awareness by the medical profession and to some extent by the general public of the deleterious effects of excessive calorie intake has prompted a search for less calorigenic alternative sweeteners, which satisfy high standards of safety for public use. Nevertheless, the consumption of vast quantities of cane and beet sugar continues, which in Great Britain amount to an annual average of 50 kg per person. It is against sucrose that the usefulness of any alternative sweetener must be compared.

It is perhaps at this point worth mentioning that it may be not altogether impossible in the long term to reduce the desire and the demand for sweetness and sweet substances, but for the immediate future, the alternatives to sucrose are worth considering.

Since the effects of cyclamate have been discussed in detail by Prof. *Lederer* and Prof. *Hellauer*, we shall here consider only the possible advantages and disadvantages of a new product which has recently been brought to our attention and marketed by the Tenstar Division of *Rank-Hovis-McDougall Ltd.* This sweetener is a mixture of hydrolysed starch and saccharin. The enzymic hydrolysis of wheat starch is partial so that the final liquor contains mainly dextrin and a little dextrose (Dextrose Equivalent – 26 %). This mixture has little sweetening power of its own, until the saccharin is added. The concentrated liquor is spray-dried into a powder form. One important quality is its low calorie density resulting from the presence of dextrins which permit an increase in bulk during the drying process. Thus, for the same sweetening power as sucrose only one third of the calories are consumed.

This product has two advantages compared to pure saccharin. Firstly, the powder appears more like sucrose than does a saccharin tablet so that it can be dispersed in tea or coffee and sprinkled on breakfast cereals without any change of habit by the consumer. Secondly, the unpleasant bitter after-taste of saccharin is considerably reduced by the dextrin and dextrose present. The aim of the product is therefore to replace or imitate sucrose in the sugarbowl – indicentally the name of the product – so that it requires the minimum of adjustment by the consumer.

In our laboratory in London University, we have interested ourselves in the metabolic effects of feeding sucrose to experimental animals and comparing it to starch or glucose fed to other groups of animals as controls. This dextrin-dextrose-saccharin mixture therefore interests us because it is possible that its use may avoid the metabolic effects of the sucrose that it is intended to replace. We have not studied any special effects of saccharin, but this has been dealt with by the previous speaker.

Because of the original suggestion of *Yudkin* that dietary sucrose may be an important factor in the aetiology of ischaemic heart disease, some efforts have been made to demonstrate metabolic differences between carbohydrates which had hitherto been considered to be metabolically interchangeable and therefore equal in effect.

A basic experiment was to feed groups or rats for 30 days with isocaloric diets containing sucrose, fructose, maltose, glucose and starch. The animals were killed, blood taken for analysis and the organs removed. In the rat and other species sucrose causes an enlargement of the liver and kidney compared with either starch or glucose. There is an increase of approximately 10–15 % in liver weight and an even greater increase as a result of fructose feeding (1). This enlargement occurs at varying levels of dietary protein and in the presence of 20 % fat.

Analysis of the major constituents of the liver often shows little difference in composition of water, fat and protein (2), however, the DNA content of the liver of sucrose-fed rats rises significantly indicating a degree of hyperplasia. This is particularly interesting since cell division in the rat liver ordinarily ceases 44 days after birth, well before our rats were introduced to their experimental diets. Fructose feeding also increased liver DNA, but the DNA content per gram of tissue was lower, indicating hypertrophy as well as hyperplasia.

The initial increase in liver size may be due to an increase in glycogen and water content, as indicated by a recent experiment in which rats were given sucrose or starch diets by meal-feeding. However, this does not explain the hyperplasia due to sucrose feeding which appears to be a toxic effect.

The effect of sucrose on the liver was further illustrated in an experiment in which littermate pigs were fed diets containing either 50 % sucrose or 50 % starch. After a year on this regimen, it was found that serum albumin concentration, serum glutamate-oxaloacetate transaminase and serum lactic dehydrogenase activities were lowered considerably by sucrose feeding. These measurements are indicative of liver function which is obviously disturbed by sucrose. This could be of considerable importance in cases of protein calorie malnutrition, in view of the rising consumption of sucrose in underdeveloped countries. The harmful effect of sucrose in experimentally induced kwashiorkor has been shown (3).

One of the most important effects of sucrose compared to starch or glucose is its ability to increase plasma triglyceride concentrations in human volunteers and in some animal species (4, 5). This may be relevant to the claims that plasma triglyceride concentrations may be a significant factor in ischaemic heart disease.

In the rat, fructose and sucrose considerably increase the activity of the multi-enzyme complex fatty acid synthetase compared to the activities in the liver of rats fed starch or glucose or maltose (2). This enzyme increases in activity with increased lipogenesis as do pyruvate kinase and glucose-6-phosphate dehydrogenase. Similarly, the concentration of plasma triglyceride is increased by fructose and sucrose. This phenomenon has been substantiated by a thorough study of plasma composition throughout a 24 hour period. Visible lipaemias were observed in some cases in rats fed sucrose and fructose.

A highly significant correlation can be shown between fatty acid synthetase activity and plasma triglyceride concentration, when the results from individuals in all groups are plotted. If one plots the results from glucose, maltose and starch fed rats no significant correlation was found. In contrast if one takes the results from the fructose-containing carbohydrates there was a very significant correlation. It appears therefore, that only fructose in pure form or as part of the sucrose molecule stimulated hepatic lipogenesis sufficiently to elevate plasma triglyceride concentration. There was no correlation of enzyme activity with plasma immunoreactive insulin concentrations. Despite wide individuals variations, the immuno-reactive insulin concentration in sucrose and fructose fed rats were significantly lower than those fed glucose or maltose. It is possible that this may be the reason for the low activities of the fatty acid synthetase activity in adipose tissue of fructose and sucrose fed rats, since insulin is known to promote lipogenesis in this tissue. A direct relationship between plasma insulin and adipose tissue fatty acid synthetase can be shown.

A further difference in the plasma composition in sucrose and starch fed rats was shown in another experiment where the effects of sucrose on male and female rats were investigated. A significant sucrose-induced hypertriglyceridaemia was shown in both sexes, and also an elevation of plasma free fatty acids (6). we do not know the source of these fatty acids. They could originate from adipose tissue, perhaps because of increased lipolysis due to lower insulin concentrations or the effects of other hormones (7).

We were particularly impressed by a report by Dr. *Fabry*'s group in Prague, which showed a loss of sensitivity to insulin in adipose tissue of female rats fed diets containing sucrose (8). We have repeated this experiment with male rats with similar results. An increase in incorporation of ^{14}C labelled glucose into adipose tissue triglyceride with insulin in vitro was only observable in rats fed starch and not in those fed sucrose. This may be due to the low activities of lipogenic enzymes, but may also be due an impairment of glucose transport. Nevertheless, this may be evidence for a diabetogenic property of sucrose, which is worth further exploration.

In human subjects, hyperinsulinaemia has been observed in some cases following short periods on high sucrose diets. This effect proved to be transitory in the pig experiment, but at the end of a lang experiment we were surprised to find that the weight of the pancreas in the sucrose fed pigs was considerably lower.

We are at present performing a series of experiments to determine whether sucrose promotes atherosclerosis in experimental animals, to test statistical evidence that dietary sugar is involved in cardiovascular disease. To date, we have completed experiments with rats in which sucrose was shown to cause a rise in the lipid content of aortic intima-media (9). We hope to report soon on further experiments.

Because of the significant contribution that sucrose makes to the excessive calorie intake in our diet, and its perhaps undesirable metabolic effects, we feel that the consumption of the new dextrin-dextrose-saccharin mixture may be a useful alternative as a sweetener.

Zusammenfassung

Rank Hovis Mc Dougall Ltd. erzeugte einen Süßstoff, der Saccharose ersetzt, der jedoch kalorienärmer ist. Dieses Produkt besteht aus teilweise hydrolysierter Stärke und aus Saccharin.

Wir beobachteten bei Menschen und Ratten, daß die Saccharose eine Herabsetzung der Toleranz gegenüber Glucose zur Folge hat, ferner eine Erhöhung der Konzentrierung an Triglyceriden, Phospholipiden, Cholesterol und Fettsäuren. Wir haben eine Hyperaktivität des Insulins beim Schwein, und ebenfalls bei einem Drittel von sich freiwillig zur Verfügung gestellter Menschen bestimmt.

Das Gewicht der Bauspeicheldrüse dieser Schweine war im Vergleich mit den mit Stärke ernährten Tieren gemindert. Es scheint, daß Saccharose die Fettgewebeempfindlichkeit gegenüber der Wirkung des Insulins herabsetzt. Es aktiviert ebenfalls den Leberstoffwechsel der Fette.

Wir haben keine absolute Sicherheit, daß die Saccharose eine Erhöhung an Lipiden in den Aortageweben zur Folge hat.

Résumé

Rank Hovis Mc Dougall Ltd. a produit un agent au pouvoir sucrant qui remplacerait la saccharose mais qui possèderait moins de calories. Ce produit est un milauge d'amidon partiellement hydrolysé et de saccharine.

Nous avons observé chez l'homme et chez le rat que le saccharose produit une diminution de la tolérance au glucose, une élévation de la concentration des triglycérides, des phospholipides, du cholestérol et des acides gras. Nous avons remarqué une hyperactivité de l'insuline chez les cochons, également chez un tiers des sujets volontaires humains. Le pancréas de ces cochons avait diminué de poids comparé avec celui des animaux nourris d'amidon. Il semble que le saccharose réduit la susceptibilité du tissu adipeux à l'action de l'insuline. Egalement, il active le métabolisme hépatique des corps gras.

Nous n'avons pas de certitude absolue que le saccharose produit une élévation des lipides dans le tissu aortique.

Summary

Rank Hovis McDougall Ltd. have produced an alternative sweetener to sucrose consisting of partially hydrolysed starch with saccharin. This product has the advantage of having the same bulk as sucrose for the same sweetening power, but no sucrose at all.

Sucrose feeding gives rise to reduced glucose tolerance and elevated concentrations of triglycerides, free fatty acids, phospholipids and cholesterol in rat and man. In pigs and in approximately one third of human volunteers, high sucrose diets produce hyperinsulinaemia. The pancreas of the pigs was reduced in size compared with that of their littermates fed starch.

Sucrose also reduces the sensitivity of adipose tissue to the lipogenic effects of insulin. The origin of the hyperlipidaemia appears to be mainly due to the stimulatory effect of sucrose on hepatic lipogenesis.

We have some evidence that sucrose feeding increases the lipid concentration of rat aortic intima-media.

References

1. *Bender, A. E., K. B. Damji, M. A. Khan, I. H. Khan, L. McGregor* and *Yudkin,* Hepatic hyperplasia in the rat induced by sucrose. Nature (Lond.) **238,** 461—462 (1972). — 2. *Bruckdorfer, K. R., I. H. Khan* and *J. Yudkin,* Fatty acid synthetase activity in liver and adipose tissue of rats fed with various carbohydrates. Biochem. J. **129,** 439—446 (1972). — 3. *Coward, D. G. and R. G. Whitehead,* Experimental protein — energy malnutrition in baby baboons. Attempts to reproduce the pathological features of kwashiorkor as seen in Uganda. Brit. J. Nutr. **28,** 223—237 (1972). — 4. *MacDonald, I.* and *D. M. Braithwaite,* The influence of dietary carbohydrates on the lipid pattern in serum and in adipose tissue. Clin. Sci. **27,** 23—30 (1964). — 5. *Akinyanju, P. A.* and *J. Yudkin,* Effects of dietary carbohydrates on the serum lipids of rats. Proc. Nutr. Soc. **26,** 31 (1967). — 6. *Bruckdorfer, K. R., S. S. Kang* and *J. Yudkin,* The hyperlipaemic effect of sucrose in male and female rats. Proc. Nutr. Soc. **31,** 11A (1972). — 7. *Bruckdorfer, K. R., S. S. Kang* and *J. Yudkin,* Plasma concentrations of insulin, corticosterone, lipids and sugars in rats fed meals with glucose and fructose. Proc. Nutr. Soc. in the press (1972). — 8. *Vrana, A., Z. Slabochova, Kazdova* and *P. Fabry,* Insulin sensitivity of adipose tissue and serum insulin concentration in rats fed sucrose or starch diets. Nutr. Rep. Int. **3,** 31—37 (1971). — 9. *Bruckdorfer, K. R., I. H. Khan* and *J. Yudkin,* The lipid content of the aortas of rats given sucrose. Proc. Nutr. Soc. **31,** 9A (1972).

Address of authors:

Department of Nutrition, Queen Elizabeth College, London W 8 7AH

23.

Législation internationale comparée sur l'emploi de quelques additifs naturels et synthétiques

Par *S. Rochize* (Paris)

Comparer les législations nationales dans quelque domaine que ce soit est toujours délicat; la difficulté ici est accrue par le fait que le thème de ce symposium, l'étude de «quelques additifs naturels et synthétiques dans l'alimentation de l'homme», nécessite une définition préalable de la notion d'additif et des notions complémentaires «d'additif naturel et d'additif synthétique», notions qui ne sont pas toujours comprises de la même façon ni par l'homme de la rue, ni par les spécialistes de toutes les disciplines intéressés, ni par les pouvoirs publics des différents pays.

I. La notion d'additif

Les caractéristiques de l'additif

La notion d'additif est une notion difficile à expliciter et cette difficulté fait que d'une part il a été proposé de très nombreuses définitions de l'additif, et que d'autre part le nombre de définitions légales de l'additif est au contraire relativement restreint.

Notons au passage qu'en français on emploie très couramment l'expression «additif alimentaire» mais que l'expression «additif aux aliments» serait plus appropriée.

Les caractéristiques essentielles de l'additif, telles qu'elles sont indiquées par les définitions existantes, sont relatives:
- à la nature de l'additif
- à son mode d'obtention (ou à son origine)
- au caractère intentionnel de son utilisation et/ou de sa présence dans les aliments
- aux propriétés pour lesquelles on l'emploie en alimentation
- à la dose à laquelle on l'emploie.

1. *Nature*

Il est admis par tous que l'additif est une substance «étrangère» mais cela ne signifie pas la même chose pour tous:

- Une substance artificielle, créée par l'homme est, à l'évidence, une substance étrangère, donc un additif (quelles que soient par ailleurs les propriétés et, notamment, les propriétés nutritives de cette substance).
- Est également considérée comme substance étrangère, donc comme additif, toute substance que l'on peut trouver dans la nature mais que l'on ne trouve pas dans les produits animaux, végétaux ou éventuellement minéraux, servant à l'alimentation de l'homme, et que l'on ne trouve pas non plus dans le corps humain. Dans ce cas déjà, des divergences commencent à apparaître entre les différentes définitions de l'additif: puisque suivant le lieu ou l'époque, le même produit animal, végétal (ou minéral) a pu, peut ou ourra être considéré comme propre ou au contraire impropre à la consommation.
- Les divergences sont beaucoup plus grandes lorsqu'il s'agit de substances que l'on peut trouver dans les produits animaux végétaux ou minéraux utilisés comme aliments, ou dans le corps humain (comme constituant ou comme produit du métabolisme).

  Suivant les pays et les philosophies, de telles substances,
  - ne sont jamais des additifs
  - sont toujours des additifs
  - ou sont considérées comme additifs seulement dans certaines conditions.

2. *Mode d'obtention* (origine)

Les substances susvisées peuvent être obtenues à partir d'une production animale, végétale (ou minérale) ou peuvent être élaborées par synthèse.

Sauf éventuellement pour des questions d'étiquetage, les règlementations ne font généralement pas de distinction entre les substances obtenues par synthèse et les autres à condition qu'elles soient chimiquement identiques.

Le processus d'obtention, qu'il soit biologique, physique ou mécanique, peut être soit une extraction, soit une transformation de substances préexistantes.

Dans le deuxième cas (transformation), la substance est presque toujours considérée comme un additif; dans le premier cas (extraction), son classement dépend essentiellement de ses propriétés (nutritives, conservatrices, antioxygène, émulsifiantes . . .), de la teneur à laquelle elle est présente dans la matière première, de la teneur à laquelle on l'utilise dans l'aliment.

3. *Propriétés* (fonctions)

Est généralement considérée comme additif une substance utilisée lors de l'élaboration d'une denrée alimentaire parce qu'elle produit certains effets, mais il y a divergence entre les définitions (règlementaires ou non) suivant la nature de ces effets: effets conservateurs, modification des caractères organoleptiques et/ou modification de la valeur nutritionnelle.

4. *Teneur*

Une même substance peut être considérée comme composant normal, principal ou caractéristique d'un aliment, ou comme un additif suivant la quantité de cette substance présente dans l'aliment.

Sur ce point également, les définitions de l'additif sont dissemblables.

5. *Intention*

Dans presques toutes les définitions cependant, il apparaît que l'élément intentionnel de son utilisation est une caractéristique fondamentale.

Cependant, là encore, on trouve des divergences: dans certaines définitions toutes les substances utilisées intentionnellement pour l'élaboration d'un aliment sont des additifs; dans d'autres définitions seules les substances utilisées intentionnellement et qui restent présentes dans l'aliment fini sont des additifs, les notions d'auxiliaire de fabrication (ou adjuvant technique) et de contaminant venant alors compléter celle d'additif.

II. La législation relative aux additifs: les différents systèmes

Si les définitions données à l'additif diffèrent d'un pays à un autre, les principes régissant leur emploi diffèrent également.

Nombre de pays ont adopté, ou sont tentés d'adopter, le principe dit des listes positives c'est-à-dire le principe suivant lequel tout ce qui n'est pas expressément autorisé est interdit.

Certains pays restent attachés au système dit de l'abus c'est-à-dire à la libre utilisation de toute substance qui n'est pas formellement interdite (ou portée sur une liste négative).

Il convient de noter enfin que, plus souvent qu'il n'y paraît au vu des textes législatifs et règlementaires, certains pays ont un système mixte relevant des deux premiers systèmes.

III. Les notions de naturel et de synthétique

Ces notions opposées mériteraient une analyse très poussée, ne serait-ce qu'en raison de l'importance accordée aujourd'hui au mythe du naturel.

Au sens strict, le qualificatif de naturel ne devrait être appliqué qu'aux produits offerts par la nature tels cette nature nous les offre; encore faut-il s'entendre: s'agit-il de la nature sauvage ou de la nature aménagée par l'homme pour son mieux-être?

On peut encore considérer comme naturels les produits offerts par la nature mais qui ont subi une modification du fait de processus (biologiques, physiques, chimiques) spontanés ou voulus par l'homme; la gamme de ces produits est évidemment plus grande.

IV. La règlementation internationale comparée des acides aminés et des édulcorants

Les législations relatives aux vitamines faisant l'objet d'un exposé distinct présenté par un autre orateur, il ne sera traité ici que des acides aminés et des édulcorants.

1 – *Les acides aminés*

Les acides aminés se trouvent, le plus souvent sous forme de protéines et non d'acides aminés isolés, dans un grand nombre d'aliments.

Ce sont des principes nutritifs essentiels.

Aussi sont-ils souvent considérés comme aliments et leur utilisation n'est alors limitée que par les normes règlementaires ou d'usages concernant certaines catégories de denrées alimentaires (et notamment les aliments diététiques ou de régime).

Sauf erreur ou omission, voici très rapidement l'essentiel de quelques réglementations nationales:

– France –

Les protéines et les préparations riches en protéines et/ou en acides aminés, pour autant qu'elles ont été obtenues par un procédé ne recourant pas à la chimie, sont considérées comme des aliments.

Les acides aminés purs sont au contraire considérés comme des additifs et leur utilisation n'est permise que dans 2 cas:

- pour les acides aminés essentiels, dans certains aliments diététiques
- pour les acides aminés ci-après:
  acide glutamique (sous forme de sel monosodique)
  acides guanylique et inosinique (sous forme d'acides ou de sels alcalins)
  comme exhausteurs de saveur.

– Belgique –

Les acides aminés utilisés à des fins nutritionnelles ou diététiques doivent encore faire l'objet d'une étude en Belgique. Pour le moment ils ne sont pas considérés comme des additifs.

Lorsqu'un acide aminé est utilisé dans un but non nutritif il est considéré comme additif et doit par conséquent figurer sur la liste des additifs autorisés: c'est le cas pour l'acide glutamique (ou plutôt son sel de sodium), et si je ne me trompe, pour les acides guanylique et inosinique (et leurs sels alcalins).

– Italie –

Lorsqu'un acide aminé est utilisé à des fins nutritionnelles, l'aliment auquel il est incorporé doit être autorisé comme aliment diététique.

L'acide glutamique (sous forme de sel monosodique) et les acides inosinique et guanylique sont des additifs qui peuvent être utilisés comme exhausteurs de saveur dans les bouillons et potages (concentrés ou déshydratés).

2 – *Les édulcorants*

2.1 – Comme les protéines, la plupart des sucres sont des principes nutritifs essentiels et sont donc considérés comme des aliments. Leur utilisation n'est limitée que par les normes relatives à chaque catégorie d'aliments.

Cependant les propriétés particulières de certains sucres – fructose, maltose, lactose, xylose – font que leur emploi peut être limité à certains aliments diététiques (aliments «pour diabétiques» ou aliments pauvres en calories).

2.2 – Les édulcorants «nutritifs» et/ou «naturels» autres que le sucre, et notamment les polyols-glycérine, sorbitol, mannitol, xylite ... –, la glycyrrhizine ..., sont généralement considérés comme des additifs et soumis aux règles d'utilisation des additifs qui consistent généralement en des limitations, notamment en des limitations d'emploi:

- utilisation à des fins diététiques
- utilisation à des fins technologiques (par exemple comme antirassissants, aromatisants ou correcteurs de saveur).

Très brièvement résumés, voici, pour ces produits, quelques aspects des réglementations nationales:

France

L'emploi des sucres est soumis aux mêmes règles que celui des autres aliments. Des dispositions particulières sont prévues pour l'emploi de fructose dans les produits de régime destinés aux régimes hypoglucidiques.

Le sorbitol peut être utilisé dans les produits de régime dans les mêmes conditions que le fructose.

Le sorbitol et la glycérine peuvent également être utilisés dans diverses denrées alimentaires, non pour leur effet édulcorant, mais pour leurs propriétés humectantes et/ou comme diluants d'autres additifs.

Belgique

Le sorbitol, le mannitol et le xylitol ne figurent pas comme édulcorants sur la liste des additifs.

Italie

Pour les édulcorants naturels autres que le sucre – fructose et autres sucres, édulcorants d'origine végétale, il n'y a pas de règlementation particulière; de tels édulcorants peuvent être utilisés dans les aliments diététiques pour diabétiques, les dits aliments devant être autorisés par le Ministère de la Santé.

Suisse

L'ordonnance réglant le commerce des denrées alimentaires donne des définitions du sucre (ou saccharose), de quelques autres «sucres» – glucose, maltose, lactose, sucre interverti – qui peuvent être utilisés dans les aliments suivant les normes alimentaires en vigueur.

Les polyols – sorbitol, mannitol, xylite – peuvent être utilisés en remplacement du sucre, dans les aliments diététiques, aliments pour diabétiques et aliments pauvres en calories, à la condition qu'une mention appropriée figure sur l'étiquetage.

2.3. Edulcorants artificiels: il semble qu'il y ait unanimité pour le classement de ces substances parmi les additifs, et même, quel que soit par ailleurs le statut légal de l'additif, parmi les additifs pour lesquels une autorisation explicite d'emploi est nécessaire et pour lesquels un étiquetage informatif est obligatoire.

Ces autorisations peuvent concerner l'utilisation des édulcorants synthétiques (ou artificiels, la distinction entre ces deux qualificatifs n'étant pas nettement établie)

- en remplacement des «sucres» dans les aliments diététiques (aliments pour diabétiques ou aliments pauvres en calories)
- en remplacement des sucres dans des denrées alimentaires usuelles et notamment dans les denrées alimentaires de grande consommation que sont les boissons non alcoolisées
- en tant que correcteurs de saveur, en particulier dans certaines conserves ou semi-conserves au sel ou au vinaigre.

Ces autorisations peuvent concerner l'ensemble des édulcorants synthétiques ou seulement certains d'entre eux, notamment la saccharine (et ses sels), les cyclamates de sodium et de calcium et la dulcine.

Il convient de souligner que les prescriptions règlementaires concernant l'emploi des édulcorants synthétiques découlent souvent, non pas des textes légaux ou règlementaires relatifs aux aliments, mais de textes légaux ou règlementaires spécifiques.

France

Une loi spécifique sur les édulcorants synthétiques en interdit l'emploi en alimentation.

Ces substances ne peuvent pas être utilisées, pour les besoins alimentaires, hors du circuit médico-pharmaceutique.

Cependant la règlementation sur les produits diététiques pourrait permettre d'en autoriser l'emploi, sous certaines conditions, dans des produits destinés à certains régimes.

Belgique

Seule la saccharine figure sur la liste des additifs autorisés.

Italie

L'emploi des édulcorants synthétiques n'est admis que pour les aliments diététiques, qui doivent être, il convient de le préciser, autorisés par le Ministère de la Santé.

U.R.S.S.

L'emploi de la saccharine est admis dans les confiseries pour diabétiques sous réserve d'un étiquetage approprié.

Cependant la suppression de cette autorisation d'emploi est sérieusement envisagée et des études sont entreprises pour rechercher une substance de remplacement suffisamment édulcorante et présentant toutes garanties d'innocuité.

Je terminerai cet exposé, très incomplet et pour lequel je demande votre indulgence, en signalant les efforts importants d'harmonisation internationale du droit alimentaire: ces efforts sont entrepris à la fois par les gouvernements (par exemple dans le cadre de la CEE), par des organisations internationales telles que le Conseil de l'Europe, la Commission Internationale des Industries Agricoles et Alimentaires ou la Commission FAO/OMS du Codex Alimentarius, et par des groupements non publics, scientifiques ou professionnels, tel l'Institut d'études européennes de l'Université libre de Bruxelles.

Zusammenfassung

Auf Grund des Themas des Symposiums „Einige natürliche und synthetische Zusatzstoffe in der menschlichen Ernährung" erschien es uns notwendig, zunächst den Begriff Zusatzstoff (und die Ausdrücke natürliche und synthetische Zusatzstoffe) zu definieren und zu versuchen, die wesentlichsten Charaktere hervorzuheben.

Nach den gesetzlichen Definitionen, sehr verschieden von einem Land zum andern, des Zusatzstoffes werden die hier untersuchten Substanzen als Zusatzstoffe oder nicht als solche betrachtet oder nur unter gewissen Bedingungen.

Es ist wichtig, zu unterstreichen, daß diese Stoffe (Vitamine, Aminosäuren, Süßstoffe) zu Ernährungszwecken benutzt werden können, um den Nährwert zu verbessern oder, im Gegenteil, den Kaloriengehalt des Nahrungsmittels zu begrenzen — oder aus technologischen Gründen zugesetzt werden, auf Grund ihrer antioxydantischen Eigenschaften, ihrer Farbe, ihrer Geschmacksverbesserung . . .

Demnach ist ihr Gebrauch, je nach den Ländern, gewissen Regelungen unterworfen, die einem der folgenden Systeme zugeordnet werden können:

— System des Mißbrauchs (freier Gebrauch unter der Bedingung, daß Mißbrauch und Fälschung vermieden werden).

— System des Verbots (Verbot des Gebrauchs, ausgenommen einige von der Gesetzgebung genau festgelegte Fälle).

Bestimmte Beispiele, die die Gesetzgebung verschiedener Länder Europas und Amerikas betreffen, sind angeführt: sie beziehen sich lediglich auf die Aminosäuren und Süßstoffe. Die Vitamine werden in einem andern Vortrag behandelt.

Résumé

En raison du thème même du symposium «quelques additifs naturels et synthétiques dans l'alimentation de l'homme», il a paru nécessaire de définir préalablement la notion d'additif (et les expressions additifs naturels et additifs synthétiques) et d'essayer d'en dégager les caractéristiques essentielles.

Selon les définitions légales, très différentes d'un pays à l'autre, de l'additif, les substances étudiées ici sont, ou ne sont pas, considérées comme des additifs ou ne le sont que dans certaines conditions d'emploi.

Il convient de noter par ailleurs que ces substances (vitamines, acides aminés, édulcorants) peuvent être utilisées soit à des fins nutritionnelles — pour améliorer la valeur nutritive ou au contraire limiter l'apport calorique des aliments — soit à des fins technologiques, en raison de leurs propriétés antioxygène, colorantes, correctrices de goût . . .

En conséquence leur utilisation est, suivant les pays, soumises à des règles qui peuvent être rattachées à l'un des systèmes suivants:

— système dit de l'abus (libre utilisation sous réserve que soient évités abus et tromperies)
— système dit de l'interdiction (interdiction d'emploi sauf dans certains cas explicitement prévus par la réglementation).

Des exemples précis, relevés dans les réglementations de plusieurs pays en Europe ou en Amérique, sont donnés: ils ne concernent que les acides aminés et les édulcorants — les vitamines faisant l'objet d'un exposé distinct.

Summary

Due to the subject of the symposium "certain natural and synthetic additives in human food" it appeared necessary first to define the notion of additive (and the expressions natural additives and synthetic additives) and to try to bring out the essential characteristics.

According to the legal definitions of "additive" which differ widely from country to country, the substances studied here are considered additives or non-additives or are additives only in certain conditions of use.

It is fitting to note, incidentally, that these substances (vitamins, amino acids, sweeteners) may be used either for nutritional purposes — to improve the nutritive value or on the other hand to limit the caloric contribution of food — or for technological purposes, due to their antioxygen, colouring, taste correcting properties . . .

Consequently, their use is, according to country, submitted to regulations which can be linked to one of the following systems:

— system of misuse (free utilization subject to avoidance of misuse or deception)
— system of prohibition (prohibition of use except in certain cases explicity provided for by regulation).

Precise examples, taken from the regulations of several countries in Europe and America are given: they concern only amino acids and sweeteners; vitamins are the subject of a separate paper.

Adresse de l'auteur:

Mme. Dr. *S. Rochize*
Ministère de l'Agriculture et du Développement Rural
Direction Générale de l'Administration et du Financement
Service de la Répression des Fraudes et du Controle de la Qualité
42bis, Rue de Bourgogne, Paris (7°)

24.

The use of enzymic hydrolysis of proteins for quantitative determination of methionine in processed food

By *Danuta Pieniazek* and *Maria Rakowska* (Warschau)

Zusammenfassung

Die Aufarbeitung von Lebensmitteln verursacht Schwankungen in den disponiblen Aminosäuren. Unter anderem wird Methionin teilweise in Methionin-Sulfon überführt, das von Tier und Mensch nicht benutzt werden kann.

Bisher fehlt eine gebrauchsleichte Methode für die Bestimmung von Methionin in Proteinen von aufgearbeiteten Lebensmitteln. Die Methode von *Schram* und *Moor*, die allgemein zur Bestimmung von Methionin benutzt wird, beruht auf einer Oxydation des Methionins der Proteine in Methionin-Sulfon, mit nachfolgender saurer Hydrolyse und schließlich der Bestimmung von Methionin in einem Aminosäureanalysator. Bei dieser Methode ist die Bestimmung des Methionins nur möglich nach vorheriger Oxydation des gesamten Methionins zu Methionin-Sulfon. Da es dieses Verfahren nicht erlaubt, zu unterscheiden, welche Menge von Methionin zu Methionin-Sulfon durch die Lebensmittelaufarbeitung umgewandelt worden ist, ist sie nicht für ernährungswissenschaftliche Untersuchungen geeignet.

Um diese Schwierigkeiten zu vermeiden, wurden die Proteine einer enzymatischen Hydrolyse unterzogen, mit dem Ziel, die spezifischen Gruppen des Methionins bloszulegen. Es wurden Untersuchungen mit verschiedenen proteolytischen Enzymen durchgeführt. Als bestes Enzym wurde Pankreatin befunden. Die Bestimmung des Methionins erfolgte, nach enzymatischer Hydrolyse der Proteine, auf kolorimetrischem Wege, nach der Methode von *McCarthy* und *Sullivan*. Es konnte bewiesen werden, daß Methionin-Sulfon in dieser Reaktion nicht interferiert.

Die Ergebnisse der Bestimmung des Methioningehalts in reinen Proteinen (in Ochsen-Serumalbumin und Kasein) und in Proteinen von aufgearbeiteten Lebensmitteln (Milchpulver, Milchwasser) werden aufgeführt und verglichen mit Ergebnissen, die mit mikrobiologischen Methoden und biologischer Schätzung dieser Proteine in Ratten erhalten wurden.

Résumé

Le traitement des produits alimentaires est susceptible de provoquer une diminution des aminoacides disponibles. Entre autre la méthionine est partiellement transformée en méthionine sulfone.

Jusqu'à maintenant on ne dispose pas d'une méthode éprouvée pour la détermination de la méthionine dans les protéines, des préparations industrielles. La méthode de *Schramm* et *Moor* qui est couramment utilisée pour la détermination de la méthionine est basée sur l'oxydation de la méthionine des protéines en méthionine sulfone, suivie d'une hydrolyse acide et détermination de la méthionine au moyen de l'analyseur d'acides aminés. De cette façon, la détermination de la méthionine n'est possible qu'après oxydation de la méthionine en méthionine sulfone. Puisqu'il est impossible par cette méthode de distinguer quelle partie de la méthionine est transformée en méthionine sulfone au cours du traitement industriel, cette manière de procéder n'est pas convenable aux études concernant la nutrition. Dans le but d'éviter ces difficultés, l'hydrolyse enzymatique des protéines fut pratiquée afin de découvrir des groupes spécifiques de méthionine. Des expériences furent réalisées avec des enzymes protéolytiques différentes. L'enzyme pancréatique s'est avéré comme l'enzyme le plus utile. La méthionine fut alors déterminée après l'hydrolyse enzymatique des protéines par la méthode colorimétrique de *McCarthy* et *Sullivan*. Il a été prouvé que la méthionine sulphone n'interfère pas dans cette réaction.

Les résultats de la détermination de la teneur en méthionine des protéines pures (sérum bovin, albumin et caséine) ainsi que celle relative aux protéines des préparations alimentaires industrielles (lait en poudre, lait caillé) seront présentes en comparaison des données obtenues par la méthode microbiologique et l'évaluation de ces protéines sur des rats.

Summary

Food processing causes changes in amino acids availability. Methionine is partially converted to methionine sulphone unavailable for animals and men.

There is lack of a reliable method for determination of methionine in proteins of processed food. The method of *Schram* and *Moore*, that is commonly used for estimation of methionine is based on oxidation of methionine in proteins to methionine sulphone, subsequent acid hydrolysis of proteins and final estimation of methionine on an amino acid analyser. In this procedure the determination of methionine is possible only after oxidation of the total methionine to methionine sulphone. As it is impossible by this method to distinquish what part of methionine is converted to methionine sulphone during food processing it is not suitable for nutritional studies on the adverse effects of processing.

To avoid these difficulties enzymic hydrolysis of proteins was applied in order to expose specific groups of methionine. Experiments were carried out with different proteolytic enzymes. Pancreatine proved the most useful enzyme. Methionine was determined after enzymic hydrolysis of proteins by the colorimetric method of *McCarthy* and *Sullivan*. It has been proved, that methionine sulphone does not interfere in this reaction.

The results of methionine content determination in pure proteins (bovine serum albumin and casein) and in proteins of processed food (milk powder, whey) are in good agreement when compared to data obtained by microbiological method and biological evaluation of these proteins on rats.

Anschrift der Verfasser:

mgr *Danuta Pieniążek*, Doc. dr. habil. *M. Rakowska*

Instytut Żywności i Żywienia, 02-903 Warszawa 34, ul. Powsińska 61/63, Pologne

25.

Nouvelles méthodes d'appréciation du pouvoir sucrant relatif des sucres et des édulcorants artificiels*)

Par *J. Herrmann* (Berlin, DDR)

Avec 10 figures

Un des plus importants problèmes pour l'application pratique de la perception sensorielle devrait être l'expression de la dépendance des valeurs sensorielles N de la concentration (S_N) d'un arôme ou d'un goût sous forme d'équations mathématiques. Ce n'est que si l'on réussit à quantifier ces relations que l'on pourra résoudre dans le domaine de la science alimentaire les questions urgentes suivantes:

1. Calcul de N, si la concentration en édulcorant est connue,
2. Calcul de N à partir de chaque concentration de solutions pures de différents édulcorants, qui déterminent la même perception, par exemple le pouvoir sucrant, permettant par ailleurs la comparaison (par exemple en ce qui concerne le pouvoir sucrant relatif) de sucres et de substances édulcorantes synthétiques,
3. Détermination de la valeur sensorielle de mélanges de plusieurs édulcorants: par exemple pouvoir sucrant de mélanges de sucres,

*) Publié avec quelques modifications d'après la publication dans la revue „Die Lebensmittelindustrie" **19**, 527—532 (1972) et **20**, 13—17 (1973).

4. Calcul des effets de cumul ou de compensation d'autres substances présentes dans l'aliment,
5. Calcul des rapports de concentration d'une substance sucrante dont la formule chimique n'est pas connue, à partir des valeurs de N déterminées sensoriellement,
6. Calculs de cinétique réactionnelle se rapportant aux changements sensoriels d'une arôme dus à des traitements technologiques.

Les examens sensoriels sont basés, à l'heure actuelle, uniquement sur la perception, c'est-à-dire qu'ils utilisent l'homme en tant qu'instrument de mesure; leur application nécessite un groupe d'examinateurs rodés et fait appel à des méthodes d'exploitation statistique. Le but des investigations qui sont à la base de ce travail, a donc été de rechercher des lois analogues à celle utilisée pour la colorimétrie subjective (loi de *Lambert-Beer*) à l'aide de laquelle on peut calculer des concentrations de colorants.

La loi de *Weber*

$$\frac{\Delta I}{I} = b' \qquad [1]$$

indique que l'augmentation de l'intensité ΔI, qui est nécessaire pour la production d'une augmentation tout juste sensible de la perception, représente toujours une fraction constante de l'intensité I, à laquelle a été précédemment exposé le tissu excitable. *Fechner* a développé à partir de l'équation différentielle

$$\Delta N = k \frac{\Delta I}{I}, \qquad [2]$$

où ΔN représente l'augmentation de la perception, l'équation intégrale

$$N = k \cdot \lg I + \text{const.} \qquad [3]$$

Dans ces équations b' et k sont des constantes.

Des études de l'auteur (1 à 6) sur les valeurs sensorielles N d'excitations lumineuses ou sensorielles ont montré que leur dépendance des intensités d'excitation I_N appliquées représente une fonction linéaire ($N \sim I_N$) dans la région des valeurs inférieures et une fonction logarithmique – analogue comme dans la loi de *Weber-Fechner* – dans le domaine des valeurs supérieures.

Nous désignerons, ci-après, en général, les valeurs sensorielles par N, celles concernant le domaine linéaire en-dessous de la valeur N_x avec N = n et celles supérieures à la valeur N_x, par la fonction logarithmique avec N = n'. N, n et n' représentent des séries de chiffres,

$$(N_I = 1;\ n_1 = 1;\ n_1' = 1 \text{ ou } N_{II} = 2;\ n_2 = 2;\ n_2' = 2, \text{etc.}),$$

auxquelles on ajoute les concentrations en substances excitantes correspondantes (S_N), (S_n) et $(S_{n'})$, les intensités sensorielles I_N; I_n et $I_{n'}$ ainsi que les valeurs d'excitation E_N, E_n et $E_{n'}$.

Nous discuterons maintenant le cas, où l'examinateur apprécie les valeurs sensorielles d'après une «échelle de grandeurs» (3), c'est-à-dire:

$$N_I : N_{II} : N_{III} : N_{IV} \ldots = 1 : 2 : 3 : 4 \ldots$$

Si l'examinateur part de la valeur limite ($N_I = N\varkappa$ «échelle de grandeur absolue»), $(S_1) = (S\varkappa)$; $I_1 = I\varkappa$ et $E_1 = E\varkappa$. Les relations suivantes sont également valables pour «l'échelle de grandeur relative», où $(S_1) > (S\varkappa)$ [3].

Jusqu'à présent, il a généralement été admis que la concentration en substances excitantes (S_N) provoque, au niveau du récepteur, l'intensité sensorielle I_N. Celle-ci déclenche la valeur sensorielle E_N (impulsion électrique ou suite d'impulsions dans le nerf, qui provoque, dans le cerveau, la perception N).

Les publications récentes tentent, toutefois, à décrire la dépendance des valeurs sensorielles suivant une fonction potentielle qui, selon ma transformation, peut être caractérisée par l'équation 4

$$n = N = \frac{(S_n)^r}{(S_1)^r} \text{ ou } \lg n = \lg N = r \cdot \lg \frac{(S_n)}{(S_1)} \qquad [4]$$

Cette équation [4] n'est valable que pour $N = n \leqq N_x$, selon nos observations actuelles.

L'équation [5] est valable pour $N = n' \geqq N_x$ et ressemble à l'équation [3]:

$$N = n' = j' \cdot r \cdot \lg \frac{(S_{n'})}{(S_{N_x})} + N_x \qquad [5]$$

Le fait que l'examinateur estime qu'il classe uniformément les valeurs sensorielles N selon une échelle de grandeur et que, partant, des lois différentes sont valables dans certains domaines de concentrations [équations 4 ou 5], peut s'expliquer aisément, selon ma théorie; par 4 suppositions:

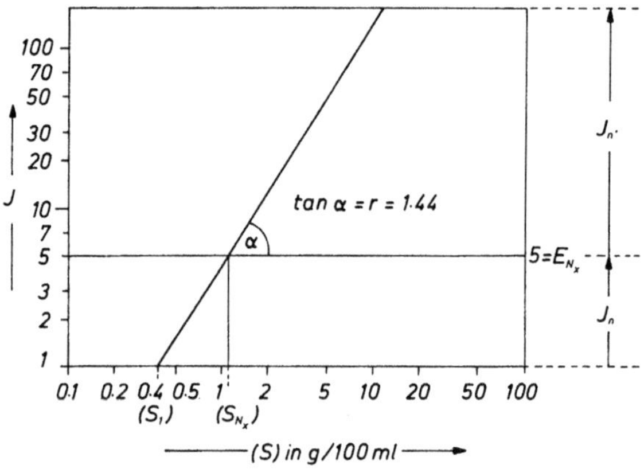

Figure 1. Dépendance de l'intensité sensorielle I de la concentration en saccharose (S) in g/100 ml selon l'équation [6]:

$$\lg I = r \cdot \lg \frac{(S)}{(S_1)} = 1{,}44 \lg \frac{(S)}{0{,}4} \;.$$

$$(S_1) = (S\varkappa) = 0{,}4 \text{ g/100 ml}; \; r = 1{,}44;$$

$$(S_{N_x}) = 1{,}2 \text{ g/100 ml}; \; N_x = 5$$

1. Les intensités sensorielles I sont toujours reliées, par l'équation 6, avec les concentrations (S) de l'édulcorant (voir aussi *Fig. 1* pour la dépendance du pouvoir sucrant (N) de la concentration en saccharose):

$$I = \frac{(S)^r}{(S_1)^r} \; ; \; \lg I = r \lg \frac{(S)}{(S_1)} \qquad [6]$$

2. La dépendance des valeurs sensorielles N des valeurs d'excitation E_N est toujours donnée — si l'examinateur classe selon une «échelle de grandeur» —

(aussi bien pour $E_N = E_n$ que pour $E_N = E_{n'}$ par l'équation [7] (voir *Fig. 2a₁ et 2a₂*):

$$N = \frac{E_N}{E_I} \; ; \; \lg N = \lg \frac{E_N}{E_I} \quad [7]$$

3. Pour $N = n \leqq N_x$ l'équation [8] est valable:

$$E_N = E_n = \frac{I_n}{I_1} \; ; \; \lg E_N = \lg \frac{I_n}{I_1} \quad [8]$$

En introduisant les valeurs I de l'équation [6] dans l'équation [8], on obtient l'équation [9] qui, avec l'équation [7], donne l'ancienne équation [4] (voir aussi *Fig. 2b*):

$$\lg N = \lg E_N = \lg E_n = r \lg \frac{(S_n)}{(S_1)} \quad [9]$$

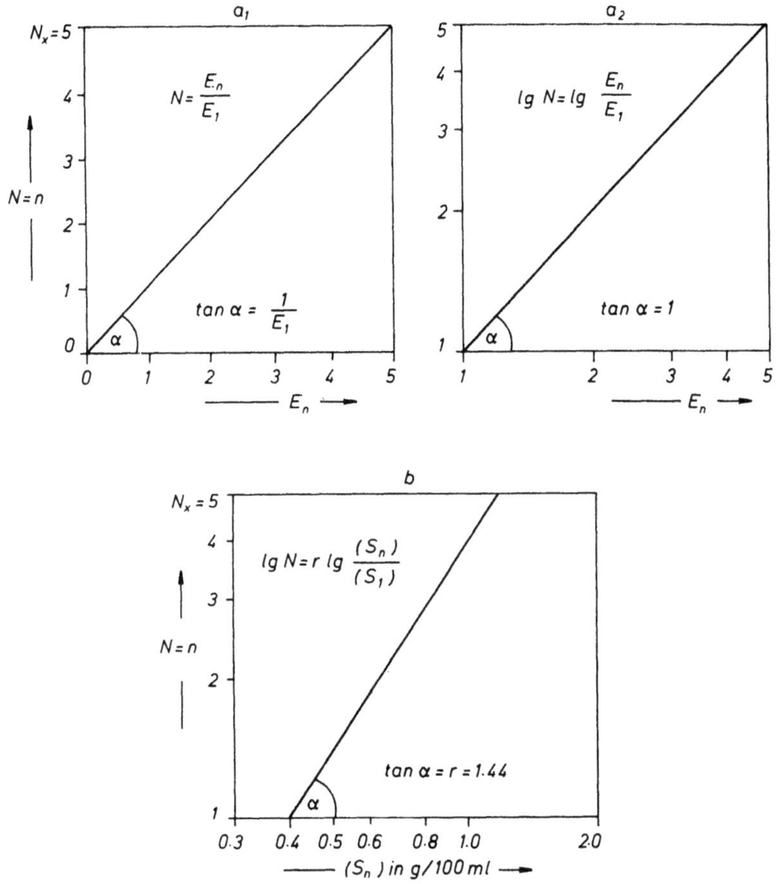

Figure 2. a — Dépendance de la valeur sensorielle $N = n$ de la valeur d'excitation $E_N = E_n$ pour $N = n \leqq N_x$.

a_1: sur papier millimétrique

a_2: sur papier logarithmique

b — Dépendance de la valeur sensorielle $N = n$ de la concentration en saccharose (S_n) sur papier logarithmique pour

$N = n \leqq N_x = 5$; $(S\varkappa) = 0{,}4$ g/100 ml

4. Pour $N = n' \geqq N_x$ intervient l'équation [10] (voir aussi *Fig. 3a*):

$$E_N = E_{n'} = j' \cdot \lg \frac{I_{n'}}{I_{N_x}} + N_x; \; j' = \frac{1}{\lg q'} \qquad [10]$$

En introduisant les valeurs I de l'équation [6] dans l'équation [10], on obtient l'équation [11] (voir aussi *Fig. 3b*):

$$E_N = E_{n'} = j' \cdot r \cdot \lg \frac{(S_{n'})}{(S_{N_x})} + N_x \qquad [11]$$

L'équation [11], en relation avec l'équation [7], donne l'ancienne équation [5].

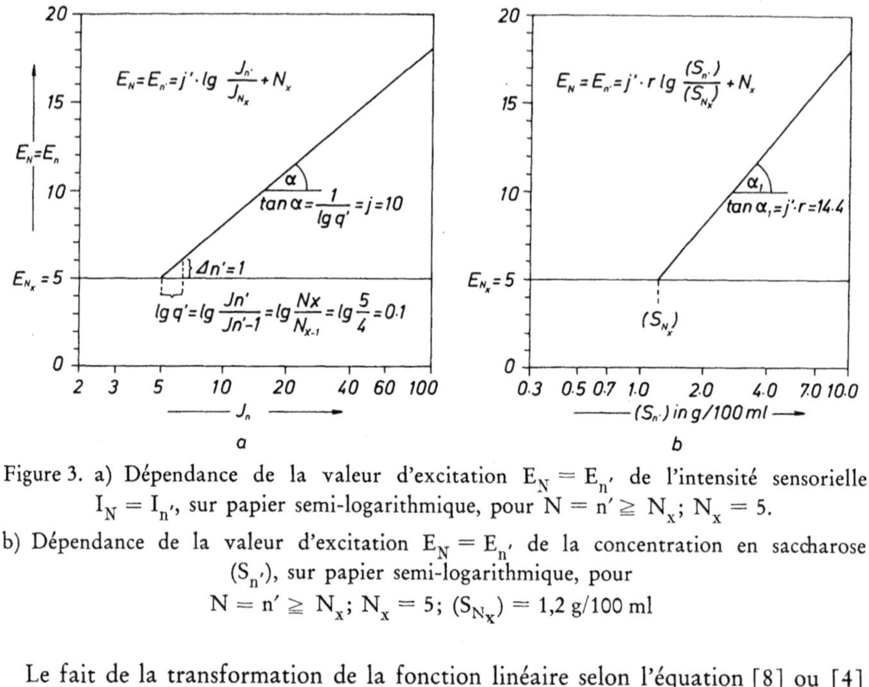

Figure 3. a) Dépendance de la valeur d'excitation $E_N = E_{n'}$ de l'intensité sensorielle $I_N = I_{n'}$, sur papier semi-logarithmique, pour $N = n' \geqq N_x$; $N_x = 5$.

b) Dépendance de la valeur d'excitation $E_N = E_{n'}$ de la concentration en saccharose $(S_{n'})$, sur papier semi-logarithmique, pour $N = n' \geqq N_x$; $N_x = 5$; $(S_{N_x}) = 1{,}2$ g/100 ml

Le fait de la transformation de la fonction linéaire selon l'équation [8] ou [4] en fonction logarithmique suivant l'équation [10] ou [5] est aisément explicable par la loi de *Weber*, selon laquelle les organes sensoriels ne peuvent plus distinguer des valeurs $\frac{\Delta I}{I}$ – valeurs $< b'$. Selon l'équation [12] b' aussi bien que $q' = \frac{I_n}{I_{n-1}} = \frac{E_n}{E_{n-1}} = \frac{n}{n-1}$ tendent vers une valeur limite (puisque $\frac{n}{n-1} > \frac{n+1}{n} > \frac{n+2}{n+1}$ etc):

$$b' = \frac{\Delta I}{I} = \frac{I_n - I_{n-1}}{I_{n-1}} = \frac{I_n}{I_{n-1}} - 1 = q' - 1 \qquad [12]$$

c'est-à-dire avec $N = n$ devenant plus grand on arrive à une limite N_x, où

$$\frac{N_x}{N_x - 1} = \frac{E_n}{E_{n-1}} = q' \text{ est encore tout juste perceptible}$$

selon la loi de *Weber*. Pour $\frac{N_x + 1}{N_x}$ l'examinateur choisit automatiquement la fonction logarithmique, à la place de la fonction linéaire, et classe, grâce à elle, les valeurs plus élevées avec cette valeur constante q'.

La valeur limite N_x peut aussi être influencée par une formation de l'examinateur, où celui-ci a été «pré-programmé» par l'échelle de grandeur N_x.

De cette façon, il pourrait être possible, par exemple par le choix et par la formation pour l'application d'une échelle de 5 grandeurs (N_I à N_V), que l'examinateur classe automatiquement les échelles supérieures suivantes avec

$$q' = \frac{N_V}{N_{IV}} = \frac{5}{4} = 1{,}25; \quad \frac{N_{VI}}{N_V} = \frac{N_{VII}}{N_{VI}} = 1{,}25 \text{ etc.}$$

Dans ce cas, cette valeur q' ne serait pas obtenue à partir de la valeur b' qui indique la différence juste encore perceptible selon la loi de *Weber* de l'équation [1], mais à partir d'un «procédé d'appréciation pré-programmé» avec des différences plus grandes et plus différenciables (7).

Partant des 4 suppositions ci-dessus, il est aisé d'expliciter les équations [4] et [5] qui seront utilisées couramment ci-après. Il est également possible de les déduire d'autres propositions modèles, comme je l'ai développé dans un travail antérieur (7).

Indépendamment de ces théories, qui pourraient être dépassées par des études ultérieures, les équations [4] et [5] me semblent parfaitement valables, en fonction de tous nos travaux effectués jusqu'à présent.

Elles permettent le calcul des valeurs sensorielles à partir des concentrations en substances excitations et, en sens inverse, de (S) à partir de N, tant que dans les systèmes que nous avons étudiés (solutions aqueuses ou aliments), avec un milieu réactionnel constant, seule la concentration de la substance étudiée a été variable. Cette dernière condition est importante, afin que par la variation de la concentration d'autres substances présentes ne soient déclenchés des effets complémentaires de compensation ou d'accentuation (1). Cette nouvelle méthode d'appréciation de N en fonction de (S) pour des édulcorants, à l'aide des équations [4] et [5], a été désignée, par moi sous la dénomination de «gustométrie subjective», parallèlement à la «colorimétrie subjective». Ainsi une «gustométrie objective» correspondrait – comme pour la «colorimétrie objective» avec des cellules photoélectriques – à une mesure électro-physiologique objective (par exemple par oscillographie) de l'excitation nerveuse, méthode déjà couramment utilisée. En accord avec l'équation [9], on a pu trouver aussi une fonction potentielle pour la dépendance E_X – (S) (8).

Les conclusions pratiques des équations [4] et [5] avec les paramètres pour le pouvoir édulcorant de solutions de saccharose, qui seront nécessaires pour la compréhension des figures ultérieures, sont présentées graphiquement dans les *Fig. 1 à 3.*

La *Fig. 1* est une représentation de l'équation [6] et indique que la mesure logarithmique permet de présenter la dépendance des intensités sensorielles I des concentrations en substances (S) uniformément par une ligne droite.

Les *Fig.* $2a_1$ *et* $2b_2$ représentent, respectivement, la mesure normale et logarithmique de l'équation [7] sous forme d'une droite. Par introduction de la concentration en substance selon l'équation [6], on obtient la *Fig. 2b* qui, selon l'équation [4], en mesure logarithmique de $N = n \leq N_x = 5$, représente une droite (voir aussi partie inférieure de la droite de la *Fig. 4*).

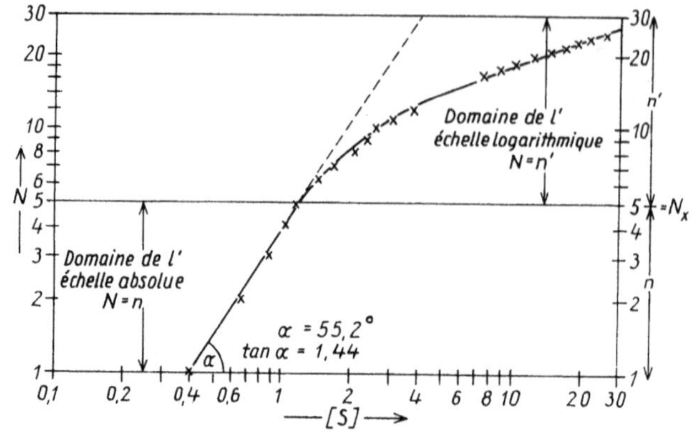

Figure 4. Dépendance des valeurs N, n, et n' de la concentration en saccharose (S), exprimée par g/100 ml. La courbe pleine correspond aux valeurs N.

Les valeurs N = n pour $N \leqq N_x = 5$ se calculent selon la formule:

$$\lg N = \lg n = 1{,}44 \lg \frac{(S_n)}{(S_x)}; \ (S_x) = 0{,}4 \text{ g/100 ml}$$

Les valeurs N = n' pour $N \geqq N_x = 5$ se calculent selon la formule:

$$N = n' = 14{,}4 \lg \frac{(S_{n'})}{(S_{N_x})} + N_x; \ (S_{N_x}) = 1{,}20 \text{ g/100 ml}$$

La *Fig. 3a* est une représentation de l'équation [10] sous forme d'une droite, en mesure semi-logarithmique. Puisque $I_{n'} : I_{n'-1} = q' =$ const on obtient sa pente d'après l'équation [13]:

$$\tan \alpha = \frac{\Delta n'}{\lg In_{n'} - \lg I_{n'-1}} = \frac{1}{\lg q'} = j' \qquad [13]$$

La *Fig. 3b* montre comment est représentée par l'introduction de (S_{n}'), selon l'équation [6], la dépendance des valeurs d'excitation $E_N \sim N$ pour $N = n' \geqq N_x = 5$ des valeurs (S_{n}') par une droite, selon l'équation [11] ou [5] (voir aussi la partie supérieure de la courbe en *Fig. 5*).

Pour établir des relations quantitatives entre les valeurs sensorielles N du pouvoir sucrant et les concentrations des différents sucres, substances édulcorantes ou de leurs mélanges, on peut choisir, essentiellement, 2 voies:

1. Déterminer sensoriellement la valeur de N, en fonction des concentrations de chaque sucre ou édulcorant, les représenter sous forme d'équations et d'en déduire le pouvoir sucrant relatif.
2. Classer sensoriellement des concentrations de même pouvoir sucrant de sucres et d'édulcorants, en fonction de solutions de saccharose.

En choisissant la première voie, on classera les équations [4] et [5] dérivées de la représentation théorique de la gustométrie subjective, en prenant comme exemple la dépendance des valeurs N de la concentration de saccharose en g/100 ml, selon une échelle de grandeur «absolue». Au cours de ces essais, un groupe composé de 15 examinateurs, sous la direction du Dr. *Ach,* qui a également assuré l'exploitation statistique des résultats, a été chargé de classer une série de solutions de saccharose de concentrations croissantes selon une échelle de 5 grandeurs «absolue», ($N_x = 5$) (voir aussi *Fig. 2b*).

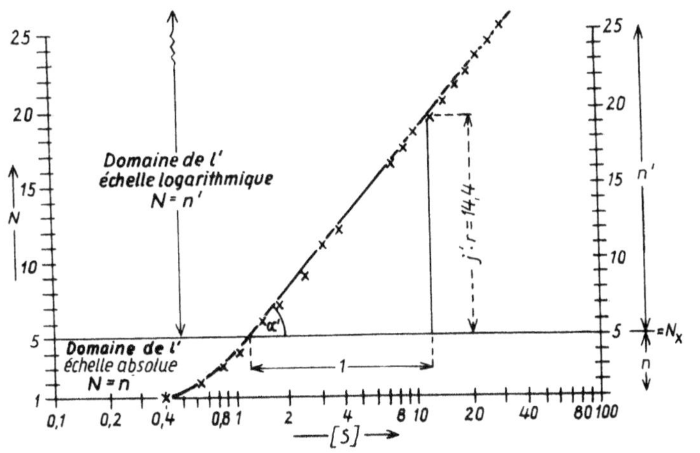

Figure 5. Dépendance des valeurs N, n et n′ de la concentration en saccharose (S), exprimée par g/100 ml.

$$\tan \alpha' = j' \cdot r = \frac{1}{\lg q'} \cdot r = 14{,}4$$

$$q' = \frac{N_x}{N_x - 1} = \frac{5}{4} = 1{,}25$$

$$r = 1{,}44;\ j' = 0{,}10$$

jusqu'à $N = n \leqq N_x = 5$ est valable: $\lg n = \lg N = 1{,}44 \lg \frac{(S_n)}{0{,}4}$

Pour $N = n' \geqq N_x = 5$ est valable: $n' = N = 14{,}4 \lg \frac{(S_{n'})}{(S_{N_x})} + N_x = 14{,}4 \lg \frac{(S_{n'})}{1{,}2} + 5$

Comme il ressort de la *Fig. 4* et de la formule qui y est indiquée, les appréciations se sont basées sur la loi de formation de l'échelle de grandeur. Pour déterminer la grandeur relative, l'examinateur devait d'abord rechercher la concentration limite $(S\varkappa) = (S_I)$ et, à partir de là, déterminer les concentrations de la série, correspondant aux valeurs N supérieures. Selon la formule il en découle, selon la mesure logarithmique, une droite jusqu'à la valeur $N_x = 5$.

Après plusieurs mois d'entraînement pour classer des concentrations selon cette échelle de valeurs, les examinateurs ont eu la tâche d'apprécier des concentrations plus élevées selon cette échelle. Il apparaissait alors une inclinaison de la courbe, de façon à ce que des valeurs $N \geqq N_x$ ont été classées selon l'échelle logarithuique, c'est-à-dire $N = n'$. Puisque la représentation des valeurs n' en fonction de la concentration nécessite une échelle semi-logarithmique, selon la formule indiquée, on a pu observer, comme prévu, une inclinaison convexe de la courbe. Il faut considérer que les termes «valeurs limites de l'échelle de grandeurs» et «échelle logarithmique» ne sont pas tout à fait exacts, car, comme il a été dit précédemment, ils conviennent aux valeurs I_x, mais non pas aux valeurs sensorielles N, pour lesquelles seule compte l'échelle de grandeurs.

Il faut signaler que nous avons abouti à des courbes analogues en examinant d'autres domaines du goût, tel «salé», «amer» et «acide», utilisant des substances modèles, ainsi qu'en déterminant des odeurs (2). Dans tous les cas, si l'on utilisait l'échelle absolue de 5 grandeurs, la droite s'inclinait à la valeur $N_x = 5$.

La *Fig. 5* montre les mêmes valeurs, avec la différence que là elles ont été représentées à l'échelle semi-logarithmique. Dans ce cas, les valeurs N = n devaient naturellement donner naissance à une courbe concave. Il résulte des valeurs expérimentales trouvées au-dessus de $N_x \geqq 5$ une droite, correspondant à la formule indiquée.

J'ai d'abord pensé, (5) que le fléchissement au-dessus de $N_x \geqq 5$ était dû au fait que la valeur $\frac{\Delta I}{I}$, qui montre une tendance à la baisse jusqu'à $N_x = 5$, selon la loi de *Weber,* à la «différence» minimum perceptible, c'est-à-dire $N_x = N_g$, de façon à ce que l'examinateur continue à apprécier maintenant selon la loi de *Weber-Fechner.* Ce qui me surprenait, toutefois, c'est que dans d'autres cas, où l'on utilisait une échelle de 10 grandeurs, la valeur de $\frac{\Delta I}{I}$ devenait nettement plus faible qu'avec l'emploi de l'échelle à 5 valeurs. Après examen de ces observations par des mesures avec des excitations lumineuses, il devenait évident, d'après ma théorie, que ce fléchissement à N_x apparaissait parce que tous les examinateurs ont été entraînés pendant des mois à utiliser une échelle à 5 grandeurs et qu'ils classaient maintenant les valeurs E_N supérieures à $N \geqq N_x$ selon l'échelle de gran-

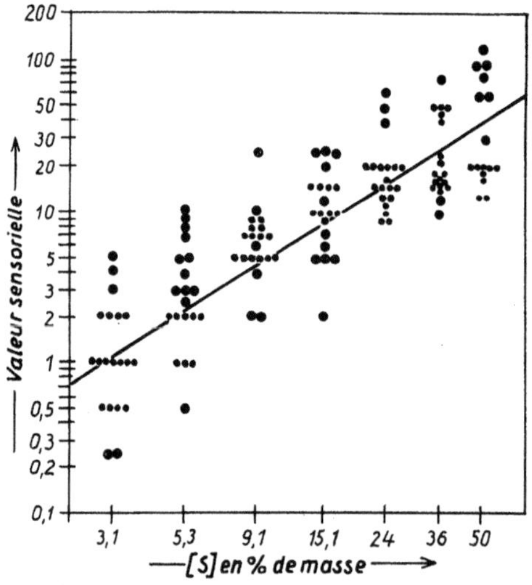

Figure 6. Estimations de la valeur sensorielle «pouvoir sucrant» de solutions de saccharose [d'après *Stevens* (9)]. Chaque point constitue une estimation de grandeur de la force sensorielle de différentes concentrations (g de saccharose par g de solution x 100). Exprimé en mesure logarithmique la relation des distances pour une unité logarithmique sur l'ordonnée à l'abscisse est de 1 : 2.

deur pour l'appréciation du pouvoir sucrant d'une solution sucrée entraîne les conséquences suivantes: d'une part, il est nécessaire de choisir exactement le nombre N_x pour l'échelle d'entraînement et la concentration de référence (S_{N_x}) correspondante pour obtenir des estimations optimales. D'autre part, l'examinateur doit pouvoir se souvenir parfaitement la concentration de référence $E_{N_x} = I_{n_x} = (S_{N_x})^r$ pour pouvoir faire des appréciations reproductibles.

Les *Fig. 6 à 10* ont été développées à partir de données publiées et montrent l'efficacité de la nouvelle méthode pour interprêter des observations jusqu'ici inexpliquables. Les dérivations que j'ai développées ci-avant n'ayant pas encore été appliquées, à ma connaissance, par d'autres chercheurs, il m'a paru intéressant d'interprêter selon la nouvelle théorie quelques résultats expérimentaux de la littérature, qui se réfèrent à une large zone de concentrations. Par ailleurs, il a été aisé, en utilisant le photomètre Pulfrich, de retrouver ces lois avec des excitations lumineuses et de les contrôler (3), alors que de telles vérifications sont impossible avec des tests sensoriels, en raison des gros moyens necessaires (nombreux examinateurs, formation et exploitation statistique). Ce fut pour nous une raison supplémentaire d'inventorier les données publiées. De plus, les méthodes qui y sont indiquées sont très instructives, car elles indiquent dans quelle mesure il est nécessaire d'améliorer les procédés sensoriels actuels.

La *Fig. 6* a été tirée d'une publication de *Stevens* (9), où 3 groupes d'examinateurs avec 10 examinateurs en tout (2 groupes de 3 et un groupe de 4 examinateurs) ont classé des solutions de saccharose selon une échelle de grandeurs relatives. Les examinateurs avaient comme référence une solution de saccharose (15,1 %), à laquelle on avait attribué la valeur sensorielle $N_x = 10$.

La figure montre que les appréciations des examinateurs variaient largement. Il ressort déjà de la droite dessinée par *Stevens*, dont la valeur r était 1,3, qu'elle devait s'incurver visiblement au-dessus de 15,1 % en une courbe convexe, comme l'exige ma théorie. Il me semble que les variations importantes des valeurs indiquées par les examinateurs venaient, d'une part, du fait qu'ils n'étaient pas directement formés pour une échelle N_x et qu'ils ne se rappelaient pas avec suffisamment de précision la concentration de référence. Ceci repose sur le fait que le but général des expériences psychologiques vise à confronter l'examinateur avec sa tâche sans idées préconçues. Toutefois, d'après mes réflexions antérieures (7), une telle façon de procéder est parfaitement insuffisante pour l'appréciation exacte des valeurs N et nuirait même à la compréhension des lois. Une bonne formation des examinateurs n'aurait fait que peu varier les valeurs.

Les valeurs exprimées en % de la *Fig. 6* ont été transformées par moi en g/100 ml pour représenter une mesure convenable des concentrations. Ainsi $(S_{N_x}) = 16$ g/100 ml devient $N_x = 10$ selon ma terminologie. Dans la *Fig. 7*, on a seulement représenté les valeurs moyennes pour l'interprétation des différentes concentrations. Ainsi la droite correspond à celle que nous avons indiquée dans la *Fig. 4* pour l'échelle de grandeurs absolue ($\tan \alpha = r = 1{,}44$ ou $\alpha = 55{,}2°$) et se rapproche nettement mieux et de façon plus exacte jusqu'à $N_x = 5$ des valeurs réelles. Puisque, d'après ma théorie, les examinateurs continuent la classement au-dessus de $N_x = 10$ selon l'échelle logarithmique, avec une valeur de $q' = \frac{N_x}{N_{x-1}} = 1{,}111$, j'ai calculé les points correspondants et les ai portés sur la *Fig. 4*. Ils représentent parfaitement le fléchissement au-dessus de $N_x = 10$, selon les valeurs expérimentales moyennes trouvées, contrairement à la droite b indiquée en pointillé de la *Fig. 6*.

Cet exemple correspond aux équations [4] et [5]. Il permet, par ailleurs, la démonstration que, contrairement aux examens psychologiques courants, l'analyse sensorielle ne peut conduire à des résultats reproductibles que si le choix de l'échelle de grandeurs N_x et de la concentration de référence (S_{N_x}) a été correct.

Un autre exemple, d'après *Solms* (10), montrera l'appréciation du pouvoir sucrant de solutions de glucose et de fructose ou de mélanges de glucose-fructose,

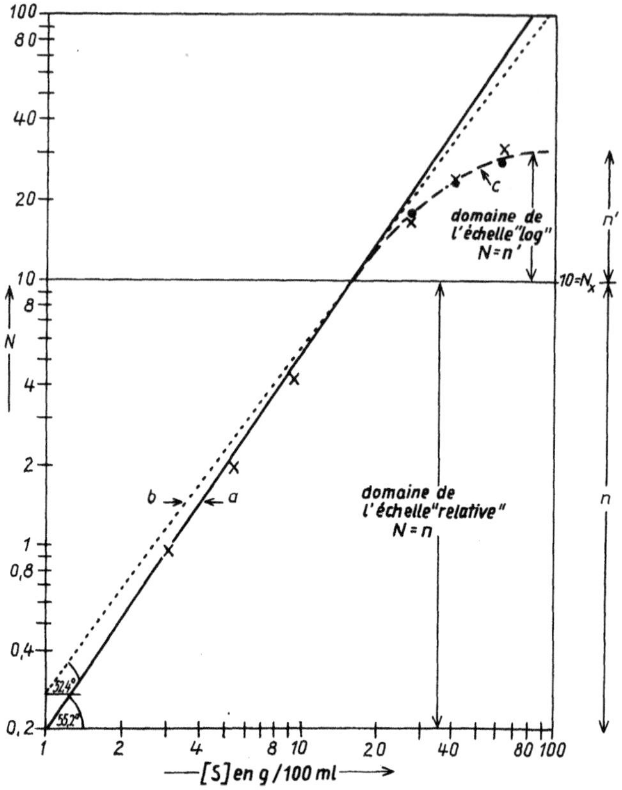

Figure 7. Dépendance des valeurs N, n et n' de la concentration en saccharose (S) exprimée par g/100 ml

$$r = 1{,}44 = \tan\,\alpha\ 55{,}2^\circ\colon\ q' = \frac{N_x}{N_x - 1} = \frac{10}{9} = 1{,}111$$

$$(S_I) = 3{,}2\ \mathrm{g}/100\ \mathrm{ml};\ (S_{N_x}) = 16\ \mathrm{g}/100\ \mathrm{ml}$$

Les points: x valeurs moyennes d'après *Stevens* (9) (données expérimentales)

● calculé par moi comme N = n' pour $N \geqq N_x$

La droite a correspond à mon équation $\lg n = 1{,}44 \lg \frac{(S_n)}{3{,}2}$

La droite b correspond à la droite de *Stevens* avec r = 1,3

La courbe c correspond à l'équation $n' = \frac{r}{\lg q'} \lg \frac{(S_{n'})}{(S_{N_x})} + N_x = 31{,}6 \lg \frac{(S_{n'})}{16} + 10$

à 2 valeurs différentes de pH. L'auteur a publié, dans un tableau, les valeurs sensorielles N, déterminées d'après une échelle de grandeur relative, des solutions pures et des mélanges précités, ce qui m'a permis de transformer ces valeurs en applicant ma théorie (6).

La *Fig. 8* montre tout d'abord la dépendance des valeurs N du pouvoir sucrant des solutions de glucose et de fructose, à pH 5,8. Les examinateurs ont apprécié en utilisant une échelle de 10 grandeurs et comme concentration de référence une solution de saccharose ($N_x = 10$; $(S_{N_x}) = 0{,}25$ mol/l saccharose).

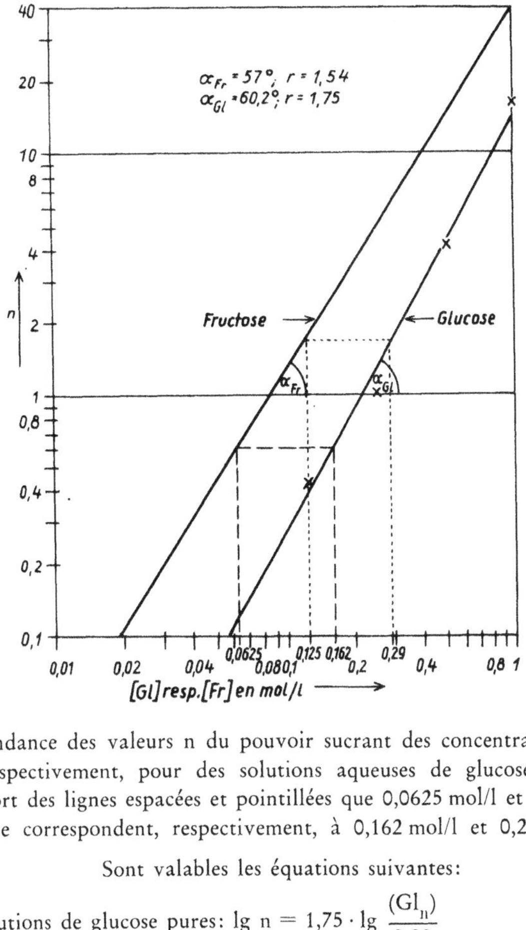

Figure 8. Dépendance des valeurs n du pouvoir sucrant des concentrations de glucose et de fructose, respectivement, pour des solutions aqueuses de glucose et de fructose à pH 5,8. Il ressort des lignes espacées et pointillées que 0,0625 mol/l et 0,125 mol/l d'addition de fructose correspondent, respectivement, à 0,162 mol/l et 0,29 mol/l de glucose.

Sont valables les équations suivantes:

— pour des solutions de glucose pures: $\lg n = 1{,}75 \cdot \lg \frac{(Gl_n)}{0{,}22}$

— pour des solutions de fructose pures: $\lg n = 1{,}54 \cdot \lg \frac{(Fr_n)}{0{,}089}$

— pour glucose + 0,0625 mol/l de fructose ajouté: $\lg n = 1{,}75 \cdot \lg \frac{(Gl_n) + 0{,}162}{0{,}22}$

— pour glucose + 0,125 mol/l de fructose ajouté: $\lg n = 1{,}75 \cdot \lg \frac{(Gl_n) + 0{,}29}{0{,}22}$

Pour pouvoir déterminer la répercussion sur le pouvoir sucrant en ajoutant du fructose à des solutions de glucose, on peut partir de la supposition que ces additions sont équivalentes à des additions de glucose qui déterminent la même sensation de sucré N. Ceci est représenté dans la *Fig. 8*, où des concentrations de fructose de 0,0625 mol/l et 0,125 mol/l correspondent, respectivement, à des concentrations de glucose de 0,162 mol/l ou 0,29 mol/l. Le calcul qui peut également être exécuté au moyen des équations indiquées dans le texte concernant la *Fig. 5*, est reconnu sans difficulté par les lignes ——— et ......

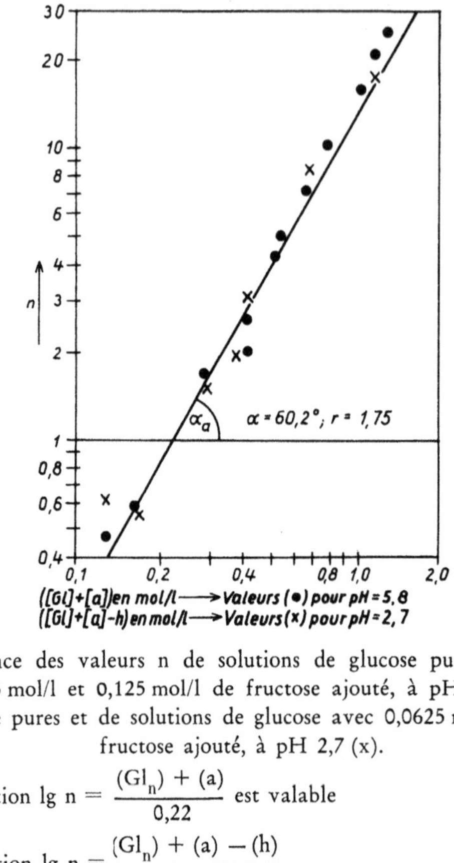

Figure 9. Dépendance des valeurs n de solutions de glucose pures et de solutions de glucose avec 0,0625 mol/l et 0,125 mol/l de fructose ajouté, à pH 5,8 (●) ainsi que de solutions de glucose pures et de solutions de glucose avec 0,0625 mol/l et 0,125 mol/l de fructose ajouté, à pH 2,7 (x).

A pH = 5,8 l'équation $\lg n = \frac{(Gl_n) + (a)}{0,22}$ est valable

A pH = 2,7 l'équation $\lg n = \frac{(Gl_n) + (a) - (h)}{0,34 - (h)}$

(a) = 0 pour des solutions de glucose pures

(a) = 0,162 pour des solutions de glucose avec 0,0625 mol/l de fructose ajouté

(a) = 0,29 pour des solutions de glucose avec 0,125 mol/l de fructose ajouté

(h) = 0,12 pour des solutions de glucose avec ou sans addition de fructose à pH 2,7

Les valeurs ont été déterminées en partant de valeurs n données par *Solms* (10).

Le texte de la *Fig. 9* indique l'équation qu'il faut utiliser quand on part d'une concentration de glucose (Gl) à laquelle on ajoute différentes quantités de fructose et que l'on exprime cette addition en concentration équivalente en glucose a. On peut voir que les valeurs des mélanges glucose-fructose, indiquées par des points, se rapprochent nettement de la droite à pH = 5,8, ce qui confirme ma théorie. Les valeurs N de l'ordonnée ont été exprimées en valeurs n, car apparamment les examinateurs ont effectué le classement sans N_x, ce qui explique qu'il n'y a pas eu transformation en fonction logarithmique de l'équation [5] pour $n > N_x$.

Il a été intéressant aussi de traiter, selon ma théorie, les valeurs n trouvées par *Solms* pour pH = 2,7, avec des solutions de glucose et fructose ou des mélanges des deux sucres. Si l'on part du principe que la concentration en ions H compense une certaine quantité de glucose, on trouverait, à pH = 2,7 que cette quantité de glucose compensée (h) = 0,12 ml/l. Cette concentration a été introduite dans l'équation indiquée dans la *Fig. 9*. Les valeurs n ainsi obtenues ont été portées dans le dessin (x) et se confondent avec la droite qui, à l'origine, n'était valable que pour des solutions de glucose pures. Il est recommandé, toutefois, de procéder à des vérifications ultérieures des calculs utilisés pour déterminer la compensation.

Ainsi il est possible, en se basant sur ma théorie, de calculer les effets de compensation et le pouvoir sucrant de mélanges sucrés et il apparaît, du moins pour le cas cité, qu'il n'y a pas d'influence synergique dans le sens d'un renforcement, mais seulement un effet additif. De la même façon, on devrait pouvoir calculer des effets de renforcement réels par des additifs. Ceci devrait permettre de comprendre l'important problème du pouvoir sucrant résultant de l'action sensorielle, synergique et compensatrice de substances comme le maltol, l'éthyl maltol, la miraculine et l'acide gymnénique. Sous certaines conditions et avec quelques restrictions de tels calculs pourraient être appliqués aussi à des aliments complexes (1).

Un dernier exemple concernera la détermination du pouvoir sucrant «relatif» de sucres et d'édulcorants. Ce problème peut être résolu, d'une part, comme il est indiqué dans la *Fig. 8*, c'est-à-dire en déterminant la dépendance des valeurs n des concentrations de sucres et d'édulcorants en solutions aqueuses, ensuite, en les transformant par calcul ou en déduisant de la droite, directement, quelle concentration de la substance sucrée correspond à une solution de saccharose avec les mêmes valeurs n.

L'autre voie, qui a déjà été évoquée ci-dessus, part d'une série de concentrations de solutions de saccharose pour laquelle on a établi directement les concentrations de différentes solutions de sucres ou d'édulcorants qui donnent les mêmes valeurs sensorielles. Cet exemple est représenté dans la *Fig. 10*, où les valeurs inférieures (x) ont été déterminées par notre groupe d'examinateurs sous la direction du Dr. *Ach*, tandis que les valeurs supérieures ⊕, correspondant à des concentrations plus fortes, ont été tirées d'une publication de *Hofmann* (11). Il en ressort que, conformément à ma théorie (5), on obtient des droites pour de larges zones de concentrations. Des droites analogues peuvent aussi être obtenues par détermination de sucres purs selon d'échelle de grandeur (5) (6).

La deuxième voie, utilisant des mesures comparatives sur des valeurs olfactives et gustatives de différentes substances pour déterminer la dépendance N — (S) ne nécessite, en principe, qu'un examinateur bien entraîné. On évitera ainsi le recours à des groupes longuement formés et des dépenses excessives qu'entraîne l'emploi des méthodes usuelles d'analyse sensorielle.

Les calculs pour l'interprétation des *Fig. 4 à 10* ont été exposés dans mes publications antérieures (4, 5, 6).

Les nouvelles méthodes de détermination et d'appréciation et les équations en dérivant devraient avoir une influence révolutionnaire sur la compréhension de toute une série de problèmes qui se posent dans l'économie et la technologie alimentaires. Il faut garder toujours présent à l'esprit qu'il s'agit d'une méthode pour quantifier une substance olfactive ou gustative. Compte tenu de cette restriction, on pourra calculer aussi bien les répercussions des effets additifs, synergiques et compensateurs de substances ajoutées, par exemple du glutamate, des 5' ribonucléotides dans les aliments salés et d'additions d'acides aux aliments sucrés que l'optimalisation des procédés de chauffage dans l'industrie alimentaire au cours desquels se forment des odeurs ou des goûts indésirables (1, 2, 12, 13). Par ailleurs, cette méthode indique la voie pour déterminer, dans un proche avenir, les arômes à partir de ces substances élémentaires.

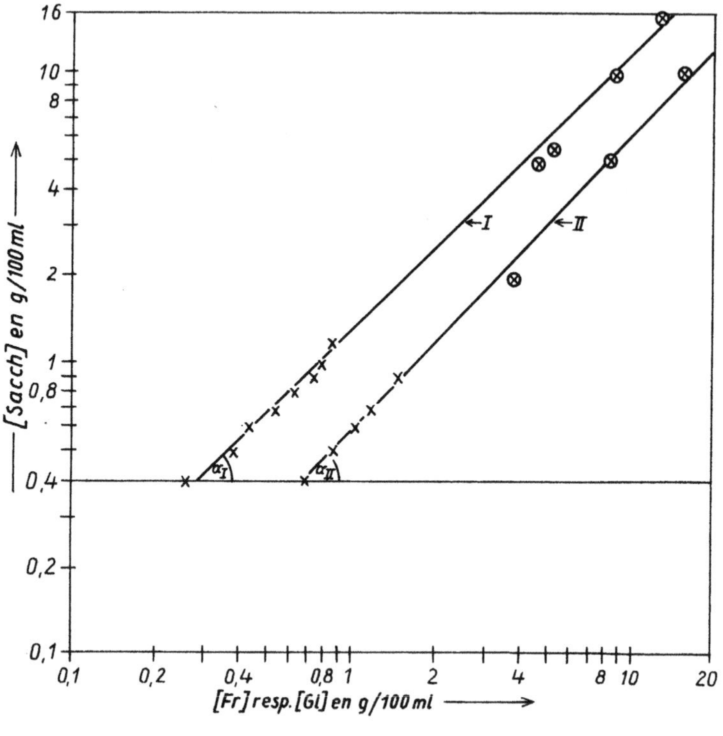

Figure 10. La relation entre des concentrations de saccharose (Sacch) et des concentration de fructose (Fr) et de glucose (Gl), respectivement, avec le même pouvoir sucrant

Saccharose/Fructose — droite I; $a_I = 43,4°$

Saccharose/Glucose — droite II; $a_{II} = 46°$

x points expérimentaux d'après *Ach* (5)

⊕ points expérimentaux d'après *Hofmann* (11).

Zusammenfassung

Der Verfasser entwickelt Gleichungen, die es gestatten, quantitativ die Empfindungsgrößen N aus den Konzentrationen von Geruchs- und Geschmacksstoffen [S] sowie umgekehrt zu berechnen. Diese neue Methode, die er als „subjektive Gustrometrie bzw. Olfaktometrie" bezeichnet, unterscheidet jeweils 2 Konzentrationsbereiche, wobei für den unteren Bereich ($N \leqq N_x$) die Gleichung $\lg N = r \lg \frac{[S_n]}{[S_1]}$ [4] und den oberen Bereich ($N \geqq N_x$) die Gleichung $N = r \cdot j' \lg \frac{[S_{n'}]}{[S_{N_x}]} + N_x$ [5] gilt.

Mit ihrer Hilfe lassen sich sowohl die Süßigkeit von reinen Zuckerlösungen, von Mischungen mehrerer verschiedener Zucker (Additionseffekte) und von angesäuerten Zuckerlösungen (Kompensationseffekte) als auch die „relative Süßigkeit" von Zuckern berechnen.

Résumé

L'auteur développe des équations permettant la détermination quantitative des valeurs sensorielles N à partir de concentrations de substances olfactives et gustatives (S) et vice versa. Cette nouvelle méthode, qu'il désigne sous le terme «gustométrie ou olfactométrie subjective», distingue chaque fois 2 zones de concentrations, où pour la zone inférieure $(N \leq N_x)$ est appliquée l'équation $\lg N = r \lg \frac{[S_n]}{[S_1]}$ [4] alors que pour la zone supérieure $(N \geq N_x)$ on emploie l'équation $N = r \cdot j' \lg \frac{[S_{n'}]}{(S_{N_x})} + N_x$ [5].

Grâce à ces équations, il est possible de déterminer aussi bien le pouvoir sucrant de solutions pures de sucres, de mélanges de différents sucres (effets d'addition) et de solutions sucrées acidifiées (effets de compensation) que le «pouvor sucrant relatif» des sucres.

Summary

"New methods of determining the sweetening capacity relative to sugars and sweeteners".

The author is developping equations which permit to calculate quantitatively the degrees of perception N from the concentrations of odour and flavour substances [S], as well as vice versa. This new method, designated as "Subjectif Gustometry or olfactometry" discerns two regions of concentration characterised by the inferior region $(N \leq N_x)$: $\lg N = r. \lg \frac{[S_n]}{[S_1]}$ [4] and the upper region $(N \geq N_x)$: $N = r.j' l \frac{[S_{n'}]}{[S_{N_x}]} + N_x$ [5].

With these equations it is possible to calculate the sweetening capacity of pure solutions or sugar, of mixtures of several different sugars (addition effects) and of acidified sugar solutions (compensation effects), as well as the "relative sweetening capacity" of sugars.

Literatur

1. *Herrmann, J.*, Neue Methoden der Be- und Auswertung sensorischer Eigenschaften von Lebensmitteln. 1. Mitt. Die Nahrung **15,** 781—786 (1971). — 2. *Herrmann, J.*, 2. Mitt. Die Nahrung **15,** 827—836 (1971). — 3. *Herrmann, J.*, 3. Mitt. Die Nahrung **15,** 837—857 (1971). — 4. *Herrmann, J.*, 4. Mitt. Die Nahrung **16,** 205—215 (1972). — 5. *Herrmann, J.*, 5. Mitt. Die Nahrung **16,** 215—233 (1972). — 6. *Herrmann, J.*, 6. Mitt. Die Nahrung **17,** 11—22 (1973). — 7. *Herrmann, J.*, Subjektive Gustometrie und Olfaktometrie — Neue Methoden der sensorischen Analyse. Die Lebensmittel-Industrie **19,** 527—532 (1972) und **20,** 13—17 (1973). — 8. *Drake, B., B. Johansson, E. von Sydow* und *K. B. Doving*, Quantitative psychophysical and electrophysical Data on some odorous compounds. Scand. J. Psychol. **10,** 89—95 (1969). — 9. *Stevens, S. S.*, Sensory scales of taste intensity. Perception and Psychophysics **6,** 302—308 (1969). — 10. *Solms, J.*, Nonvolatile Compounds and the Flavour of Foods in Gustation and Olfaction, in: Gustation and Olfaction (London and New York 1971) 92—110. — 11. *Hofmann, A. H.*, Der Geschmackssinn des Menschen. Naturwiss. Rdsch. **22,** 53—62 (1969). — 12. *Herrmann, J.*, Zur Quantifizierung der Geruchs- und Geschmackseigenschaften von Lebensmitteln und ihrer Veränderungen bei

technologischen Prozessen. Mitteilungsblatt Chem. Ges. DDR **19**, 205 (1972). — 13. *Herrmann, J.*, Berechnung der chemischen und sensorischen Veränderungen unserer Lebensmittel bei Erhitzungs- und Lagerungsprozessen. Ernährungsforschg. **15/2**, 279—299 (1970).

Adresse de l'auteur:
Prof. Dr. sc. nat. *J. Herrmann*
Sektion Nahrungsgüterwirtschaft und Lebensmitteltechnologie
Humboldt-Universität zu Berlin, 104 Berlin, Invalidenstraße 42

P.S.:Traduction et publication de l'article effectuées avec l'autorisation de l'éditeur VEB Fachbuchverlag Leipzig.

26.
Bilanzierte Diät mit semisynthetischen, mittelkettigen Triglyceriden

Von *Konrad Lang* (Bad Krozingen)

Mit 2 Abbildungen und 7 Tabellen

Bevor ich auf die ernährungsphysiologischen und diätetischen Eigenschaften der mittelkettigen Triglyceride eingehe, möchte ich kurz erläutern, weshalb sie im Titel meines Referates als „semisynthetisch" bezeichnet werden. Sie werden aus Cocosfett gewonnen. Cocosfett enthält viel an mittelkettigen Fettsäuren, d. h. Fettsäuren im Bereiche von C_8—C_{10}. Zur Herstellung der MCT wird Cocosfett verseift und die erhaltenen freien Fettsäuren werden dann durch Destillation fraktioniert. Die so isolierte Fraktion, in der die C_8—C_{10}-Fettsäuren enthalten sind, wird dann wieder mit Glycerin esterifiziert, wodurch die handelsüblichen MCT-Präparate erhalten werden (Abb. 1).

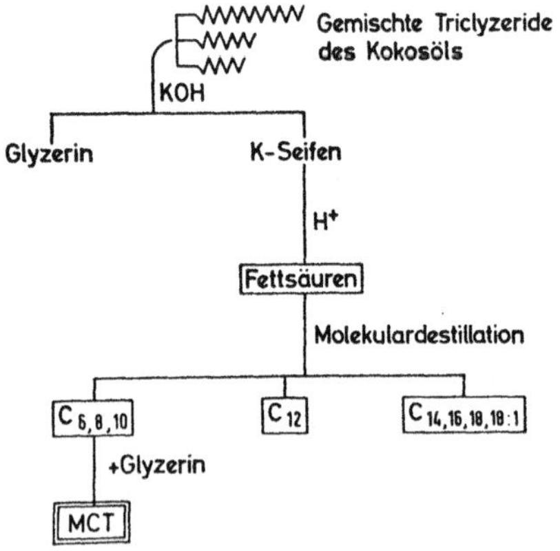

Abb. 1. Schema der MCT-Gewinnung.

Die mittelkettigen Fettsäuren unterscheiden sich in ihren biochemischen Eigenschaften teilweise erheblich von den konventionellen langkettigen Fettsäuren. Etwas überspitzt könnte man sagen, daß sie ernährungsphysiologisch fast eine Mittelstellung zwischen den Fetten und den Kohlenhydraten einnehmen.

Schon hinsichtlich ihrer Verdauung und Resorption bestehen erhebliche Unterschiede zwischen den langkettigen und den mittelkettigen Triglyceriden. Mittelkettige Triglyceride werden von der Pancreaslipase schneller und ergiebiger als langkettige gespalten. Bei Störungen der Sekretion der Pancreaslipase können sie ungespalten von den Mucosazellen aufgenommen werden und werden dann intracelluläur durch die zelleigenen Esterasen bzw. Lipasen gespalten. Mittelkettige Fettsäuren haben schon gewisse hydrophile Eigenschaften und sind daher leicht emulgierbar, so daß ihre Resorption auch in Abwesenheit von Gallensäuren erfolgt, was von großer diätetischer Bedeutung ist. Zum Abtransport von dem Darm müssen sie nicht in Chylomikronen eingebaut werden. Sie werden — im Gegensatz zu den langkettigen — die in Form von Chylomikronen durch die Lymphe abtransportiert werden — als freie Fettsäuren (bzw. als Ionen) durch die Pfortader der Leber zugeführt (Die Abhängigkeit des Transportweges von der C-Atomzahl zeigt Tab. 1). Infolge der aufgeführten Gegebenheiten erfolgt ihre Resorption wesentlich schneller als die der langkettigen Fettsäuren (Tab. 2).

Tab. 1. Abhängigkeit des Resorptionsweges der Fettsäuren von ihrer C-Atomzahl

C-Atomzahl	% via Lymphe abtransportiert
C_{10}	7—19
C_{12}	15—55
C_{14}	80—91
$>C_{14}$	100

Tab. 2. Abhängigkeit der Resorptionsrate von der C-Atomzahl der Triglyceride (*Deuel, H. J. jr.*, Fed. Proc. **14**, 639 [1955])

Triglycerid	Resorptionsrate bei der nüchternen Ratte mg/100 cm^2 Körperoberfläche/h
C_4	65
C_8	46
C_{12}	22

Im intermediären Stoffwechsel zeigen die MCT die folgenden Sonderheiten:

1. Ihre Speicherung im Organismus, sei es in Form von Triglyceriden, sei es in Form von Phospholipiden ist nur sehr gering. Ursache ist die geringe Affinität des Enzymsystems, das den einleitenden Schritt für die Biosynthese von Triglyceriden und Phospholipiden bewirkt:
   Ein experimentelles Beispiel für die nur geringfügige Speicherung der mittelkettigen Fettsäuren im Organismus zeigt die Tab. 4.

Tab. 3. Relative Geschwindigkeit der Veresterung von Fettsäuren durch die Darm-Mucosa. Bezogen auf Palmitinsäure = 100

C-Atomzahl	Relative Veresterungsgeschwindigkeit
C_4	4,6
C_6	8,0
C_8	12,0
C_{10}	28,3
C_{12}	113
C_{14}	116
C_{16}	100

2. Eine hohe Geschwindigkeit der Oxydation. Dies ist durch mehrere Umstände bedingt: die erwähnte geringe Speicherung, die sofortige Leberpassage infolge der Resorption via Pfortader, die Eigenschaften einiger bei der β-Oxydation der Fettsäuren beteiligten Enzyme.

Tab. 4. Depotfett von Ratten nach der Verfütterung von MCT für 47 Wochen (*Harkins, R. W.*, und *H. P. Sarett*, J. Am. Oil Chem. Soc. **45**, 26 [1968]) Im Futter der Tiere 40 % der Calorien MCT, ergänzt mit 2,5 % Saffloweröl. Angaben in % der gesamten Fettsäuren.

Fettsäure	Verfüttert	Im Epididymalfett
C_8	51,0	0,4
C_{10}	35,0	4,9
C_{12}	2,0	1,5
C_{14}	0	2,2
C_{16}	0,9	21,9
C_{16}:1	0	18,3
C_{18}	0	2,3
C_{18}:1	1,4	30,8
C_{18}:2	9,0	25,1

Der Querschnitt des die Fettsäuren aktivierenden Systems ist für die kurz- und mittelkettigen größer als für die langkettigen, da neben der allgemeinen für den Bereich C_6—C_{20} wirkenden Acyl-CoA-Synthetase (6.2.1.3.) noch eine weitere, nur auf die kürzer- und mittelkettigen Fettsäuren (bis C_8) eingestellten Acyl-CoA-Synthetase (6.2.1.2.) vorhanden ist.

Weiterhin sind die kinetischen Daten der Acyl-CoA-Dehydrogenase (1.3.99.3.) für die Oxydation der kürzer- und mittelkettigen Fettsäuren günstiger als für die langkettigen (Tab. 5).

Tab. 5. K_M- und V_{max}-Werte der Acyl-CoA-Dehydrogenase für verschiedene Fettsäuren. Leberenzym.

Substrat	V_{max} (relativ)	K_M
C_4-CoA	1,00	$3,1 \cdot 10^{-5}$
C_8-CoA	3,00	$7,0 \cdot 10^{-7}$
C_{16}-CoA	0,70	$2,6 \cdot 10^{-6}$

Nach der Verfütterung von ^{14}C-Fettsäuren werden Geschwindigkeit und Umfang der Oxydation zu $^{14}CO_2$ umso größer, je kürzer die Kettenlänge der Fettsäuren ist (Abb. 2).

Die kürzerkettigen und mittelkettigen Fettsäuren werden demnach vom Organismus in erster Linie als Energiequelle verwendet und in nur kleinerem Umfange als Donatoren für Acetyl-CoA. Versuche am Ganztier und an isolierten Leberpräparaten haben übereinstimmend gezeigt, daß die an und für sich geringe Menge an Acetyl-CoA, die nach Gabe von C_6- oder C_8-Fettsäuren anfällt, fast ausschließlich in der Fraktion der langkettigen Fettsäuren wiedergefunden wird, und zwar als Folge einer Verlängerung der C-Atomkette in erster Linie. Praktisch kein Acetyl-CoA der MCT wird zur Synthese von Cholesterin benützt. Eine geringe Menge liefert Ketonkörper via β-Hydroxy-β-methylglutaryl-CoA-Cyclus, so daß nur eine mäßige Hyperketonämie als Folge von

MCT-Gaben resultiert. Mit diesen Besonderheiten des Stoffwechsels der MCT dürfte auch der wichtige Befund von *Kaunitz* (4) zusammenhängen, daß der Bedarf an den essentiellen Fettsäuren bei Verfütterung von MCT verkleinert wird.

Die von *Verkade* in Versuchen an Hunden beobachtete ω-Oxydation mittelkettiger Fettsäuren mit dem Schwerpunkt bei C_{10} spielt beim Menschen keine Rolle.

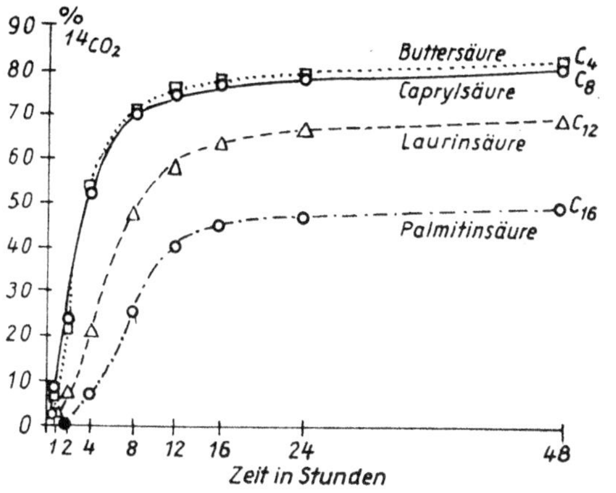

Abb. 2.

Die Verabreichung der MCT bewirkt eine Senkung der freien Fettsäuren im Blut (*Tamir* et al. 6). Der Mechanismus dieser Wirkung ist ungeklärt. Nachweislich ist die Ursache nicht eine Insulin-Sekretionssteigerung. Freie mittelkettige Fettsäuren treten im Plasma nicht auf.

Langfristige Fütterungsversuche mit MCT (ergänzt mit essentiellen Fettsäuren) ergaben eine ausgezeichnete Verträglichkeit (*Harkins* et al. 3). In den vergleichenden Untersuchungen von *Kaunitz* et al. (5) über den Einfluß der Nahrungsfette auf die Lebensdauer von Ratten gehörte MCT zu denjenigen Fetten, bei denen die Lebenserwartung am größten war.

Bei Ernährungsversuchen mit MCT oder bei der Verwendung zu diätetischen Zwecken muß man berücksichtigen, daß der Brennwert der MCT etwas kleiner als derjenige der konventionellen Fette mit langkettigen Fettsäuren ist. Er beträgt für MCT im Mittel 8,2 kcal/g gegenüber von 9,1–9,3 bei den langkettigen Fetten.

Die geschilderten biochemischen und ernährungsphysiologischen Eigenschaften der MCT legte ihre diätetische Verwendung bei Patienten mit Maldigestion und Malabsorption nahe. Die zu erwartenden Erfolge wurden in der Tat auch erzielt. Für eine breitere diätetische Verwendung der MCT mußten zunächst noch einige küchentechnische Probleme gelöst werden, um den Patienten wohlschmeckende MCT enthaltende Gerichte anbieten zu können, da sie von Haus aus geschmacklich nicht angenehm empfunden werden. Dieses Problem ist heute gelöst, so daß nunmehr mit MCT zubereitete Gerichte und MCT enthaltende Formuladiäten mit ansprechendem Geschmack zur Verfügung stehen. Die MCT werden daher heute in größtem Umfange und mit dem besten Erfolg bei der Ernährungstherapie gastroenterologischer Krankheiten eingesetzt (siehe z. B. *Berg* et al. 1).

Die in der Tab. 6 aufgeführten mechanischen, entzündlichen und biochemischen Anomalien führen in der Regel zu einer erheblichen Störung der Fettverdauung und Fettresorption und der Ernährungstherapie dieser Krankheiten sind durch die Einführung der MCT neue Möglichkeiten eröffnet worden.

Tab. 6. Krankheiten, die mit einer Störung der Fettverdauung und Fettresorption einhergehen (*Berg, G.*, und *E. Baumbauer*, Z. Ernährungswiss. Suppl. **13**, 79 [1972])

Maldigestion:

1. Magenresektion
2. Pankreasinsuffizienz
   chronische Pankreatitis
   zystische Pankreasfibrose
   Pankreaskarzinom
3. Erkrankungen der Leber
   Gallemangel

Malabsorption:

1. Verkleinerte Darmabsorptionsfläche
   Innere Fisteln
   Darmresektion
2. Darmwanderkrankungen
   entzündliche Erkrankungen (Virus u. ä.)
   M. *Crohn*
   Amyloidose
   Bestrahlungen
   Zytostatika
3. Biochemische Anomalien
   Sprue
   Glutenenteropathie
4. Störungen des Lymphabflusses
   Lymphangiektasien (Eiweißverlust)
   M. Whipple
   Lymphome
   Tuberkulose

Leider ist die Verwendung der MCT im Bereich der parenteralen Ernährung nicht möglich, die auf Grund ihrer physico-chemischen Eigenschaften, insbesondere ihrer Hydrophilie und der Fähigkeit sehr feinverteilte und stabile Emulsionen zu bilden, wünschenswert gewesen wäre. Bei ihrer i.v. Applikation zeigen die MCT und die mittelkettigen Fettsäuren eine erhebliche Toxicität (Tab. 7).

Tab. 7. Die LD_{50} von i. v. verabreichten niederkettigen und mittelkettigen Triglyceriden. (*Wretlind, A.*, Acta physiol. scand. **40**, 338 [1957])

Triglycerid	LD_{50} i.v. mg/kg Maus
C_2	1 600 ± 81
C_3	840 ± 34
C_4	320 ± 11
C_5	82 ± 4
C_6	122 ± 5
C_7	320 ± 12
C_8	3 700 ± 194
$>C_8$	$>$10 000

Abgesehen von der biphasischen Wirkung auf den Kreislauf (Blutdruckabfall und Bradycardie mit nachfolgendem Anstieg des Blutdrucks und Tachycardie) sowie auf die Atmung (zuerst Apnoe gefolgt von Hyperpnoe) (*Wretlind* et al. 7) ist die auffälligste Wirkung eine dem paradoxen Schlaf ähnliche Narcose, die vermutlich durch eine Hemmung der Na^{+}/K^{+}-abhängigen ATP-ase des Gehirns verursacht wird (*Dahl* 2).

Zusammenfassung

Der Stoffwechsel der mittelkettigen Triglyceride (MCT) unterscheidet sich in einigen Punkten wesentlich von dem der langkettigen, aus denen die üblichen Nahrungsfette zusammengesetzt sind. Die Hauptunterschiede sind:

1 — Die leichte Spaltung im Darm und die rasche Resorption, auch bei Fehlen von Galle und Störungen der Sekretion der Pancreaslipase,

2 — Transport via Pfortader und nicht via Lymphe,

3 — rasche und vollständige Oxydation in den Organen sowie Nichtablagerung im Fettgewebe, in der Leber oder anderen Organen.

Die MCT nehmen daher im Stoffwechsel eine Art Zwischenstellung zwischen den klassischen Nahrungsfetten und den Kohlenhydraten ein. Aus den aufgeführten Gründen und nicht zuletzt auch wegen des etwas geringeren Energiegehaltes (8,1 kcal gegenüber 9,1—9,3 kcal/g bei den üblichen Fetten) haben die MCT wertvolle diätetische Eigenschaften, insbesondere bei Malabsorptionssyndromen, Hyperlipidämien und auch bei der Obesitas.

Résumé

Le métabolisme des triglycérides à chaînes moyennes (MCT) diffère, en plusieurs points, d'une manière essentielle de celui des glycérides à chaînes longues, qui composent les lipides habituels.

Les différences principales sont les suivantes:

1 — Le fractionnement facile dans l'intestin et la résorption rapide, même en absence de bile ou dans le cas de déficience biliaire ou de dérèglement de la secrétion de lipase pancréatique.

2 — Le transport par l'intermédiaire de la veine porte et non par le système lymphatique.

3 — Oxydation rapide et complète dans l'organisme, sans formation de dépôt dans le tissu adipeux, dans le foie ou autres organes.

En conclusion, dans le métabolisme les MCT occupent une position intermédiaire entre les lipides alimentaires classiques et les glucides. Pour les raisons sus-mentionnées et également en raison de leur valeur calorifique légèrement moindre (8,1 kcal/g contre 9,1 à 9,3 kcal/g pour les lipides habituels) les MCT ont des caractéristiques diététiques intéressantes, notamment dans les syndromes de mauvaise absorption, d'hyperlipidémie, et d'obésité.

Summary

The metabolism of medium chain triglycerides (MCT) differs in several points, in an essential way, from the metabolism of long chain glycerides which form the usual alimentary lipids.

The main differences are as follows:

1 — Easy hydrolysis in the intestine and rapid resorption even in the absence of bile or in the case of biliary deficiency or irregularity of pancreatic lipase secretion.

2 — Transport by the portal vein and not by the lymphatic system.

3 — Rapid, complete oxidation in the organism with no storage in the adipose tissues, liver or other organs.

It can be concluded that in metabolism MCTs are intermediary between the classic alimentary lipids and the sugars. For the above-mentioned reasons and also due to their slightly lower calorific value (8.8 kcal/g as against 9.1 to 9.3 kcal/g for the usual lipids) MCTs have some interesting dietetic characteristics, more especially in the syndromes of malabsorption, hyperlipidemias and obesity.

Literatur

1. *Berg, G.*, und *E. Baumbauer*, Z. Ernährungswiss. Suppl. **13**, 79 (1972). — 2. *Dahl, D. R.*, J. Neurochem. **15**, 815 (1968). — 3. *Harkins, R. W.*, und *H. P. Sarett*, J. Am. Oil Chem. Soc. **45**, 26 (1968). — 4. *Kaunitz, H.*, und *R. E. Johnson*, J. Am. Oil Chem. Soc. **45**, 19 (1968). — 5. *Kaunitz, H.*, *R. E. Johnson* und *L. Pegus*, Z. Ernährungswiss. **10**, 61 (1970/71). — 6. *Tamir, I.*, *D. B. Grant*, *A. S. Forsbroke*, *M. M. Segall* und *J. K. Lloyd*, J. Lipid. Res. **9**, 661 (1968). — 7. *Westerholm, W.*, und *A. Wretlind*, Acta pharmacol, toxicol. **17**, 44 (1960).

Anschrift des Verfassers:
Prof. Dr. Dr. *K. Lang*
D 7812 Bad Krozingen, Schwarzwaldstraße 71

27.

Astronautendiät, ein Weg zur synthetischen Nahrung

Von *W. Fekl* (Erlangen)

Mit 1 Abbildung und 3 Tabellen

Die Existenz des lebenden Organismus wird durch Reaktionen gewährleistet und aufrechterhalten, welche wir summarisch als Stoffwechsel bezeichnen. Dem Stoffwechsel fallen verschiedenste Aufgaben zu, vor allem die Bereitstellung von Körperbausteinen aus der Nahrung und die Erschließung der in der Nahrung enthaltenen Energie. Die differenten und meist aus hochmolekularen organischen Verbindungen zusammengesetzten Nahrungsstoffe werden durch die Tätigkeit der Verdauungsorgane zu den einfachsten wirksamen Einheiten der Nahrung abgebaut. Der Abbau zu den kleinsten Einheiten ist besonders wichtig bei den Proteinen.

Liebig vertrat seinerzeit noch die Auffassung, der komplette Eiweißkörper stelle chemisch und nahrungsmäßig eine Einheit dar. An dieser Ansicht wurde bald gezweifelt, denn 1820 isolierte *Braconnot* aus säurehydrolysiertem Eiweiß Glyzin und Leuzin, 1849 *Bopp* — in *Liebigs* Labor — Tyrosin. In den nachfolgenden Jahren konnte eine Aminosäure nach der anderen aus mit Säuren oder Alkalien gewonnenen Eiweißhydrolysaten isoliert werden. Die zahlreichen Untersuchungen über die Bedeutung der Verdauungsfermente des Magen-Darm-Kanals lieferten etwa in der gleichen Zeit weitere wichtige Resultate der sich entwickelnden Ernährungsphysiologie. So entdeckte 1836 *Schwann* das Pepsin, *Claude Bernard* und *Corvisart* beschrieben die proteolytischen Eigenschaften des Pankreassekrets. 1876 gab *Kühne* dem wichtigsten proteolytischen Ferment des Pankreas den Namen Trypsin. Ihm gelang auch der Nachweis, daß die im Dünndarm nach Eiweißnahrung festgestellten Aminosäuren als Folge der Tätigkeit der Verdauungsfermente entstehen. „Oft hat man gezweifelt", so schrieb er, „ob Zersetzungen, welche die Chemie mit anscheinend gewaltsamen Mitteln an den Bestandteilen der Nahrung erreichte, im allmählichen Gange des tierischen Stoffwechsels ihr Abbild finden. Jetzt ist es Tatsache, daß das Eiweiß im Dünndarm zerfällt, wie wenn wir es stundenlang mit Schwefelsäure kochen". Von *Neumeister*, *Hofmeister*, *Kutscher*,

Seemann, Cohnheim u. a. wurden diese Ergebnisse bestätigt und weitere Erkenntnisse gewonnen, so daß gegen Ende des 19. Jahrhunderts bereits klare Vorstellungen über die Vorgänge der Eiweißverdauung herrschten.

Einmütigkeit herrscht darüber, daß die Aminosäuren das Endprodukt der Eiweißverdauung bilden. *Folin* und *van Slyke* zeigten unabhängig voneinander, daß im Blut Aminosäuren vorhanden sind und der Aminosäurenblutspiegel während der Eiweißverdauung deutlich ansteigt. Die Aminosäuren gelangen also direkt in den Blutstrom und werden nicht etwa vor der Resorption zu körpereigenem Eiweiß resynthetisiert, sondern erst danach. Als logische Konsequenz ergab sich aus diesen Erkenntnissen, daß eine Ernährung durch Zufuhr von Aminosäuren möglich sein müßte. 1902 beschäftigte sich *Otto Loewi* mit der Eiweißsynthese im Tierkörper. Er ließ ein wässeriges Homogenat aus Rinderpankreas vier Monate lang bei 40° autolysieren. Die entstandene Flüssigkeit gab keine Biuretreaktion mehr, war also frei von Peptonen und Proteinen. *Loewi* konnte nun mit diesem Substrat als alleiniger Stickstoffquelle beim Hund eine positive Stickstoffbilanz erzielen. Auf Grund seiner Untersuchungen kam er zu dem Schluß, daß das Nahrungseiweiß durch die Summe der biuretfreien Endprodukte ersetzbar ist, welche demnach für alle Teile des im Stoffwandel zugrunde gehenden Körpereiweißes eintreten können. „Also auch das Tier", so folgerte er, „kann Eiweiß aufbauen und ist nicht auf Nahrungseiweiß angewiesen, sofern wir in der biuretgebenden Gruppe dessen Characteristicum erblicken wollen". Im Zeitraum von 1904–1910 hat *Abderhalden* mit seiner Schule diese wichtigen Stoffwechselprobleme weiter untersucht. Durch aufeinanderfolgende Anwendung von Pepsin, Trypsin und Erepsin gelang ihm der vollständige Abbau des Eiweißes. Das resultierende Aminosäurengemisch applizierte er Fistelhunden mit bestem Erfolg. *Abderhaldens* Fernziel war die Erforschung der synthetischen Ernährung. Voll Enthusiasmus schrieb er: „Es ist ein alter Zukunftstraum aller Naturforscher, es möchte doch einmal die Wissenschaft so große Fortschritte machen, daß die Möglichkeit eröffnet werde, die Nahrungsstoffe künstlich zu bereiten. Dieses Ziel ist jetzt ohne Zweifel erreicht ... Wir brauchen uns nur die Frage vorzulegen, ob wir beim jetzigen Stand der Chemie imstande sind, alle Bausteine der Nahrungsstoffe im Laboratorium darzustellen. Das ist in der Tat möglich ... Das Problem der künstlichen Ernährung ist durch die Zurückführung des Problems auf die künstliche Darstellung der einzelnen Bausteine der Nahrungsstoffe als gelöst zu betrachten. Es ist dies nur eine Frage des Geldes ... Doch steht zu hoffen, daß die abgebauten Nahrungsstoffe in der Therapie eine bedeutungsvolle Rolle spielen werden. Es stehen ganz neue Wege offen."

Abderhalden stellte ein Gemisch aus folgenden 16 Aminosäuren zusammen: Glyzin, Alanin, Serin, Zystein, Valin, Leuzin, Isoleuzin, Asparaginsäure, Glutaminsäure, Phenylalanin, Tyrosin, Lysin, Arginin, Prolin, Histidin und Tryptophan. Dieses Gemisch wurde unter Zusatz von Fett, Zucker und Mineralien an Hunde verfüttert, doch konnten zufriedenstellende Ergebnisse nicht erzielt werden. Wir wissen heute, weshalb diese Versuche fehlschlugen; dem Gemisch fehlten die essentiellen Aminosäuren Methionin und Threonin; Vitamine waren ebenfalls nicht vorhanden. So war *Abderhalden* zwar der letzten Erkenntnis sehr nahe, ihm gelang es jedoch – wegen der damals noch verborgenen biochemischen Einzelheiten – nicht, seine optimistischen Ideen in die Tat umzusetzen.

Ernährungsphysiologisch zeigten die verschiedenen Hydrolysate, je nach dem Protein, von dem sie stammten, auffallende Differenzen. Gerade auf Grund des unterschiedlichen Aminosäurenspektrums ergeben sich qualitative Unterschiede. Es hatte sich schon früh gezeigt, daß Versuchstiere bei Verwendung der verschiedenen isolierten rohen Spaltprodukte der in vitro durchgeführten Eiweißverdauung nicht ausreichend gediehen. *Bluhm* äußerte bereits die Ansicht, die verschiedene Zusammensetzung der unterschiedlich hergestellten Eiweißabbauprodukte sei schuld daran. Es gibt Eiweißkörper, denen gewisse Aminosäuren fehlen. *Pick* erkannte, daß das Heteroalbuminoid im Gegensatz zu Protalbuminoid arm an Tyrosin und Indolgruppen war. Auch Gelatine erwies sich in dieser Hinsicht gleichfalls als unzulänglich. Darum schrieb *Pick* den tyrosin- und indolliefernden Eiweißkörpern eine besondere Bedeutung für den Organismus zu, da eine Neubildung von aromatischen Gruppen im Tierkörper anscheinend nicht erfolge und für den Eiweißansatz eine gewisse Menge Tyrosin und Indol offensichtlich unentbehrlich sei. Er stellte erstmals fest, daß gewisse Albumosen sich trefflich als Eiweißersatz eignen, andere aber nur in geringerem Maße. Auch *Hausmanns* Untersuchungen führten zu dem Schluß, infolge der großen Verschiedenheit der Stickstoffverbindung könnten die unterschiedlichen Proteine sich nicht in jeder Beziehung ersetzen. *Kossel* und *Kutscher* wiesen nach, daß den ernährungsphysiologisch minderwertigen Eiweißkörpern Gliadin und Zein das Lysin fehlt und schlossen daraus auf eine verschiedene physiologische Wertigkeit der Eiweißarten.

Diese seinerzeit unter schwierigen Laborverhältnissen gewonnenen Erkenntnisse muten uns heute selbstverständlich an, wenngleich sie damals Befunde lieferten, die für das Gebiet der Ernährungsphysiologie von weittragender Bedeutung waren. Die einschlägigen Forschungen *Abderhaldens* lieferten ferner den Beweis, daß bestimmte Aminosäuren in Fleischhydrolysaten, wie z. B. das durch Alkoholextraktion entfernte Prolin sowie das mit Silber fällbare Arginin, für den Nährwert des Gesamteiweißes unerheblich wären. Beide Aminosäuren sind, wie wir heute sagen, nichtessentiell. Andererseits fanden *Abderhalden* und Mitarb., daß ein Kaseinhydrolysat sich nach Zerstörung eines Tryptophananteils als nicht vollwertig erwies, während es nach erneutem Zusatz von Tryptophan das Stickstoffgleichgewicht zu regulieren in der Lage war.

Tab. 1. Classification of amino acids with respect to their role in maintenance of nitrogen equilibrium in normal adult man

Essential	Non-Essential
Leucine	Glycine
Isoleucine	Alanine
Threonine	Serine
Methionine	Cystine
Lysine	Tyrosine
Phenylalanine	Aspartic acid
Tryptophan	Glutamic acid
	Proline
	Hydroxyproline
	Histidine
	Arginine
	Citrulline

Der entscheidende Fortschritt gelang *Rose* und Mitarb. in Illinois (USA), nachdem ihnen 1936 die Entdeckung der letzten noch unbekannten Aminosäure, des Threonins, gelungen war. Sie zeigten, daß bei Ratten das Wachstum und beim Menschen eine positive Stickstoffbilanz aufrechterhalten werden können, wenn man ihnen ein definiertes Gemisch relativ einfacher Nährsubstrate als einzige Nahrung gab. Fundamental waren vor allem die Untersuchungen dieser Gruppe über die essentiellen und nichtessentiellen Aminosäuren und den Bedarf von Ratte und Mensch an den einzelnen essentiellen Aminosäuren. Die sich hierbei ergebenden Resultate stellten die Basis für alle späteren Versuche über bilanzierte synthetische Ernährung dar.

Tab. 2. The daily amino acid requirements of young men

Amino acid	Range of requirements recorded	Minimum proposed tentatively	Definitely safe intake	Subjects in N balance on safe intake or loss
	g.	g.	g.	No.
L-Tryptophan	0 · 15 — 0 · 25	0 · 25	0 · 50	42
L-Phenylalanine	0 · 80 — 1 · 10	1 · 10	2 · 20	32
L-Lysine	0 · 40 — 0 · 80	0 · 80	1 · 60	37
L-Threonine	0 · 30 — 0 · 50	0 · 50	1 · 00	29
L-Methionine	0 · 80 — 1 · 10	1 · 10	2 · 20	23
L-Leucine	0 · 50 — 1 · 10	1 · 10	2 · 20	18
L-Isoleucine	0 · 65 — 0 · 70	0 · 70	1 · 40	17
L-Valine	0 · 40 — 0 · 80	0 · 80	1 · 60	33

In Europa waren die *Rose*schen Ergebnisse Ausgangspunkt für die Entwicklung einer parenteralen Ernährung, basierend auf Gemischen kristalliner Aminosäuren durch *Trémolières* in Frankreich und durch uns in Deutschland. In den USA führten sie zu den umfangreichen Untersuchungen der Gruppe um *Greenstein* und *Winitz*, damals am „National Institute of Health" in Bethesda über sogenannte „water-soluble chemical defined diets".

Chemisch definierte Elementardiäten unterscheiden sich von konventioneller Kost dadurch, daß sie synthetisch aus bekannten chemischen Nährstoffen, wie reinen L-Aminosäuren, einfachen Kohlenhydraten, Vitaminen, Mineralien und essentiellen Fetten zusammengesetzt sind. Sie enthalten keine hochmolekularen oder ungenau definierbaren Stoffe, wie Peptide oder Peptone, sowie keine Ballaststoffe und werden deshalb praktisch rückstandslos verwertet. Elementardiäten werden heute vor allem dort eingesetzt, wo als Nahrungsquelle eine definierte bilanzierte Kost mit geringstem Rückstand verlangt wird bzw. wo die elementare Form eine leichte Resorption ohne besondere Verdauungsleistung ermöglichen soll. Sie werden in flüssiger Form verabreicht, wobei die Osmolarität durch den Grad der Verdünnung gesteuert werden kann. Außer des Fettes, welches in Form einer stabilen Emulsion enthalten ist, sind Elementardiäten vollkommen wasserlöslich, wodurch die Gabe von homogenen Lösungen gewährleistet ist, welche von Charge zu Charge konstant sind. Diese Diäten stellen eine besondere Art von Ernährung dar, welche in den vergangenen Jahren nur durch die sinkenden Kosten für synthetische Aminosäuren und deren Verfügbarkeit in kommerziellen Mengen in der Praxis realisierbar wurde. Wie von *Morgan et al.* beschrieben, „ermöglichen Elementardiäten die quantitative Beurteilung von Stoffwechselbilanzen, welche mehr und mehr in die Routinebetreuung der Patienten einbezogen werden".

Die experimentellen Grundlagen wurden insbesondere in den 50er Jahren erarbeitet. *Schultze* und die *Greenstein*-Gruppe vom NIH publizierten ausführliche Tierversuche, bei welchen eine komplette chemisch definierte Diät als einzige Nahrungsquelle verabreicht wurde. Es zeigte sich, daß diese Diäten das Wachstum unterhielten; Fortpflanzung und Laktation erfolgten ungestört. Bei den ersten Versuchen mit Elementardiäten beim Menschen gaben *Winitz et al.* 15 freiwilligen Versuchspersonen der California Medical Facility von Vacaville über einen Zeitraum von 22 Wochen eine bilanzierte synthetische Diät (Tab. 3 n. *Winitz*) als einzige Nahrungsquelle. Medizinische Untersuchungen sowie Blut- und Harnanalysen zeigten keine „abnormen" Reaktionen bei den Versuchspersonen. Die Stühle der Testpersonen waren weniger häufig und geringer als jene Stühle, die von der Nahrungsaufnahme in Form von natürlichen Nährstoffen stammten, da die Elementardiäten keine beigefügten Ballaststoffe enthielten. *Winitz et al.* kamen zu der Schlußfolgerung, daß Elementardiäten eine adäquate Ernährung gewährleisten und normale physiologische Funktionen sowie körperliches Wohlbefinden der 15 Versuchspersonen während der ununterbrochenen Versuchszeit von 22 Wochen aufrechterhielten.

Tab. 3. Base diet composition

		Amino-acids	
L-Lysine · HCL	3·58 g	Sodium-L-aspartate	6·40 g
L-Leucine	3·83 g	L-Threonine	2·42 g
L-Isoleucine	2·42 g	L-Proline	10·33 g
L-Valine	2·67 g	Glycine	1·67 g
L-Phenylalanine	1·75 g	L-Serine	5·33 g
L-Arginine · HCL	2·58 g	L-Tyrosine ethyl ester · HCL	6·83 g
L-Histidine · HCL · H_2O	1·58 g	L-Tryptophan	0·75 g
L-Methionine	1·75 g	L-Glutamine	9·07 g
L-Alanine	2·58 g	L-Cysteine ethyl ester · HCL	0·92 g
		Water-soluble vitamins	
Thiamine · HCL	1·00 mg	d-Biotin	0·83 mg
Riboflavin	1·50 mg	Folic acid	1·67 mg
Pyridoxine · HCL	1·67 mg	Ascorbic acid	62·50 mg
Niacinamide	10·00 mg	Cyanocobalamin	1·67 μg
Inositol	0·83 mg	p-Aminobenzoic acid	416·56 mg
d-Calcium pantothenate	8·33 mg	Choline bitartrate	231·25 mg
		Salts	
Potassium iodide	0·25 mg	Potassium hydroxide	3·97 g
Manganous acetate		Magnesium oxide	0·38 g
· 4 H_2O	18·30 mg	Sodium chloride	4·77 g
Zinc benzoate	2·82 mg	Ferrous gluconate	0·83 g
Cupric acetate · H_2O	2·50 mg	Calcium chloride · 2 H_2O	2·44 g
Cobaltous acetate · 4 H_2O	1·67 mg	Sodium benzoate	1·00 g
Sodium glycerophosphate	5·23 g		
Ammonium molybdate ·			
4 H_2O	0·42 mg		
		Carbohydrates	
Glucose	555·0 g	Glucono-δ-lactone	17·2 g
		Fats and fat-soluble vitamins*	
Ethyl linoleate	2·0 g	α-Tocopherol acetate	57·29 mg
Vitamin A acetate	3·64 mg	Menadione	4·58 mg
Vitamin D	0·057 mg		

* Provided daily in separate supplement.

McKean berichtete, daß bei 5 Kindern, welchen eine Elementardiät über einen Zeitraum von 30 Monaten verabreicht wurde, schnelles Wachstum erreicht wurde. Diese 5 Patienten waren zu Beginn der Untersuchung im Alter zwischen 9 und 15 Jahren. Sie waren, bedingt durch eine Phenylketonurie, geistig zurückgeblieben. Die Ergebnisse bestätigten, daß Elementardiäten bei kurzzeitiger Verabfolgung geeignet sind, Gewichtszunahmen von 5 bis 9 kg und Längenzunahmen von 5–20 cm zu erzielen. Diese Zunahmen waren gleich groß oder größer als bei gesunden Kindern, welche konventionell ernährt wurden.

Die vorerwähnten Untersuchungen zeigten, daß zumindest während einer begrenzten kontrollierten Untersuchung beim Menschen die Elementardiäten eine adäquate Ernährung gewährleisteten, normale Gewichts- und Längenzunahmen bei Jugendlichen aufrechterhielten und keine Nebenwirkungen verursachten. Die Elementardiäten entwickelten sich aus einer „Laborkuriosität", welche experimentell für Stoffwechselstudien eingesetzt wurde, zu einer Ernährungsform, welche der Medizin als schlackenarme, bilanzierte und definierte Kost zur Verfügung steht und deren Anwendungsbereich irgendwo zwischen der kompletten parenteralen Ernährung und einer konventionellen Ernährung liegt.

Ursprünglich fand die Elementardiät als Astronautennahrung Beachtung. Für lange Weltraumflüge waren die Eigenschaften der chemisch definierten Diät – also einer schlackenarmen bilanzierten und kompletten Kost in Form von Trockenpulver mit langer Haltbarkeit – interessant. Die ersten Diäten schmeckten noch schlecht und wurden organoleptisch von den Astronauten abgelehnt. Da die Raumschiffe größer konzipiert und konventionellere Toilettenverhältnisse geschaffen wurden, war die Forderung nach einer Elementardiät nicht mehr so entscheidend. Konventionelle und gefriergetrocknete Nahrung wurde in zufriedenstellendem Maße bei den letzten Mondflügen eingesetzt. Für besonders langfristige Weltraumflüge könnte die inzwischen weiterentwickelte „synthetische Nahrung" jedoch wieder interessant werden.

Einer der ersten therapeutischen Versuche mit schlackenarmer Elementardiät wurde von *Thompson et al.* beschrieben, welche die „Astronautendiät" zur Ernährung eines Patienten mit starkem Dünndarmsyndrom einsetzten. Sie berichteten über einen 63jährigen Mann, bei welchem 4 cm des proximalen Jejunum mit der Mitte des Colons transversum anastomisiert waren. Nachdem der Patient sich von der Operation erholt hatte, wurde ihm in zunehmendem Maße eine Elementardiät verabreicht. Die Menge und der Gehalt des Stuhles wurden analysiert und komplette Stoffwechselbilanzen erstellt. Ein langsamer Dauertropf über eine Gastrostomiesonde war am verträglichsten. Tonizität und Volumen der Diät wurden graduell nach Verträglichkeit gesteigert. Der verbliebene gastrointestinale Trakt hätte keine normale Kost, einschließlich MCT, vertragen. Die Elementardiät wurde jedoch signifikant resorbiert. *Thompson* et al. berichteten, daß – da zur Resorption von Elementardiäten eine geringe oder keine Verdauung erforderlich ist – diese sich anbieten, eine Reihe von schwierigen Ernährungsproblemen besonders bei Störungen im Gastrointestinaltrakt zu lösen.

Die diätetische Therapie von Maldigestions- und Malabsorptionssyndromen (z. B. Morbus Crohn und Colitis ulcerosa) wie auch des Short-gut-Syndroms stellt ohne Zweifel auch eine der wichtigsten Indikationen für die BSD dar. *Berg* berichtete unlängst über einen Fall von Cronkhite Canada-Syndrom, der nun bereits 25 Monate praktisch ausschließlich von Vivasorb®, der deutschen Form der BSD, lebt. Es handelte sich um einen 68jährigen Mann, der durch schwere Durchfälle einen Gewichtsverlust von 23 kg erlitten hatte. Nach Stellung der Diagnose wurde zunächst eine ausschließliche parenterale Ernährung durchgeführt, unter der sich der Allgemeinzustand besserte und die Blutproteine von 4,5 g% auf 6,3 g% anstiegen. Nach Übergang auf orale Nahrungszufuhr traten erneut Durchfälle auf, das Körpergewicht nahm ab, das Gesamteiweiß sank wiederum auf 5,1 g%. Umstellung auf Vivasorb bewirkte, daß innerhalb 3 Wochen die Anzahl der Stühle auf 2 pro Woche zurückging und sich die Werte der klinisch-chemischen Untersuchungen normalisierten. Interessanterweise trat nach etwa 1 Jahr – offensichtlich begünstigt durch die vorausgegangenen Durchfälle – eine Erschöpfung der Reserve an essentiellen Fettsäuren auf mit typischen Hautveränderungen. Die Erscheinungen gingen nach Infusion von Fettemulsionen prompt zurück.

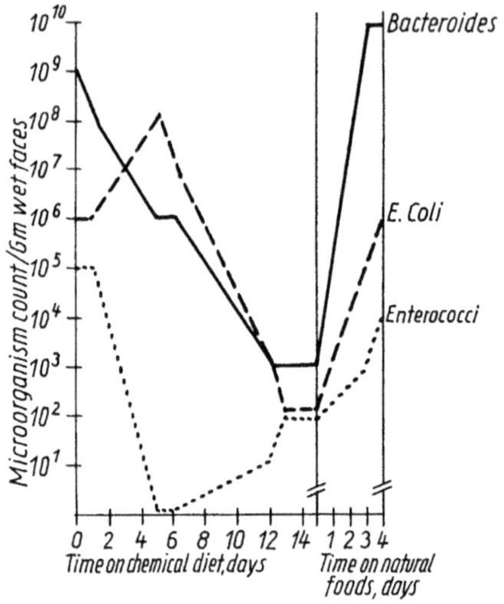

Abb. 1. Reduction of intestinal flora on chemical diet.

Microorganism			
		Log count	
	0 Days	15 Days*	+4 Days †
Bacteroides	9	3	10
E. coli	6	2	6
Lactobacilli	6	–	3
Clostridia	6	–	2
Enterococci	5	2	4
Streptococci	4	–	3
Aerobacter			4
Staph aureus			1
Yeast-like-fungi	4	–	2

* Chemical diet period
† Natural food period

Eine ballaststofffreie, rasch resorbierbare Nahrung führt verständlicherweise zu einer Reduktion des Darminhaltes und der Defäkation, was nicht nur für Astronauten, sondern auch für viele Kranke von Interesse ist. Interessanterweise verringert sich der Keimgehalt sowohl quantitativ wie qualitativ innerhalb 2 Wochen so drastisch, daß man von „nahezu sterilem" Stuhl sprechen konnte. Die initial recht „bunte" Darmflora reduzierte sich durchweg auf 3 Typen: Bakteroide, Coliforme und Enterokokken mit ziemlich gleichmäßiger Verteilung auf die 3 Kategorien. Klinisch von größtem Interesse ist, daß durch Gabe eines phosphathaltigen Klysmas am 2. Tag die Einstellungsphase auf 4 Tage reduziert werden konnte. Bei einem Patienten verschwand der pathogene Stamm, der den Hauptbestandteil der Darmflora darstellte, völlig. Beim Zurückkehren zur Normalkost entwickelte sich wie bei den anderen untersuchten Personen wieder die übliche gesunde Darmflora. Interessanterweise konnten bei den Personen unter BSD im Stuhl D-Urobilinogen und L-Sterkobilinogen in größerer Menge nachgewiesen werden, welche normal nur in nicht bestimmbaren Mengen vorkommen. Der Nachweis gelingt leicht durch Zugabe von Äthanol-Salzsäure, wobei sich eine violette Farbe entwickelt. Der gleiche Effekt wurde schon früher bei Patienten beobachtet, deren Darmflora durch Breitbandantibiotika verändert wurde. Die genannte Farbreaktion könnte als einfacher Screening-Test zum Nachweis solcher Veränderungen der Darmflora dienen. Es scheint, daß man durch die BSD die gleichen Effekte auf die Darmflora erreicht, wie durch hochdosierte Breitbandantibiotika, ohne deren Nachteile in Kauf zu nehmen. Solche Nachteile wären z. B. toxische und allergische Nebenwirkungen, die Entwicklung resistenter — eventuell pathogener — Stämme, die Vermehrung von Pilzen und Hefen und manches mehr.

Es scheint sich der paradoxe Effekt zu ergeben, daß die Darmflora bedingt durch die schnelle Resorption der niedermolekularen Nährstoffe quasi verhungert (und damit auch manche Parasiten, wie z. B. Amöben), während der Wirt gleichzeitig eine optimale Ernährung erfährt.

Diese Befunde zeigen, daß die BSD besonders günstig für die Operationsvorbereitung bei Eingriffen am Magen-Darm-Trakt sein dürfte. Patienten, die beispielsweise zu einer Dickdarmoperation kamen, erhielten bisher praktisch vom ersten Tag an nichts oder nur sehr wenig zu essen und nur eine geringfügige parenterale Versorgung. Im Idealfall erhielten sie täglich 1000 kcal zunächst für 3 Tage zur Vorbereitung für die Rektoskopie, dann weitere 3 Tage bis zur Röntgenuntersuchung des Dickdarms. Schließlich hungerten sie weiter bis zum Operationstag, während der postoperativen Darmatonie und weiterhin zum Schutze der Enteroanastomose bis zum 8. postoperativen Tag. Neben einem kalorischen Defizit von mindestens 15 000 kcal wurde ihnen auch eine ungenügende Versorgung des Eiweißhaushaltes zugemutet. Es ist somit verständlich, daß sie nicht selten 10 % an Körpergewicht einbüßten. Mit der BSD gelingt es, die Patienten nicht nur bis zum Operationstag vollwertig zu ernähren, sondern ihnen auch postoperativ frühzeitig eine adäquate Ernährung angedeihen zu lassen.

Zum Abschluß ein Beispiel für die überraschenden Wirkungen der BSD bei einer ungewöhnlichen Indikation: in einer großangelegten Studie wurden Geisteskranke bis zu 880 Tagen exklusiv mit BSD ernährt. Im Durchschnitt stellte sich die Stuhlfrequenz auf eine Defäkation in 9 Tagen ein, was zu einer wesentlichen Erleichterung bei der Pflege der Patienten führte, die sich zuvor häufig einkoteten. Im gleichen Maße sanken die Reinigungskosten für Bettwäsche und Kleidung, für Raumpflege und schließlich auch die Unfallquote auf der Abteilung. Laxantien und Klysmen, die vorher regelmäßig gegeben wurden, entfielen. Die Patienten welche vorher löffelweise mühsam gefüttert wurden, konnten die BSD mit nur geringer Assistenz trinken. Sie hatten keine Belästigung durch intestinale Gasbildung, der strenge Geruch der Hautausdünstung und des Urins unterblieben und

Hautirritationen verschwanden. Insgesamt waren die Patienten umgänglicher und hatten einen besseren Schlaf. Dies dokumentierte sich in einer Senkung des Geräuschpegels auf der Abteilung auf etwa die Hälfte, einem Wegfall der sonst häufig notwendigen Schlafmittel und einer Senkung des Tranquilizerverbrauchs auf ein Sechstel. Die bedeutend erleichterte Pflege führte dazu, daß das unselektierte Personal, das sonst einen jährlichen Wechsel von 33 % hatte, während der ganzen Studie nicht einen einzigen Wechsel zu verzeichnen hatte. Diese Studie wurde durch Erfahrungen von *Last* bestätigt.

Es ist hier nicht der Raum, auf die vielseitigen Möglichkeiten einzugehen, welche die BSD sowohl der Stoffwechselforschung wie auch der Therapie in Zukunft eröffnen mag. Es sollte hiermit nur an Hand einiger weniger Beispiele gezeigt werden, daß die „künstliche Ernährung" nicht nur möglich ist, sondern bereits heute ihre segensreiche Anwendung findet. Wie weit sie in Zukunft ganz allgemein für den Menschen von Bedeutung sein kann, ist ein Problem der Futurologen. Ohne Zweifel wird man mit dem wachsenden Interesse an dieser Ernährungsform auch neue Technologien entwickeln, die sie nicht nur billiger, sondern auch organoleptisch besser akzeptabel machen werden. Die im Augenblick laufenden diesbezüglichen Untersuchungen geben uns Anlaß zu einer günstigen Prognose.

Ich schließe deshalb mit dem oben zitierten Satz von *Abderhalden:* Es stehen ganz neue Wege offen.

Zusammenfassung

Seit es der synthetischen bzw. präparativen Chemie gelingt, die Bausteine der Grundnährstoffe sowie die Vitamine zu synthetisieren oder anderweitig rein darzustellen und die Ernährungswissenschaft alle essentiellen Bestandteile unserer Nahrung erfaßt hat, wurde es möglich, komplette und chemisch definierte „Elementardiäten" zu entwickeln.

Solche Kostformen unterscheiden sich von konventioneller Nahrung dadurch, daß sie „künstlich" aus reinen L-Aminosäuren, einfachen Kohlenhydraten, essentiellen Fetten, Vitaminen und Mineralien zusammengesetzt sind und keine hochmolekularen oder ungenau definierten Stoffe, wie Peptide oder Peptone, enthalten. Da sie keine Ballaststoffe enthalten, werden sie praktisch rückstandslos verwertet.

Aus den genannten Eigenschaften ergibt sich eine Anwendung überall dort, wo als Nahrungsquelle eine definierte, bilanzierte Kost mit geringstem Rückstand verlangt wird bzw. wo die elementare Form eine leichte Resorption ohne besondere Verdauungsleistung ermöglichen soll. Ursprünglich für exakte Stoffwechseluntersuchungen entwickelt, fand die BSD (bilanzierte synthetische Diät) besondere Beachtung als „Astronautenkost".

Der diätetische Einsatz der BSD zeigte viele interessante, zum Teil überraschende Effekte auf den Organismus, der ihre Anwendung bei verschiedenen Erkrankungen zu therapeutischen, prophylaktischen und diagnostischen Zwecken angezeigt erscheinen läßt. Ein ausführlicher Bericht über die insbesondere diätetische Anwendung wird hiermit vorgelegt.

Résumé

Depuis qu'il est possible dans le domaine de la chimie synthétique et de la chimie technique de synthétiser les composants fondamentaux des substances nutritives élémentaires ainsi que les vitamines ou de les présenter d'une autre manière sous forme pure et depuis que la science alimentaire connaît tous les constituants essentiels de notre alimentation, il est également possible de développer des régimes diététiques élémentaires complets et chimiquement définis.

La différence entre ce genre d'alimentation et la nourriture conventionnelle est la suivante: Les régimes diététiques élémentaires sont composés «artificiellement» de L-amino acides, d'hydrates de carbone simples, de graisses essentielles, de vitamines et de minéraux et ne contiennent pas de substances de poids moléculaire élevé ni de substances dont la définition est inexacte (peptides ou peptones). Etant donné que ces régimes ne contiennent pas de substances chargeant l'organisme, ils sont utilisés pratiquement sans résidu. Pour les raisons citées, leur utilisation est donc indiquée dans tous les cas où une alimentation définie et balancée, avec un minimum de résidu, doit servir de source alimentaire ou dans des cas où cette forme élémentaire d'alimentation doit faciliter la résorption sans intervention ou presque de la digestion. Développé à l'origine pour effectuer des expérimentations précises sur le métabolisme, le «régime diététique balancé synthétique» (BSD) trouve son emploi spécial en tant que «régime pour astronautes».

L'application diététique de ce régime balancé synthétique a révélé de nombreux effets intéressants, en partie même surprenants, sur l'organisme. Son utilisation pour la thérapie, la prophylaxie et le diagnostic de différentes maladies semble donc très indiquée. Nous présentons un rapport détaillé sur l'application spéciale dans le domaine diététique.

Summary

Since it became possible within the field of synthetic and technical chemistry to synthesize the basic constituents of elementary nutritive substances and vitamins and to present them in other forms in a pure state, and since alimentary science became aware of all the essential constituants of our food, it has also been possible to develop complete and chemically defined elementary diets.

The difference between this sort of food and conventional food is as follows: elementary diets are "artificially" composed of L-amino acids, simple carbohydrates, essential fats, vitamins and minerals, and do not contain substances of high molecular weight, nor substances, the definition of which is inaccurate (peptides or peptones). As these diets do not contain bulk materials they are utilized with practically noresidue. For the reasons mentioned, their use is therefore obvious in all cases where defined and balanced alimentation, with a minimum of residue, is necessary, or in the cases where this form of elementary alimentation is needed to facilitate resorption with no intervention, or hardly any, of digestion. Originally developed for accurate experimentation on metabolism, the "balanced synthetic diet" (BSD) found its special interest as a "diet for astronauts".

The dietetic application of this balanced synthetic diet has revealed many interesting, and sometimes astonishing, effects on the organism. Its use for therapy, prophylaxis and diagnosis of different diseases, therefore, seems very clear. We present a detailed report on the special application in the field of dietetics.

Literatur

1. *Abderhalden, E.*, Synthese der Zellbausteine in Pflanzen und Tieren — Lösung des Problems der künstlichen Darstellung der Nahrungsstoffe (Berlin 1912). — 2. *Bässler, K.H.*, Ersatz von Nahrungsproteinen durch Aminosäurengemische. In: „Klinische Ernährungslehre", Bd. 2 (Darmstadt 1966). — 3. *Bansi, H. W., P. Jürgens, G. Müller* und *M. Rostin*, Der Stoffwechsel bei intravenöser Applikation von Nährlösungen insbesondere synthetisch zusammengestellter Aminosäurenlösungen. Klin. Wschr. **42**, 332—352 (1964). — 4. *Bansi, H. W.*, und *L. Ludwig*, Die Aminosäuren und ihre Bedeutung für Ernährung und Therapie (Dresden und Leipzig 1951). — 5. *Bickel, H.*, Diätbehandlung hereditärer Störungen des Aminosäurenstoffwechsels. In: Kreislauf- und Stoffwechselprobleme bei Neugeborenen und Säuglingen (München-Berlin-Wien 1968). 6. *Coats, D. A.*, Parenteral Nutrition with Amino Acid Mixtures. In: Parenterale Ernährung (Berlin-Heidelberg-New York 1966). — 7. *Coats, D, A.*, Long-term Parenteral Nutrition with Amino Acid Solutions. In: Fortschr. d. parent. Ernährung (München 1967). — 8. *Coats, D. A.*, Long-term Complete Parenteral Nutrition. Z. Ernährungswiss. **9**, 401 (1969). — 9. *Couch, R. B., B. M. Watkin, R. R. Smith, L. E. Rosenberg et al.*, Clinical trials of water-soluble chemically defined diets. Fed. Proc. **19**, 18 (1960). — 10. *Dudrick, S. J., D. W. Wilmore, H. M. Vars, J. E. Rhoads*, Long-term total parenteral nutrition with growth, development, and positive

nitrogen balance. Surgery **64**, 134—142 (1968). — 11. *Erdmann, G.*, Zur Nierenverträglichkeit parenteral verabreichter Sorbitlösungen. Klin. Wschr. **38**, 1002—1003 (1960). — 12. *Erdmann, G.*, Anwendung intravenös gegebener Aminosäurengemische in der Pädiatrie. In: Parenterale und Sondenernährung (Darmstadt 1967). — 13. *Erdmann, G.*, und *W. Heine*, Aminostickstoff-Bilanz bei der AMINOFUSIN-Behandlung schwerer akuter Ernährungsstörungen im Säuglingsalter. Klin. Wschr. **38**, 1001—1002 (1960). — 14. *Fekl, W.*, Biochemische Grundlagen der Infusionstherapie mit Aminosäurenlösungen. Wissenschaftl. Schriftenreihe Heft 2, 1. Aufl., Juni 1962. — 15. *Fekl, W.*, Some Principles of Modern Parenteral Nutrition. Scand. J. Gastroent. Suppl. 1969. — 16. *Flodin, N. W.*, Amino Acid Balance and Efficiency of Protein Utilization. Metabolism **6**, 350 (1957). — 17. *Greenstein, J. P., M. C. Otey, S. M. Birnbaum* und *M. Winitz*, Quantitative Nutritional Studies with Water-soluble Chemically Defined Diets. X. Formulation of a Nutritionally Complete Liquid Diet. J. Nation. Canc. Inst. **24**, 211—218 (1960). — 18. *Greenstein, J.*, und *M. Winitz*, Chemistry of the Amino Acids (New York 1960) 245—452. — 19. *Griem, W.*, und *K. Lang*, Ein Beitrag zur parenteralen Ernährung mit Aminosäuren-Sorbitlösungen. Klin. Wschr. **38**, 951 (1960). — 20. *Griem, W.*, und *K. Lang*, Versuche zur parenteralen Ernährung mit Aminosäuren-Sorbitlösungen. Klin. Wschr. **38**, 336 (1960). — 21. *Halberstadt, E.*, und *L. Heller*, Komplette parenterale Ernährung bei ultraradikalen Operationen. VIIIth International Congress of Nutrition, Prag 1969. — 22. *Heller, L.*, Stickstoffbilanzen bei verschiedener parenteraler Ernährung. In: Fortschritte der parenteralen Ernährung (Lochham 1967). — 23. *Heller, L.*, Die parenterale Ernährung in der Frauenheilkunde, Grundlagen und praktische Anwendung. Geburtsh. u. Frauenheilk. **9**, 848—862 (1968). — 24. *Jürgens, P.*, und *D. Dolif*, Die Bedeutung nicht-essentieller Aminosäuren für den Stickstoffhaushalt des Menschen unter parenteraler Ernährung. Klin. Wschr. **46**, 131—149 (1968). — 25. *Keil, H.-R.*, Gibt es Fortschritte in der parenteralen Ernährung? MMW **110**, 1853—1859 (1968). — 26. *Lang, K.*, Biochemie der Ernährung (Darmstadt 1957). — 27. *Lang, K.*, Ernährungsphysiologische Grundlagen der parenteralen Ernährung. In: Parenterale und Sondenernährung (Darmstadt 1963). — 28. *Lang, K.*, Xylit als Nahrungskohlenhydrat. Med. u. Ern. Heft **2**, 45—50 (1963). — 29. *Lang, K.*, Xylit, Stoffwechsel und klinische Verwendung. Med. u. Ern. **9**, 265—269 (1968). — 30. *Lang, K., und W. Fekl*, Aminosäurenstoffwechsel und parenterale Ernährung. Med. u. Ern. **10**, 205—212 (1969). — 31. *Medical News.*, Chemical Diet: Clinical Application Seen. JAMA **196**, 35 (1966). — 32. *Miller, A. S.*, High Energy Nonfat Nutrient Sources. Conference on Nutrition in Space and Related Waste Problems (Florida 1964). — 33. *Müller, G., P. Trapp, H. W. Bansi* und *M. Rostin*, Verwertung intravenös verabfolgter Aminosäurengemische. Klin. Wschr. **40**, 436—437 (1962). — 34. *Rose, W. C.*, The Nutritive Significance of the Amino Acids. Physiol. Rev. **18**, 109—136 (1938). — 35. *Rose, W.C., M. J. Oesterling* und *M. Womack*, Comparative growth on diets containing ten and nineteen amino acids with further observations upon the role of glutamic and aspartic acids. J. Biol. Chem. **176**, 753—762 (1948). — 36. *Rose, W.C.*, Amino acid requirements of man. Fed. Proc. **8**, 546—552 (1949). — 37. *Rose, W. C.*, The amino acid requirement of adult man. Nutr. Abst. and Rev. **27**, 631 (1957). — 38. *Schlüssel, H.*, Die Sparwirkung mehrwertiger Alkohole im Ernährungsstoffwechsel und einige Bemerkungen über die Verbreiterung unserer Ernährungs-Basis. Klin. Wschr. **31**, 768—769 (1953). — 39. *Schmidt, G. W., G. Beneke* und *J. Pfeiffer.*, Über einen diätetisch langfristig behandelten Säugling mit Valin-Leucin-Urie und Debilität (Ahornsirup-Krankheit). Helv. Paed. Acta **20**, 147—168 (1965). — 40. *Schultis, K.*, Positive Stickstoffbilanz nach Operationen. Klin. Wschr. **40**, 800 (1962) — 41. *Schultis, K.*, Erfahrungen bei der parenteralen Ernährung chirurgischer Patienten. In: Parenterale Ernährung (Berlin-Heidelberg-New York 1966). — 42. *Smyth, C. J., et al.*, The effect of orally and intravenously administered amino acid mixtures on voluntary food consumption in normal men. J. Clin. Invest. **26**, 439 (1947). — 43. *Thompson, W. R., R. V. Stephens, H. T. Randall* und *J. R. Bowen.*, Use of the „Space Diet" in the management of a patient with extreme short bowel syndrome. Am. J. Surg. **117**, 449—459 (1969). — 44. *Trémolières, J.*, Utilisation métabolique de mélanges d'amino acides chez l'homme. Int. Z. Vitaminforschg. **30**, 151 (1959). — 45. *Winitz, M., J. Graff* und *D. A. Seedman*, Effect of Dietary Carbohydrate on Serum Cholesterol Levels. Arch. Biochem. Biophys.

168, 576 (1964). — 46. *Winitz, M., J. Graff, N. Gallagher, A. Narkin* und *D.A. Seedman*, Evaluation of Chemical Diets as Nutrition for Man in Space. Nature **205**, 741 (1965). — 47. *Winitz, M., S. M. Birnbaum, Takashi Sugimura* und *M. C. Otey*, Quantitative Nutritional and in Vivo Metabolic Studies with Water-Soluble, Chemically Defined Diets (New York-London (1960). — 48. *Winitz, M.*, Persönl. Mitt. 1969, z. Zt. im Druck.

Anschrift des Verfassers:
Dr. *W. Fekl*
D 852 Erlangen, Rühlstraße 1½

28.

From the Nutrition Unit, Karolinska Institutet, Stockholm (Sweden)

Complete intravenous nutrition

By *Arvid Wretlind* (Stockholm)

With 5 figures and 9 tables

An adequate daily supply of energy and nutrients is necessary to maintain an individual in a normal physiological state of health and to offer the best resistance to illness and trauma, such as infections, burns, surgery, etc. If normal oral or enteral nutrition is difficult or impossible to maintain, essential nutrients may be provided either by the intravenous route or tube-feeding. Intravenous feeding is resorted to only when tube-feeding or oral feeding is impossible.

Intravenous nutrition may be looked upon as an alternative to oral feeding. From this point of view it would be desirable that the nutrients were supplied intravenously in the same quantity and form as they are normally transferred to the blood from the intestine, following adequate oral feeding. The amounts of energy and nutrients supplied should be adjusted to cover the basal requirements as well as to compensate increased losses and previous deficiencies.

Summary reviews of the nutrients required in various diseases with nutritional disturbances have been published by *Thorén* (1969), *Wilkinson* (1969), *Reissigl* (1965) and *Allen* and *Lee* (1969) among other authors.

General views on parenteral nutrition

In order to maintain or restore the normal composition of the body and to obtain normal growth in infants by intravenous nutrition, it seems to be sufficient to supply the nutrients or groups of nutrients (amino acids, fats and carbohydrates) given in Table 1 according to *Wretlind* (1972).

In principle, the intravenous supply of the required nutrients does not cause any difficulties. However, there are still a large number of problems to be studied.

An intravenous nutrition, which implies the administration of nutrients only by the intravenous route, is called *Total Intravenous Nutrition.* In some cases the oral intake is insufficient; this indicates *Supplementary Intravenous Nutrition* with all, or some special, nutrients (Fig. 1). When all nutrients, absorbed from ordinary, adequate oral food, are given intravenously, this is termed *Complete Intravenous Feeding. Hyperalimentation* (*Dudrick* et al. 1968, 1969) means that

Table 1. *Tentatively recommended daily allowances of energy and nutrients for patients on complete intravenous nutrition.* The allowances will cover resting metabolism, some physical activity and specific dynamic activity, but no increased need because of operations, trauma, burns etc.

	Allowance per kg body weight for adult	Allowance per kg body weight for neonates and infants
Water	30 ml	120—150 ml
Energy	30 kcal	90 — 120 kcal
Amino acid - N	90 mg (0.7 g of amino acids)	330 mg (2.5 g of amino acids)
Glucose or fructose	2 g	12 — 18 g
Fat	2 g	4 g
Sodium	1 — 1.4 mmol	1 — 2.5 mmol
Potassium	0.7 — 0.9 mmol	2 mmol
Calcium	0.11 mmol	0.5 — 1 mmol
Magnesium	0.04 mmol	0.15 mmol
Iron	1 μmol	2 μmol
Manganese	0.6 μmol	1 μmol
Zinc	0.3 μmol	0.6 μmol
Copper	0.07 μmol	0.3 μmol
Chlorine	1.3 — 1.9 mmol	1.3 — 2.7 mmol
Phosphorus	0.15 mmol	0.4 — 0.8 mmol
Fluorine	0.7 μmol	3 μmol
Iodine	0.015 μmol	0.04 μmol
Thiamin	0.02 mg	0.05 mg
Riboflavin	0.03 mg	0.1 mg
Nicotinamide	0.2 mg	1 mg
Pyridoxine	0.03 mg	0.1 mg
Folic acid	3 μg	20 μg
Cyanocobalamine	0.03 μg	0.2 μg
Pantothenic acid	0.2 mg	1 mg
Biotin	5 μg	30 μg
Ascorbic acid	0.5 mg	3 mg
Retinol	10 μg	0.1 mg
Ergocalciferol or cholecalciferol	0.04 μg	2.5 μg
Phytylmenaquinone	2 μg	50 μg
α-Tocopherol	1.5 mg	3 mg

A. TOTAL
- I. COMPLETE
- II. HYPERALIMENTATION

B. SUPPLEMENTARY
- I. COMPLETE
- II. SPECIFIC

Fig. 1. Different kinds of intravenous nutrition.

the energy requirement is generously covered in the form of glucose and amino acids with a concomitant supply of all other nutrients, but no fat (Fig. 2). Because of the hypertonic solutions used, hyperalimentation can only be performed via a central vein catheter. An intravenous nutrition which includes fat emulsions may be administered by a peripheral vein as well as by a central vein catheter.

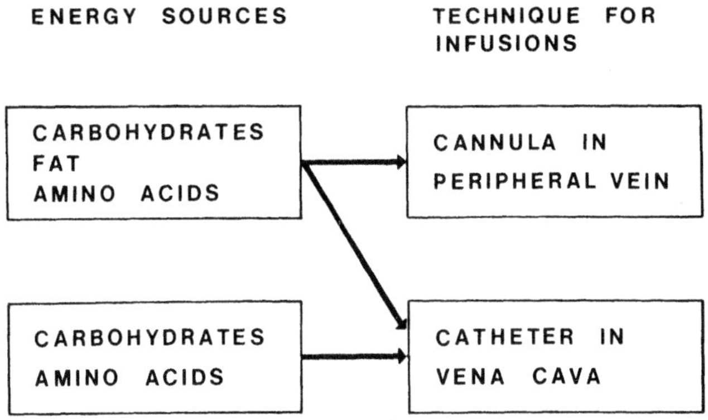

Fig. 2. Methods for intravenous nutrition.

Water

Fluid loss is influenced by a large number of factors which makes it difficult to estimate the need of *water*. Under normal conditions, an adequate daily amount of water is considered to be 1 ml/kcal for adults, and 1.5 ml/kcal for infants (*Food and Nutrition Board* 1968).

Energy

A supply of food energy is necessary to cover the body's energy requirement for resting metabolism, synthesis of body tissues (for growth, maintenance, pregnancy and lactation), excretory processes, maintenance of thermal balance and for physical activity and specific dynamic action. The energy may be administered intravenously in the form of either carbohydrates, fat and amino acids (complete intravenous nutrition) or only carbohydrates and amino acids.

Carbohydrates

A minimum requirement of carbohydrates is difficult to define. For persons living on an ordinary average diet, a minimum of 100 g of carbohydrates/day or 20 cal per cent seems to be enough to avoid ketosis, increased protein catabolism and other undesirable metabolic effects (*Gamble* 1958; Food and Nutrition Board 1968; *Young* et al. 1971). Glucose seems to be the carbohydrate of choice for intravenous nutrition of patients who are not in special stress situation.

Fat

With intravenous fat emulsions – in combinations with not less than 20 cal per cent of carbohydrate – the required amount of energy can readily be supplied. The advantage of fat emulsions is that, a large amount of energy can be given in a small volume of isotonic fluid. Because of their isotonicity, the fat emulsions may be given in peripheral veins, in contrast with the concentrated glucose solutions, which have to be given through catheters in a central vein. Thrombophlebitis occurs very infrequently with an isotonic fat emulsion. The infusions do not cause diuresis and, furthermore, no losses are observed either in the urine or feces. Fat emulsions also supply the body with essential fatty acids (*Coats* and *Collins* 1969) and triglycerides, which are a part of ordinary food. In this way the normal lipid composition of the body may be maintained.

Table 2. *Composition of commercial fat emulsions*

	Intralipid[1]	Lipiphysan[2]	Lipofundin[3]	Lipofundin S[3]
Soybean oil	100 or 200 g			100 or 200 g
Cottonseed oil		150 g	100 g	
Eggyolk phospholipids	12 g			
Soybean lecitine		20 g		
Soybean phospholipids			7.5 g	7.5 or 15 g
Glycerol	25 g			
Sorbitol		50 g	50 g	
Xylitol				50 g
DL-α-tocopherol		0.5 g	0.585 g	
Distilled water to a volume of	1000 ml	1000 ml	1000 ml	1000 ml

[1] Vitrum, Box 12 170, 102 24 Stockholm 12, Sweden.
[2] Egic, Loiret, France.
[3] Braun, Melsungen, Germany.

The four commercial fat emulsions now available are *Intralipid, Lipiphysan, Lipofundin* and *Lipofundin S* (Table 2). Investigations (*Schoefl* 1968; *Fraser* and *Håkansson* 1972) have shown very pronounced physical and chemical similarities between natural chylomicrons and the fat particles of the eggyolk phospholipid-soybean oil emulsion, Intralipid.

Many investigations have demonstrated that fat emulsions are utilized more or less in the same way as fat from ordinary food.

The *chronic toxicity* of fat emulsions in dogs has been studied in many laboratories. In some long-term tolerance tests of intravenous fat emulsions the planned infusion period was 4 weeks (*Håkansson* 1968). The daily infusions were given during a period of about 6 hours, in a dose of 9 g fat/kg/day, representing the total energy requirement of the dog (about 80 kcal/kg/day). All 28 dogs, given the eggyolk phospholipid-soybean oil emulsion (Intralipid), survived the 4-week experimental period, and were in good condition and showed no abnormal reactions throughout. Other emulsions tested caused severe toxic reactions, and all the dogs died before the end of the test period.

After an infusion of a fat emulsion, temporary hyperlipemia invariably occurs. The kinetic principles of elimination from the blood stream are similar for both chylomicrons and the fat emulsion Intralipid in dog an man (*Hallberg* 1965 a & b).

Investigations conducted by *Duckert* and *Hartmann* (1966) and by *Cronberg* and *Nilsson* (1967), have shown that infusion of Intralipid has no effect on either the coagulation or the fibrinolytic system.

Because of pronounced biological differences (*Wretlind* 1972) between the various fat emulsions regarding tolerance it is incorrect to speak of fat emulsions for intravenous nutrition in general terms. The name of the product and its composition should always be stated.

The most widely used fat emulsion is Intralipid. Several millions of infusions have been given. There are only very few reports of adverse reactions. *Hallberg* et al. (1966) observed an increase in temperature in 2.7 per cent, chills in 1 per cent, sensation of warmth in 8 per cent, some vomiting and chest pain and one case of thrombophlebitis in 2,781 infusions. *Horisberger* (1966) reported only one severe reaction in 2000 infusions of Intralipid. This reaction occurred in a severely debilitated patient. *Chaptal* et al. 1964, 1965) have reported four adverse reactions in children after fat infusions. The reactions were hyperlipemia, hyperthermia, slight jaundice and shock.

Recommended quantity of fat to patients on intravenous feeding

A certain quantity of fat is necessary to provide the body with the desired amount of assential fatty acids, and to cover a part of the energy requirement. *Coats* and *Collins* (1969) and *Collins* et al. (1971) have reported the total intravenous feeding of a man after resection of the small intestine. The patient was given amino acids, carbohydrates and other nutrients, except fat. After 100 days, dermatitis developed, which was obviously a symptom of linoleic acid deficiency. At the same time, the serum phospholipid had also an increased eicosatrienic acid level and a decreased arachidonic acid level. This is a biochemical sign of linoleic acid deficiency. The dermatitis was cured, and the fatty acid pattern of the serum phospholipid was normalized after infusions of Intralipid. According to *Coats* and *Collins* (1969), about 7.5 g of linoleic acid per day (0.1 g of linoleic acid/kg body weight) are required to prevent symptoms of deficiency of essential fatty acids in adults on intravenous nutrition. This quantity is obtained in 15 g of soybean oil.

Infants should have a supply of linoleic acid corresponding to 3—4 per cent of the total energy intake. This amounts to about 0.4 g of linoleic acid/kg body weight/day.

In some studies of intravenous nutrition in the adult, the greater part of the energy supply has been in the form of fat. In view of the experience gained with intravenous supply of fat, a quantity of 2 g of fat/kg in the form of a soybean oil — eggyolk phospholipid emulsion, such as Intralipid, is recommended to cover the requirements of energy and fat in *adults* (Table 1).

From the results of various investigations (*Børresen* and *Knutrud* 1969; *Børresen* et al. 1970 a & b; *Grotte* 1971) an amount of 2 g up to 4 g of fat as Intralipid/kg/day may be recommended for *neonates* and *infants,* in combination with the other essential nutrients mentioned in Table 1.

Amino acids

An adequate intravenous protein nutrition can be maintained only by amino acid mixtures, which have the proper composition for optimal utilization. The nutritional value of the various amino acids is summarized in Table 3.

The effect on nitrogen balance of amino acid solutions of various composition has been studied both in dog and man. Pronounced differences, in utilization, between the different types of amino acid solutions were observed. The explanation may be that certain of the nonessential amino acids were absent in some of the solutions. The degree of utilization may also depend on variations in the ratio between the essential and the total amounts of amino acids in the various solutions.

Table 3. Nutritional value of amino acids for intravenous nutrition

Isoleucine Leucine Lysine Methionine Phenylalanine Threonine Tryptophan Valine	Essential amino acids
Histidine	Essential for infants and in uremia
Cysteine-cystine	Essential in immature humans
Arginine	For optimal utilization of amino acid mixtures and for detoxification
Alanine Glutamic acid Proline	For optimal utilization of amino acid mixtures
Aspartic acid Glycine Serine Tyrosine	Source of non-specific nitrogen

The composition of some commercial amino acid preparations for intravenous nutrition as well as the aminogram of egg protein and fibrin are shown in Table 4. The relation between the various essential amino acids in the amino acid mixtures follows more or less the amino acid pattern found in egg protein. It is also similar to the relation between the requirements of the essential amino acids found by *Rose* (1957) in nitrogen balance investigations on man.

One of the intravenous amino acid preparations is a dialyzed enzymatic casein hydrolysate. In a large number of investigations it has been shown that protein hydrolysates are well utilized (*Dudrick* et al. 1968, 1969; *Kaplan* et al. 1969; *Johnston* 1971).

Some amino acid preparations in Table 4 contain crystalline amino acids. Many investigations have demonstrated that crystalline amino acid mixtures are utilized for the synthesis of body protein when the requirement of essential amino acids is covered. The best results have been obtained when the preparations were complete and contained all the essential, and ten to twelve nonessential, amino acids (*Mayer* et al. 1969; *Deckner* et al. 1970; *Jacobson* and *Wretlind* 1970; *Håkansson* et al. 1972).

Studies on the utilization of amino acid mixtures indicate that an optimal amino acid preparation for intravenous nutrition should contain both the essential and the nonessential amino acids in the L-form and in the same proportions as found in the aminogram of body proteins or other proteins of high biological value (*Wretlind* 1972). The essential amino acids should amount to about 45–50 per cent of the total amino acids. A high content of glycine should be avoided.

The basal requirements of amino acids in the form of mixtures with high biological values have been determined by studies of complete parenteral nutrition in man and partly by calculations based on nitrogen losses. In view of the results of the investigations and the calculations made, a daily amino acid allowance of

Table 4. *Amino acid content of egg protein, fibrin and some commercial amino acid preparations.* The amino acid value are given in grams per 16 g of nitrogen (T) of the protein or of the amino acid mixtures

L-Amino acids	Amount of amino acid in 16 g of nitrogen									
	Egg-protein g	Fibrin g	Aminosol Vitrum[1] g	Amino-fusin[2] g	Amino-norm[3] g	Amino-plasmal[3] L 5 g	Intramin[4] g	Intramin novum[4] g	Soh-amin[5] g	Vamin g
Isoleucine	6.6	4.3	7.3	3.3	2.6	5.1	2.5	4.0	8.1	6.6
Leucine	8.8	8.9	11.4	4.6	4.5	8.9	4.0	6.2	12.2	9.0
Lysine	6.4	8.2	7.4	4.2	7.2	5.6	2.9	4.5	18.7	6.6
Aromatic amino acids	10.0	7.9	6.9	4.6	4.7	6.4	4.0	6.2	11.7	10.2
Sulphur-containing amino acids	5.5	4.6	4.5	4.4	4.5	4.3	4.0	6.2	8.3	5.6
Threonine	5.1	7.3	4.4	2.1	4.1	4.1	1.8	2.8	8.6	5.1
Tryptophan	1.6	2.4	1.1	1.0	2.4	1.8	0.9	1.4	3.7	1.7
Valine	7.3	5.1	2.9	3.2	5.9	4.8	2.9	4.5	7.8	7.3
E = total amount of essential amino acids per 16 g N	51.3	48.7	48.2	27.4	35.8	41.0	23.0	35.8	79.1	52.1
Alanine	7.4	4.0	2.9	12.6	9.4	13.7				5.1
Arginine	6.1	7.0	2.9	8.4	5.0	9.2	4.0	6.2	11.0	5.6
Asparagine					2.6	3.3				
Aspartic acid	9.0	14.8	6.0		0.8	1.3				7.0
Glutamic acid	16.0	14.5	22.7	19.0	4.3	4.6				15.3
Glutamine					19.6					
Glycine	3.6	5.3	2.2	21.1	4.9	7.9	61.7	48.1	7.3	3.6
Histidine	2.4	2.2	2.6	2.1	4.4	5.2	2.0	3.1	4.2	4.1
Ornithine					2.4	3.2				
Proline	8.1	5.3	9.4	4.7	5.2	8.9				13.8
Serine	8.5	12.8	7.5		2.0	2.4				12.8
E/T ratio	3.2	3.0	3.0	1.7	2.24	2.6	1.44	2.2	4.9	3.2
E in per cent ot total amino acids	46	43	46	26	37	41	25	38	78	44

[1] Vitrum, Stockholm, Sweden. [2] L-Reihe 1972, J. Pfrimmer, Erlangen, Germany. [3] B. Braun, Melsungen, Germany.
[4] Astra, Södertälje, Sweden. [5] Tanabe, Seijaku Co., Osaka, Japan.

more than 95 mg of nitrogen or 0.7 g of amino acids/kg is recommended for *adults* (*Wretlind* 1972) or 6–6.5 g of nitrogen or 50 g of amino acids for persons weighing 70 kg (Table 1).

The protein requirement of *neonates and infants* up to the age of 12 months has been calculated at 1.2–2.2 g/kg/day (*Fomon* 1967). This corresponds to 1.5–2.7 g of amino acid mixture. According to this information about 330 mg of nitrogen or 2.5 g of amino acid mixture/kg/day are recommended for neonates and infants on total intravenous nutrition (Table 1).

Tentatively recommended allowances of nutrients

Table 1 contains a summary of tentative recommendations concerning the amounts of energy and nutrients to be supplied to patients during complete parenteral nutrition (*Wretlind* 1972). The recommended intravenous supply is mainly in agreement with the recommendations for ordinary food, when taking into account the biological values of normal food protein and the inadequate absorption of some nutrients.

Osmolality

It is important that the osmotic pressure of the blood remains unchanged during intravenous nutrition. The osmolalities of some infusion solutions are summarized in Table 5.

Table 5. *Osmolalities of solutions*

Plasma	290 mOsm per kg water
0.9 % NaCl	308 mOsm per kg water
10 % Intralipid	280 mOsm per kg water
20 % Intralipid	330 mOsm per kg water
5 % Glucose	278 mOsm per kg water
10 % Glucose	523 mOsm per kg water
20 % Glucose	1,250 mOsm per kg water
30 % Glucose	2,100 mOsm per kg water
50 % Glucose	3,800 mOsm per kg water
Aminosol-glucose	555 mOsm per kg water
Aminosol 10 %	925 mOsm per kg water
Vamin	1,275 mOsm per kg water

Acid-Base balance

In parenteral nutrition, all nutrients have to be given in such proportions as do not cause dietary acidosis or alkalosis. In general, there is a greater risk of acidosis than of alkalosis. One reason for this is that the sulphur in methionine and cystine produces sulphate ions. The phosphorus in the phosphatides is metabolized

Table 6. *Acid formation from intravenous solutions*

Infusion solution	Acid formation in excess of base: mEq per liter	mEq per g amino acid	mEq per g fat
Intramin novum	121	1.8	
Vamin	28	0.41	
Aminosol 10 %	26	0.26	
Aminosol 3.3 %	14	0.42	
Intralipid 10 %	27		0.27
Intralipid 20 %	27		0.14

to phosphate ions. – From the values in Table 6 it is seen that large amounts of acid may be formed.

Studies of complete intravenous nutrition with fat emulsions in dogs

Studies of complete intravenous alimentation in dogs by using present available fat emulsion have successfully been carried out during experimental periods up to 12 weeks (*Håkansson* et al. 1967, 1972). In order to reduce the infused volumes, as much as 87 per cent of the energy requirement was given as fat. The nitrogen balance was not affected by a change in the intravenous energy supply from both fat and carbohydrates to only carbohydrate.

One dog has been maintained on complete and total intravenous nutrition, with 40 per cent of the total energy supplied by fat (Intralipid) during the whole period of gestation (*Håkansson* et al. 1972; *Wretlind* 1972). After 61 days on complete and total intravenous nutrition the dog gave birth to six puppies without anatomical abnormalities. One of the puppies was born dead. Two died in connexion with delivery. Death was due to vitamin K deficiency caused by an interruption in the supply of the vitamin. The other three puppies remained alive and did well. The weight changes during the intravenous nutrition are shown in Fig. 3. This study indicates that the fat emulsion does not produce any teratogenic effects. It also demonstrates that we have a reasonably good knowledge of the nutrients

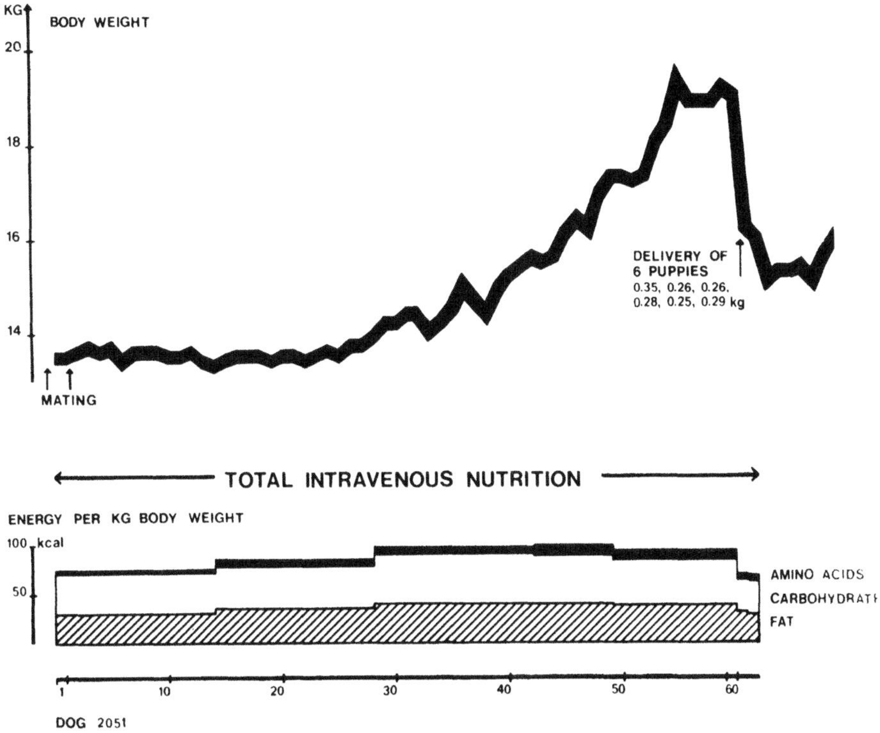

Fig. 3. *Supply of energy and change in body weight during gestation in a dog on complete intravenous nutrition.* The amount of fat (Intralipid 20 %) given corresponded to 40 per cent of the total energy supply.

required for satisfactory nutrition during the gestation period with the rapid fetal growth.

Long-term complete intravenous nutrition in adults

That long-term complete intravenous nutrition can be achieved in man, by using fat emulsion as part of the energy supply, has been illustrated by a large number of cases.

In one case reported by *Jacobson* and *Wretlind* (1970), and subseqently by *Bergström, Blomstrand* and *Jacobson* (1972), complete intravenous nutrition was maintained for 7 months and 13 days. The average daily supply of energy and nutrients is given in Table 7. During the intravenous regimen the patient gained 10 kg in weight, from 40 to 50 kg, without noteworthy change in the total body water (Fig. 4).

Table 7. *Daily supply of energy and nutrients to adults on complete intravenous nutrition*

Group of nutrients	Nutrients	Average daily supply per kg body weight according to *Bergström et al.* (1972)	*Jacobson* (1972)
	Water	42 ml	47.1 ml
Energy and sources of energy	Energy	43 kcal	37.5 kcal
	Amino acids	1.3 g = 0.18 g N	0.9 g = 0.12 g N
	Glucose or fructose	6.2 g	5.33 g
	Fat	1.8 g	1.31 g
Minerals	Sodium	1.17 mmol	1.88 mmol
	Potassium	0.76 mmol	1.05 mmol
	Calcium	0.17 mmol	0.17 mmol
	Magnesium	0.038 mmol	0.058 mmol
	Iron	3.9 μmol	[1]
	Zinc	0.14 μmol	0.13 μmol
	Manganese	0.16 μmol	0.13 μmol
	Copper	0.0071 μmol	0.13 μmol
	Chlorine	1.48 mmol	2.37 mmol
	Phosphorus	0.19 mmol	0.32 mmol
	Fluorine	0.037 μmol	0.06 μmol
	Iodine	0.015 μmol	0.013 μmol
Water soluble vitamins	Thiamin	0.22 mg	0.395 mg
	Riboflavin	0.089 mg	0.158 mg
	Niacin	0.89 mg	1.58 mg
	Vitamin B_6	0.089 mg	0.158 mg
	Folacin	0.068 mg	0.026 mg
	Vitamin B_{12}	0.31 μg	0.105 μg
	Pantothenic acid	0.31 mg	0.237 mg
	Biotin	0.056 mg	6.58 μg
	Ascorbic acid	2.2 mg	5.26 mg
Fat soluble vitamins	Vitamin A	111 IU	263 IU
	Vitamin D	13 IU	31.6 IU
	Vitamin K_1		0.13 mg
	Tocopherol	0.022 mg	0.053 mg

[1] Intermittent parenteral supply, when indicated.

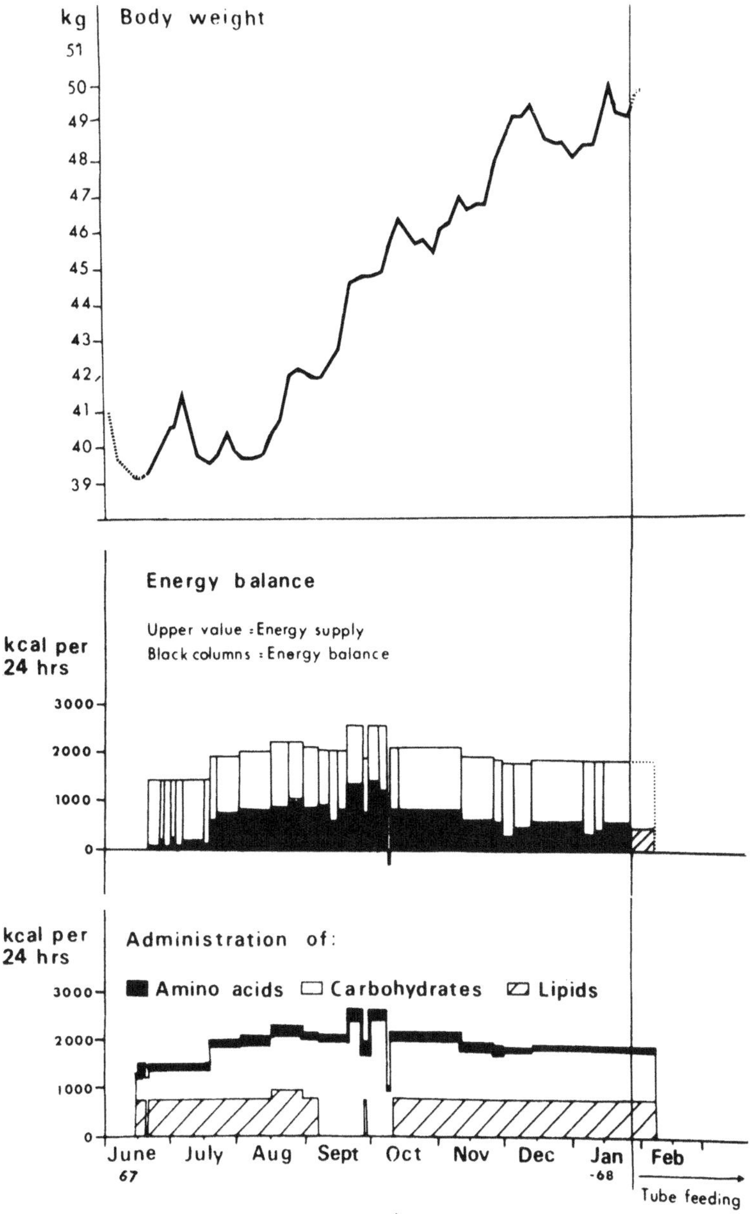

Fig. 4. *Change in body weight and energy balance in a patient during complete intravenous nutrition for 7 months and 13 days (Bergström et al.* 1972).

Jacobson (1972) has performed complete intravenous nutrition in a 70-year-old male patient after a massive resection of the small intestine and of the ascending colon. The reason for the resection was thrombosis in the superior mesenteric artery. Complete intravenous feeding was continued for 69 days after the operation. The change in body weight and body potassium is shown in Fig. 5. The average daily intake of energy and nutrients during the last 35 days of intravenous nutrition with a constant supply, is given in Table 7.

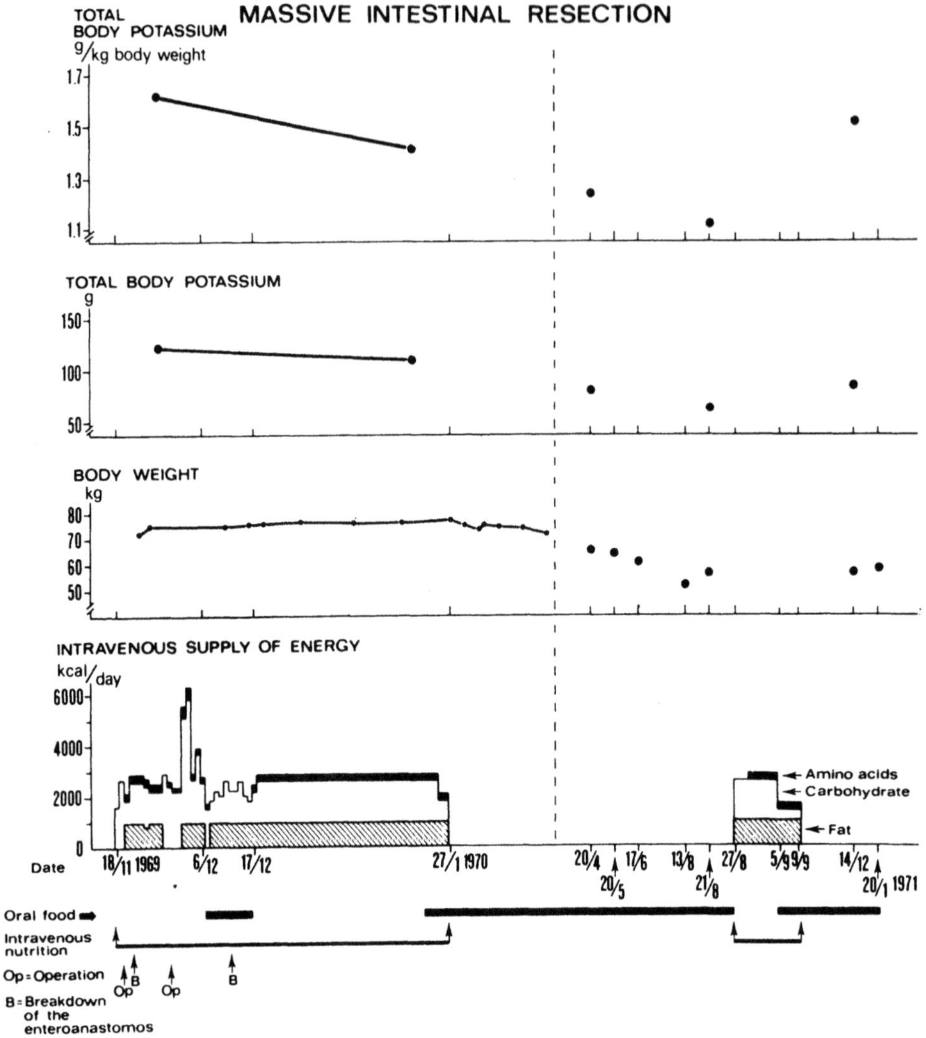

Fig. 5. *The changes in the content of body potassium and body weight, and the supply of energy in a man aged 70 on parenteral nutrition for 69 days, following a massive intestinal resection (Jacobson* 1972).

Hallberg et al. (1967 a & b) have reported complete intravenous nutrition for more than 5 months in a patient suffering from Crohn's disease.

Johnston and *Spivey* (1970) reported investigations which indicated that the intravenous route was as effective, as the alimentary route, in maintaining nitrogen balance.

Lawson (1965) used intravenous nutrition in adult patients, including fat in a dose of almost 3 g of fat/kg/day for periods varying from 8 to 36 days.

Abbott and *Albertsen* (1963), *Larsen* and *Brøckner* (1965), *Hallberg* et al. (1967 a & b), and other investigators have shown that in the postoperative period complete parenteral nutrition reduced nitrogen and weight losses.

The above-mentioned investigations as well as a large number of other investigations of adult patients, reviewed by *Wretlind* (1972), have demonstrated that complete intravenous nutrition which includes fat emulsions, can enable patients to maintain or obtain good nutritional status.

Dudrick et al. (1969), *Das* et al. (1970), *Filler* et al. (1969) have performed parenteral nutrition in a large number of patients by supplying the energy in the form of glucose and all other nutrients except fat (hyperalimentation). The patients were given between 2,400 and 5,000 kcal per day during periods from 7 to 210 days. The solutions were infused, through a central vein catheter, continually for 24 hours a day.

Complete intravenous nutrition in infants

Studies have been made to elucidate the possibilities of performing parenteral nutrition in neonates and infants (*Rickham* 1967). Complete intravenous nutrition in those age groups has been studied in detail by *Børresen* and *Knutrud* (1969), *Knutrud* (1970) and *Børresen* et al. (1970 a & b). These authors have also recommended complete intravenous nutrition through a peripheral vein. The recommendations by *Børresen* et al. (1970 a & b) for the supply of energy and nutrients are summarized in Table 8. By using 3–4 g of fat/kg body weight it was possible to reduce the hypertonicity of the carbohydrate solution. The infusions were given in a peripheral vein for periods varying from 1 to 3 weeks. They reported on 32 neonates operated for gastrointestinal malformations and fed intravenously. Similar investigations have been reported by *Grotte* (1971), who used the regimen of *Børresen* et al. (1970) for complete intravenous nutrition (Table 8).

Dudrick et al. (1969), *Wilmore* et al. (1969), *Filler* et al. (1969) and *Das* et al (1970) have performed total intravenous nutrition for 7–400 days in a large number of neonates after surgical treatment of congenital abnormalities of the gastrointestinal tract. In all these cases of intravenous feeding the energy was supplied as amino acids and glucose 20 per cent solution (hyperalimentation). The amounts of nutrients used are shown in Table 8 (*Wilmore* et al. 1969).

For neonates and infants it is possible during the postoperative period not only to prevent the loss of body protein and body weight, but also to induce a more or less normal growth by complete intravenous nutrition (*Børresen* and *Knutrud* 1969; *Dudrick* et al. 1969; *Das* et al. 1970). These results are explained by the fact that the metabolic environment in the infants favors anabolism.

The physiological basis of intravenous feeding during the neonatal period is, however, incompletely understood. Presumably, the principles of normal breast feeding apply fairly closely to optimal parenteral feeding. Thus parenteral supplies should normally increase linearly from the second day of life to full coverage of nutritional requirements on the fifth to seventh day of life. A moderate dehydration will then be allowed to occur to counteract the danger of overhydration. The slow increase of the parenteral nutrition may enable enzymes to be induced in time to cope with the required amounts of nutrients. Abnormal losses of fluid must, however, be fully replaced from the first day of life.

Table 8. *Daily supply of energy and nutrients to neonates and infants on complete intravenous nutrition*

Group of nutrients	Nutrients	Supply to neonates and infants according to *Børresen et al.* (1970); *Grotte* (1971) per kg body weight and day	*Wilmore et al.* (1969) per kg body weight and day
	Water	130 — 136 ml	125 ml
Energy and sources of energy	Energy	86 — 100 kcal	128 kcal
	Amino acids	3 g = 0.4 g N	4 g[3] = 0.5 g N
	Glucose or fructose	11 — 12 g[1]	29 g
	Fat	3 — 4 g[2]	
Minerals	Sodium	1.05 mmol	4.3 mmol
	Potassium	2 mmol	3.9 mmol
	Calcium	0.5 — 1 mmol	0.9 mmol
	Magnesium	0.15 mmol	1.0 mmol
	Iron		0.36 μmol
	Zinc		0.61 μmol
	Manganese		0.73 μmol
	Copper		0.34 μmol
	Cobalt		0.24 μmol
	Chlorine		7 mmol
	Phosphorus	1.2 — 1.6 mmol	1.9 mmol
	Iodine		0.12 μmol
Water soluble vitamins	Thiamin	2.5 mg	15 mg
	Riboflavin	0.5 mg	3 mg
	Niacin	5 mg	30 mg
	Vitamin B_6	0.75 mg	4.5 mg
	Folacin		0.5 mg
	Vitamin B_{12}		1 mg
	Pantothenic acid	0.75 mg	
	Ascorbic acid	15 mg	150 mg
Fat soluble vitamins	Vitamin A	2.500 IU	3.000 IU
	Vitamin D	250 IU	300 IU
	Vitamin K_1		1 mg
	Tocopherol	3.5 — 4.5 IU	1.5 IU

[1] 1.58 g of xylit and 1.5 g of sorbit (*Børresen et al.* 1970).
[2] As Intralipid 20 per cent, with 500 IU of Heparin daily.
[3] Fibrin hydrolysate.

Indications and contraindications

Indications for complete intravenous nutrition with fat and amino acids are, in general, all those conditions where adequate oral feeding cannot be maintained. The following conditions should be particularly emphasized (*Hallberg* et al. 1967 a & b).

1. *Preoperative conditions:* As a result of serious and prolonged nutritional disturbances the patient's general condition may be affected to such an extent, that this must first be improved before major surgical measures, which cause additional stress, can be applied.

2. *Postoperative conditions:* In all postoperative cases, where nutritional disturbance is present before operation, an adequate, complete intravenous nutrition,

including fat emulsions, amino acids, glucose or fructose, electrolytes and vitamins, should be given immediately in connection with the operation.

It is advisable in less critical cases to constitute an adequate regimen of complete parenteral alimentation if, by the third or fourth postoperative day, food still cannot be taken.

3. *Posttrauma conditions*, when oral feeding cannot be maintained.

4. *Renal insufficiency* is an important indication for intravenous nutrition. In this situation large amount of energy can be given as fat and glucose. In this way protein catabolism and hyperkalemia will be counteracted.

5. *Burns:* One of the great problems regarding patients with severe and extensive burns is the maintenance of satisfactory nutrition. The protein loss and the energy requirements of these patients are very pronounced. *Birke* et al. (1970) have treated severe burns with good results by giving large amounts of energy and nutrients intravenously.

6. *Prolonged loss of consciousness* may be an indication for complete intravenous alimentation. In tetanus, when oral or tube feeding cannot be maintained, complete intravenous nutrition must be performed. *Hiotakis* and *Feischl* (1969), *Feischl* and *Hiotakis* (1969), *Feischl* (1970) have successfully treated cases of tetanus with complete intravenous feeding.

7. *Conditions where intestinal absorption is either reduced or absent:* Here, severe enteritides and ulcerative colitis should be mentioned. They are most favorably affected by early and adequate complete intravenous alimentation.

Contraindications for the use of fat emulsion. Pathological hyperlipemia, where particulate fat or chylomicrons cannot be eliminated from the blood stream, is a contraindication for the use of fat emulsion. Liver damage, blood diseases with coagulation disturbance as well as anaphylactic conditions (*Depisch* 1971) have been discussed as contraindications. As our experience is still limited it is difficult to give more precise recommendations.

Dosages, infusion time and technique

Dosages. To cover the "normal" requirements by complete intravenous nutrition in adults, energy and the 29 nutrients or groups of nutrients should be supplied in the amounts shown in Table 1. In Table 9 examples are given of the solutions which may be used to cover both normal and elevated requirements in adults. With the solutions mentioned, it will be possible to give up to 60 kcal/kg body weight/day to adults.

Table 9. *Amounts of solutions for complete parenteral nutrition to cover basal and high metabolic requirements*

	Solutions	Basal requirement of patient with a body weight of 50 kg ml	70 kg ml	High requirement of patient with a body weight of 50 kg ml	70 kg ml
Regimen I	20 % fat emulsion	500	700	750	1050
	20 % glucose or fructose solution	500	700	1250	1750
	10 % amino acid solution	500	700	1000	1400
Regimen II	20 % fat emulsion	500	700	750	1050
	Solution of 7 % amino acids and 10 % carbohydrate	700	1000	1500	2000

Infusion technique. In short-term intravenous feeding including fat (*Complete Intravenous Nutrition*) the use of a cannula in a peripheral vein is recommended. If long-term intravenous feeding is planned, it may be desirable to use a plastic catheter in the superior vena cava. When fat emulsions are not used (*Hyperalimentation*), a vena cava catheter must always be employed. The infusions may also be given via an arteriovenous shunt — an artifical gut — according to *Scribner* et al. (1970), or by a cannula in a subcutaneous arteriovenous fistula, which is created for hemodialysis in adults (*Brescia* et al. 1966) or children (*Alvarez* et al. 1970).

Zusammenfassung

Eine große Anzahl von experimentellen und klinischen Untersuchungen hat gezeigt, daß eine adäquate komplette und totale intravenöse Ernährung verabreicht werden kann. bei Anwendung von Aminosäuremischungen, Glukose oder Fruktose, Fettemulsionen, Elektrolyten und Vitaminen, eingeschlossen 29 Nährstoffe oder Gruppen von Nährstoffen. Gegründet auf verschiedenen Studien wurden Empfehlungen für die Zuführung von Energie und Nährstoffe an Erwachsene und Kinder auf der Basis einer kompletten und totalen intravenösen Ernährung ausgearbeitet, um den Grundbedarf zu decken.

Es ist leicht, mit Fettemulsionen die geforderte Menge von Energie zu verabreichen. Eine richtige intravenöse Fettemulsion sollte die gleichen Eigenschaften wie die Chylomikronen haben. Eine solche Fettemulsion scheint genau so metabolisiert zu sein, wie Fett von normalen Nahrungsmitteln.

Bei einer kompletten intravenösen Ernährung (incl. Fettemulsion), ist es möglich, einen guten Ernährungsstatus bei den meisten Patienten beizubehalten, ebenso gut fördert sie das Wachstum bei Kindern auf angemessen lange Zeitperioden in Fällen, wo eine orale Nahrungsaufnahme unmöglich oder ungeeignet ist. Erwachsene waren in einem allgemein guten Ernährungszustand bei intravenöser Nahrungszufuhr während einer Zeitdauer von mehr als 7 Monaten.

Eine komplette und totale intravenöse Ernährung, welche als eine Alternative für orale Nahrungsaufnahme angesehen werden soll, muß ca. 40 % der Energiezuführung als Fett einschließen.

Eine totale intravenöse Ernährung mit 40 kal% als Fett wurde beim Hund während der ganzen Tragzeit beibehalten.

Mehr Erfahrung und Forschung ist erforderlich, um viele Fragen und spezielle Probleme im Zusammenhang mit der totalen parenteralen Ernährung zu klären. Unser derzeitiges Wissen über die komplette und totale intravenöse Ernährung (incl. Fettemulsion) ist jedenfalls ausreichend, um einer Malnutrition als eine Komplikation der verschiedenen medizinischen und chirurgischen Konditionen vorzubeugen.

Résumé

Un grand nombre d'études expérimentales et cliniques a montré qu'une nutrition adéquate complète et totale peut être administrée en se servant de mélange d'acides aminés, de glucose ou de fructose, des émulsions lipidiques, des électrolytes et des vitamines, inclus dans 29 nutriments ou groupes des nutriments. On a, sur base de diverses études, proposé de recommander l'apport d'énergie et des nutriments aux adultes et aux enfants par une nutrition complète ou totale, pour couvrir le besoin basal.

Avec une émulsion lipidique, il est facile d'apporter la quantité nécessaire d'énergie. Une émulsion lipidique de choix possède les mêmes propriétés que des chylomicrones. Une telle émulsion lipidique semble être mètabolisée de la même façon que la graisse dans l'alimentation ordinaire.

Par une nutrition intraveineuse complète, comportant une émulsion lipidique, il est possible de maintenir un état nutritionnel satisfaisant chez la plupart des patients et également pour assurer la croissance de l'enfant pendant une période de plus de 7 mois.

Une nutrition intraveineuse complète et totale, qui peut être considérée comme une alternative pour l'alimentation orale, doit contenir environ 40 pour cent d'énergie sous forme de graisse.

Chez le chien, on a, avec 40 cal.% de graisse, maintenu une nutrition intraveineuse totale pendant toute la période de gestation.

Des expériences et des recherches ultérieures sont nécessaires pour mettre au point plusieurs questions et notamment des problèmes spéciaux en rapport à la nutrition parentérale totale. Nos expériences actuelles sur la nutrition parentérale complète et totale, incluant l'émulsion lipidique, sont cependant suffisantes pour empêcher la malnutrition comme complication dans des conditions médicales et chirurgicales.

Summary

By total intravenous nutrition it is possible to maintain a good nutritional condition in most patients, and to produce growth in infants for reasonably long periods in cases where oral feeding is impossible or inadequate. Adult patients have been kept in good nutritional condition for periods up to more than 7 months on total, complete intravenous feeding.

By the use of adequate, total intravenous nutrition the loss of body protein and body weight during the postoperative period can be greatly reduced in the adult patient. In neonates and infants it is possible not only to eliminate the loss of body protein and body weight during the postoperative period but also to promote the formation of new body protein and to induce growth by intravenous feeding.

Complete intravenous nutrition, which may be regarded as an alternative to oral food intake, could include about 40 per cent of the energy supply as fat.

Total intravenous nutrition, with 40 per cent of the energy intake in the form of fat, has been maintained during the whole gestation period in a dog.

By using our present knowledge of total, complete intravenous nutrition including fat emulsion, it would be possible to eliminate or greatly reduce the incidence of malnutrition as a complication of different medical and surgical conditions in modern hospitals.

References

Abbott, W. E. and *K. Albertsen*, Intravenous protein alimentation. Nutr. Dieta **5**, 339 (1963). — *Allen, P. C.* and *H. A. Lee*, A clinical guide to intravenous nutrition (Oxford 1969). — *Alvarez, J. J. P., R. Vargas-Rosendo, R. Gutiérrez-Bosque, M. M. Diaz-Ordaz* and *D. Santos-Atherton*, A new type of subcutaneous arteriovenous fistula for chronic hemodialysis in children. Ped. Surg. **67**, 355 (1970). — *K. Bergström, R. Blomstrand* and *S. Jacobson*, Long-term complete intravenous nutrition in man. Nutrition and Metabolism **14** Suppl. p. 118 (1972). — *Birke, G., S.-O. Liljedahl* and *B. Nylén*, The treatment of extensive burns. Läkartidningen **67**, 3760 (1970). — *Børresen, H.C.* and O. *Knutrud*, Parenteral feeding of neonates undergoing major surgery. Acta Paediat. Scand. **58**, 420 (1969). — *Børresen, H. C., A. G. Coran* and O. *Knutrud*, Postoperativ parenteral ernaering av nyfødte. Nordisk Medicin **84**, 1089 (1970a). — *Børresen, H. C., A. G. Coran* and O. *Krutrud*, Parenteral feeding of newborns undergoing major surgery. In Advances in Parenteral Nutrition. Symposion of the International Society of Parenteral Nutrition, Prague, Sept. 3—4, 1969. Ed. *G. Berg* (Stuttgart 1970b). — *Brescia, M. J., J. E. Cimino, K. Appel* and *B. J. Hurwich*, Chronic hemodialysis using venipuncture and a surgically created arteriovenous fistula. N. Engl. J. Med. **275**, 1089 (1966). — *Chaptal, J., R. Jean, A. Crastes de Paulet, R. Guillaumot, P. Crastes de Paulet, B. Maurinbelay* and *G. Morel*, Etude sur l'alimentation parentérale, lipidiquee et azotée chez l'enfant et chez le nourrisson deshydraté. Annales Pédiatrie **11**, 443 (1964). — *Chaptal, J., R. Jean, A. Crastes de Paulet, A. Pages, D. Dossa, R. Guillaumot, Mme. Crastes de Paulet, Mme. Robinet, G. Morel* and *H. Romen*, Perfusions d'émulsions de lipides chez le nourrisson et l'enfant. Etude clinique, biologique et anatomique. Arch. Franç. Ped. **22**, 799 (1965). — *Coats, D. A.* and *F. D. Collins*, Complete parenteral nutrition. A deficiency of essential fatty acids in man. Data presented at the Symposium on Intravenous Therapy and Parenteral Nutrition, Melbourne, Australia, 1969. — *Collins, F. D., A. J. Sinclair, J. P. Boyle, D. A. Coats, A. T. Maynard* and *K. F. Leonard,* Plasma lipids in human linoleic acid deficiency. Nutr. Metabol. **13,** 150 (1971). — *Cronberg, S.* and *I.-M. Nilsson,* Coagulation studies after administration of a fat emulsion Intralipid. Thromb. Diath. Haemorrh. **18,** 364 (1967). — *Das, J. B., R. M. Filler, V. G. Rubin* and *A. J. Eraklis,* Intravenous dextroseamino acid feeding. The metabolic response in the surgical neonate. J. Ped. Surg. **5,** 127 (1970). — *Deckner, K., K. Brand* and *E. Kofrany,* Untersuchungen über die Verträglichkeit und biologische Wertigkeit von parenteral verabreichten Aminosäure-Mustern. Klin. Wschr. **48,** 795 (1970). — *Depisch, D.,* Dangerous hyperlipemia in the course of allergic shock during parenteral nutrition of a tetanus patient. Anaesthesist **20,** 437 (1971). — *Duckert, F.* and *G. Hartmann,* Intravenöse Fettinfusion und Blutgerinnung. Schweiz. Med. Wschr. **96,** 1205 (1966). — *Dudrick, S. J., D. W. Wilmore, H. M. Vars* and *J. E. Rhoads,* Long-term total parenteral nutrition with growth, development, and positive nitrogen balance. Surgery **64,** 134 (1968). — *Dudrick, S. J., D. W. Wilmore, H. M. Vars* and *J. R. Rhoads,* Can intravenous feeding as the sole means of nutrition support growth in the child and restore weight loss in an adult? Ann. Surg. **169,** 974 (1969). — *Feischl, P.,* Therapie und Prophylaxe der Lyssa und des Tetanus. 16. Ausseer Symposion 28.—31. Mai 1970. — *Feischl, P.* and *K. Hiotakis,* Vollständige parenterale Ernährung bei schwerem Tetanus. Med. Klin. **64,** 2296 (1969). — *Filler, R. M., A. J. Eraklis, V. G. Rubin* and *J. B. Das,* Long-term total parenteral nutrition in infants. N. Engl. J. Med. **281,** 589 (1969) — Food and Nutrition Board, Recommended Dietary Allowances. National Academy of Sciences, Washington, D. C., USA. Publ. 1968, 7th Ed. (1968). — *Fomon, S. J.,* Infant nutrition (Philadelphia and London 1967). — *Fraser, R.* and *I. Håkansson,* A comparison of artificial fat emulsions with chylomicrons. In Press (1972). — *Gamble, J. L.,* Chemical anatomy. Physiology and pathology of extracellular fluid. (Cambridge, Mass. 1958). — *Grotte G.,* Nutrition parentérale du nourrisson. In Les solutés de substitutio rééquilibration métabolique. Ed. Soç. franç. d'anesthesie, d'analgesie. (Paris 1971), p. 509. — *Håkansson, I.,* Experience in long-term studies on nine intravenous fat emulsions in dogs. Nutr. Dieta **10,** 54 (1968). — *Håkansson, I., I. Holm, A.-L. Obel* and *A. Wretlind,* Studies of complete intravenous alimentation in dogs. In Symposion of the International Society of Parenteral Nutrition (Lochham bei München 1967). — *Håkansson, I., I. Holm, K. Westling* and *A. Wretlind,* Complete intravenous nutrition in dog. In Press (1972). — *Hallberg, D.,* Studies on the elimination of exogenous lipids from the blood stream. The kinetic for the elimination of a fat emulsion studied by single injection technique in man. Acta Physiol. Scand. **64,** 306 (1965a). — *Hallberg, D.,* Elimination of exogenous lipids from the blood stream. An experimental, methodological and clinical study in dog and man. Acta Physiol. Scand. Suppl. **65,** 254 (1965b). — *Hallberg, D., O. Schuberth* and *A. Wretlind,* Experimental and clinical studies with fat emulsion for intravenous nutrition. Nutr. Dieta **8,** 245 (1966). — *Hallberg, D., I. Holm, A.-L. Obel, O. Schuberth* and *A. Wretlind,* Fat emulsion for complete intravenous nutrition. Postgrad. Med. **42,** A-71, A-87, A-99, A-149 (1967a). — *Hallberg, D., I. Holm, O. Schuberth* and *A. Wretlind,* Fat emulsion for complete intravenous nutrition. Postgrad. Med. **43,** 307 (1967b). — *Hiotakis, K.* and *P. Feischl,* Neue therapeutische Möglichkeiten in der Behandlung des Tetanus, Zbl. Chir. **94,** 1686 (1969). — *Horisberger, B.,* Severe pulmonary and cerebral circulation disturbances after high doses of parenterally supplied fat emulsion. A case of extraordinary therapeutic complication. Schweiz. Med. Wschr. **96,** 1065 (1966). — *Jacobson, S.,* Long-term parenteral nutrition following massive intestinal resection. Nutr. Metabol. **14,** Suppl., p. 150 (1972). — *Jacobson, S.* and *A. Wretlind,* The use of fat emulsions for complete intravenous nutrition. In Body Fluid Replacement in the Surgical Patient, p. 334. Ed.: *Fox* and *Nahas* (New York 1970). — *Johnston, I. D. A.,* Parenteral feeding. Practitioner **206,** 103 (1971). — *Johnston, I. D. A.* and *J. Spivey,* In Advances in Parenteral Nutrition, 82 *G. Berg* (Stuttgart 1970). — *Kaplan, M. A., A. Mares, P. Quintana, J. Strauss, R. F. Huxtable, P. Brennan* and *D. M. Hays,* High caloric glucose-nitrogen infusions. Postoperative management of neonatal infants. Arch. Surg. **99,** 567 (1969). — *Knutrud, O.,* Pathophysiological reactions to surgical trauma. With special reference to the neonatal period. Acta anaesth.

Scand. Suppl. **37,** 35 (1970). – *Larsen, V.* and *J. Brøckner,* Nitrogen balance and operative stress. Effect of early postoperative nutrition on nitrogen balance following major surgery. Acta Chir. Scand. Suppl. **343,** 191 (1965). – *Lawson, L. J.,* Parenteral nutrition in surgery. Brit. J. Surg. **52,** 795 (1965). – *Mayer, G., H. G. Knauff, B. Miller, H. Schmidt* and *I. Staib,* Beeinflußbarkeit der Stickstoffbilanz durch eine verschiedene Zusammensetzung parenteral verabreichter Aminosäurelösungen bei Frischoperierten. Klin. Wschr. **47,** 1275 (1969). – *Reissigl, H.,* Praxis der Flüssigkeitstherapie (München und Berlin 1965). – *Rickham, P. P.,* Massive small intestinal resection in newborn infants. Hunterian lecture delivered at the Royal College of Surgeons of England. Ann. roy. Coll. Surg. **41,** 480 (1967). – *Rose, W. C.,* The amino acid requirements of adult man. Nutrition Abstracts & Reviews **27,** 631 (1957). – *Schoefl, G. I.,* The ultrastructure of chylomicra and of the particles in an artificial fat emulsion. Proç. Roy. Soç. Ser. B. **169,** 147 (1968). – *Scribner, B. H., J. J. Cole, T. G. Christopher, J. E. Vizzo, R. C. Atkins* and *C. R. Blagg,* Long-term total parenteral nutrition. JAMA **212,** 457 (1970). – *Thorén, L.,* Vätskebalans (Uppsala 1969). – *Wilkinson, A. W.,* Body fluid in surgery (Edingburgh and London 1969). – *Wilmore, D. W., D. B. Groff, H. C. Bishop* and *S. J. Dudrick,* Total patenteral nutrition in infants with catastrophic gastrointestinal anomalies. J. Ped. Surg. **4,** 181 (1969). – *Wretlind, A.,* Complete intravenous nutrition. Theoretical and experimental background. Nutrition Metabolism **14,** Suppl., p. 1 (1972). – *Young, C. M., S. S. Scanlan, Im Hae Sook* and *L. Lutwak,* Effect on body composition and other parameters in obese men of carbohydrate level of reduction diet. Am. J. Clin. Nutr. **24,** 290 (1971).

Adress of author:
Prof. Dr. *A. Wretlind*
The Nutrition Unit, Karolinska Institutet, Stockholm/Schweden

29.

Rapport général

Par *Didier Bertrand* (Paris)

L'évolution du monde, écrit *Seguin,* est faite de l'évolution de l'Industrie. Que nous le voulions, ou non, il en est de même de notre alimentation qui est conditionnée par l'évolution des Sciences de la nutrition et par le développement de l'industrie alimentaire.

Entraînée par un marketing de plus en plus dynamique, la commercialisation et la technologie des produits alimentaires se sont progressivement transformées pour s'adapter aux besoins et aux goûts des consommateurs, aux nécessités d'une conservation prolongée tant des produits naturels que des produits manufacturés et des impératifs de leur transport à longue distance.

L'industrialisation des produits alimentaires s'est accompagnée de l'apparition de pratiques technologiques destinées à en améliorer l'aspect, le goût, la durée de conservation et la valeur alimentaire.

L'enrichissement en vitamines et la compensation des pertes en vitamines résultant des méthodes de conservation ou de transformation sont liés à la nature du régime normal des populations.

Le Dr. *Isler* introduit l'étude de cet important problème par le rappel et une remarquable mise au point: de la classification, de la synthèse industrielle et des mécanismes d'action de ces facteurs indispensables à l'homme.

Vitaminer ou revitaminer les aliments est un problème dont les aspects scientifiques et technologiques ont été mis en évidence par le Dr. *G. Raunhardt.*

La vitamination consiste à incorporer des vitamines aux aliments qui en sont plus ou moins dépourvus. On doit alors tenir compte de la nature du support et de l'importance du produit dans l'alimentation des populations qui sont appelées à le consommer.

La revitamination vise à compenser les pertes ayant pu se produire lors du stockage, du transport ou de la transformation des aliments ainsi que les déficiences résultant des variations saisonnières ou variétales.

Cette technologie de l'enrichissement vitaminique des aliments suppose une connaissance approfondie de la nature et du mécanisme d'action des vitamines. L'industrie synthétisant à bon marché la majeure partie d'entre elles, il est également possible de suppléer la déficience normale de certains produits alimentaires artificiels tels que les protéines de fermentations ou les protéines végétales texturisées.

L'importance de la déficience vitaminique est normalement conditionnée par le mode de vie des populations au sein desquelles se perpétuent certains tabous alimentaires ainsi que l'ont souligné Messieurs *Chandrasekhara* et *Bender.*

L'analyse du mode d'alimentation de certaines populations, voire même de certaines couches de populations, fait apparaître nettement l'intérêt pour certains pays de la généralisation d'une vitamination des produits alimentaires scientifiquement organisée.

Même dans le cas des civilisations d'abondance suivant le terme de M. *Bender,* il faut souhaiter cette généralisation pour pallier à court terme aux risques éventuels de carence, tout en considérant comme souhaitable une alimentation naturelle équilibrée.

A la suite des interventions de MM. *Galent, Zotterman* et *Wilmink, M. Bender* précise que ces enrichissements ne sont pas assez importants pour entraîner des hypervitaminoses.

Les carences vitaminiques peuvent présenter des répercussions très variables en fonction de la nature de la vitamine et de l'intensité de la carence. Grave chez le foetus, ainsi que l'a montré le Prof. *Giroud,* elles le sont également chez le jeune avec des manifestations tardives, variables suivant l'espèce animale. Ainsi l'insuffisance en pyridoxine entraîne des troubles de croissance et de fonctionnement du cerveau. Il ne faut pas sous-estimer ces effets chez l'homme. Cest ainsi que la xérophtalmie par avitaminose A est très répandue dans le monde et accroît grandement la misère dans les pays où règne cette affection.

Le rôle des vitamines ne se limite pas à ces quelques exemples. Certaines d'entre elles peuvent être des antioxydants utiles dans l'industrie alimentaire ainsi que nous l'a bien montré le Dr. *Klaeui.* Lors de la discussion animée par MM. *Galent, Wilmink* et *Cantarelli,* le Dr. *Klaeui* a précisé que cet emploi particulier des vitamines doit respecter des normes strictes pour éviter des accidents que leurs excès serait susceptible d'entraîner.

Les antioxydants d'autre nature, comme ceux contenus dans l'huile d'olive sont également très utiles pour la conservation des corps gras alimentaires ainsi que l'a montré le Prof. *Cantarelli.* Pour répondre à l'inquiétude de M. *Wilmink,* M. *Cantarelli* précise que ces composés ont fait l'objet de très sérieuses études pharmacologiques.

Il faut souligner que la vitamination des aliments est pratiquée dans divers pays. où elle est officiellement réglementée. Le Prof. *Genevois* en donne quelques exemples. Dès 1943, sur l'intiative du Président *Roosevelt,* l'enrichissement de la farine de blé en aneurine, riboflavine, nicotinamide, calcium et fer était obligatoire aux USA.

En Inde, la farine de blé est enrichie en facteur B et en lysine, tandis qu'aux Philippines, l'addition de vitamines B au riz poli est pratiquée depuis une vingtaine d'années, l'acide nicotinique est ajoutée au maïs dans certaines régions du Mexique, etc. ... Il serait d'ailleurs préférable d'enrichir directement ou indirectement l'alimentation des animaux.

Depuis les recherches *d'Abderhalden,* au début de ce siècle, de nombreux travaux ont été effectués en vue de préciser, les besoins de l'homme en aminoacides ceux ci étant un facteur important de l'équilibre physiologique de l'homme. M. *Fisher* en a précisé l'aspect quantitatif. L'importance du besoin en acides aminés essentiels varie avec l'âge de l'individu. Celui de l'homme adulte est sensiblement la moitié de celui de l'enfant et le quart de celui du bébé. Les besoins qualitatifs et la sensibilité au déséquilibre varient également selon l'âge et le sexe de l'individu. Ils ne sont d'ailleurs pas absolus et varient avec les conditions diététiques et physiologiques. Cette communication entraîne un important échange de vue entre MM. *Bender, Wilmink, Giroud, Bour* et *Fisher* d'où il ressort notamment que le taux de croissance n'est qu'un des facteurs de cette variabilité des besoins. Nous vivons semble-t-il sur des idées fausses, mais nous vivons quand même.

M. *Vigneron* dans son rapport, apporte d'utiles précisions sur les méthodes rationnelles de lutte contre les malnutritions. Les protéines animales sont plus efficaces que les protéines végétales, seules accessibles aux populations pauvres. Il faut supplémenter en amino acides essentiels la nourriture de ces dernières, en particulier pour éviter l'apparition accidents irréversibles chez le jeune. Mais, il faut le faire avec prudence, tous les facteurs essentiels n'étant pas encore connus.

L'obtention par synthèse de la méthionine et de la lysine dans des conditions économiques doit permettre d'envisager une généralisation pratique d'une supplémentation rationnelle de l'alimentation de l'homme aux divers âges de sa vie en permettant d'agir vite. Il faut souligner à ce sujet que l'application des méthodes scientifiques d'alimentation a prouvé son efficacité chez l'enfant à la période du sevrage, en marquant une régression nette de la mortalité lors de cette période critique.

Cette communication entraîne un important complément d'information de la part du Prof. *Genevois* qui souligne en particulier l'existence de nouvelles variétés de blé riches en protéines et hautement panifiables.

La chimie moderne nous éclaire sur les processus du développement des flaveurs, or il est essentiel que les aliments soient agréables au goût.

M. *Ney* a montré comment les glutamates intervenaient dans le développement de la flaveur des aliments, différentes substances existant dans les produits naturels sont capables de développer cette flaveur. Ainsi la S-méthylméthionine est le précursseur de la Sulfide-diméthylméthionine responsable de la flaveur des asperges.

L'amertume des peptides est conditionnée par la nature et l'ordre des acides aminés qui les composent. Cette amertume peut être prévue par l'étude des données thermodynamiques qui les caractérisent. Répondant à une question qui lui avait été posée, M. *Ney* précise qu'actuellement on ne sait rien en ce qui concerne les amino acides de la série D.

Le mécanisme de l'amélioration de la flaveur par le glutamate de sodium a été expliqué par le Prof. *Fujimaki.* Cette propriété est liée à la structure annulaire de la molécule, permettant une interaction entre les groupes aminés et carboxylés et une cyclisation avec un noyau à cinq atomes. Un effet du même ordre a été constaté avec les acides aminés de structure analogue tels les acides iboténiques et tricholomiques isolés par les savants japonais.

De tous les nucléotides connus, intervenant dans la flaveur des aliments, les groupes actifs les plus efficaces sont ceux des 5' inosine monophosphate et 5' glutamiquemonophosphate.

Le Prof. *Fujimaki* souligne que l'excès de glutamate ajouté à la nourriture peut avoir un effet nuisible contre lequel il faut se prémunir par un emploi raisonnable.

Les édulcorants naturels et artificiels constituaient la seconde partie du programme du symposium. Il s'agit là d'un problème industriel très important étant donné le nombre de diabétiques et de personnes passibles d'un régime pauvre en calories pouvant leur éviter des tentations aux suites fâcheuses.

Le Prof. *Fricker* de Karlsruhe a étudié en collaboration avec M. *Gutschmidt* le pouvoir sucrant du fructose et du glucose dans diverses conditions, notamment en fonction de la température. Le fructose possède un pouvoir sucrant supérieur au saccharose à la température de $+15°$, alors que son goût sucré à 60° est nettement moins prononcé. Le glucose ne présente pas de telles variations. La variabilité du pouvoir sucrant du fructose est pratiquement indépendante de la nature de la boisson dans laquelle il est utilisé. Ces études ont été conduites comparativement avec du saccharose utilisé comme témoin.

Les édulcorants d'origine végétale ont fait l'objet de trois rapports. M. *de Iongh de Vlaardingen* a étudié les protéines sucrantes de plantes tropicales: *Thaumatococcus Danielli* et *Dioscoreophyllum Cummisü.* De la première, on a isolé deux substances de goût sucré: les Thaumatine I et II toutes deux de nature protéiques ainsi que l'a prouvé entre autres, la spectrographie ultraviolette. De poids moléculaire assez bas, environ 20.000, elles sont 1600 fois plus sucrantes que le saccharose.

La monelline est le principe sucrant du cumin, elle est également de nature protéique et possède un pouvoir sucrant 1500 fois plus élevé que celui du sucre.

Une troisième substance: la miraculine extraite des baies de *Synsepalum dulcifium* ne possède pas de goût sucré, mais celui-ci se développe en milieu acide. Il s'agit d'une glycoprotéine dont le poids moléculaire est d'environ 42.000.

Ces trois composés pourraient être utilisés comme édulcorants dans diverses boissons sous réserve de respecter leur sensibilité à l'action de la température et à l'acidité. La miraculine possede la particularite d'entraîner des effets d'accumulation.

Le Prof. *Zotterman* de Stockholm a précisé le mécanisme physiologique de l'action de la miraculine sur les cellules gustatives. En expérimentant sur le singe, il a pu observer que la miraculine augmentait fortement la sensibilité des parties des cellules gustatives responsables de la sensation sucrée lorsqu'on applique préalablement un produit acide sur la langue, ce qui est également confirmé chez l'homme. On ne peut pas utiliser cette substance dans des boissons acides, car elle est détruite. Les diabétiques pourraient l'utiliser en association avec les pentoses.

Le Prof. *Bielig* de Berlin-Dahlem a consacré son étude aux flavonoglucosides qui sont responsables de l'amertume des agrumes (naringine du *Citrus aurantium*). Ces glucosides flavoniques se transforment en dihydrochalcones en perdant partiellement leur amertume, alors qu'il se développe une saveur sucrée très prononcée très supérieure à celle du saccharose. Une autre substance sucrante: l'hespéridine dihydrochalcone glucoside ou HGD se trouve dans les oranges (Citrus sinensis), mais sa préparation est assez compliquée.

Dans l'importante discussion qui suivit ces trois communications, l'existence de variations individuelles gustatives très grandes furent bien mises en évidence, ce qui entraîne du point de vue pratique des incidences non négligeables. D'autre part, l'emploi du fructose par les diabétiques fut l'objet de certaines critiques.

A côté des édulcorants d'origine naturelle, il faut citer les édulcorants de synthèse, particulièrement les cyclamates dont l'emploi a suscité de nombreuses discussions de la part des physiologistes et des toxicologues. Le Prof. *Lederer* de Louvain et ses collaborateurs, ont démontré chez l'animal l'action toxique, cytogénétique et tératogène des cyclamates, au moins en opérant suivant les normes de la FAO-OMS qui exigent une très grande marge de sécurité, soit une dose de 5 % de cyclamate dans la nourriture.

Dans ces conditions, la dépression de la croissance s'est maintenue chez 5 générations de souris soumises à une administration prolongée de cyclamate.

Les produits du métabolisme du cyclamate du fait de leur action sur la flore intestinale sont particulièrement actifs. La cyclohexylamine à la concentration de 1 pour 1000 est responsable de l'inhibition de la croissance et du taux de mortalité élévé observé, au cours d'expérimentation chez la souris. Le cyclohexanol et la cyclohexanone à la concentration de 1 % dans la nourriture des souris augmentent notablement la mortalité néonatale. Aussi le Prof. *Lederer* estime que les cyclamates ne peuvent pas être recommandés aux jeunes et ne devraient être utilisés que par les diabétiques de plus de 50 ans.

Lors de la discussion, il a précisé à M. *Bender* qu'il y avait diminution de l'efficacité de la nourriture pour les souris nourries avec des régimes renfermant des cyclamates.

Comme des doses élevées de cyclamates sont utilisées, la question d'une action possible d'impuretés a été soulevée. Le Prof. *Lederer* a pu rejeter ces objections.

MM. *Hellauer, Goettinger* et *MacMueller* ont particulièrement étudié les aspects physiologiques et toxicologiques de l'emploi des cyclamates. Ceux-ci sont responsables de lésions hépatiques et de l'embryotoxie, de lésions rénales et de l'apparition de carcinome de la vessie. Les manifestations toxiques attribuées aux cyclamates sont en réalité dues à la cyclohexylamine qui est un produit du métabolisme des cyclamates chez certains individus. Il n'est peut-être pas inutile de rappeler que les travaux du Prof. *Hellauer* furent à l'origine de la controverse qui s'éleva entre les savants allemands et autrichiens sur la toxicité des cyclamates. Discussions qui ont abouti à l'interdiction de l'emploi des cyclamates dans de nombreux pays. Interdiction dont la rigueur s'est par la suite atténuée pour faire place à une sévère réglementation de leur emploi.

Les discussions qui suivirent cet exposé ont prouvé que l'accord des opinions n'est pas encore réalisé, spécialement en ce qui concerne la toxicité totale ou non aux doses normalement employées.

L'expérience hongroise sur l'utilisation à grande échelle des édulcorants a été exposée par M. *Lindner.* Depuis 1969, les cyclamates ne sont utilisés que pour des produits diététiques ou pour les diabétiques. Les efforts de la Hongrie se tournent vers la possibilité d'emploi d'autres édulcorants dits «exempts de calories» car $^1/_3$ de la population a besoin d'un régime pauvre en calories par suite d'une tendance à l'obésité. Les produits existants actuellement ne sont pas satisfaisants et M. *Lindner* demande qu'une collaboration internationale s'établisse pour la recherche de l'édulcorant idéal. Ce qui sera discuté lors de prochaine Assemblée de la C.I.I.A.

A ce sujet, M. *Bender* signale qu'aux U.S.A., l'emploi des cyclamates n'a pas diminué la consommation des calories.

En attendant l'existence d'un édulcorant idéal, le remplacement des cyclamates par la saccharine dont l'utilisation est réservée aux diabétiques et aux personnes astreintes à un régime de basses calories, a fait l'objet de nombreuses discussions dans différents pays. Mme *Slabochova* en collaboration avec Mme *Platilova,* a exposé le resultat de leurs expériences sur des animaux soumis à différentes doses de saccharine. Celle-ci n'est pratiquement pas métabolisée. Les chercheurs tchèquesont aussi étudié chez l'homme l'influence de la saccharine sur les réactions à l'insuline. Comparant des sujets sains et des petits diabétiques, ils n'ont pas observé de différence significative. La discussion qui suivit leur a permis de préciser quelques points.

La recherche de produits susceptibles de remplacer le saccharose, en vue de l'établissement de régimes à basses calories, a fait l'objet de nombreuses recherches. MM. *Bruckdorfer* et *Yudkin* ont expérimenté dans ce but un mélange d'amidon partiellement hydrolysé et de saccharose. En particulier, les essais de ces chercheurs les ont conduit à la certitude que le saccharose, par son fructose, provoque une élévation du taux de lipides dans les tissus de l'aorte et une modification du comportement des plaquettes sanguines chez le rat, ce qui n'est pas le cas avec l'amidon. Par contre, l'amidon augmente le poids relatif du pancréas.

Lors de la discussion, il fut précisé que le mélange ainsi étudié ne doit pas être employé par les diabétiques.

L'application pratique de ces diverses notions se heurte à des législations différentes qu'il faut connaître. Aussi Mme. *Rochize* dans son étude comparée, après avoir souligné la nécessité de définir la notion d'additif en raison des interprétations diverses données par les législateurs des différents pays, a rappelé que les vitamines et les édulcorants peuvent être utilisés à des fins opposées: les vitamines pour accroître la valeur nutritionnelle des aliments, les édulcorants artificiels pour en diminuer la valeur calorifique, ou encore à des fins technologiques.

La réglementation de leur emploi est, selon les pays, soumise à des règles différentes, basées sur deux principes: l'un, celui de la libre utilisation assortie de mesures sanctionnant l'abus et la tromperie, l'autre, de l'interdiction, sauf autorisation prévue par la réglementation.

Divers exemples précis des implications de ces deux interprétations concernant les acides aminés et les édulcorants artificiels illustrèrent cet exposé et permirent à Mme *Rochize* de répondre aux nombreuses questions de l'auditoire.

Pour préciser l'emploi d'additifs, le contrôle analytique est nécessaire. M. *Pienazek* et Mme. *Rakowska* ont étudié le cas difficile du dosage de la méthionine.

En réalisant une hydrolyse préalable par la pancréatine, ils ont pu doser la méthionine par la méthode colorimétrique de *MacCarty* et *Sullivan.*

La méthionine sulfone n'intervient pas. Les résultats obtenus sont comparables à ceux donnés par la méthode microbiologique beaucoup plus longue et délicate

La troisième partie du programme du symposium était centrée sur les aspects physiologiques et médicaux.

Le Prof. *Lang* montre comment il est possible de réaliser une diète équilibrée avec des triglycérides d'acides gras semisynthétique à chaîne moyenne (ou M.C.T.). Il souligne les divergences essentielles qui distinguent les processus métaboliques des acides à chaîne moyenne de ceux des acides à chaîne longue qui composent les lipides habituels. Les M.C.T. sont finalement fractionnés et oxydés complètement. Leur transport direct par la veine porte ne fait pas intervenir le système lymphatique. Ces M.C.T. possèdent des caractéristiques diététiques intéressantes dans les syndromes d'absorption défectueuse, d'hyperlipidémie et d'obésité.

Le Dr. *Fekl* a consacré son rapport au régime des astronautes. Les progrès de la science fondamentale et de la technologie permettent de réaliser des régimes sans intervention de substances de poids moléculaires élevés. Ces régimes conduisent à un minimum de résidus tout en présentant le minimum d'encombrement. On peut également envisager leurs applications en thérapeutique et en diététique.

Sur le plan thérapeutique, M. *Wretlind* fait part de ses expériences de nutrition complète par voie intraveineuse. Celle-ci s'est révélée possible dans les expériences de l'auteur en utilisant un mélange d'acides aminés, de glucose, d'électrolytes, de vitamines et d'une émulsion lipidiques. Cette dernière couvrant 40 % de l'énergie nécessaire. Ce mélange permet de maintenir chez le patient un état nutritionnel satisfaisant.

Les problèmes étudiés au cours de ces trois journées sont très importants pour permettre de réaliser une bonne utilisation, une bonne répartition et une bonne conservation des aliments disponibles dans un monde qui compte 2 milliards d'êtres humains sous-alimentés et où tout doit être mis en œuvre pour améliorer une situation dramatique trop longtemps ignorée.

Il ne faut pas oublier non plus que les pays du tiers monde ne sont pas les seuls ayant des problèmes alimentaires. Dans les pays, tels que les nôtres, trop de gens se nourrissent fort mal et présentent, à la longue, des manifestations de malnutrition entaînées par des déséquilibres qui ne sont pas seulement vitaminiques. Les individus present des manifestations diabétiques de même que les obèses nècessitent des regimes speciaux.

Les nombreuses interventions, qui se sont manifestées au cours des discussions, le fait de la présence à cette réunion de 120 participants originaires de 20 pays et la présentation et la discussion de 25 communications prouvent tout l'intérêt d'une telle réunion où nous sommes résolumment tournés vers l'avenir sans pour cela négliger les enseignements du passé.

Adresse de l'auteur:
Dr. *Didier Bertrand*
C.I.I.A. 24 Rue de Téhéran, Paris 75008

Subject index

(For practical purpose English is used)

Wissenschaftliche Veröffentlichungen der Deutschen Gesellschaft für Ernährung

Begründet von K. Lang – Herausgegeben von N. Zöllner

---

8. F. Kiermeier (Hsg.), **Milch und Milchprodukte.** DM 35,–
9. K. Lang (Hsg.), **Carotine und Carotinoide.** DM 68,–
10. K. Lang (Hsg.), **Brot und sein Nährwert.** DM 28,–
11. K. Lang (Hsg.), **Parenterale und Sonden-Ernährung.** DM 40,–
12. J. Kuprianoff (Hsg.), **Ernährung durch Gefrierkost.** DM 15,–
14. K. Lang (Hsg.), **Ascorbinsäure.** DM 54,–
16. K. Lang (Hsg.), **Tocopherole.** DM 58,–
17. K. Lang (Hsg.), **Alkohol und Coffein.** DM 44,–
19. N. Zöllner (Hsg.), **Vitaminaufnahme und latente Vitaminmangelzustände.** DM 40,–
20. N. Zöllner (Hsg.), **Calorienarme und calorienfreie Lebensmittel.** DM 46,–
21. N. Zöllner (Hsg.), **Hitzesterilisierung und Werterhaltung von Lebensmitteln.** DM 44,–
22. N. Zöllner (Hsg.), **Polyenfettsäuren.** DM 40,–
23. H. Ditschuneit (Hsg.), **Die Lipoproteine des Blutes.** DM 80,–
24. N. Zöllner (Hsg.), **„Unsichtbare" Fette und Lipoide in Lebensmitteln.** DM 58,–
25. N. Zöllner (Hsg.), **Zucker und Zuckeraustauschstoffe.** In Vorbereitung.

DR. DIETRICH STEINKOPFF VERLAG · DARMSTADT